Kennzahlenbasiertes Bewertungssystem der Leistungsfähigkeit verketteter Fertigungssysteme in der mechanischen Fertigung des Werkzeugbaus

Key Figure Based Evaluation System of the Performance of Interlinked Manufacturing Systems in the Mechanical Production of Toolmaking

Von der Fakultät für Maschinenwesen
der Rheinisch-Westfälischen Technischen Hochschule Aachen
zur Erlangung des akademischen Grades eines
Doktors der Ingenieurwissenschaften
genehmigte Dissertation

vorgelegt von

Marcel Prümmer

Berichter:

Univ.-Prof. Dr.-Ing. Thomas Bergs
Univ.-Prof. Dr.-Ing. Dr.-Ing. E. h. Dr. h. c. Dr. h. c. Fritz Klocke

Tag der mündlichen Prüfung: 13. August 2020

ERGEBNISSE AUS DER PRODUKTIONSTECHNIK

Marcel Prümmer

Kennzahlenbasiertes Bewertungssystem der Leistungsfähigkeit verketteter Fertigungssysteme in der mechanischen Fertigung des Werkzeugbaus

Herausgeber:
Prof. Dr.-Ing. T. Bergs
Prof. Dr.-Ing. Dipl.-Wirt. Ing. G. Schuh
Prof. Dr.-Ing. C. Brecher
Prof. Dr.-Ing. R. H. Schmitt

Band 25/2020

WZL | RWTH AACHEN UNIVERSITY

Fraunhofer IPT

Bibliografische Information der Deutschen Nationalbibliothek
Die Deutsche Nationalbibliothek verzeichnet diese Publikation in der Deutschen Nationalbibliografie; detaillierte bibliografische Daten sind im Internet über https://portal.dnb.de abrufbar.

Marcel Prümmer:

Kennzahlenbasiertes Bewertungssystem der Leistungsfähigkeit verketteter Fertigungssysteme in der mechanischen Fertigung des Werkzeugbaus

1. Auflage, 2020

Gedruckt auf holz- und säurefreiem Papier, 100% chlorfrei gebleicht.

Apprimus Verlag, Aachen, 2020
Wissenschaftsverlag des Instituts für Industriekommunikation und Fachmedien an der RWTH Aachen
Steinbachstr. 25, 52074 Aachen
Internet: www.apprimus-verlag.de, E-Mail: info@apprimus-verlag.de

Druck: KN Digital Printforce GmbH, Stuttgart

ISBN 978-3-86359-902-7

D 82 (Diss. RWTH Aachen University, 2020)

Vorwort und Danksagung

Preamble and Acknowledgment

Die vorliegende Dissertation entstand während meiner Tätigkeit als wissenschaftlicher Mitarbeiter und Gruppenleiter am Fraunhofer-Institut für Produktionstechnologie IPT in Aachen.

Mein erster Dank gilt Prof. Thomas Bergs, dem Bereichsleiter Prozesstechnologie des Fraunhofer-Instituts für Produktionstechnologie IPT und Inhaber des Lehrstuhls für Technologie der Fertigungsverfahren am Werkzeugmaschinenlabor der Rheinisch-Westfälischen Technischen Hochschule, für die Möglichkeit zur Promotion und das Vertrauen in meine Arbeit. Das von ihm geschaffene praxisnahe und herausfordernde Umfeld hat wesentlich zum Gelingen dieser Arbeit beigetragen. Mein weiterer Dank gilt Herrn Prof. Fritz Klocke, dem ehemaligen Lehrstuhlinhaber, für die Übernahme des Korreferats. Ebenso bedanke ich mich bei Frau Prof. Kirsten Bobzin und Herrn Prof. Peter Loosen für die Übernahme des Prüfungsvorsitzes und des Beisitzes.

Die intensive Zusammenarbeit zwischen dem Fraunhofer IPT, dem WZL der RWTH Aachen sowie der WBA Aachener Werkzeugbau Akademie GmbH in der Branche Werkzeugbau war ein integraler Bestandteil meiner Tätigkeit und hat einen bedeutenden Anteil zum Gelingen der Dissertation geleistet. Die wissenschaftliche Arbeit wurde durch die Diskussion und Validierung in Unternehmen des Werkzeugbaus bedeutend beeinflusst. Besonders möchte ich mich bei den Herren Markus Grosch und Rainer Brandt von der Gebhardt Werkzeug- und Maschinenbau GmbH sowie bei Herrn Andreas Weiß von der HARTING Applied Technologies GmbH bedanken, die mich freundlicherweise bei der Validierung des Kennzahlensystems unterstützt haben.

Ein besonderer Dank geht an Dr. Kristian Arntz für die exzellente Zusammenarbeit sowie die Erstkorrektur der vorliegenden Dissertation. Den Kollegen aus den Bereichen TF-100 sowie vom Lehrstuhl für Produktionssystematik danke ich für die vielen Diskussionen und moralische Unterstützung während meiner Promotionszeit. Hier seien neben vielen anderen insbesondere Lars Johannsen, Marcel Wilms, Moritz Wollbrink, Rainer Horstkotte, Sebastian Weber, Dr. Dominik Heeschen, Dr. Tobias Hensen, Dr. Christoph Kelzenberg, Prof. Wolfgang Boos und Karin Kopp genannt. Weiterhin möchte ich meinen langjährigen studentischen Hilfskräften Christian Lürken und Benedikt Bruning für die freundschaftliche und stets hervorragende Zusammenarbeit und Unterstützung bei der Softwareimplementierung danken.

Meine Familie, insbesondere mein Vater Walter, aber auch mein engster Freundeskreis und vor allem meine Freundin Vera haben durch ihren bedingungslosen Rückhalt in allen Belangen einen wesentlichen Grundstein zum Gelingen dieser Dissertation gelegt. Ich danke Euch für die motivierenden Worte, das entgegengebrachte Verständnis und den Verzicht auf viel gemeinsame Zeit!

Aachen, im August 2020

Marcel Prümmer

Inhaltsübersicht

Outline

Inhaltsverzeichnis

Table of Contents

Formelzeichen und Abkürzungen

Symbols and Abbreviations

Hinweis: Die Formelzeichen und Abkürzungen der Variablen für die Bewertungsformeln des kennzahlenbasierten Bewertungssystems sind den jeweiligen Abschnitten des Anhangs D zu entnehmen. Dies verbessert die Lesbarkeit und die Zuordnung innerhalb der Bewertungsformeln der Leistungsfähigkeiten. Nachfolgend sind alle Formelzeichen und Abkürzungen aufgelistet, die im Hauptteil der Arbeit verwendet werden.

Große und kleine Buchstaben

b_i	%	Beeinflussungsgrad von i
F_x	0 - 10	Flexibilität von x
L_x	0 - 10	Leistungsfähigkeit von x
n	1/min	Drehzahl
P_x	0 - 10	Produktivität von x
Q_x	0 - 10	Qualität von x
R^2	0 - 1	Mindestbestimmtheitsmaß
Ra	µm	Mittenrauwert
Rz	µm	Gemittelte Rautiefe

Abkürzungen

AGV	Automated Guided Vehicle
AT	HARTING Applied Technologies GmbH
awf	aachener werkzeug- und formenbau
BAZ	Bearbeitungszentrum
bspw.	beispielsweise
ca.	circa
CAD	Computer-aided design
CAM	Computer-aided manufacturing
CAx	Computer-aided x
CBN	Kubisch kristallines Bornitrid
CNC	Computerized Numerical Control

DED	Directed Enegery Deposition
DIN	Deutsches Institut für Normung
EFQM	European Foundation of Quality Measurement
EiP	Excellence in Production
ERP	Enterprise-Resource-Planning
EU	Europäische Union
f.	folgende
ff.	fortfolgende
FFS	Flexibles Fertigungssystem
FFZ	Flexible Fertigungszelle
ggf.	gegebenenfalls
H_i	Handlingsystem i
HPC	High Performance Cutting
HRC	Härteprüfung nach Rockwell
HSC	High Speed Cutting
HSK	Hohlschaftkegel
i. A. a.	in Anlehnung an
i. d. R.	in der Regel
IMS	Interlinked manufacturing system
IEC	International Electrotechnical Commission
IPT	Fraunhofer-Institut für Produktionstechnologie IPT
JMS	Jobmanagementsystem
Kap.	Kapitel
kg	Kilogramm
LAN	Local Area Network
L-PBF	Laser Powder Bed Fusion
LMD-P/W,	Laser Metal Deposition Powder/Wire
KMG	Koordinatenmessgerät
KMU	Kleine und mittlere Unternehmen
max.	Maximum
M_i	Maschine i

min	Minimum
MES	Manufacturing Execution System
Mio.	Millionen
MK	Morsekegel
Mrd.	Milliarden
N_i	Netzwerk i
NC	Numerical Control
NPS	Nullpunktspannsystem
o. ä.	oder ähnliches
PCBN	Polykristalines kubisches Bornitrid
Pe_i	Peripherie i
PPS	Produktionsplanung und -steuerung
Pr_i	Prozess i
QR	Quick Response
REFA	REFA Bundesverband e.V.
RFID	Radio Frequency Identification
RWTH	Rheinisch-Westfälische Technische Hochschule Aachen
s.	siehe
S.	Seite
SK	Steilkegel
u. a.	unter anderem
VDI	Verein Deutscher Ingenieure
VDMA	Verband Deutscher Maschinen- und Anlagenbau
VFS	Verkettetes Fertigungssystem
vgl.	vergleiche
WBA	WBA Aachener Werkzeugbau Akademie GmbH
WZ	Werkzeug
WZB	Werkzeugbau
WZL	Werkzeugmaschinenlabor WZL der RWTH Aachen
z. B.	zum Beispiel

Kurzzusammenfassung

Abstract

Der Werkzeugbau in Deutschland steht vor zahlreichen globalen, konjunkturellen und demografischen Herausforderungen. Als Bindeglied zwischen Produktentwicklung und Serienfertigung kann der Werkzeugbau sowohl zum Innovationstreiber als auch zum Produktivitätsbefähiger der Serienfertigung werden und einen Wettbewerbsvorteil erzielen. Die aktuelle Konjunkturentwicklung im Werkzeug- und Formenbau mit sinkenden Auftragseingängen und geringen Auftragsbeständen führt zu einem Preiskampf und wird durch COVID-19 zusätzlich erschwert. Marktfähig sind Werkzeugbaubetriebe daher auf Dauer nur, wenn die internen Wertschöpfungsprozesse optimiert werden und so Margenverluste durch interne Effizienzsteigerungen kompensiert werden können.

Unter technologischen Gesichtspunkten bieten verkettete Fertigungssysteme in der mechanischen Fertigung des Werkzeugbaus großes Potenzial zur weiteren Steigerung der Leistungsfähigkeit. Aufgrund des Einzel- und Kleinseriencharakters ist eine reine Adaption der bekannten Automatisierungsmethoden aus der Serienfertigung auf den Werkzeugbau jedoch nicht anwendbar. Im Rahmen der Arbeit wurde daher ein kennzahlenbasiertes Bewertungssystem der technologischen Leistungsfähigkeit verketteter Fertigungssysteme im Werkzeugbau entwickelt. Dieses versetzt die Werkzeugbaubranche in die Lage, individuelle Konzepte oder bestehende verkettete Fertigungssysteme in der mechanischen Fertigung vor, während oder nach einer Investitionsentscheidung zu bewerten und so Optimierungspotenziale abzuleiten.

Die Konzeption des Kennzahlensystems basiert auf Anforderungen aus der Theorie und Praxis. Als Bewertungsebenen werden die Ressourcen- (Maschinen, Handlingsystem, Peripherie), Netzwerk- und Prozessebene definiert. Im Zuge der Leistungsfähigkeitsbestimmung wurden Zielgrößen, bewertungsrelevante Aspekte, Einflussgrößen, Gewichtungsfaktoren und daraus resultierende Bewertungskennzahlen entwickelt. Synthetisiert bilden diese das ganzheitliche, modulare und kennzahlenbasierte Bewertungssystem für verkettete Fertigungssysteme im Werkzeugbau. Das Bewertungssystem wurde als Softwarelösung implementiert und anhand von zwei Fallbeispielen validiert.

Das in der Dissertation entwickelte kennzahlenbasierte Bewertungssystem stellt den ersten modularen und ganzheitlichen Ansatz zur Bewertung der Leistungsfähigkeit verketteter Fertigungssysteme im Werkzeugbau dar. Eine industrienahe Anwendbarkeit des Kennzahlensystems ist in hohem Maße gegeben.

Abstract

Kurzzusammenfassung

The tool and die making industry in Germany is facing a multitude of global, economic and demographic challenges. As a link between product development and serial production, toolmaking can become both an innovation and productivity driver in serial production and achieve a competitive advantage. The current economic development in the tool and die making industry with declining incoming orders and low order backlogs leads to a price war and is further complicated by COVID-19. Hence, in the long term, toolmaking companies will only be competitive if internal value-added processes are optimized and losses in margins can be compensated by internal increases in efficiency.

From a technological point of view, interlinked manufacturing systems in the mechanical production of toolmaking offer great potential to further enhance efficiency. Due to the individual and small series character, however, a pure adaptation of the known automation methods from serial production to tool and die making is not applicable. In the context of this work, a key figure-based evaluation system for the technological performance of interlinked manufacturing systems in toolmaking was developed. This enables the tool and die making industry to evaluate individual concepts or existing interlinked manufacturing systems in mechanical production before, during or after an investment decision and thus offers optimization potentials.

The concept of the performance measurement system includes requirements from theory and practice. The resource (machines, handling system, periphery), network and process levels are defined as evaluation levels. In the course of determining the performance capability, target values, evaluation-relevant aspects, influencing variables, weighting factors and the aggregated key performance indicators were developed. Synthesized, these form the holistic, modular and key figure-based evaluation system for interlinked manufacturing systems in toolmaking. The evaluation system was implemented as a software solution and was validated in the context of two case studies.

The key figure-based evaluation system developed in the dissertation represents the first modular and holistic approach for the evaluation of the performance of interlinked manufacturing systems in tool making with a high applicability for industrial implementation.

1 Einleitung

Introduction

Im ersten Kapitel erfolgt eine Einleitung in die Thematik dieser Dissertation. Dazu wird die Ausgangssituation der produzierenden Industrie und des Werkzeugbaus in Deutschland beschrieben, bevor die Zielstellung der Arbeit definiert (s. Kap. 1.2) und die zentrale Forschungshypothese abgeleitet wird. Nach Darstellung des Forschungsansatzes in Abschnitt 1.3 endet das Kapitel mit einer Darstellung des Aufbaus dieser Arbeit.

1.1 Ausgangssituation und Motivation

Initial Situation and Central Issue

In Deutschland, aber auch anderen Hochlohnländern, steht das produzierende Gewerbe vor zahlreichen Herausforderungen [BMWI19a, S. 6]. Der globalisierte Wettbewerb führt zu einem erhöhten Kostendruck durch niedrigere Lohn- und Fertigungskosten in Schwellenländern bei gleichbleibendem Anspruch an Qualität und Lieferzeiten [BMWI19b, S. 5 f.]. Mit einem Industrieanteil von 23 % an der Bruttowertschöpfung liegt Deutschland an der Spitze aller Länder der EU [BMWI19b, S. 4]. Das produzierende Gewerbe stellt daher das Rückgrat der deutschen Wirtschaft dar und sichert das aktuelle Lohnniveau und Arbeitsplätze [BMWI19b, S. 5 ff.]. Die weltweite Industrieproduktion entwickelte sich im letzten Jahr mit geringerem Tempo als in den Jahren zuvor, wodurch der Wettbewerbsdruck weiter gesteigert wird [BMWI19a, S. 69]. Die aktuelle Pandemie durch das COVID-19 (Coronavirus SARS-CoV-2) erschwert die wirtschaftliche Situation weltweit zusätzlich, da (globale) Lieferketten zusammenbrechen und Unternehmen ihre Produktion einstellen müssen [GOMO20; RING20; BMWI20]. Neben der Globalisierung stellt der demografische Wandel ein weiteres Handlungsfeld für die deutsche Industrie dar. Die Bevölkerung im Erwerbsalter in Deutschland lag im Jahr 2018 bei 51,8 Mio. Nach Schätzungen wird sie bis zum Jahr 2035 auf 47,4 Mio. abnehmen [STAT19], was sich in einem Facharbeitermangel und veränderten Tätigkeitstrukturen, auch im Werkzeugbau, bemerkbar machen wird [BOOS18d, S. 13 f.]. Dritte Herausforderung für die produzierende Industrie stellt die Implementierung und ganzheitliche Nutzung von Industrie 4.0 dar. Es wird das Ziel verfolgt, mittels ganzheitlicher digitaler Vernetzung von Maschinen, Ressourcen, Mitarbeitern und Prozessen, Produktionsprozesse zu optimieren [ACAT13, S. 5 ff.]. Status quo stellt die Nutzung von Einzellösungen, z. B. zur Digitalisierung und Visualisierung, hinsichtlich Industrie 4.0 entlang der Wertschöpfungsprozesskette dar, was dazu führt, dass Produktivitätssteigerungen nicht in vollem Umfang erzielt werden können [SCHU18a, S. 6 f.]. Die Einführung von Industrie 4.0 Lösungen findet aufgrund indifferenter bis skeptischer Grundhaltungen bei vielen Unternehmen vor dem Aspekt der Wirtschaftlichkeit vergleichsweise langsam statt [vgl. ACAT19, S. 37 ff.]. Zusammenfassend lässt sich festhalten, dass neben der Entwicklung innovativer Produkte und Dienstleistungen eine deutliche wertschöpfungsseitige Effizienzsteigerung erreicht werden muss, um auch zukünftig global wettbewerbsfähig zu sein.

Der Werkzeugbau in Deutschland ist in gleichem Maße von den beschriebenen Herausforderungen betroffen [BOOS18d, S. 13 f.]. Als Bindeglied zwischen Produktentwicklung und Serienfertigung kann der Werkzeugbau sowohl zum Innovationstreiber als auch zum Produktivitätsbefähiger der Serienfertigung werden und so einen Wettbewerbsvorteil erzielen [vgl. HEES15, S. 1]. Durch die Adressierung der Handlungsfelder Produkt- und Prozessstandardisierung, Fließfertigung, Taktung, Fokussierung, Kooperation, Mitarbeiter und Administration konnte sich die Branche des Werkzeugbaus flächendeckend von einer handwerklichen Prägung hin zu industriellen Strukturen weiterentwickeln und ihre Leistungsfähigkeit vor allem durch organisatorische Maßnahmen steigern. [vgl. KLOT06, S. 180 ff.; SCHU10, S. 7 ff.] Die aktuelle Konjunkturentwicklung im Werkzeug- und Formenbau mit sinkenden Auftragseingängen und geringen Auftragsbeständen führt zu einem globalen Preiskampf [WERK20]. Wettbewerbsfähig sind Werkzeugbaubetriebe daher auf Dauer nur, wenn die internen Wertschöpfungsprozesse optimiert werden und so Margenverluste durch interne Effizienzsteigerungen kompensiert werden können [BOOS19b, S. 1 f.].

Aus technologischer Perspektive bieten Automatisierungslösungen in der mechanischen Fertigung des Werkzeugbaus in Form von verketteten Fertigungssystemen (VFS) großes Potenzial zur weiteren Steigerung der Leistungsfähigkeit [BOOS17a, S. 37 f.; PRÜM18, S. 1]. Bei zielgerichteter Gestaltung und Verwendung eines VFS lassen sich Durchlaufzeiten und Werkzeugkomponentenkosten reduzieren und gleichzeitig die Qualität und Produktivität steigern [BOOS17a, S. 14 ff.; HESS00, S. 2; FAVR04, S. 4 ff.]. Hohe Investitionskosten, die Angst vor einer Flexibilitätsreduktion in der mechanischen Fertigung und auch Widerstände in der Belegschaft stellen jedoch große Hemmnisse dar, in ein VFS zu investieren [BOOS17a, S. 14; WERK20]. Aufgrund des Einzel- und Kleinseriencharakters und damit einhergehender Heterogenität der Werkzeugkomponenten sowie geringen Losgrößen ist darüber hinaus eine reine Adaption der bekannten Automatisierungsmethoden aus der Serienfertigung auf den Werkzeugbau nicht anwendbar [BOOS17a]. Vielmehr sind gezielt auf den jeweiligen Anwender maßgeschneiderte Lösungen zu konzeptionieren, was Werkzeugbaubetriebe aufgrund fehlender Erfahrung und Bewertungskriterien vor Herausforderungen stellt [PRÜM19, S. 470]. Die Wirksamkeit bei richtiger Implementierung von VFS lässt sich exemplarisch am Beispiel der Steigerung der Jahreslaufzeit der Maschinen verdeutlichen[1] und muss zukünftig zum Standard in der Branche werden. Mit gesteigertem Automatisierungsrad steigt ebenfalls der Grad der Vernetzung in der mechanischen Fertigung als auch der Einfluss der Peripheriekomponenten, wie Werkstückspannsysteme, Bearbeitungswerkzeugspannsysteme, Mess- und Waschmaschinen an [PRÜM19, S. 470 ff.].

Die Entwicklung eines Bewertungssystems der Leistungsfähigkeit verketteter Fertigungssysteme bietet daher Werkzeugbaubetrieben die Möglichkeit, kennzahlenbasiert verschiedene Konfigurationen von VFS vor, während und nach der Investitionsentscheidung zu analysieren und bewerten. Damit können Optimierungspotenziale und Handlungsempfehlungen für Bestandslösungen gehoben und das Risiko einer Fehlinvestition bei Neuanschaffungen vermieden werden. Darüber

[1] Am Beispiel der Senkerodiermaschinen konnten die besten 10 Unternehmen aus dem Jahr 2019 durchschnittlich 3632 h Laufzeit erzielen, während der Durchschnitt der EiP Teilnehmer lediglich 2893 h realisieren konnte. Diese Laufzeitsteigerung von 25 % ist auf einen stärkeren Einsatz an Automatisierungslösungen (38,2 % zu 66,6 %) an den Maschinen zurückzuführen. Quelle: Datenbank des Fraunhofer-Instituts für Produktionstechnologie IPT und des WZL der RWTH Aachen

hinaus wird ein objektiver unternehmensübergreifender Vergleich von verketteten Fertigungssystemen ermöglicht.

1.2 Zielsetzung

Objective

Im folgenden Unterkapitel wird die Zielsetzung der vorliegenden Arbeit beschrieben. Eine detaillierte Ableitung der Zielsetzung erfolgt auf Basis des Erkenntnisdefizits aus den theoretischen Grundlagen (s. Kapitel 2) und der bestehenden Ansätze (s. Kapitel 3) in Abschnitt 3.4 durch die Konkretisierung und Ausformulierung von Forschungsfragen.

Innerhalb dieser Dissertation wird die **übergeordnete Zielsetzung** verfolgt, ein kennzahlenbasiertes Bewertungssystem zu entwickeln, das die Branche Werkzeugbau befähigt, verkettete Fertigungssysteme (VFS) in der mechanischen Fertigung objektiv und basierend auf quantitativen sowie qualitativen Daten zu bewerten.

In der Serienfertigung werden heutzutage bereits erfolgreich verkettete Fertigungssysteme eingesetzt, wodurch die Produktivität und somit die Leistungsfähigkeit der produzierenden Unternehmen nachweislich verbessert werden konnte. Übertragen auf den Werkzeug- und Formenbau existiert aktuell keine Systematik, die die Optimierung durch ein verkettetes Fertigungssystem in der mechanischen Fertigung misst und bewertet. Zwar bestehen theoretische Ansätze, um einzelne Ressourcen und Prozesse in der Fertigung des Werkzeugbaus zu evaluieren, jedoch bleibt eine ganzheitliche Betrachtung eines verketteten Fertigungssystems aktuell unberücksichtigt [BILS06]. Gerade die Besonderheiten einer Maschinenverkettung, wie der größtenteils autonome Handling- und Rüstprozess, der starke Einfluss von Peripherieelementen, z. B. von Werkstückträgern oder Messmaschinen, auf die Fertigung, sowie die Kommunikation und Vernetzung der Maschinen miteinander, entziehen sich aktuell jeglicher Berücksichtigung. Dieses Wissensdefizit soll mithilfe dieser Arbeit geschlossen werden. Die größte Herausforderung stellt dabei die Struktur des Bewertungssystems dar, die so gewählt werden muss, dass das System jede beliebige Konfiguration eines verketteten Fertigungssystems anhand vergleichbarer Einflussgrößen und bewertungsrelevanter Aspekte bewerten kann. Divergierende Charakteristika sowie inkonsistente Skalenniveaus müssen sowohl auf technologischer als auch auf prozessualer Ebene auf einheitliche Niveaus transformiert werden, um eine Vergleichbarkeit mit anderen Systemen abbilden zu können. Als sinnvoll erweist sich ein Bewertungssystem daher nur, wenn durch die Anwendung ein Mehrwert für das Unternehmen entsteht [SIEB98, S. 2].

Daraus resultierend ist die **konkrete Zielsetzung** dieser Dissertation die Entwicklung einer unternehmensunabhängigen kennzahlenbasierten Bewertungssystematik von verketteten Fertigungssystemen in der mechanischen Fertigung im industriellen Werkzeug- und Formenbau, mit dem Ziel einer Leistungsfähigkeitsbeschreibung abgeleitet aus den quantitativen und qualitativen Einflussgrößen.

Die übergeordnete und die konkrete Zielsetzung der Arbeit wird durch die Betrachtungsbereiche in den Kapiteln 2 und 3 weiter geschärft. Insbesondere die Ableitung des Handlungsbedarf aus Praxis (s. Abschnitt 2.5) und Theorie (s. Abschnitt 3.4) ist an dieser Stelle von Relevanz.

1.3 Forschungsansatz

Research Approach

Nach BINDER UND KANTOWSKY stellt die wissenschaftliche Forschung einen Prozess dar, bei dem neue Erkenntnisse entdeckt und ggf. daraus Lösungen entwickelt werden [BIND96, S. 3]. Diese werden im Anschluss daran der Forschungsgemeinschaft zugeführt [BIND96, S. 24 ff.]. Daraus folgt, dass zunächst der Forschungsansatz geklärt werden muss, der dem Forschungsprozess, und damit dieser Dissertation, zugrunde liegt. Aus diesem Grund werden nachfolgend die grundlegende Erkenntnisperspektive sowie die Methodologie der Arbeit eingeführt. [GUBA94, S. 107] Der Forschungsansatz beruht auf wissenschaftlichen Paradigmen und Methoden, die am Fraunhofer IPT in der Gruppe Technologieorganisation und am Lehrstuhl für Produktionssystematik des Werkzeugmaschinenlabors WZL der RWTH Aachen vielfach erfolgreich angewandt wurden.[2]

1.3.1 Grundlegende Erkenntnisperspektive

Basic Research Perspectiv

Die grundlegende Erkenntnisperspektive umfasst nicht begründbare Überzeugungen des Forschers neben einem wissenschaftlich systematischen Erkenntnisprozess. „Jeder Ansatz stellt ja ein Vor-Urteil dar, mit dem der wissenschaftliche Erkenntnisprozess in Angriff genommen wird, und er begrenzt zwangsläufig die möglichen Erkenntnisse, die man durch diesen Prozess gewinnen wird."[3] [ULRI71, S. 43] Dieses Vorverständnis, dessen Wahrheit nicht nachgewiesen werden kann, gilt es als grundlegende Überlegung anzunehmen [GUBA94, S. 107]. Durch die Offenlegung der grundlegenden Erkenntnisperspektive und des forschungsmethodischen Vorgehens können die Ergebnisse des Forschungsprozesses jedoch dem Bewusstsein mehrerer Personen gemeinsam greifbar gemacht werden [BIND96].

Mit der Einordnung dieser Arbeit in das Spektrum der Wissenschaften wird die grundlegende Erkenntnisperspektive dargestellt und erläutert. Grundsätzlich lassen sich die Wissenschaften in Formal- und Realwissenschaften unterteilen (s. Abbildung 1-1). [ULRI76a, S. 305] Formalwissenschaften konzentrieren sich auf die Konstruktion von Zeichensystemen und auf die Entwicklung eines entsprechenden Regelwerks für ihre Verwendung [ULRI76a, S. 305]. Die Aussagen der Formalwissenschaften sind grundsätzlich analytisch und beziehen sich nicht auf reale Objekte. Als ihr zugehörige Anwendungsfelder können die Philosophie, Logik und Mathematik genannt werden. Dabei wird die Prüfung auf Richtigkeit getroffener Aussagen auf Basis ihrer logischen Kohärenz getroffen. [SCHA87, S. 2039]

---

[2] Beispiele für einen dementsprechend beschriebenen und angewandten Forschungsansatz finden sich u. a. [PITS14; KUHL11; SALM16; HEES15; KUHM17].

[3] Zitiert nach [BIND96].

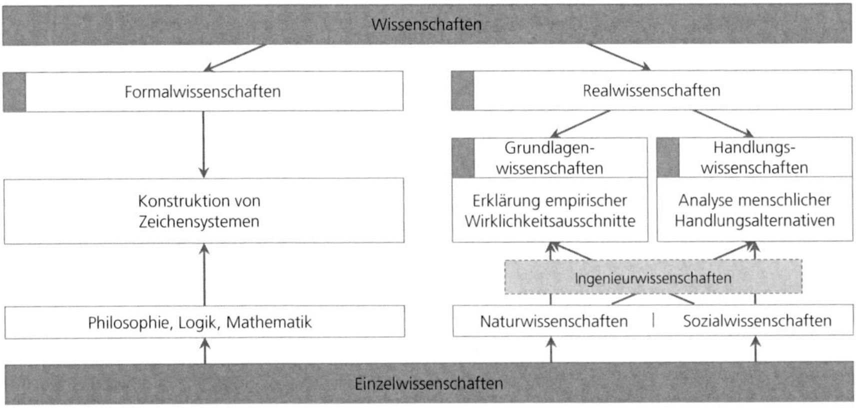

Abbildung 1-1: Wissenschaftssystematik i. A. a. ULRICH
Systematic of Science according to ULRICH

Die Realwissenschaften sind synthetisch, also zu einer Einheit zusammengesetzt. Ergänzend zu den Formalwissenschaften wird eine Faktenanalyse benötigt, um die Überprüfung von Aussagen durchführen zu können. Grundsätzlich beziehen sich Realwissenschaften auf Wirklichkeitsausschnitte bzw. Abbilder der Wirklichkeit. [SCHA87, S. 2039] Innerhalb der Realwissenschaften wird zwischen reinen Grundlagenwissenschaften und angewandten Handlungswissenschaften unterschieden [ULRI76b, S. 305]. Die Fragen reiner Grundlagenwissenschaften befassen sich mit Problemstellungen aus einem Theoriezusammenhang [ULRI84, S. 172], um Modelle bilden zu können und somit ein besseres Verständnis für die Natur zu entwickeln. Ein Anwendungsfeld sind die Naturwissenschaften, also z. B. die Chemie und die Physik [ULRI76b, S. 305]. Die angewandten Wissenschaften verfolgen das Ziel, menschliche Handlungsalternativen zu analysieren, um damit technische und soziale Systeme zu gestalten. Dies wird mittels Explizierung sowie Generalisierung der Handlungsempfehlungen realisiert. [ULRI76b, S. 306] Den Sozialwissenschaften lassen sich die Ingenieurwissenschaften und in Teilen auch die Betriebswirtschaftslehre zuordnen [ULRI76b, S. 305]. Für die Grundlagenwissenschaft ist die Realität selber der Untersuchungsgegenstand. Für angewandte Wissenschaften stellt diese lediglich den Startpunkt für die Analyse von Handlungsalternativen dar, um zukünftige Realitäten zu gestalten. Die zu betrachtende Problemstellung liegt somit im Praxiszusammenhang und wird an Praxiskriterien, wie Schnelligkeit oder Zuverlässigkeit, gemessen [LENK79, S. 141 ff.].

Die vorliegende Arbeit liegt im Bereich der ingenieurwissenschaftlichen Wissenschaft und weist Schnittstellen zur Betriebswirtschaftslehre auf. Somit kann die Arbeit den Handlungswissenschaften zugeordnet werden, mit dem Schwerpunkt auf einer technisch und ingenieurwissenschaftlichen Themenstellung.

Die Arbeit folgt dem systemtheoretischen Ansatz nach ULRICH, welcher als interdisziplinär, integrativ, offen und praxisnah bezeichnet werden kann. Darüber hinaus weist der Ansatz besondere Nähe zu den Ingenieurwissenschaften auf. [ULRI76a, S. 308] Die Ausrichtung auf Probleme der Gestaltung, Lenkung und Entwicklung zweckgerichteter sozialer Systeme, mit Fokus auf reale Problemstellungen anstelle einer reinen Theoriebetrachtung, ist Kerninhalt des Ansatzes [ULRI84, S. 126]. Der systemtheoretische Ansatz trifft das Verständnis des Verfassers dieser Dissertation am besten und repräsentiert daher die Weltsicht des Autors. Dies wirkt sich auf die zu wählende Forschungsmethodologie aus und wird als fester Kern der Arbeit implementiert.

1.3.2 Methodologie

Methodology

In diesem Abschnitt wird die Methodologie der vorliegenden Arbeit vorgestellt. Die Methodologie beschreibt den Weg hin zur wissenschaftlichen Erkenntnis und dient in dieser Arbeit zur Darlegung der wissenschaftlichen Vorgehensweise. Nach POPPER beginnt Erkenntnis „nicht mit Wahrnehmungen oder Beobachtungen oder der Sammlung von Daten oder von Tatsachen, sondern sie beginnt mit Problemen". [POPP75, S. 104] Ziel ist es also, Annahmen und Fragen an die Realität in den Mittelpunkt der Forschung zu stellen und weniger das einmalige Aufstellen, Verifizieren oder Falsifizieren einer Hypothese [KUHM17, S. 5].

Das Erreichen eines pragmatischen Wissensziels wird durch einen geeigneten Forschungsprozess vereinfacht. Forschung ist ein Lernprozess mit theoretisch geleiteten Fragen an die Realität als Forschungsmedium [KUBI77, S. 14].

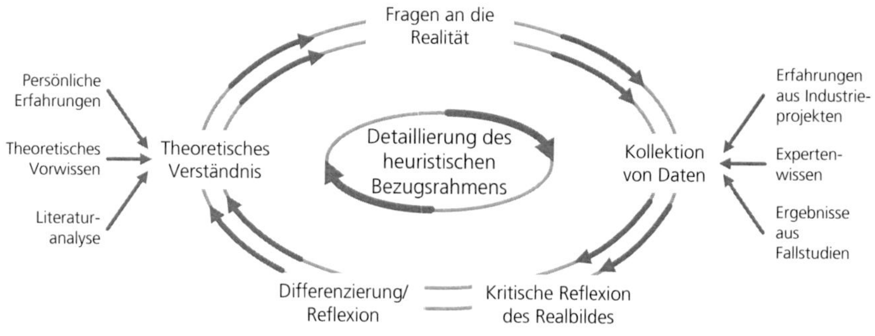

Abbildung 1-2: Forschungsprozess nach TOMCZAK
Scientific Process according to TOMCZAK

Der dementsprechende Forschungsprozess für die Handlungswissenschaften wird auch als explorative Forschung bezeichnet. Maßgebliches Gütekriterium dieses Ansatzes ist der hervorgerufene Erkenntnisgewinn, weniger die Prüfbarkeit von Aussagen bzw. die Qualität der Datenerhebung. [KUBI77, S. 15 f.]

Zur Durchführung der explorativen Forschung hat TOMCZAK einen Forschungszyklus entwickelt [TOMC92, S. 83 f.], dessen Mittelpunkt durch einen heuristischen Bezugsrahmen gebildet wird, der das Vorverständnis des Forschers expliziert, den Forschungsprozess steuert und Orientierungshilfen für die Lösung praxisrelevanter Probleme liefert [TOMC92, S. 84].[HEES15, S. 11] Abbildung 1-2 zeigt den explorativen Forschungsprozess, der für diese Dissertation gewählt wurde.

Der heuristische Bezugsrahmen bildet das Vorverständnis des Forschers ab [KUBI77, S. 15]. Dem Vorverständnis liegt eine Erscheinung zugrunde, welches als Problem gefasst und in Form von Fragestellungen ausformuliert werden kann [KUBI77, S. 18]. Das Problem wird durch Spezifizierung konkretisiert, indem relevante Größen, Beziehungen und Mechanismen erkannt werden. Dabei wird das Problem in Analyseeinheiten, Dimensionen und Verbundannahmen unterteilt. Analyseeinheiten sind Merkmalsträger, denen verschiedene Eigenschaften zugewiesen werden können. Dimensionen dienen dazu, Eigenschaften von Analyseeinheiten zu erfassen und vergleichbare Analysen im Forschungskontext zu realisieren. Den Zusammenhang zwischen verschiedenen Analyseeinheiten stellen die Verbundannahmen dar. Zusammengefasst stellen die drei Elemente das Problemverständnis eines Forschungsprozesses dar [KUHM17, S. 11].

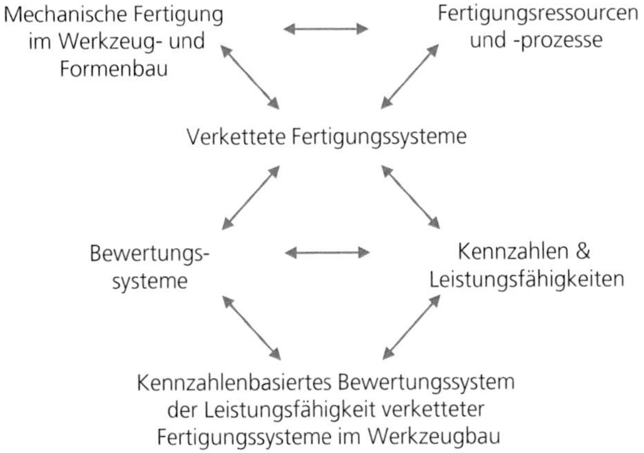

Abbildung 1-3: Heuristischer Bezugsrahmen für ein kennzahlenbasiertes Bewertungssystem
Heuristic Frame of Reference for a Key Figure Based Evaluation System

Abbildung 1-3 zeigt das erste Konzept des heuristischen Bezugsrahmens auf. Dabei wurden lediglich die für die Problemstellung relevanten Analyseeinheiten berücksichtigt [KLOT06, S. 10]. Die Analyseeinheiten sind in diesem Fall der Werkzeug- und Formenbau, die Fertigungsressourcen und -prozesse sowie verkettete Fertigungssysteme, die im vorliegenden Problem im Spannungsfeld von Bewertungssystemen sowie Leistungsfähigkeits- und Kennzahlenbetrachtung einzuordnen sind.

Um den Betrachtungsrahmen der vorliegenden Dissertation einzugrenzen und somit die Stoßrichtung des Forschungsprozesses vorzugeben, wird eine grundlegende Forschungshypothese gemäß den Ausführungen nach KUBICEK aufgestellt [KUBI77, S. 25]. Diese lautet:

Mithilfe eines fertigungstechnologischen Bewertungssystems lässt sich die Leistungsfähigkeit von verketteten Fertigungssystemen in der mechanischen Fertigung des Werkzeugbaus kennzahlenbasiert, ganzheitlich und modular beschreiben.

Eine Detailierung der übergeordneten Forschungshypothese wird in Abschnitt 3.4 durchgeführt und insgesamt vier Forschungsfragen aufgestellt. Davor wird der Handlungsbedarf aus der Praxis (s. Abschnitt 2.5) und der Theorie (s. Abschnitt 3.4) analysiert, um das Erkenntnisdefizit ganzheitlich und multiperspektivisch zu erfassen.

1.4 Aufbau der Arbeit

Set-up of the Thesis

Diese Dissertation ist gemäß den Phasen angewandter Forschung nach ULRICH aufgebaut. Den Ausgangspunkt bildet die Erfassung des praxisrelevanten Problems. Dieses wird wissenschaftstheoretisch und anschließend im Anwendungszusammenhang beleuchtet, um Beurteilungskriterien, Gestaltungsregeln als auch Modelle abzuleiten. Diese gilt es anschließend in der Praxis zu validieren, um die Beratung und Implementierung zu ermöglichen. [ULRI84, S. 193]

Abbildung 1-4: Aufbau der Arbeit nach den Phasen der angewandte Forschung nach ULRICH
Layout of the Dissertation according to ULRICH

Abbildung 1-4 zeigt die Phasen der angewandten Forschung nach ULRICH auf und überträgt die Phasen auf die in sieben Kapitel unterteilte Gliederung dieser Dissertation.

Im **ersten Kapitel** werden die Ausgangssituation und Motivation inklusive der zentralen Problemstellung für den Werkzeugbau beschrieben. Darauf aufbauend wird die Zielsetzung der Arbeit abgeleitet und anschließend der Forschungsansatz sowie die zentrale Forschungshypothese dargelegt. Geschlossen wird das Kapitel mit der Vorstellung des Aufbaus der Arbeit.

Das **zweite Kapitel** dient dazu, die relevanten Grundlagen des Gestaltungs- und Betrachtungsbereiches vorzustellen sowie den Handlungsbedarf aus der Praxis herzuleiten. Zunächst werden grundlegende Begrifflichkeiten definiert, um ein einheitliches Begriffsverständnis zu schaffen. Anschließend werden die Grundlagen des Werkzeug- und Formenbaus dargestellt. Dazu werden die Funktion, die Produkte und die Fertigungstechnologien des Werkzeugbaus näher beleuchtet. Danach wird der Untersuchungsgegenstand dieser Arbeit, verkettete Fertigungssysteme, grundlagenseitig eingeführt. Das Kapitel endet mit einer Vorstellung von Bewertungsmöglichkeiten der Fertigung, bevor der Handlungsbedarf aus der Praxis abgeleitet wird.

Im **dritten Kapitel** werden bestehende wissenschaftliche Ansätze mit Bezug zur Forschungshypothese analysiert und bewertet. Dazu wird zunächst das Bewertungs- und Anforderungssystem an einen wissenschaftlichen Ansatz zur Bewertung von verketteten Fertigungssystemen im Werkzeugbau definiert. Danach folgt eine Vorstellung relevanter Ansätze zur Themenstellung, die im Anschluss daran bewertet werden. Vervollständigt wird das Kapitel mit der Ableitung des Handlungsbedarfes aus der Theorie sowie der Konkretisierung der Forschungsfragen.

Nach der Konkretisierung der Forschungsfragen und Ableitung der Handlungsbedarfe aus der Praxis und Theorie wird im **vierten Kapitel** das kennzahlenbasierte Bewertungssystem der Leistungsfähigkeit verketteter Fertigungssysteme im Werkzeugbau konzeptioniert. Dazu werden zunächst die theoretischen Grundlagen der Modellierung und Systemtechnik eingeführt. Anschließend wird der Ordnungsrahmen des Bewertungssystems eingeführt, auf dessen Basis darauffolgend die Grobstruktur des Bewertungssystems konzeptioniert wird. Daran schließt sich die Methodikentwicklung zur Bestimmung der Leistungsfähigkeit an, bevor das Kapitel mit einem Zwischenfazit geschlossen wird.

Im **fünften Kapitel** erfolgt eine Detaillierung des Bewertungssystems. Dazu werden die Bewertungsebenen des Systems eingehend beschrieben und die einzelnen Schritte der Methodik zur Leistungsfähigkeitsbestimmung durchlaufen und individualisiert. Zum Schluss des Kapitels wird die Gesamtstruktur des Bewertungssystems synthetisiert.

Das **sechste Kapitel** dient der Validierung des Bewertungssystems hinsichtlich der praktischen Relevanz im Anwendungszusammenhang. Dazu wird zunächst die softwaretechnische Umsetzung des Bewertungssystems vorgestellt. Anhand von zwei Fallbeispielen werden verkettete Fertigungssysteme bewertet und die Ergebnisse kritisch reflektiert sowie der weitere Forschungsbedarf abgeleitet.

Das abschließende **siebte Kapitel** fasst die wissenschaftlichen Erkenntnisse und praktischen Ergebnisse dieser Arbeit zusammen und zeigt einen Ausblick auf die Implikationen des Betrachtungsbereichs sowie weitere Forschungsansätze.

2 Grundlagen des Gestaltungs- und Betrachtungsbereichs

Basics of the Design and Inspection Area

Das zweite Kapitel dient der Einführung relevanter Grundlagen des Gestaltungs- und Betrachtungsbereiches und bildet somit die ersten beiden Phasen der angewandten Forschung nach ULRICH ab: Eine praxisrelevante Problemstellung wird erfasst und typisiert sowie die damit verbundenen Theorien aus der Wissenschaft verstanden und interpretiert (vgl. Kapitel 1.4).

Betrachtungsbereich dieser Arbeit ist der Werkzeug- und Formenbau, dessen Grundlagen, genauer gesagt die Funktionen, Produkte und Fertigungstechnologien, in Kapitel 2.2 beschrieben werden. Das Bewertungselement dieser Arbeit sind verkettete Fertigungssysteme. Die Einführung der Grundlagen und des Status quo erfolgt in Kapitel 2.3. Das Kapitel endet mit einer Vorstellung von Bewertungsmöglichkeiten der Fertigung, bevor der Handlungsbedarf aus der Praxis abgeleitet wird.

2.1 Definition grundlegender Begrifflichkeiten

Definition of Basic Terminology

Dieser Abschnitt dient dazu, ein einheitliches Verständnis von relevanten Fachbegriffen zu schaffen, die für diese Arbeit maßgeblich sind. Dieses Verständnis ist für jede Art von wissenschaftlicher Tätigkeit essenziell [HOFM65, S. 728]. Insbesondere werden die Begriffe definiert, die in der Literatur aufgrund unterschiedlicher Verwendungsbereiche einer hohen Heterogenität hinsichtlich ihrer Bedeutung unterliegen.

Schwerpunkmäßig adressiert diese Arbeit die Branche Werkzeugbau. Bevor der Werkzeugbau jedoch spezifiziert werden kann, gilt es vorab den Begriff Werkzeug zu definieren. Im allgemeinen Sprachgebrauch werden unter Werkzeugen i. d. R. Handwerkzeuge wie Hammer, Schraubendreher o. ä., und im spezifischen Fachjargon z. B. Softwarewerkzeuge, verstanden [vgl. BORC13]. In Anlehnung an KLOTZBACH wird ein Werkzeug „als Fertigungsmittel, das unmittelbar auf ein bestimmtes Material zum Zweck der Form- und Substanzveränderung mechanischer bzw. physikalisch-chemischer Art einwirkt, verstanden" [KLOT06, S. 43]. Diese Definition schließt jedoch Bearbeitungswerkzeuge, wie z. B. Drehmeißel, Schneidplatten oder Fräswerkzeuge mit ein, die innerhalb dieser Arbeit separat betrachtet werden [vgl. VDI78]. Nach EVERSHEIM UND KLOCKE werden Werkzeuge wie folgt definiert [KLOC98, S. 25]:

DEFINITION *Bei **Werkzeugen** handelt es sich um (Hohlform-) Werkzeuge, die eine teilweise oder vollständige Abbildung der Werkstückform in ihrer Werkstückgeometrie aufweisen.*

Daraus folgt, dass ein Werkzeugbau ein Betrieb zur Herstellung von Werkzeugen nach obiger Definition ist. Betriebsmittelbau, Formenbau, Werkzeug- und Formenbau oder Werkzeug- und Anlagenbau sind Bezeichnungen, die in der Industrie häufig Verwendung finden und im Zuge dieser Arbeit synonym unter dem Begriff Werkzeugbau verwendet werden [BRAN91, S. 5; FRIC06, S. 20-21].

Ausgehend von der beschriebenen fachspezifischen Doppeldeutigkeit des Begriffs Werkzeug resultiert die Notwendigkeit der Einführung eines abweichenden Begriffs für spezielle Fertigungsmittel wie beispielsweise Fräser, Drehmeißel, Schleifscheiben oder ähnliche.

DEFINITION *Als **Bearbeitungswerkzeuge** werden Fertigungsmittel verstanden, welche während der Fertigung in Verbindung mit Fertigungsressourcen zur Bearbeitung von Werkstücken zur Herstellung von Werkzeugkomponenten dienen.*

Aufgrund einer abweichenden Bedeutung zur DIN 8580 werden die Begrifflichkeiten Produkt, Werkstück, Bauteil und Werkzeugkomponente nachfolgend eingeführt [HEES15, S. 34 f.; DIN 03e]. Produkte sind Leistungen, die am Markt angeboten werden, um Bedürfnisse zu befriedigen. [SABI91; HERR10, S. 264] Nach PEPELS ist ein „Produkt eine Sach- oder Dienstleistung, die Träger von Nutzeninhalten ist und daher Gegenstand eines Wertaustausches am Markt sein kann" [PEPE13, S. 1].

DEFINITION *Im Zusammenhang mit dieser Arbeit wird als **Produkt** eine (Sach-)Leistung bezeichnet, die von einem Unternehmen am Markt angeboten wird und Träger von Nutzinhalten ist. Ein Werkzeug bildet somit eine Untergruppe der Produkte.*

Dem Duden nach wird ein Werkstück „als ein Gegenstand, der noch (weiter) handwerklich oder maschinell verarbeitet werden muss" verstanden [DUDE20c]. Es handelt sich daher um die Vorstufe eines Produktes nach obiger Definition. Dem Hinweis von BRINKESMEIER folgend werden Werkstücke unter dem Fokus des engen Bezugs zum Fertigungsprozess wie folgt definiert [BRIN91, S. 6]:

DEFINITION *Ein **Werkstück** ist ein Gegenstand, der noch (weiter) bearbeitet werden muss und im engen Zusammenhang zum Fertigungsprozess steht.*

Aufgrund der hohen Vielzahl an Bedeutungen des Begriffes Bauteil [vgl.DUDE20d; BÖGE11] wird in dieser Arbeit der Begriff Werkzeugkomponenten i. A. a. HEESCHEN benutzt, um die Erzeugnisse der mechanischen Fertigung zu beschreiben:

DEFINITION *Die Erzeugnisse der mechanischen Fertigung werden als **Werkzeugkomponenten** bezeichnet, aus denen das Werkzeug schlussendlich montiert wird.*

Neben den bereits eingeführten Definitionen gilt es, die Begrifflichkeiten Fertigungsressourcen, -verfahren und -technologien, die im Zuge der Bewertung verketteter Fertigungssysteme Verwendung finden, zu definieren. KAMPKER unterteilt Ressourcen in zwei Kategorien: unternehmensspezifische Ressourcen und Standardressourcen [KAMP04, S. 72-73]. Allgemeiner definiert FREILING Ressourcen als Inputgüter, die durch einen Veredelungsprozess weiterentwickelt werden [FREI09, S. 22]. Bezogen auf den Werkzeugbau beschreibt KOZIELSKI technische Ressourcen als Maschinen und Betriebsmittel, welche direkten Einflusses auf die Qualität von Werkzeugen aufweisen [KOZI10, S. 110-111].

DEFINITION *Als **Fertigungsressourcen** wird die Ausstattung an Maschinen und Betriebsmitteln des Werkzeugbaus beschrieben, die einen direkten und unmittelbaren Einfluss auf die Qualität des Werkzeugs haben.*

In der DIN 8580 werden „alle Verfahren zur Herstellung von geometrisch bestimmten festen Körpern; sie schließen die Verfahren zur Gewinnung erster Formen aus dem formlosen Zustand, zur Veränderung dieser Form sowie zur Veränderung der Stoffeigenschaften ein", als Fertigungsverfahren benannt [DIN 03e, S. 4]. Die Norm sieht eine Einteilung nach Kinematik und eingesetztem Standardwerkzeug vor.

DEFINITION ***Fertigungsverfahren** dienen der Herstellung von geometrisch bestimmten festen Körpern und werden nach Art der angewandten Kinematik und eingesetztem Standardwerkzeug unterschieden.*

In Anlehnung an SPUR wird Technologie als „Lehre von der Prozessgestaltung zum Erzeugen, Wandeln und Verteilen der Güter in einer Produktionswirtschaft" erklärt [SPUR98, S. 83]. HOFMANN erweitert den Begriff durch die implizit einfließenden Faktoren Mensch, Maschine und Prozess auf produktionstechnische Vorgänge [HOFM65, S. 732]. Konzentriert sich der Betrachtungsfokus auf die Branche Werkzeugbau, so erläutert BILSING zwei Facetten für Technologie im engeren produktionstechnischen Sinne, und zwar: „in der Verfahrenstechnologie (z. B. Werkzeugtechnik) des herzustellenden Werkzeugs bezogen auf den Einsatzzweck und in der Fertigungstechnologie, die zur Herstellung des Werkzeugs notwendig ist" [BILS06, S. 6].

DEFINITION *Im Folgenden wird der Begriff **Fertigungstechnologie** als Oberbegriff für produktionstechnische Vorgänge, die ebenfalls die Faktoren Mensch, Maschine und Prozess implizieren, verwendet.*

Weitere zu definierende Begrifflichkeiten werden, falls notwendig oder vom wissenschaftlichen Standard abweichend, in den jeweiligen Unterkapiteln direkt eingeführt

2.2 Werkzeug- und Formenbau

Tool and Die Making

Im folgenden Unterkapitel wird der Werkzeugbau näher erläutert. Neben grundlegenden Eigenschaften wie der Branchenstruktur, der Einordung in die Wertschöpfungskette und dem Thema Industrialisierung im Werkzeugbau (s. Kap. 2.2.1) werden die unterschiedlichen Werkzeugarten (s. Kap. 2.2.2) und Fertigungstechnologien zur Herstellung von Werkzeugen näher beleuchtet.

2.2.1 Struktur, Funktion und Herausforderungen des Werkzeugbaus

Structure, Role and Challenges of Toolmaking

Struktur der Branche Werkzeugbau

Im Vergleich zu anderen Branchen in Deutschland nimmt der Werkzeugbau bezogen auf die Unternehmens- und Mitarbeiterzahl eine eher untergeordnete und für die Öffentlichkeit wenig sichtbare Rolle ein [BOOS16b, S. 15; KLOT06, S. 55]. Aktuell gibt es ca. 3.800 Werkzeugbauunternehmen, die zusammen ca. 54.000 Mitarbeiten in Deutschland beschäftigen [BOOS18d, S. 15]. Von diesen Unternehmen haben 72 % der Unternehmen weniger als 50 Mitarbeiter und 83 % der Unternehmen einen Umsatz von bis zu 12,5 Mio. Euro. Dies verdeutlicht, dass die Branche des Werkzeugbaus von KMU (kleinen und mittleren Unternehmen) geprägt ist [BOOS18d, S. 15; ZEDT12; vgl. EUKO03]. Bei 49 % der Unternehmen handelt es sich um externe Werkzeugbaubetriebe, die frei am Markt agieren. 51 % der Unternehmen weisen einen internen Marktzugang auf, sind also in ein Mutterunternehmen bzw. einen Mutterkonzern integriert [BOOS18d, S. 15].

Nach VDMA (Verband Deutscher Maschinen- und Anlagenbau) zählt der Werkzeugbau zu den Präzisionswerkzeugen und hat dort nach Schätzungen des Verbandes einen Umsatzanteil von 50 % aufgewiesen. Zusätzlich werden zu den Präzisionswerkzeugen Zerspanwerkzeuge (34 %), Spannwerkzeuge (12 %) und Reparaturen (4 %) gezählt. Der Produktionswert in Deutschland belief sich im Jahr 2018 nach Angaben des VDMA auf ca. 5,8 Mrd. Euro und stellte damit einen Rekordwert dar. [ZEDT19] Für das Jahr 2019 verzeichnete die Branche der Präzisionswerkzeuge, als auch der Bereich des Werkzeug- und Formenbaus, nach Schätzungen des VDMA jedoch einen Umsatzrückgang von ca. 8 % (s. Abbildung 2-1), was sich in einem hart umkämpften und preissensitiven Marktumfeld widerspiegelt [ZEDT20b]. Die aktuelle Pandemie durch das COVID-19 (Coronavirus SARS-CoV-2) erschwert die wirtschaftliche Situation im Werkzeugbau zusätzlich, da Neuaufträge ausbleiben und Lieferketten unterbrochen sind [GOMO20; ZEDT20a].

Im internationalen Vergleich ist der deutsche Werkzeugbau führend. Hinsichtlich Kompetenz und Qualität kann sich Deutschland im globalen Wettbewerbsvergleich behaupten, jedoch verfügen China, die USA und Japan bereits jetzt über ein größeres Marktvolumen. Unter Berücksichtigung des Entwicklungspotenzials drängen neue Mitwettbewerber aus dem asiatischen und osteuropäischen Raum, aber auch aus Indien und Mexiko, auf den Markt, wodurch der deutsche Werkzeugbau zukünftig stärker mit dem globalen Wettbewerb konfrontiert wird [BOOS18c, S. 8-16; ISTM17, S. 15]. Um diesem gestiegenen Wettbewerbsdruck entgegentreten zu können, muss sich der deutsche Werkzeugbau zukunftsgerichtet aufstellen, fortlaufend industrialisieren und stetig weiterentwickeln [PITS14, S. 1; KLOT06].

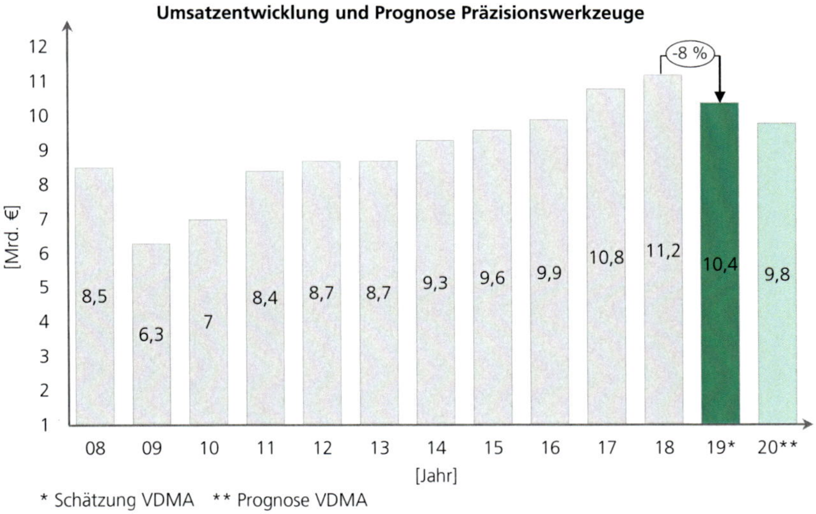

Abbildung 2-1: Umsatzentwicklung der Branche Präzisionswerkzeuge[4]
Sales Development of the Precision Tool Sector

Einordnung in die Wertschöpfungskette

Der Werkzeugbau weist eine Schlüsselposition in der Wertschöpfungskette eines Produktes auf [GIEH10, S. 27-28; ZISK13, S. 42-43]. Die traditionelle Spannweite des Tätigkeitsfelds eines Werkzeugbaus reicht von der Produktentwicklung bis hin zum Anlauf der Serienproduktion (s. Abbildung 2-2) [KLOC98, S. 107]. In der Produktentwicklung liefert der Werkzeugbau Beratungsleistung hinsichtlich technischer und wirtschaftlicher Herstellbarkeit eines Produktes [KLOT06, S. 44]. Eine möglichst frühe Einbindung in den Produktentstehungsprozess ist daher anzustreben [KÜHN16, S. 43]. Zusätzlich unterstützt der Werkzeugbau den (internen) Kunden beim Serienanlauf, beim Einstellen von Maschinenparametern und der Abwicklung von Reparaturen und Servicearbeiten [BOOS08, S. 31].

Neben der Position in der Prozesskette ist auch die Wertschöpfung des Werkzeugbaus selbst von großer Relevanz. Sichtbar wird dies bei einer monetären Betrachtung: „Die Werkzeugkosten stellen bei einem Produkt einen sehr hohen Anteil dar" [KLOT06, S. 46]. Am Beispiel der Automobilindustrie wird deutlich, wie groß der Einfluss werden kann. Schätzungen nach entfallen ca. 5-15 % des Investitionsvolumens für ein Derivat auf die Werkzeugkosten [KLOT06, S. 46; DAMB10, S. 160; ITTN04, S. 17; ZISK13, S. 43]. Unter Berücksichtigung von Wartungsumfängen kann dieser

[4] i. A. a. [ZEDT20b].

Prozentsatz auf bis zu 30 % steigen [KLOC98, S. 2]. Darüber hinaus sind die Werkzeuge für 90 % der Qualität und Profitabilität eines Produkts verantwortlich [ZEDT12; DAMB10, S. 160], wodurch der hohe Stellenwert des Werkzeugbaus und dessen Einfluss in der Wertschöpfungsprozesskette stark untermauert werden.

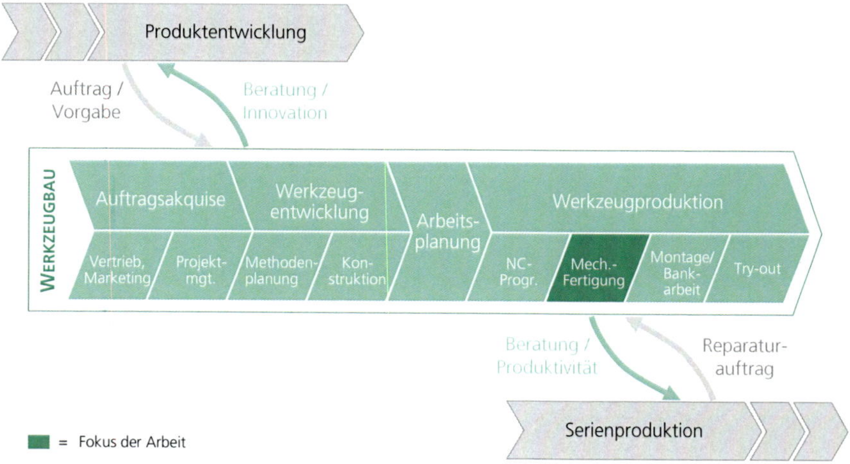

Abbildung 2-2: Position des Werkzeugbaus in der Wertschöpfungsprozesskette[5]
Position of toolmaking in the process chain

Der Faktor Zeit hat neben den monetären Aspekten in den letzten Jahren an Bedeutung gewonnen [BOOS17c, S. 7]. Kurze Durchlaufzeiten und eine hohe Qualität in der Werkzeugherstellung haben direkten Einfluss auf die Time-to-Market [KLOT06, S. 46], welche auf Kundenforderung kürzer werden wird. In der mechanischen Fertigung, als Teil der Werkzeugproduktion, wird ein Großteil der Qualität und der Durchlaufzeit festgelegt. So beträgt die Durchlaufzeit für ein Spritzgießwerkzeug im Auftragswert von 78.500 € durchschnittlich 79 Tage [BOOS17c, S. 15]. Durch Steigerung der Leistungsfähigkeit in der mechanischen Fertigung kann eine Reduktion der Zeit für den Durchlauf eines Werkzeugprojekts realisiert werden [BOOS17b; BOOS17a].

Industrialisierung und Herausforderungen des Werkzeugbaus

Der Werkzeugbau ist derzeit von zwei handlungsleitenden Paradigmen beeinflusst. Zum einen der Industrialisierung [HEES15, S. 17; KUHL11, S. 40] und zum anderen der Digitalisierung und Vernetzung im Zuge von Industrie 4.0 [SALM16, S. 1-3]. Mit Industrialisierung ist an dieser Stelle nicht der epochale Begriff für die industrielle Revolution gemeint [MOKY89, S. 3], sondern vielmehr der Wandel hin zu optimierten Prozessen und Produktion im Rahmen der Wertschöpfungsgestaltung.

---

[5] i. A. a. [KLOC98; BOOS08].

KLOTZBACH entwickelte in seinem Gestaltungsmodell für das „Wertschöpfungssystem des industriellen Werkzeugbaus" die akademische Grundlage zur Industrialisierung von Werkzeugbaubetrieben [KLOT06]. Damit soll den Produktivitätsverlusten durch hohe Produkt- und Prozessvarianz entgegengewirkt werden [BOOS08, S. 50]. Wichtige Bestandteile des Modells stellen die Produkt- und Prozessstandardisierung dar, die ein Umdenken hin zu höheren Gleichteilquoten erfordern [KLOT06, S. 168 ff.]. Im Zuge der Prozessstandardisierung gilt es die eingesetzten Fertigungsverfahren und deren Prozessfolgen zu vereinheitlichen [KLOT06, S. 170]. Nach dem Verständnis von FORD soll das Flussprinzip Einzug in die Fertigung des Werkzeugbaus erhalten, um die Transparenz der Fertigungsprozesse zu steigern und den Aufwand für die Arbeitsplanung zu reduzieren [OHNO13, S. 134 f.]. ZISKOVEN hat aufbauend auf den Überlegungen KLOTZBACHS einen Ansatz zur betriebsspezifischen Gestaltung der getakteten Fertigung entwickelt [ZISK13]. Bei erfolgreicher Implementierung einer getakteten Fertigung können die (Mindest-)Bestände von Werkstücken im Werkzeugbau sowie die Durchlaufzeiten reduziert und dabei gleichzeitig die Planbarkeit verbessert werden [ZISK13, S. 21]. Im Rahmen vorliegenden Arbeit wird auf eine Bedarfsbetrachtung verzichtet.

Im Bereich der mechanischen Fertigung des Werkzeugbaus zeichnet sich ein Trend zur Steigerung der Produktivität und Reduzierung der Durchlaufzeiten bei gleichbleibend hoher Flexibilität ab [BOOS17a, S. 11 ff.]. Mit Automatisierungslösungen versucht der Werkzeugbau den oben beschriebenen Herausforderungen entgegenzuwirken. Sowohl hohe Investitionskosten, fehlende Grundvoraussetzungen und Datendurchgängigkeit als auch eine ganzheitliche Vernetzung entlang der Prozesskette gilt es zu überwinden, um die Einführung verketteter Fertigungssysteme erfolgreich realisieren zu können [BOOS17a, S. 41; KLIN07]. Darüber hinaus erschwert die hohe Komplexität in der Auslegung und Bewertung von VFS die Einführung zusätzlich. Personalkapazitäten, -kosten und -qualifikation für den Einsatz von VFS sind ebenfalls zu analysieren [vgl. BOOS17a, S. 32 ff.]. Diese werden im Rahmen dieser Arbeit auf Grund des Technologiefokus nicht weiter berücksichtigt. Für die ökonomische Bewertung von Fertigungstechnologieintegration und deren Anwendungsfälle und -bedingungen sei auf die Arbeit von TÖNNISSEN verwiesen [TÖNI14].

Neben der Effizienzsteigerung stellen die Digitalisierung und Vernetzung im Sinne von Industrie 4.0 eine weitere Herausforderung im Werkzeugbau dar. Nach SCHUH sollen „durch die echtzeitfähige Digitalisierung von Mensch, Maschinen, Objekten und IKT-Systemen Produktionsprozesse, Produkte und Dienstleistungen optimiert werden" [SCHU18a, S. 55]. Operativ kämpft der Werkzeugbau jedoch bereits damit, die Durchgängigkeit entlang der CAx-Prozesskette sicherzustellen und weiter auszubauen [BOOS18b, S. 33]. Zwar gibt es Pilotprojekte und erste Use-Cases hinsichtlich Industrie 4.0 im Werkzeugbau [BOOS16a; SCHU18a, S. 18 f.], jedoch ist der Weg bis zur Adaptivität im Sinne von Industrie 4.0 noch weit [SCHU18a; BOOS18b, S. 33]. Die Potenziale im Werkzeugbau, speziell für die mechanische Fertigung, sind groß. Von der Fertigungsplanung, der Sensorintegration über die Prognosefähigkeit, bis hin zur adaptiven Fertigungsprozesskettenauslegung, basierend auf Fertigungstechnologieinformationen und -modellen, gilt es mit den Hilfsmitteln der Digitalisierung und Vernetzung die Leistungsfähigkeit in der mechanischen Fertigung weiter zu steigern. [KLOC17, S. 435 ff.; FRAU19]

2.2.2 Produkte des Werkzeugbaus

Product Range of Toolmaking

Das Produktspektrum im Werkzeugbau weist eine hohe Varianz auf: „Die Größe und Komplexität der Werkzeuge schwankt erheblich im Bereich von unter 100 kg bis zu über 40 t" [KLOT06, S. 46]. Darüber hinaus stellen die zu erfüllenden Qualitätsanforderungen und die hohe Anzahl an Werkzeugkomponenten mit Form- und Lagetoleranzen den Werkzeugbau täglich vor neue Herausforderungen [KLOT06, S. 47]. Diffizile Kavitäten und funktionale Eigenschaften beeinflussen die Komplexität der Werkzeuge zusätzlich. Wie in Kapitel 2.1 definiert, stellen (Hohlform-)Werkzeuge den Fokus der Betrachtung dar. Eine Abgrenzung zu den sonstigen Produkten des Werkzeugbaus ist der Abbildung 2-3 zu entnehmen [KLOC98, S. 24].

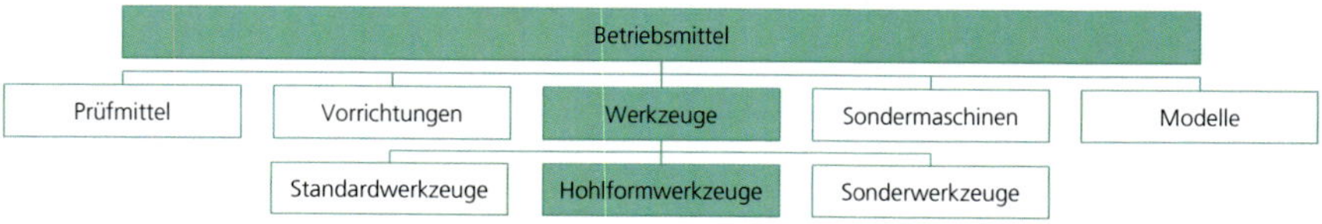

Abbildung 2-3: Produkte des Werkzeugbaus[6]
Product Range of Toolmaking

Unter Berücksichtigung der zugrunde liegenden Fertigungsverfahren und des zu bearbeitenden Werkstoffs lassen sich die (Hohlform-)Werkzeuge in folgende Kategorien einteilen (s. Abbildung 2-4) [BILS06, S. 5; HEES15].

Spritzgießwerkzeuge

Spritzgießwerkzeuge dienen der urformenden Fertigung von Kunststoffprodukten aus Duroplasten, Elastomeren und Thermoplasten. Durch das Füllen einer Hohlform, auch Kavität genannt, mit einem fluiden Werkstoff wird bei Spritzgießwerkzeugen die Formgebung realisiert. Die Werkzeuge sind durch hohe Anforderungen an die Oberflächengüte und filigrane Konturen sowie mittlere thermische und mechanische Belastungen an die Werkzeuge charakterisiert. Die Genauigkeitsanforderungen der Werkzeuge können grundsätzlich als mittelhoch eingestuft werden. Ausnahmen bilden an dieser Stelle komplexe Mehrkomponenten-Werkzeuge. Hinsichtlich der Bauart unterscheidet Michaeli zwischen Normal-, Abstreif-, Backen-, Abreiß-, Etagen-, Heißkanal- und Sonderwerkzeugen [MENG07, S. 57]. Fertigungstechnologisch werden hauptsächlich das Fräsen und Senkerodieren zur Herstellung der Werkzeuge und deren Werkzeugkomponenten eingesetzt. Industriell ist das Spritzgießen von großer Bedeutung und wird zum Beispiel von Kunden in der Automobil-, Elektronik- und Haushaltwarenindustrie genutzt. [KLOT06, S. 57; BOOS08, S. 36-38; BILS06, S. 5; FRIC06, S. 26; KLOC98, S. 167 ff.; BOOS17b, S. 19]

---

[6] i. A. a. [KLOC98].

Massivumformwerkzeuge

Die Massivumformung gliedert sich in die Kalt-, Halbwarm- und Warmumformung auf [KLOC06, S. 187]. Bei der Kalt- und Warmmassivumformung, den beiden relevanten Verfahren im Werkzeugbau, wird über das Zusammenspiel von Umformpresse und -werkzeug die Formgebung realisiert. Physikalische Grenzen der Werkstoffe (Rissbildung und Verfestigung) und des Werkzeugs (Drücke bis 3000 N/mm^2) werden zur Fertigung von komplexen Funktionsbauteilen mit verkürzter Prozesskette genutzt. [HEES15, S. 29; BOOS08, S. 40] Die mechanischen und thermischen Belastungen bei der Massivumformung sind als hoch zu bezeichnen. Die Anforderungen an die Oberflächengüte sind verfahrensbedingt gering. Die Auswahl der Fertigungsverfahren zur Herstellung von Werkzeugkomponenten und der Schmiedegesenke ist vorwiegend auf das Fräsen, häufig mit CBN-Bearbeitungswerkzeugen, das Drehen und das Schleifen beschränkt. In der Regel ist eine gute Zugänglichkeit bei der Bearbeitung des Werkzeugs gegeben, wodurch eine Fräsbearbeitung besonders wirtschaftlich ist. Haupteinsatzgebiet für Massivumformwerkzeuge ist neben der Automobilindustrie (z. B. Querlenker) die Luft- und Raumfahrtindustrie (Fahrwerksteile und Strahltriebwerke) und die Energietechnik (Turbinenschaufeln). [KLOC98, S. 192 ff.; BILS06, S. 5; BOOS08, S. 39 f.; FRIC06, S. 25; HERB13, S. 17 ff.]

Presswerkzeuge

Als Presswerkzeuge werden Werkzeuge bezeichnet, die durch plastische bzw. bildsame Änderungen unter Beibehaltung der Masse und des Stoffzusammenhanges die Bauteilumformung, i. d. R. von gewalzten Blechen, ermöglichen. Nach DIN 8580 werden sie dem Fertigungsverfahren Umformen zugeordnet. Zu den Presswerkzeugen zählen Biege-, Stanz- und Schneidwerkzeuge, die in kombinierten Operationen verknüpft sein können. Die mechanischen Belastungen, denen die Werkzeuge ausgesetzt sind, sind als hoch zu bezeichnen. Darüber hinaus sind die Anforderungen an die Oberflächenbeschaffenheit ebenfalls als hoch zu charakterisieren. Zur Herstellung von Presswerkzeugen werden vorwiegend die Fertigungstechnologien Fräsen, Drahterodieren und Schleifen eingesetzt. Typische Anwendungsfelder für Presswerkzeuge sind die Blechumformung, z. B. für die Herstellung von Außenhaut- und Strukturteilen für die Automobilindustrie, sowie Stanzteile für die Elektroindustrie. [vgl. DIN 03e, S. 9; FRIC06, S. 25 f.; HEES15, S. 22-24; KLOC98, S. 213 ff.; KLOT06, S. 56 f.]

Gießwerkzeuge

Kokillen und Druckgießwerkzeuge bilden die Gruppe der Gießwerkzeuge [KLOC06, S. 16]. Charakteristisch für den Gießprozesses ist, dass schmelzflüssiges Metall unter hohem Druck in eine zweiteilige Hohlform (Kokille oder Druckgießform) eingegossen wird. Durch den Abkühl- und Erstarrungsprozess der Schmelze entsteht das geforderte geometrische Produkt. Als Werkstoffe, vor allem beim Druckgießen, kommen Magnesium, Aluminium, Zink und Messing zum Einsatz. Die Anforderungen an die Maßgenauigkeiten der Werkzeuge sind, trotz möglicher filigraner Konturen, eher als gering zu bezeichnen. Die thermischen und mechanischen Belastungen der Werkzeuge sind als mittelhoch zu charakterisieren, trotz der Zuführung der erhitzten Schmelze. Bei der Herstellung von Gießwerkzeugen wird vorwiegend das Fräsen und das Senk- und Drahterodieren genutzt. Typische Anwendungsbeispiele für Bauteile stellen Motoren und Getriebegehäuse in der Automobilindustrie dar. Aber auch in der Heimwerk- und Bauindustrie, bspw. für Möbelbeschläge oder Gehäuse für Kettensägen, finden Gießwerkzeuge Verwendung. [vgl. HEID13, S. 8; BILS06, S. 5; HEES15, S. 26-28; FRIC06, S. 25; BDG 10]

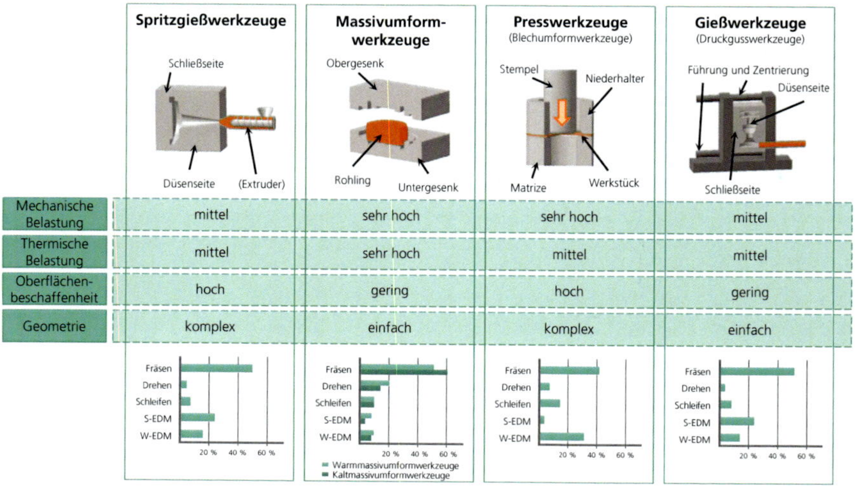

Abbildung 2-4: Werkzeuge und deren Eigenschaften[7]
Tools and their Specifications

[7] Quelle: Auswertung der Datenbank des Fraunhofer IPT und WZL der RWTH Aachen auf Basis der Daten zum Wettbewerb „Exellence in Production" zum Werkzeugbau des Jahres 2017 – 2019 (s. Anhang A und B)

2.2.3 Fertigungstechnologien für den Werkzeug- und Formenbau

Manufacturing Technologies for Toolmaking

In diesem Unterkapitel werden die Grundlagen der relevanten Fertigungstechnologien und -ressourcen eingeführt und die relevanten Fertigungsverfahren näher vorgestellt, da sie eine Grundlage für die spätere Bewertung darstellen. Unter dem Betrachtungsfokus der verketteten Fertigungssysteme im Werkzeugbau stehen die Fertigungsverfahren der Hauptgruppe Trennen, insbesondere das Spanen mit geometrisch bestimmter und unbestimmter Schneide sowie die abtragenden Fertigungsverfahren mittels Funken, im Vordergrund [DIN 03e, S. 7]. Additive Fertigungsverfahren, die aktuell keiner Hauptgruppe eindeutig zugeordnet sind, werden der Vollständigkeit halber thematisiert, spielen jedoch aktuell eine nicht signifikante Rolle im Betrachtungsfeld der verketteten Fertigungssysteme im Werkzeugbau, was sich jedoch zukünftig ändern könnte [BOOS17a; BERG19].

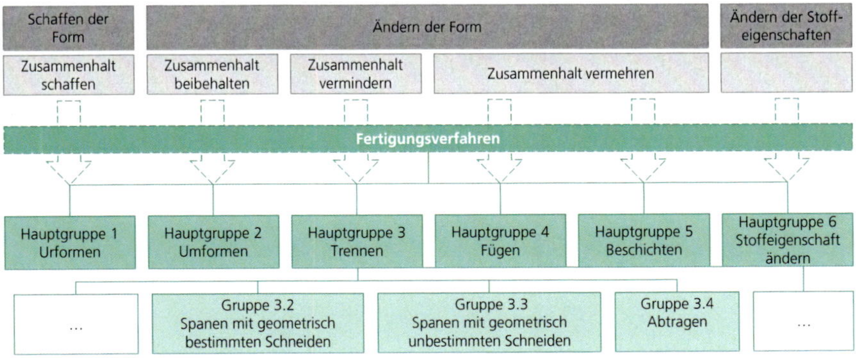

Abbildung 2-5: (Haupt-)Gruppen der Fertigungsverfahren nach DIN 8580

(Main) Groups of Manufacturing Processes according to DIN 8580

Die Herstellung von Werkzeugkomponenten wird im Allgemeinen durch eine begrenzte Anzahl an Fertigungsverfahren beherrscht [KLOC98, S. 146]. Abbildung 2-5 zeigt die Einteilung der Fertigungsverfahren in sechs Hauptgruppen, in die alle existierenden Fertigungsverfahren eingeordnet werden können [DIN 03e, S. 7]. Die im Folgenden beschriebenen Fertigungsverfahren stellen die für den Werkzeugbau relevanten und im Zuge der verketteten Fertigungssysteme eingesetzten Fertigungsverfahren dar.[8] Neben der Gliederung nach Fertigungsverfahren werden Fertigungsressourcen entsprechend spezifischer Merkmale, wie der Lage der Hauptbewegung oder der Art des Maschinengestells, klassifiziert. Eine Kombination verschiedener Kriterien ist ebenfalls möglich

[8] Die Vorauswahl der relevanten Fertigungsverfahren basiert auf der Datenbankauswertung der gemeinsamen Datenbank des Fraunhofer-Instituts für Produktionstechnologie IPT und des WZL der RWTH Aachen für den Werkzeugbau (s. Anhang A) sowie den Erfahrungen des Autors.

[HIRS12, S. 2]. Folglich werden Fertigungsressourcen gemäß den jeweils vorliegenden Fertigungsverfahren oder deren Kombinationen benannt. Daraus resultieren Maschinenkonzepte und Bezeichnungen wie die des Dreh-Fräszentrums [CONR15, S. 31]. Diese Verfahrenskombinationen sind in Teilen für die zu entwickelnde Bewertung relevant und werden unter den jeweiligen Fertigungsverfahren in Anlehnung an die DIN 8580 mit eingeführt [DIN 03e].

2.2.3.1 Drehen
Turning

Bei Fertigungsverfahren mit geometrisch bestimmter Schneide wird mittels eines Bearbeitungswerkzeugs ein Span auf mechanischem Weg von einem Werkstück abgetrennt. Die verwendeten Bearbeitungswerkzeuge variieren in der Schneidenanzahl, der Geometrie der Schneidkeile und ihrer Lage zum Werkstück. [DIN 03g, S. 4]

Charakteristisch für das Drehen ist eine geschlossene rotatorische Schnittbewegung mit einer zur Schnittebene senkrechten translatorischen Vorschubbewegung [KLOC08, S. 418]. Dabei wird i. d. R. die umlaufende Schnittbewegung werkstückseitig und die notwendige Vorschub- und Zustellbewegung bearbeitungswerkzeugseitig ausgeführt [FRIT15, S. 310]. Ausgeschlossen von dieser Betrachtung sind angetriebene Werkzeuge, die zusätzlich eine rotatorische Bewegung, analog zum Fräsen, aufweisen. Nach DIN 8589-1 gliedern sich die Drehverfahren in insgesamt 13 Varianten auf [DIN 03c, S. 3-11]. Grundlegende Unterscheidungsmerkmale sind die erzeugbaren Flächen. Dabei werden die bedeutendsten Verfahrensvarianten des Drehens in Plan-, Rund-, Schraub-, Profil- und Formdrehen unterschieden [KLOC08, S. 418].

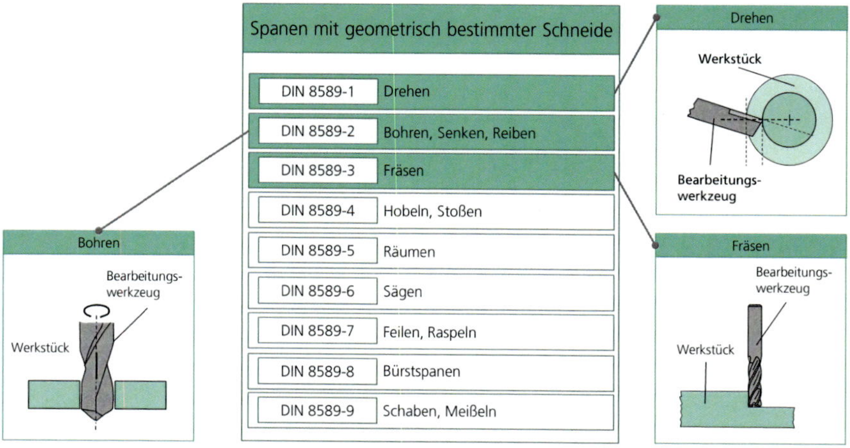

Abbildung 2-6: Zerspanen mit geometrisch bestimmter Schneide
Cutting with Defined Cutting Edges

Das für den Werkzeugbau nach dem heutigen Stand der Technik relevanteste Verfahren dieser Gruppe stellt das NC-Formdrehen dar, welches durch gekoppelte Vorschubantriebe die gesteuerte

Vorschubbewegung zur Bearbeitung realisiert [RISS12, S. 169]. Dennoch sind die erzeugbaren Geometrien gegenüber anderen Fertigungsverfahren eingeschränkt. Die Entwicklung der Hartzerspanung ist jedoch weit fortgeschritten, wodurch sich aufwendige Schleifoperationen in der Fertigung substituieren lassen [BILS06, S. 7; PERG13]. Kombinierte Verfahren wie das Drehfräsen finden ebenfalls Anwendung, wenn Fräsoperationen und Bohrungen gefordert sind [KLOC08, S. 448]. Darüber hinaus können Drehmaschinen mehrere Arbeitsspindeln besitzen, um die Flexibilität zu erhöhen [HIRS12, S. 240]. Weitere Ausstattungsmerkmale von Dreh- bzw. Drehfräsmaschinen können Werkzeugrevolver, angetriebene Werkzeuge, Gegenspindeln oder eine Frässpindel sein. Auch Werkstückwechsel- und Bearbeitungswerkzeugwechseleinrichtung finden als Ausstattungsmerkmal Verwendung [HEIS14, S. 155-156]. Typische Werkstücke, die mittels Drehen im klassischen Sinne hergestellt werden, sind Werkzeugkomponenten wie Kerne und Schieber für Spritzgießwerkzeuge oder Stempel für die Kaltmassivumformung [HEES15, S. 38].

2.2.3.2 Bohren

Drilling

Das Bohren grenzt sich im Gegensatz zum Innendrehen durch eine Zerspanung ausschließlich aufgrund von rotatorischer Bewegung des Bearbeitungswerkzeugs und dessen Vorschubbewegung um seine eigene Drehachse (Bohrachse) ab [KLOC08, S. 452; DIN 03b]. Zu den verfahrensbedingten Besonderheiten zählen unter anderem die auf null abfallende Schnittgeschwindigkeit der Bearbeitungswerkzeugmitte, der schwierige Abtransport der Späne, die ungünstige thermische Verteilung der Wirkstelle, der Verschließ der scharfkantigen Schneidecke sowie das Reiben der Führungsfasen an der Innenfläche der Bohrung [KLOC08, S. 452 f.].

Das konventionelle Bohren kommt zur Herstellung von Durchgangs-, Sacklochbohrungen und zum Aufbohren zum Einsatz [HEIS14, S. 311]. Ein weiterer wichtiger Anwendungsfall im Werkzeugbau ist das Tieflochbohren. Das Tieflochbohren unterliegt keiner trennscharfen Definition, jedoch kennzeichnet sich das Verfahren durch die Herstellung großer Aspektverhältnisse. Tieflochbohrungen weisen i. d. R. einen Bohrungsdurchmesser von 1-1500 mm und eine Bohrungstiefe, die mindestens dem dreifachen Durchmesser entspricht, auf [KLOC08, S. 465; HEES15, S. 38]. Anwendungsbeispiele sind die Erzeugung von Auswerferbohrungen oder die Einbringung von Kühlkanälen in Spritzgießwerkzeuge [MENG07, S. 841]. In der Praxis wird das Bohren häufig auf Fertigungsressourcen realisiert, die dem Fräsverfahren zuzuordnen sind [MENN08, S. 464]. Tieflochbohren stellt hierbei die Ausnahme dar, wobei das Verfahren selten als Kernkompetenz im Werkzeugbau identifiziert wird [HEES15, S. 38]. Daher wird dieser Bearbeitungsschritt meist extern zugekauft. Bei hoher Relevanz werden gesonderte Tieflochbohrmaschinen vorgehalten.

2.2.3.3 Fräsen

Milling

Das Fräsen zählt zu den spanenden Fertigungsverfahren, bei denen mit meist mehrzahnigen Bearbeitungswerkzeugen, durch eine kreisförmige Schnittbewegung mit senkrecht oder schräg dazu verlaufender Vorschubbewegung, beliebige Oberflächen am Werkstück erzeugt werden

[KLOC08, S. 426; DIN 03f, S. 3]. Das Fräsen zeichnet sich durch eine hohe Flexibilität, Reproduzierbarkeit und Profitabilität, auch bei kleinen Stückzahlen, aus und ist daher als zentrales Fertigungsverfahren für den Werkzeugbau, auch vor der Hintergrund der verketteten Fertigungssysteme, von großer Bedeutung [BOOS17a, S. 36 ff.] [BILS06, S. 7; BOOS18a, S. 7 f.; BOOS17a, S. 36 ff.]. Die Verfahrensvarianten beim Fräsen können anhand verschiedener Merkmale, wie den Verfahrenszielsetzungen, den Schnittgeschwindigkeiten, dem Zeitspanvolumen sowie der Anzahl an Bearbeitungsachsen, unterteilt werden [MENG07, S. 841; KLOC08, S. 426 ff.]. Je nach Höhe des Materialabtrags und des Zeitspanvolumens wird das Fräsen in Schrupp- (hoher Materialabtrag) und Schlichtfräsen (niedriger Materialabtrag) eingeteilt [KLOC08, S. 426 ff.]. Das Schlichtfräsen verfolgt primär das Ziel, eine hohe Oberflächengüte und eine gute Maßhaltigkeit zu erzielen [COLL04a, S. 170]. Somit ist eine Reduktion der händischen Nacharbeit realisierbar [BIRK13, S. 374]. In der Praxis ist eine Schrupp- und Schlichtfräsbearbeitung im Werkzeugbau häufig gleichbedeutend mit der Weich- und Hartbearbeitung [HEES15, S. 39]. Ein weiteres Differenzierungsmerkmal in der Frästechnologie stellt die Schnittgeschwindigkeit dar: Es gibt eine Trennung zwischen konventionellem und HSC- (High Speed Cutting) Fräsen [TOEN13, S. 189 ff.]. Aufgrund einer fehlenden einheitlichen Definition für das HSC-Fräsen in der heutigen Literatur [TOEN13, S. 189 ff.], wird diese i. A. a. Heeschen wie folgt für diese Arbeit definiert: [HEES15, S. 40; GUNT04, S. 11]

Definition *Das **HSC-Fräsen** ist eine Frästechnologie, die sich im Vergleich zur konventionellen Fräsbearbeitung durch höhere Schnittgeschwindigkeiten sowie geringere Schnitttiefen und Zustellungen bei nahezu konstantem Zahnvorschub auszeichnet sowie die primäre Zielsetzung einer hohen Oberflächengüte verfolgt.*

Die Spindeldrehzahlen können Drehzahlbereiche bis 100.000 min^{-1} erreichen [SCHR17a]. Zu beachten ist an dieser Stelle, dass die Spanbildungsmechanismen von denen der konventionellen Zerspanung abweichen [ARNT13, S. 21].

Das HPC- (High Performance Cutting) Fräsen, ein artverwandtes Verfahren zum HSC-Fräsen, kennzeichnet sich ebenfalls durch erhöhte Schnittgeschwindigkeiten [LUNG02, S. 89]. Zielsetzung bei dieser Verfahrensvariante ist es jedoch, ein möglichst großes Zerspanungsvolumen zu erzielen, um kurze Fertigungszeiten zu realisieren. Größere Zahnvorschübe und Schnitttiefen führen hierbei zu einer Steigerung des Zeitspanvolumens von 200-500 % im Vergleich zum konventionellen Fräsen [LUNG02, S. 89; SCHR17b]. Bei richtiger Nutzung der passenden CAM-Software ist es auch heute noch möglich, die Vorschub- und Schnittgeschwindigkeiten weiter zu steigern und somit Durchlaufzeiten der Werkzeugkomponenten zu reduzieren [STAL16, S. 289]. Beim Hartfräsen, einer weiteren Verfahrensvariante des Fräsens, wird das Ziel verfolgt, Werkzeugkomponenten aus bereits einsatzgehärteten Werkstoffen zu fertigen. Hierbei sind Werkstoffhärten bis über 60 HRC mit PCBN-Werkzeugen realisierbar. Die Anforderungen an die Schneidstoffe der Bearbeitungswerkzeuge sind als hoch zu bezeichnen. [MENG07, S. 844 f.] Häufig wird mit der Hartbearbeitung das Ziel verfolgt, die funkenerosive Bearbeitung und die damit einhergehende Randzonenschädigung am Werkstück sowie die Elektrodenherstellung zu substituieren. Aufgrund der geringen Geometriekomplexität und Nutzung hochfester Werkstoffe sind Werkzeugkomponenten für die

Kaltmassivumformung klassische Anwendungsfelder für die Hartbearbeitung mittels Fräsen. [KLOC98, S. 192 f.]

Neben den Prozesskenngrößen ist eine Differenzierung entsprechend der Bauweise der Fertigungsressource möglich. Grundlegend werden Fertigungsressourcen im Bereich Fräsen in 3-Achs, 3+2-Achs- und 5-Achs-Fräsmaschinen unterschieden. Bei einer 3+2-Achskonfiguration werden die translatorischen, senkrecht aufeinander stehenden 3 Achsen (X/Y/Z-Achse) um zwei rotatorische Achsen (i. d. R. Dreh- und Schwenkachsen, also A/C-Achse oder B/C-Achse) erweitert. Eine simultane Bewegung dieser Achsen im Prozess ist bei dieser Achskonfiguration nicht möglich, sondern lediglich eine Anstellung, welche bereits die Mehrseitenbearbeitung von Werkstücken begünstigt [KLOC98, S. 214 f.]. Die simultane 5-Achs-Fräsbearbeitung hebt diese Restriktion auf und ermöglicht eine gleichzeitige Ansteuerung aller Maschinenachsen der Fertigungsressource [MENG07, S. 844]. Durch diese hohe Flexibilität lassen sich komplexe Geometrien zeiteffizienter fertigen, wobei mit dieser Bearbeitungsstrategie ein gesteigerter Programmieraufwand einhergeht. [BOOS17b, S. 220; BOOS18b]. Ein weiteres Differenzierungskriterium bei der Bauform der Fertigungsressource ist die Lage der Arbeitsspindel. Es wird zwischen Horizontal- und Vertikalfräsmaschinen unterschieden [KIEF15, S. 255-262]. Analog zum Drehen existieren auch bei Fräsen Verfahrenskombinationen mit anderen Fertigungsverfahren. Von Relevanz im Werkzeugbau ist lediglich das Fräs-Drehzentrum, welches eine zusätzliche Spindel im Werkstücktisch aufweist und somit eine zusätzliche Drehbearbeitung möglich macht [KIEF15, S. 323 f.].

Die weiterhin in der DIN 8589-0 [DIN 03g] aufgeführten Verfahren wie das Hobeln, Stoßen, Räumen, Sägen, Feilen, Raspeln, Bürstenspanen, Schaben und Meißeln (s. Abbildung 2-6) spielen im Werkzeugbau keine bzw. eine untergeordnete Rolle.

2.2.3.4 Schleifen mit rotierendem Werkzeug

Grinding

Das Spanen mit geometrisch unbestimmter Schneide ist nach DIN 8580 der Hauptgruppe Trennen (s. Abbildung 2-5) zugeordnet [DIN 03e, S. 10; DIN 03a]. Das Verfahren ist definiert als „Spanen, bei dem ein Werkzeug verwendet wird, dessen Schneidenanzahl, Geometrie der Schneidkeile und Lage der Schneiden zum Werkstück unbestimmt sind." [DIN 03a, S. 3] Die hohe Bedeutung der Zerspanung mit unbestimmter Schneide für den Werkzeugbau, unabhängig ob es sich um ein gebundenes oder ungebundenes Schleifkorn handelt, ist auf den signifikanten Einfluss hinsichtlich Oberflächengüte, Maß-, Form- und Lagegenauigkeit zurückzuführen [TOEN13, S. 56 f.; GROT14, S. 61; HEIS14, S. 530]. Die für den Werkzeugbau relevanten Verfahrensvarianten sind der Untergruppe „Schleifen mit rotierendem Werkzeug" zuzuordnen[9] (im Folgenden Schleifen) [DIN 03a]. Nach DIN gibt es eine Unterteilung in sechs Verfahren: Das Plan-, Rund-, Schraub-, Wälz-, Profil- und Formschleifen [DIN 03a, S. 3; TOEN13, S. 58; HEIS14, S. 536]. Neugebauer betont, dass im

[9] Die Vorauswahl der relevanten Fertigungsverfahren basiert auf der Datenbankauswertung der gemeinsamen Datenbank des Fraunhofer-Instituts für Produktionstechnologie IPT und des WZL der RWTH Aachen für den Werkzeugbau (s. Anhang A) sowie den Erfahrungen des Autors.

Werkzeugbau lediglich das Plan-, Rund-, Profil- und Formschleifen Anwendung finden (s. Abbildung 2-7) [NEUG12, S. 156].

Das **Planschleifen**, häufig auch Flachschleifen genannt, dient der Erzeugung ebener Flächen [KLOC05, S. 241]. Die erzeugten Planflächen besitzen hohe Anforderungen hinsichtlich Ebenheit und Oberflächenqualität. Weiter aufgegliedert werden die Verfahren in das Tiefschleifen und das Pendelschleifen. Beide Verfahrensvarianten differieren in der Höhe des Arbeitseingriffes [HEIS14, S. 536 f.]. Um den Schleifbrand beim Tiefschleifen zu regulieren, werden großvolumige Kühlstoffströme und Schleifscheiben mit höherem Porenanteil eingesetzt. Vorteile gegenüber dem Pendelschleifen stellen zum einen der geringere Verschleiß der Schleifscheibe, zum anderen die hochwertigeren Oberflächen dar. [KLOC05, S. 234 f.]

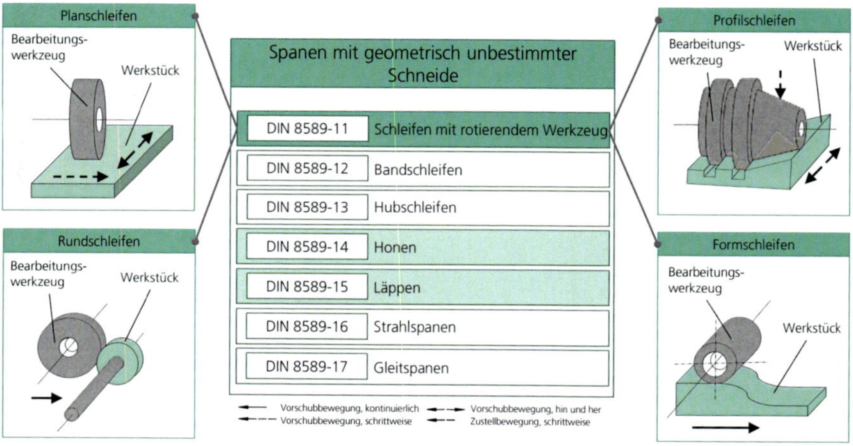

Abbildung 2-7: Zerspanen mit geometrisch unbestimmter Schneide
Cutting with Undefined Cutting Edges

Zur Herstellung kreiszylindrischer Flächen kommt das **Rundschleifen** zum Einsatz [DIN 03a, S. 3]. Hierbei wird zwischen Außen- und Innenrundschleifen differenziert. Beim Außenrundschleifen werden vorwiegend rotationssymmetrische Werkstücke, entweder zwischen den Spitzen oder spitzenlos bearbeitet [KLOC05, S. 203]. Das Außenrundschleifen wird im Werkzeugbau i. d. R. dann eingesetzt, wenn die Anforderungen bezüglich Toleranzen und Oberflächen mittels Drehen nicht mehr hergestellt werden können [KLOC98, S. 236 f.; HEES15, S. 46]. Die Kinematik des Innrundschleifens gleicht der des Außenrundschleifens zwischen Spitzen. Typische Anwendungsfelder im Werkzeugbau stellen das Schleifen von Bohrungen und Innenkegeln dar [KLOC05, S. 238].

Beim **Profilschleifen** wird das Bearbeitungswerkzeugprofil auf dem Werkstück abgebildet [DIN 03a, S. 3]. Das Bearbeitungswerkzeug wird dazu negativ abgerichtet. Je nach Verfahrensvariante ist das Prinzip analog zum Flach- bzw. Rundschleifen. Aufgrund der komplexen Profile erfolgt der

Vorschub über lineare Bewegungen [HEIS14, S. 540; KLOC98, S. 237]. Im Werkzeugbau wird das Profilschleifen zur Herstellung von Fasen und Einstichen genutzt [HEES15, S. 45].

Beim **Formschleifen** wird die Vorschubbewegung durch gekoppelte Vorschubantriebe auf Basis numerischer Daten realisiert [HEIS14, S. 540; KLOC98, S. 237]. Die Kinematik der NC-Formschleifbearbeitung ähnelt der des Fräsens und dient dazu, Freiformflächen zu bearbeiten [MENG07, S. 845]. Das Koordinatenschleifen wird eingesetzt, wenn Freiformflächen aufgrund von geforderten Toleranzen oder Werkstoffhärten nicht mehr mittels Fräsen hergestellt werden können. Durch die Weiterentwicklungen in den Bereichen HSC-Fräsen und der funkenerosiven Bearbeitung nimmt die Bedeutung des Verfahrens für den Werkzeugbau stetig ab [BILS06, S. 7].

Die weiteren in der DIN 8589-0 aufgeführten Fertigungsverfahren (s. Abbildung 2-7), das Bandschleifen, Hubschleifen, Honen, Strahlspanen und Gleitspanen, sind für den Werkzeugbau nicht von Relevanz und werden daher nicht weiter ausgeführt [DIN 03e, S. 10]. Jedoch sind Feinbearbeitungsverfahren, wie das Polierschleifen und -läppen, welche unter dem Oberbegriff **Polieren** zusammengefasst werden können, für den Werkzeugbau von Bedeutung [DAMB05, S. 5]. Das Polieren ist nicht direkt der Hauptgruppe 3.3 zugeordnet, jedoch in der Norm angemerkt [DIN 03e, S. 8; BIRK13, S. 376]. Polieren wird auch als Läppprozess mit einer Korngröße unter 3 µm definiert [FRIT12, S. 318]. Das Wirkprinzip des Polierens ist eine mechanische und chemische Reaktion aufgrund Poliersuspension, die zwischen Werkstück und Bearbeitungswerkzeug wirkt. Somit können Oberflächenqualitäten von bis zu Ra = 0,001 µm erreicht werden. [MENG07, S. 855] Da das Polieren analog zum Schleifen und Honen zur Einstellung der Oberflächencharakteristika genutzt wird, findet es in diesem Abschnitt Berücksichtigung [HEES15, S. 44].

2.2.3.5 Funkenerosives Abtragen

Electrical Discharge Machining

Abtragende Fertigungsverfahren sind ebenfalls der Hauptgruppe Trennen zugeordnet [DIN 03e, S. 3]. Abtragende Fertigungsverfahren finden Anwendung, wenn spanende Verfahren prozessbedingt bzw. aus wirtschaftlichen Gründen nicht anwendbar sind [KLOC07, S. 28; ZEIS17, S. 1]. Die abtragenden Fertigungsverfahren teilen sich in die Untergruppen thermisches, elektrochemisches und chemisches Abtragen auf [DIN 03e, S. 10], wobei lediglich das thermische Abtragen für den Werkzeugbau von Bedeutung ist. Vor allem Verfahren mit thermischem Abtrag mittels elektrischer Funken (im Folgenden: funkenerosives Abtragen) sind relevant für den Werkzeugbau [HEES15, S. 48]. Nach DIN 8589 ist funkenerosives Abtragen definiert als „Abtragen, bei dem die an der Wirkstelle erforderliche Wärme durch elektrische Funkenentladung auf das Werkstück übertragen wird" [DIN 03d, S. 8]. Innerhalb des funkenerosiven Abtragens haben die Fertigungsverfahren Draht- und Senkerodieren den höchsten Fertigungsanteil im Werkzeugbau[10]. [DIN 03d]

[10] Basis ist eine Datenbankauswertung der gemeinsamen Datenbank des Fraunhofer-Instituts für Produktionstechnologie IPT und des WZL der RWTH Aachen für den Werkzeugbau (s. Anhang A)

Das **Senkerodieren** findet als formgebendes Verfahren häufig Verwendung in der Bearbeitung von Werkstücken für Spritzgieß-, Druckgieß- sowie Presswerkzeugen [FRIT15, S. 384; BOOS17b; KLOC98, S. 177]. Komplexe Formelemente mit geringen Innenradien, hohen Aspektverhältnissen und geringer Rauheit sind gut realisierbar [KLOC98, S. 177-179]. Übliche Werkstoffe für die Elektrode, also das Bearbeitungswerkzeug, stellen Graphit und Kupfer, aber auch Wolframkupfer dar. Die Auswahl richtet sich jeweils nach dem spezifischen Anwendungsfall [FRIT15, S. 384]. So wird Wolframkupfer häufig für die Hartmetallbearbeitung und Kupfer für die Erzielung hoher Oberflächengüten eingesetzt, während sich reines Graphit immer stärker als Standardwerkstoff durchsetzt [HEES15, S. 49]. Heute am Markt verfügbare Senkerodiermaschinen schaffen Elektrodenpositioniergenauigkeiten von unter einem Mikrometer [ZIMM16, S. 15]. Darüber hinaus lassen sich Oberflächenrauheiten von unter einem Zehntel Mikrometer umsetzen [MARA13, S. 162]. Als Leistungskenngröße der Senkerosion ist die Abtragsrate, definiert als Abtragsvolumen pro Zeiteinheit, von Relevanz [COLL04a, S. 342], wobei bei einer Gesamtleistungsbetrachtung auch der Fräsprozess zur Elektrodenherstellung berücksichtigt werden muss. Zu den essenziellen Baugruppen einer Senkerodiermaschine gehören der Pulsgenerator, der Arbeitsbehälter, in dem die Bearbeitung erfolgt, sowie das Dielektrikumsaggregat mit Filtration und Kühleinheit [HEIS14, S. 1145]. Werkstück- und Bearbeitungswerkzeugwechseleinrichtung können die Produktivität der Anlage weiter steigern [WECK05, S. 271].

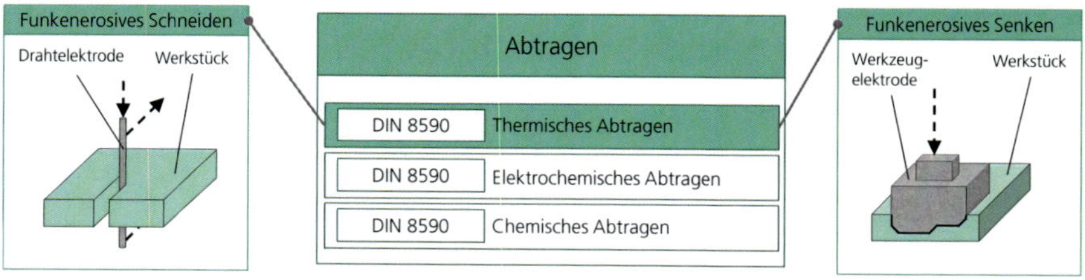

Abbildung 2-8: Gruppe der abtragenden Fertigungsverfahren
Group of Erosive Manufacturing Processes

Das **Drahterodieren**, in der Literatur auch als funkenerosives Schneiden mit Drahtelektrode bezeichnet [MENG07, S. 850], dient zur Herstellung allgemeinzylindrischer und konischer Geometrien und wird im Werkzeugbau häufig zur Fertigung von Schneidplatten für Presswerkzeuge und Schieber in Spritzgießwerkzeugen benutzt [FRIT15, S. 385]. Das Abtragprinzip wird berührungslos zwischen dem elektrisch leitfähigen Werkstück und einer dünnen Drahtelektrode realisiert [KLOC07, S. 3; MENG07, S. 850]. Die Schnittrate, als relevante Leistungskenngröße der Drahterosion, ist definiert als Produkt der Vorschubgeschwindigkeit und Werkstückhöhe [COLL04a, S. 342]. Der Verscheiß der Drahtelektrode wird durch kontinuierlichen Ablauf des Drahtes kompensiert [HEIS14, S. 1144 f.] Die Drahtelektrode benötigt eine Startlochbohrung, welche entweder mechanisch mittels Bohren oder funkenerosiv mittels Senken bzw. Bohren, einer Verfahrensvariante des funkenerosiven Senkens mit Aspektverhältnissen bis zu 1000 und zusätzlicher Rotation der Elektrode, hergestellt wird [HEES15, S. 50; MUNZ15, S. 5-8]. Vor allem Schnitte hoher Oberflächengute von bis zu Ra = 0,05 µm sind ein Grund für den Einsatz der Drahterosion im Werkzeugbau [AGIE20, S. 2].

2.2.3.6 Additive Fertigung

Additive Manufacturing

Additive Fertigung (engl. additive manufacturing) ist definiert als „Prozess, der durch Verbinden von Material Bauteile aus 3-D-Modelldaten, im Gegensatz zu subtraktiven und umformenden Fertigungsmethoden, üblicherweise Schicht für Schicht, herstellt" [DIN18b, S. 6; VDI16, S. 4]. Das Begriffsverständnis und die Normung im Bereich der additiven Fertigung befindet sich international aktuell im Umbruch mit dem Ziel, eine internationale Norm zu schaffen [DIN18a]. Nach GEBHARDT lassen sich additive Fertigungsverfahren nutzen, um Prototypen (Rapid Prototyping) und Produkte (Rapid Manufacturing) herzustellen [GEBH16, S. 6 ff.].

Die Anzahl an additiven Fertigungsverfahren wächst stetig, da den Verfahren hohes Zukunftspotenzial nachgesagt wird [vgl. ZEID15; SCHÜ14]. Nach DIN EN ISO/ASTM 52900 klassifizieren sich die additiven Fertigungsverfahren nach den vier Grundmaterialien: Polymere, metallische, keramische Werkstoffe und Verbundwerkstoffe [DIN18b, S. 32]. Abbildung 2-9 zeigt die relevanten Prozessprinzipien der additiven Fertigungsverfahren für Metalle auf, von denen insbesondere das Laserstrahl Pulverbettschweißen (L-PBF, engl. Laser Powder Bed Fusion) und das Pulver- und Drahtbasierte Laserauftragsschweißen (LMD-P/W, engl. Laser Metal Deposition – Powder/Wire) für den Werkzeugbau von Relevanz sind [DIN18b, S. 33; RITT18, S. 3; DIN 17, S. 9].

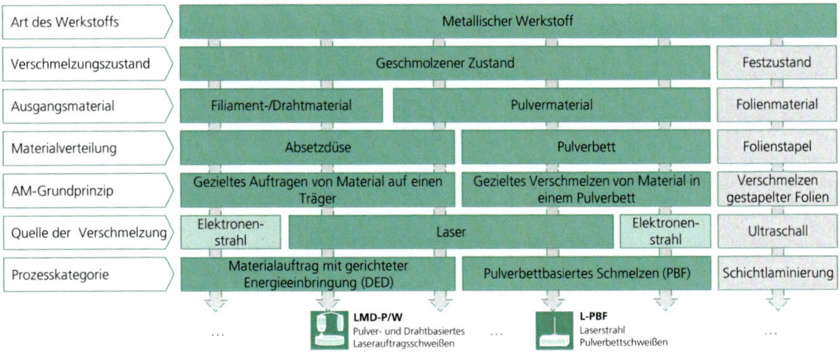

Abbildung 2-9: Überblick über die einstufigen AM-Prozessprinzipien für metallische Werkstoffe
Overview of Single-Step AM Processing Principles for Metallic Materials

Beim L-PBF wird pulverförmiges Metall schichtweise in Form gebracht und mithilfe eines Lasers verschmolzen [BREU13, S. 31 f.]. Beim Laserauftragsschweißen wird die Werkstückoberfläche punktuell durch den Laser aufgeschmolzen, während ein Zusatzwerkstoff (Pulver oder Draht) eingearbeitet wird [KLOC98, S. 165]. Anwendung finden additive Fertigungsverfahren, vornehmlich das L-PBF, für die Herstellung von Werkzeugkomponenten für Spritzgießwerkzeuge, da die Belastungen an das Werkzeug im Vergleich zu anderen Werkzeugtypen gering sind [MENG07, S. 818]. Vorteilhaft sind die hohe Flexibilität und die Einbringung konturnaher Kühlkanäle zur Reduktion von Zykluszeiten [HEES15, S. 54]. Das Laserauftragsschweißen wird zur Reparatur von Werkzeugen und zur Aufbringung von Verschleißschichten genutzt [HEES15, S. 54; KLOC07, S. 258 ff.].

2.3 Verkettete Fertigungssysteme im Werkzeugbau

Interlinked Manufacturing Systems in Toolmaking

In diesem Unterkapitel werden die Grundlagen der Automatisierung und die in diesem Zuge relevanten verketteten Fertigungssysteme eingeordnet (Abschnitt 2.3.1 und 2.3.2). Daran anschließend wird im dritten Abschnitt die Peripherie für verkettete Fertigungssysteme eingeführt. Abschließend werden die netzwerkseitigen Grundlagen betrachtet (Abschnitt 2.3.4).

2.3.1 Automatisierung – Grundlagen und Status quo

Automation – Basics and Status quo

Zunächst wird der Begriff Automatisierung definiert, da keine einheitliche Begriffsbestimmung in der Literatur vorhanden ist [HESS00, S. 2; PRIT06, S. 1 f.; NEST06, S. 2; LITZ13, S. 3]. Je nach Betrachtungszusammenhang wird zwischen Prozess-, Produkt-, Anlagen-, Produktions- oder Fertigungsautomation unterschieden [FAVR04, S. 2 f.; NEST06, S. 2]. Mit Fokus auf einen ganzheitlichen Ansatz wird die DIN IEC 60050-351 herangezogen, nach der ein Prozess als automatisiert gilt, wenn er „unter festgelegten Bedingungen ohne menschliches Eingreifen abläuft oder arbeitet." Die DIN trennt dabei zusätzlich nach voll- und teilautomatisiert. [DIN 14, S. 30 f.] Darüber hinaus grenzen sich Automation und Automatisierung dahingehend voneinander ab, dass Automation den Zustand darstellt, der durch Automatisierung, als Prozess, erreicht werden kann [DIN 14, S. 30 f.; DUDE20b]. Daher gilt für diese Arbeit:

DEFINITION *Die **Automatisierung** wird als ganzheitlicher Ansatz hin zur Automation verstanden, wobei ein Prozess als automatisiert gilt, wenn er unter festgelegten Bedingungen ohne menschliches Eingreifen abläuft oder arbeitet.*

Übertragen auf diese Arbeit ist Automatisierung der Weg hin zur Automation, in diesem Fall hin zu einem verketteten Fertigungssystem, wenn die Zielgröße die Automation der Fertigungsverfahren der mechanischen Fertigung im Werkzeugbau darstellt.

Bei Analyse des Status quo der Automatisierung im Werkzeugbau bezogen auf die mechanische Fertigung wird Folgendes ersichtlich: 70 % der Werkzeugbauunternehmen in Deutschland verfolgen aktuell Automatisierungsprojekte, was die Signifikanz der Themenstellung verdeutlicht [BOOS17a, S. 12]. Die Nutzung von CNC-Bearbeitungszentren stellt aktuell den Regelfall im Werkzeugbau dar, jedoch verschieben sich die Zielgrößen der Optimierung unter dem Fokus der Automatisierung hin zu Einsparpotenzialen bei den Rüst- und Nebenzeiten, da die Fertigungsressourcen ihre technischen Grenzen hinsichtlich Hauptzeiten nahezu erreichet haben [vgl. WELL19, S. 6 f.; BAY13, S. 349]. Gerade in den Kerntechnologien des Werkzeugbaus, dem Fräsen und Senkerodieren, nutzen bereits ein Großteil der Unternehmen Lösungen zu Bearbeitungswerkzeugwechsel und Werkstückpalettierung [BOOS18d, S. 32; NEUG12, S. 264 ff.; BOOS17a, S. 34 f.]. Handling bzw. Roboterlösungen bis hin zur Maschinenverkettung werden jedoch aktuell nur bedingt eingesetzt. Lediglich 15 % der in der Studie „Erfolgreich Automatisieren im Werkzeugbau", die von Fraunhofer IPT und WBA Aachener Werkzeugbau Akademie veröffentlich wurde, befragten Werkzeugbaubetriebe nutzen aktuell verkettete Fertigungssysteme im Werkzeugbau[11] [BOOS17a, S. 36]. Zwar geben die befragten Unternehmen als Vorteile für diese Automatisierungsvariante Produktivitätssteigerungen, Durchlaufzeitreduzierungen als sinkende Kosten pro Werkstück an [BOOS17a, S. 13], jedoch werden hohe Investitionskosten sowie die Reduzierung der Flexibilität als Nachteile gesehen [BOOS17b, S. 13; EMER10, S. 45]. Zusammenfassend kann die Automatisierung als Trendthema und verkettete Fertigungssysteme in diesem Zuge als Handlungsfeld im Werkzeugbau identifiziert werden [BOOS17b; BOOS17a, S. 39 ff.].

Im Zusammenhang mit der Integration von neuen Automatisierungslösungen im Werkzeugbau wurde am Fraunhofer IPT ein schrittweises Vorgehen entwickelt, welches die nötigen Voraussetzungen skizziert [BOOS17a]. Zur besseren Einordnung der vorliegenden Arbeit werden nachfolgend die grundlegenden Bereiche (s. Abbildung 2-10 in grün) der Vorgehensweise skizziert.

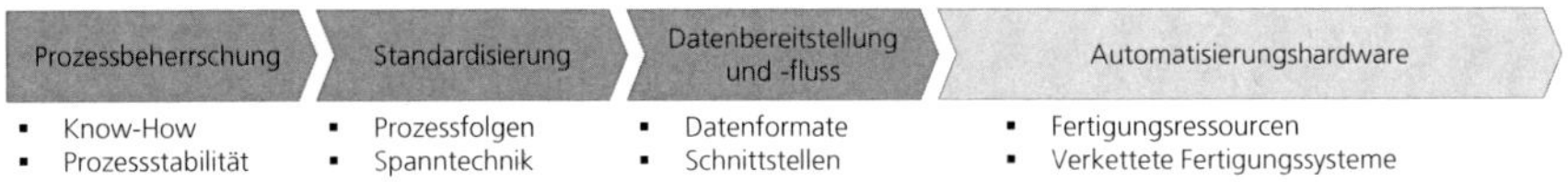

Abbildung 2-10: Vorgehen zur Einführung von Automatisierung im Werkzeugbau[12]
Procedure for the Implementation of Automation in Toolmaking

Die **Prozessbeherrschung** stellt die Basis für die Einführung jeder Automation dar [BOOS17a, S. 15]. Ziel ist, eine sichere und stabile Prozessführeng innerhalb der Fertigungsverfahren und -prozesse zu gewährleisten, wobei die Kriterien im Werkzeugbau, aufgrund der geringen Losgrößen, von denen der Serienfertigung abzugrenzen sind [OELT00, S. 108 f.; IHME06, S. 324]. Starke Varianzen in den Fertigungsprozessketten, nicht konstante Taktzeiten und die differierenden Zielgrößen Leistung, Termintreue, Durchlaufzeit und Kosten bei kleinen Losgrößen erschweren die Prozessbeherrschung [AGHA11, S. 21 f.; ZISK13, S. 54-55].

Den nächsten Schritt stellt die **Standardisierung** dar. Damit rückt die Homogenisierung von Produkten bzw. Werkstücken als auch der Prozesse in den Fokus der Betrachtung, was nach Schuh ein Handlungsfeld der operativen Excellence im Werkzeugbau darstellt [SCHU10, S. 10]. Standardwerkzeuge und Werkzeugkomponenten, wie z. B. Führungseinheiten, bieten großes Standardisierungspotenzial und helfen dabei, die Varianz auf die formgebenden Werkzeugkomponenten zu beschränken [EVER95, S. 47; KLOT06, S. 202; BOOS17a, S. 19 ff.]. Der Einsatz von Standardwerkzeugkomponenten und den standardisierten Spannsystemen ruft Synergieeffekte auf der horizontalen und vertikalen Prozesskette hervor. [BOOS18b, S. 10 ff.; vgl.LIND06, S. 71 f.] Es

[11] Eine Datenbankauswertung der gemeinsamen Datenbank des Fraunhofer-Instituts für Produktionstechnologie IPT und des WZL der RWTH Aachen für den Werkzeugbau bestätigt diese Werte (s. Anhang A)

[12] i. A. a. [BOOS17a].

ist jedoch zu beobachten, dass die Gleichteilquote bezogen auf Werkzeugkomponenten aktuell bei 20,9 % im Werkzeugbau liegt, was als gering zu bezeichnen ist [BOOS17a, S. 21].

Die dritte Entwicklungsstufe stellen die **Datenbereitstellung** und der **Datenfluss** dar [BOOS17a, S. 24]. Unter der Prämisse, die richtigen Informationen, in der richtigen Menge, zum richtigen Zeitpunkt, am richtigen Ort bereitzustellen [FAVR04, S. 184] gilt es, die CAx-Prozesskette zu harmonisieren [BOOS18b, S. 7; BOOS17a, S. 25 ff.]. Neben der Verknüpfung der CAx-Systeme entlang der Prozesskette geht es auch darum, eine automatisierte Identifikation von Werkstück und Bearbeitungswerkzeug sicherzustellen und diese mit den entsprechenden Bearbeitungsprogrammen und NC-Daten bzw. Bearbeitungsprogrammen zu koppeln [MANT13, S. 525 f.; BOOS17a, S. 25 ff.; vgl. WELL19, S. 9 ff.]. Bisweilen werden optische Codes, wie QR-Codes (engl., Quick Response) und elektromagnetische Lösungen, wie RFID-Transponder (engl., Radio Frequency Identification), zur Identifikation genutzt [LENK05, S. 17-18]. Dennoch wird aktuell noch ein Großteil der Werkstücke (70 %) und Bearbeitungswerkzeuge (70 %) mit Klarschrift gekennzeichnet [BOOS17a, S. 27].

Nach Durchlaufen der vorgestellten Schritte ist die Verkettung von Software- und Hardwarekomponenten sinnvoll umsetzbar [BOOS17a, S. 33]. An dieser Stelle wird auf eine nähere Betrachtung der Softwarekomponenten verzichtet, da der Fokus der vorliegenden Arbeit auf der Ressourcen-, Prozess- und Netzwerkebene der verketteten Fertigungssysteme liegt, deren Elemente im Weiteren näher vorgestellt werden.

2.3.2 Klassifikation von verketteten Fertigungssystemen

Classification of Interlinked Manufacturing Systems

In der industriellen Fertigung finden je nach Produktivität und Teilevielfalt unterschiedliche Fertigungssysteme Verwendung (s. Abbildung 2-11) [IHME06, S. 332]. In der Literatur finden sich verschiedene Varianten zur Einteilung und Beschreibung von (verketteten) Fertigungssystemen [COLL04a, S. 46 ff.; KLIN07, S. 10 ff.; WECK05, S. 411 ff.; WEST06, S. 51 ff.; VDI90, S. 18 f.]. Fertigungssysteme werden per se in nicht universell einsetzbare (starre) bzw. universell einsetzbare (flexible) Mehrmaschinensysteme differenziert. Diese grenzen sich von Multifunktionsmaschinen, die mehrere Fertigungsverfahren vereinigen, wie das Dreh-Fräszentrum, (s. Abschnitt 2.2.3.3) ab. [WECK05, S. 412; RÖSS14, S. 52-54]. Aufgrund der mangelnden Flexibilität sind nicht universell einsetzbare Mehrmaschinensysteme nicht geeignet für den Werkzeugbau und finden sich eher in der Serien- und Massenfertigung wieder [WECK05, S. 412; FAYZ10, S. 3].

Universell einsetzbare (flexible) Mehrmaschinensysteme, die teilweise synonym flexible Fertigungssysteme genannt werden, sind auf die Bedürfnisse der Einzel- und Kleinserienfertigung, wie sie im Werkzeugbau vorliegen, zugeschnitten. Sie verfolgen das Ziel, hohe Flexibilität mit kurzen Durchlaufzeiten zu verbinden [IHME06, S. 328; WIEN10, S. 39 f.].

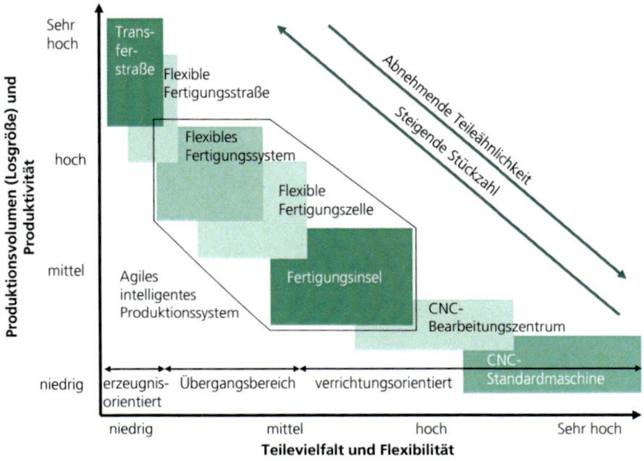

Abbildung 2-11: Einordnung unterschiedlicher Fertigungssysteme[13]
Classification of different Manufacturing Systems

WECK & BRECHER gliedern die universell einsetzbaren (flexiblen) Mehrmaschinensysteme in folgende drei, sich um Funktionen erweiternde Systeme auf [WECK05, S. 433]:

- Bearbeitungszentrum (BAZ)
- Flexible Fertigungszelle (FFZ)
- Flexibles Fertigungssystem (FFS)

Die geringste Ausbaustufe bildet das Bearbeitungszentrum ab, welche aus den Grundelementen einer NC-fähigen Fertigungsmaschine erweitert um einen automatischen (Bearbeitungs-)Werkzeugwechsler sowie -magazin besteht. Eine Erweiterung des BAZ um In-Process-Messtechnik und einen integrierten Werkstückwechsler bzw. -speicher ist möglich. Das Konzept kann als automatisierte Einzelmaschine betrachtet werden, welche häufig den Einstieg in die Automatisierung bildet [BOOS17a, S. 37]. [WECK05, S. 432; KLIN07, S. 13 f.]

DEFINITION *Ein **Bearbeitungszentrum (BAZ)** beschreibt eine NC-fähige Fertigungsmaschine, an die Peripherieelemente direkt angebunden bzw. integriert sind und die über kein zentrales Handlingsystem verfügt.*

Die nächste Ausbaustufe stellen flexible Fertigungszellen dar, welche sich i. d. R. auf eine Fertigungstechnologie beschränken und daher in der Literatur auch als Technologiezelle bezeichnet werden. Mit ihnen wird das Ziel verfolgt, Rüst-, Neben-, Liege- und Transportzeiten zu reduzieren

[13] i. A. a. [IHME06].

und durch die Nutzung mannloser Laufzeiten die Auslastung zu steigern. Voraussetzung für den erfolgreichen Betrieb stellt eine anforderungsgerecht umgesetzte Standardisierung dar (s. Abschnitt 2.3.1.). Flexible Fertigungszellen sind, in Abgrenzung zu BAZ, mit einem Leitrechner zur Steuerung der Bearbeitungsaufgaben und Maschinenbelegungen und zur eindeutigen Referenzierung der (Bearbeitungs-)Werkzeuge und -stücke ausgestattet (s. Kap. 2.3.4.1). Für einen störungsfreien Betrieb ist darüber hinaus ein Diagnose-, Überwachungs- und Fehlermeldesystem erforderlich. Durchgängige Spanntechnik auf Bearbeitungswerkzeug- und Werkstückseite ist eine Grundvoraussetzung (s. Kap. 2.3.3). Zum automatisierten Werkstückhandling finden unterschiedliche Konzepte in der industriellen Werkzeugfertigung Anwendung. Mittels Portalroboter ist eine effiziente Beschickung von Fertigungsressourcen mit Werkstücken (i. d. R. auf Paletten) und Bearbeitungswerkzeugen möglich. Dabei können Doppel-Portallader mit zwei Greifarmen verbrauchte und neue Bearbeitungswerkzeuge in einer Aufspannung wechseln und so die Nebenzeiten verkürzen. Eine Unterteilung in lineare und rotatorische Systeme ist ein bauartbedingtes Differenzierungsmerkmal. Lineare Systeme haben den Vorteil der Erweiterbarkeit, während rotatorische Systeme i. d. R. eine höhere Handlinggeschwindigkeit aufweisen. [IHME06, S. 328; WECK05, S. 434 ff.; KLIN07, S. 16 ff.; BOOS17a, S. 37 f.]

DEFINITION *Eine **flexible Fertigungszelle (FFZ)** besteht aus einer oder mehreren NC-Fertigungsmaschinen einer Technologie, die über ein zentrales Handlingsystem versorgt werden. Alle Komponenten und Prozesse sind sowohl hardware- als auch softwaretechnisch standardisiert und werden über einen Leitrechner zentral gesteuert.*

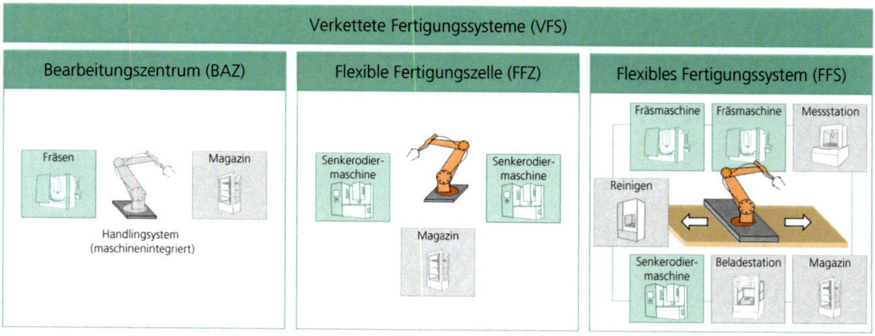

Abbildung 2-12: Übersicht verketteter Fertigungssysteme im Werkzeugbau
Overview of Interlinked Manufacturing Systems in Toolmaking

Wird eine FFZ um eine weitere Fertigungstechnologie erweitert, spricht man von einem flexiblen Fertigungssystem (FFS), welche dies höchste Stufe eines ungetakteten und richtungsfreien[14]

[14] Im Gegensatz zu einer Fertigungsstraße, bei der die Produktionsrichtung vorgegeben ist.

Automatisierungskonzepts darstellt [WIEN10, S. 36]. Der Werkzeugbau fordert dabei anwendungsspezifische, flexible und auf ein bestimmtes Werkstückspektrum ausgerichtete FFS [RÖHR01, S. 1 f.; WECK05, S. 441]. Die Frage nach der Wirtschaftlichkeit eines solchen Systems ist trotz der technologischen Vorteile ebenfalls zu berücksichtigen [EMER10]. Ein FFS verknüpft alle notwendigen Funktionen für die (fertigungstechnologieübergreifende) Bearbeitung, automatisiert das Handling der Bearbeitungswerkzeuge und Werkstücke sowie der Informationsbreitstellung (s. Kap. 2.3.1). Ein Jobmanagementsystem (s. Kap. 2.3.4.1) mit entsprechenden Schnittstellen sorgt für die Flexibilität auf Prozessebene [IHME06, S. 330]. Vorherrschende Bauform für flexible Fertigungssysteme ist die lineare Variante, da die Erweiterbarkeit des System essenziell ist, um auf veränderte Prozessketten reagieren zu können [BOOS17a].

DEFINITION *Ein **flexibles Fertigungssystem (FFS)** erweitert eine FFZ um mindestens eine weitere Fertigungstechnologie und vereint alle notwendigen prozessorientierten Funktionen für die automatisierte (technologieübergreifende) Informationsbereitstellung, Bearbeitung und Logistik der Werkzeuge und Werkstücke.*

In Abbildung 2-12 sind die verschiedenen verketteten Fertigungssysteme (VFS) dargestellt. Es wird optisch ersichtlich, dass die Platzbedarfe und die Komplexität der VFS im Werkzeugbau trotz des großen Potenzials nicht zu unterschätzen sind [BOOS17a, S. 37 ff.].

2.3.3 Peripherie für die Maschinenverkettung

Periphery for Interlinked Manufacturing Systems

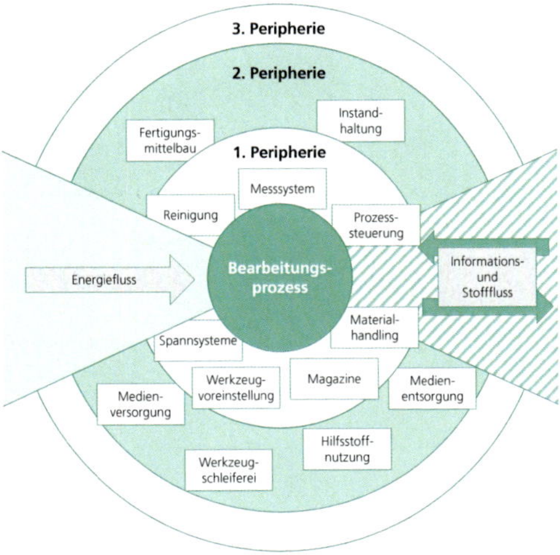

Abbildung 2-13: Einteilung der Peripherie in Produktionsfabriken i. A. a. WIRTH

Classifcation of Periphery in Manufacturing Plants according to WIRTH

Der Begriff „Peripherie" ist ein weit gefasster und je nach Anwendungsfeld anders definierter Begriff [DUDE20a; GABL18]. Bei Zugrundelegung eines fertigungstechnischen Betrachtungsfokus lässt sich die Produktionsperipherie als die Gesamtheit der Betriebsmittel bezeichnen, welche nicht unmittelbar am Fertigungsprozess beteiligt, jedoch zum Teil notwendig sind. WIRTH teilt die Peripherie in drei, in Abhängigkeit vom Hauptprozess stehende, Ebenen auf (s. Abbildung 2-13) [WIRT90, S. 24 f.]. Die 1. Peripherie umfasst Betriebsmittel, die in direkten Abhängigkeiten zu den Hauptprozessen stehen. Die zweite Kategorie umfasst die Aspekte, die indirekten Bezug zu den Hauptprozessen aufweisen. Innerhalb der 3. Peripherie werden Betriebsmittel berücksichtigt, die ganze Fabriken oder Organisationen betreffen. Eine Einteilung der Peripherie hinsichtlich der Fertigungsprozesse ist daher möglich [WIRT90, S. 24 f.; MÜLL09, S. 43 f.].

Innerhalb dieser Arbeit, deren Fokus auf der Bewertung verketteter Fertigungssysteme liegt, wird als Peripherie die von WIRTH definierte 1. Peripherie der Produktionsfabriken verstanden. Jedoch werden Handlingsysteme und Fertigungsressourcen gesondert betrachtet und im späteren Kennzahlensystem, aufgrund der signifikanten Bedeutung, separat bewertet. Daher fallen diese nicht in den Bereich Peripherie [WIRT90, S. 24 f.]. Abbildung 2-14 zeigt die in der Arbeit berücksichtigten und für verkettete Fertigungssysteme relevanten Peripheriesysteme auf [WIRT90, S. 24 f.; BOOS17a, S. 34 ff.].

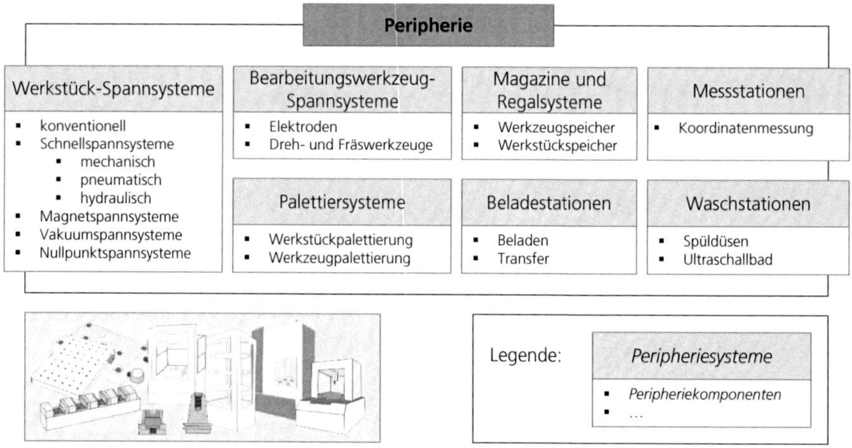

Abbildung 2-14: Einteilung der Peripherie in Bezug auf verkettete Fertigungssysteme
Classifcation of Periphery for Interlinked Manufacturing Systems

Die detaillierte Einteilung der Peripheriesysteme weicht an dieser Stelle von der Betrachtung von WIRTH ab, um den Anforderungen der verketteten Fertigungssysteme im Werkzeugbau, auch in der späteren Bewertung, gerecht zu werden. Gründe dafür sind der Einzel- und Kleinseriencharakter und die hohe Anzahl variierender Prozessketten im Werkzeugbau [BOOS18b; BOOS17a].

Die dargestellten Peripheriesysteme werden in den nachfolgenden Abschnitten kurz eingeführt, um eine objektive Bewertungsgrundlage für die später folgende Kennzahlenbetrachtung zu schaffen.

2.3.3.1 Werkstückspannsysteme

Workpiece Clamping Systems

In diesem Abschnitt werden die Anforderungen zur Werkstückspannung aufgezeigt und im Zuge verketteter Fertigungssysteme eingeordnet. Die Systeme unterscheiden sich in der Art der Spannkraftaufbringung: Es wird zwischen konventionellen, mechanischen, pneumatischen, magnetischen und Vakuumspannsystemen sowie Nullpunktspannsystemen differenziert. Aufgabe der Werkstückspannung ist das „vorübergehende Festhalten (Sichern) eines Körpers in einer bestimmten Orientierung und Position unter Beteiligung von Kräften" [HESS00, S. 183]. Die Präzision und Wiederholgenauigkeit des Spannsystems hat dabei direkten Einfluss auf die Qualität des Fertigungsprozesses [HESS00, S. 183; HEIN91, S. 8]. Die entsprechenden Bearbeitungskräfte durch den Fertigungsprozess muss das Spannsystem sicher kompensieren können [PERO13, S. 51-52].

In der Spanntechnik wird weiter zwischen direktem und indirektem Spannen unterschieden (s. Abbildung 2-15). Unter direktem Spannen wird die direkte Einspannung des Werkstücks vor der Bearbeitung auf der Fertigungsressource verstanden. Dies setzt ein manuelles Werkstückhandling in der Maschine voraus und wird im Zuge der verketteten Fertigungssysteme nicht weiter innerhalb dieser Arbeit betrachtet [HEIN91, S. 9-11].

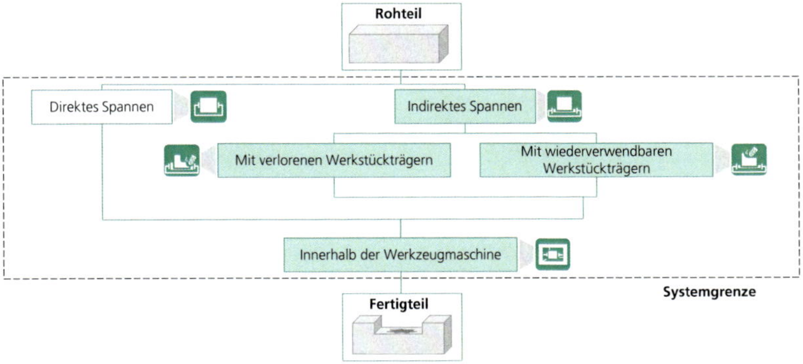

Abbildung 2-15: Systematik der Spannverfahren
Systematic of Clamping Methods

Eine Aufspannung außerhalb der Fertigungsressource wird als indirektes Spannen bezeichnet. Hierbei wird zusätzlich noch unterschieden, ob mit einem wiederverwendbaren oder verlorenen Werkstückträger gespannt wird. Eine Mehrseitenbearbeitung sorgt beim Spannen mit verlorenen Werkstückträgern dafür, dass eine erneute Aufspannung des Werkstücks nicht mehr möglich ist [HEIN91, S. 9-11]. Im Zuge verketteter Fertigungssysteme wird vorwiegend auf das indirekte Spannen mit wiederverwendbaren Werkstückträgern, z. B. Palettiersysteme (s. Kap. 2.3.3.3), gesetzt [HEIN91, S. 9 ff.; BOOS17a, S. 33 ff.]. Ein großer Vorteil des indirekten Spannens ist, dass der Spannvorgang hauptzeitparallel durchgeführt werden kann, wodurch die Maschinenlaufzeit gesteigert und Neben- und Rüstzeiten reduziert werden können. Das im Werkzeugbau vorherrschende Werkstückspektrum und die unterschiedlichen Dimensionen und Geometrien müssen durch die relevanten Spannsysteme abgedeckt werden. Eine Durchgängigkeit des Spannsystems ist gerade bei FFZ und FFS eine wichtige Grundvoraussetzung.

Konventionelle Spannsysteme

Unter „konventionellen Spannsystemen" werden in dieser Arbeit Spanneinrichtungen verstanden, welche die Spannkraft durch manuelle Verrichtung, i. d. R. durch ein mechanisches Spannprinzip, bereitstellen [PERO13]. Abbildung 2-16 zeigt einen mechanischen Schraubstock mit zwei Spannbacken, welche das Werkstück sichern [SCHU18b].

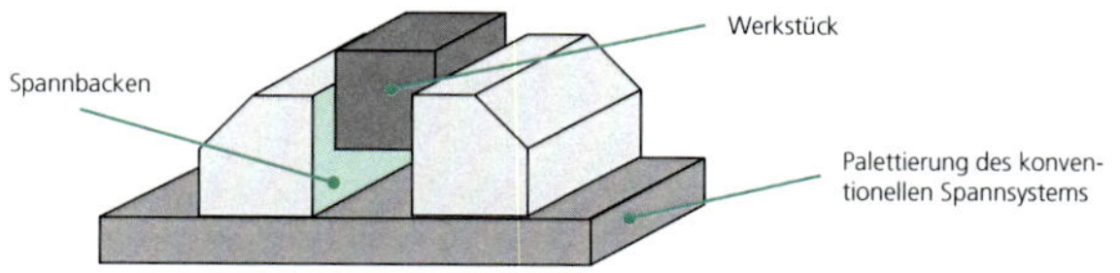

Abbildung 2-16: Konventionelles Spannsystem
Conventional Clamping System

Das Spannsystem ist entweder direkt auf dem Maschinentisch oder auf einem Werkstückträger fixiert, was die Nutzung innerhalb eines verketteten Fertigungssystems ermöglicht.

Mechanische, pneumatische und hydraulische Schnellspannsysteme

Schnellspannsysteme erlauben durch verschiedene Ansätze einen schnelleren Rüstvorgang auf der Fertigungsressource. Die Spannkraft wird entweder mechanisch, pneumatisch oder hydraulisch realisiert [HESS00, S. 185 f.]. Für verkettete Fertigungssysteme im Werkzeugbau werden diese Systeme eher selten eingesetzt, weshalb für weitere Details auf die Arbeiten von HESSE [HESS00] und PEROVIC [PERO13] verwiesen wird.

Magnetspannsysteme

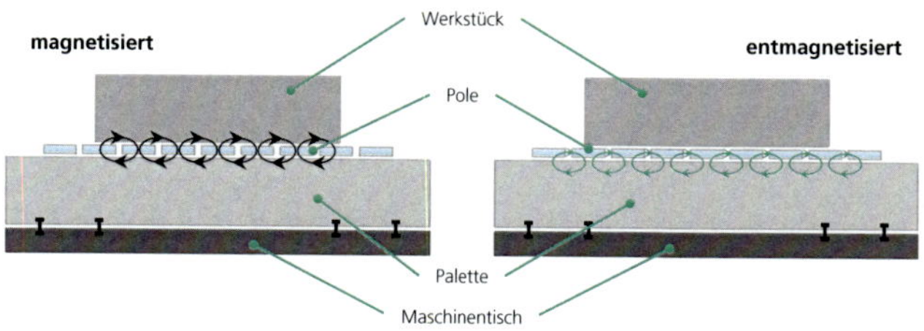

Abbildung 2-17: Spannprinzip magnetischer Spannsysteme
Principle of Magnetic Clamping Systems

Zur Fixierung ferromagnetischer Werkstücke eignet sich die Magnetspanntechnik. 70 % der Werkzeugbaubetriebe setzen dieses Spannsystem in ihrem Werkzeugbau ein [BOOS17a, S. 34]. Eine Magnetspannplatte, vergleichbar mit einer Palette und teilweise auch auf dieser montiert, stellt hierbei die Haltekraft für das Werkstück her. Als Mindestanforderung zur Haltekraftherstellung müssen ein Minus- und ein Pluspol auf der Magnetplatte durch das Werkstück überdeckt sein. Verschmutzung, Rost und Späne beeinflussen die Spannkräfte und müssen entsprechend bei der Auslegung berücksichtigt werden. Vorteile von Magnetspannsystemen sind die schnelle Werkstückspannung und damit verbundenen kurzen Rüstzeiten sowie die vielen Freiheitsgrade beim Spannen. Mithilfe von Polverlängerungen lässt sich darüber hinaus eine Mehrseitenbearbeitung realisieren. [HESS00, S. 190; AMF17]

Vakuumspannsysteme

Die Haltekraft bei Vakuumspannsystemen wird mithilfe von Unterdruck auf einer Vakuumspannplatte erzeugt. Der Anwendungsbereich dieser Spanntechnik ist auf die spanende Fertigung beschränkt. Aufgrund des Dielektrikums kommt das System für die Draht- und Senkerosion nicht zum Einsatz. Vorteilhaft gegenüber der Magnetspannplatte ist die Unabhängigkeit von zu bearbeitenden Werkstoffen. Im Bereich der verketteten Fertigungssysteme ist das Einsatzgebiet i. d. R. auf BAZ und FFZ beschränkt. Ca. 50 % der Werkzeugbaubetriebe nutzen ein solches System an mindestens einer ihrer Fertigungsressourcen. [HESS00, S. 189 f.; BOOS17a, S. 34]

Nullpunktspannsysteme (NPS)

Als Nullpunktspannsysteme werden Spannsysteme bezeichnet, die nach einmaligem Einmessen den Nullpunkt aufgrund der systembedingten Wiederholgenauigkeit reproduzierbar machen. In der Praxis wird dies i. d. R. dadurch realisiert, dass ein Werkstück auf einer Palette oder einem Werkstückträger eingespannt und die genaue Lage und Ausrichtung ausgemessen wird. Auf allen Fertigungsressourcen sowie der Mess- und Waschstation wird die Aufnahme des NPS bereitgestellt. Die Paletten- oder Werkstückaufnahme erfolgt entweder über Spannbolzen oder über Referenzflächen, je nach Spannmechanismus (s. Abbildung 2-18). [HESS00; BOOS17a, S. 34]

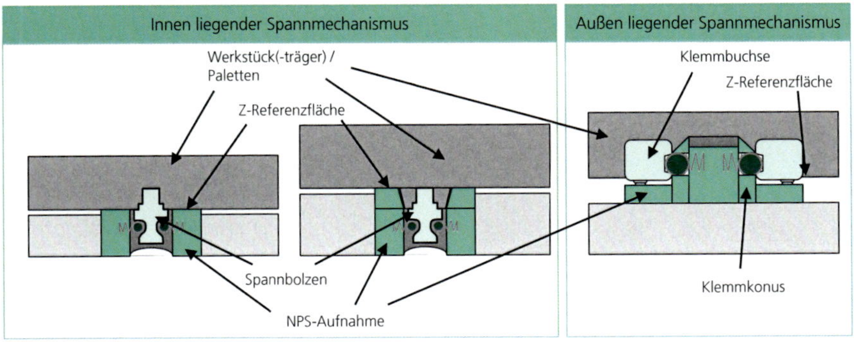

Abbildung 2-18: Aufnahmen für Nullpunktspannsysteme
Fixtures for Zero Point Clamping Systems

Bei Werkstücken mit langer Bearbeitungszeit kann es wirtschaftlich sein, die Referenzträger, z. B. Spannbolzen, direkt am Werkstück zu befestigen.

Hydraulische oder pneumatische Schnittstellen zum automatischen Spannen und Lösen sowie Auflagesensoren sind bei den führenden Maschinenherstellern weit verbreitet, wodurch die Systeme hervorragend für die Nutzung in verketteten Fertigungssystemen geeignet sind. Laut einer Studie der WBA und des Fraunhofer IPT setzen aktuell 57 % der Werkzeugbaubetriebe NPS regelmäßig ein. [BOOS17a, S. 34]. Auch bei der Drahterosion sind NPS in Kombination mit Spannrahmen nutzbar, was aktuell 50 % der Werkzeugbaubetriebe realisiert haben [NEUG12, S. 139; BOOS17a, S. 35]. Die NPS-Aufnahmen können hierbei auf dem Spannrahmen oder am Spannrahmen selbst montiert sein [NEUG12, S. 273].

Mithilfe von NPS kann eine einheitliche mechanische Schnittstelle realisiert werden, wodurch Spannvorgänge standardisiert und so Rüst- und Nebenzeiten bei einer hohen Wiederholgenauigkeit von kleiner 5 µm erreichbar sind [NEUG12, S. 139 ff.]. Eine Automatisierung des Materialhandlings von verketteten Fertigungssystemen wird daher begünstigt [BOOS17a, S. 34 ff.].

2.3.3.2 Bearbeitungswerkzeugspannsysteme

Machine Tool and Electrode Clamping Systems

In diesem Abschnitt werden die Bearbeitungswerkzeugspannsysteme kurz eingeführt. Fokus liegt auf den Spannsystemen für Elektroden und Fräswerkzeuge, da diese den Kerntechnologien des Werkzeugbaus zugehörig sind [BOOS17b]. Bearbeitungswerkzeuge, egal welcher Art, werden in Werkzeugaufnahmen eingespannt [HESS00, S. 166], welche sich nach Technologien unterscheiden. Elektroden werden in Elektrodenhaltern gespannt, welche eine standardisierte Schnittstelle zur Fertigungsressource, z. B. über ein NPS herstellen [KLOC98, S. 182].

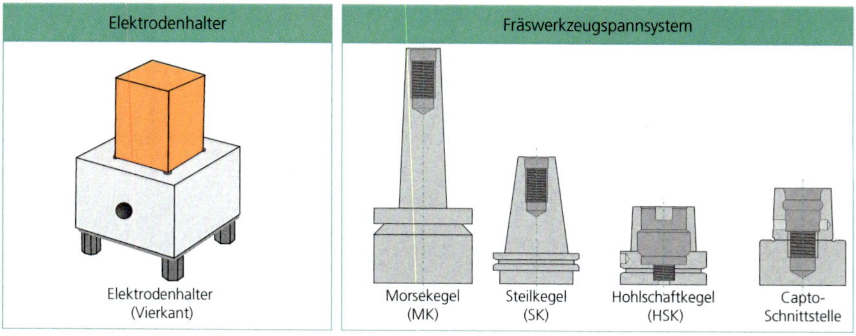

Abbildung 2-19: Bearbeitungswerkzeugspannsysteme
Machine Tool and Electrode Clamping Systems

Auch für Fräswerkzeuge existieren Spannsysteme (s. Abbildung 2-19). Wichtige Beurteilungskriterien stellen die Spannrundlaufgeschwindigkeit, die Steifigkeit, das Dämpfungsverhalten und die Spannkraft dar. Vier Werkzeugschnittstellen, die im Werkzeugbau Anwendung finden, sind der Morsekegel (MK), der Steilkegel (SK), der Hohlschaftkegel (HSK) und die Capto-Schnittstelle. Für weitere Details zu den Bearbeitungswerkzeughaltern sei an dieser Stelle auf die Arbeiten von KLOCKE, HEISEL, NEUGEBAUER und WECK verwiesen. [NEUG12, S. 90 ff.; WECK99, S. 21 ff.; HEIS14,

S. 332 ff.] Die Bearbeitungswerkzeuge lassen sich in Spannsystemen extern voreinstellen und automatisiert transportieren, was eine Grundvoraussetzung für VFS ist [BOOS17a, S. 33].

2.3.3.3 Palettiersysteme

Pallet Systems

Paletten dienen zur Standardisierung von Maschinen- und Transportschnittstellen, wodurch die Rüstzeiten in der Fertigung von Werkzeugkomponenten reduziert werden können [NEUG12, S. 264 ff.; BOOS17a, S. 34]. In Kombination mit Nullpunktspannsystemen bieten Palettiersysteme das Potenzial, fertigungstechnologieübergreifend Werkstücke und Bearbeitungswerkzeuge zu handhaben und automatisiert zu rüsten [BOOS17a, S. 34 ff.].

Werkstückpaletten dienen dem Materialtransport, mit dessen Hilfe ein Werkstück die komplette Prozesskette durchlaufen kann und in seiner Lage, Position und Orientierung fixiert ist [HESS00, S. 191; NEUG12, S. 272 f.]. Die Abmessungen sind nach DIN 55201 genormt. Neben unbehandelten Paletten werden auch Varianten mit Gewindebohrungen und T-Nuten eingesetzt. [DIN 85; DIN 87; PERO13, S. 188] Abbildung 2-20 zeigt exemplarisch verschiedene Werkstückpaletten mit innenliegendem und außenliegendem Spannmechanismus sowie unterschiedliche Spannoberflächen.

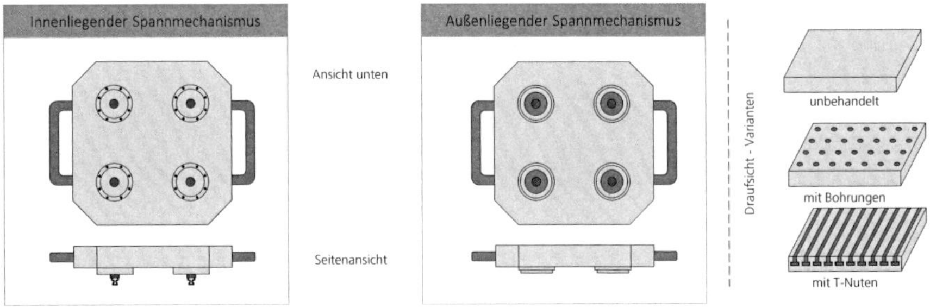

Abbildung 2-20: Palettiersysteme mit Nullpunktspannsystem

Pallet Systems with Zero Point Clamping System

Hinsichtlich verketteter Fertigungssysteme wird das Ziel verfolgt, die Anzahl der notwendigen Umspannvorgänge so gering wie möglich zu halten. Eine Mehrseitenbearbeitung bei Nutzung entsprechender Spanntechnik ist daher auch auf Paletten möglich und zielführend [HESS00, S. 194]. Die Palettenwechselzeit ist dabei in der VDI 2852 definiert [VDI84]. Die Bereitstellung und das Rüsten der Werkstückpaletten erfolgt hauptzeitparallel. Der Materialtransport im Bereich der FFZ und FFS wird durch Handlingsysteme realisiert. Zusätzlich können die Werkstückpaletten mit Informationsträgern, wie RFID-Tags, ausgerüstet sein, um die Werkstückidentifizierung zu realisieren. Gerade bei kurzen Hauptzeiten in Kombination mit hohen Nebenzeiten sind Palettiersysteme sehr vorteilhaft [NEUG12, S. 273 ff.; HESS00, S. 193]. Im Bereich Fräsen setzen aktuell 90 % und in der Senkerosion 50 % der Werkzeugbaubetriebe Palettensysteme für Werkstücke ein [BOOS17a, S. 35].

Bearbeitungswerkzeugpaletten finden lediglich in der Senkerosion Anwendung, indem Elektroden im Halter palettiert werden (s. Abbildung 2-19). In Kombination mit NPS ist auch hier eine gute Automatisierbarkeit gegeben [KLOC98, S. 182]. Bearbeitungswerkzeugwechsler mit entsprechenden Elektrodenhaltern setzen 70 % der Werkzeugbaubetriebe im Bereich der Senkerosion ein [NEUG12, S. 229 f.; BOOS17a, S. 35].

2.3.3.4 Magazine und Regalsysteme

Magazines and Rack Systems

Magazine und Regalsysteme werden in der mechanischen Fertigung, insbesondere bei FFZ und FFS, zur temporären Werkstück- und Bearbeitungswerkzeugspeicherung genutzt. Dabei sind diese Systeme von fertigungsressourceninternen Systemen abzugrenzen. Eine Erweiterbarkeit des Lagerbestand an Werkstücken und Bearbeitungswerkzeugen ist so extern realisierbar und kann zur Effizienzsteigerung von verketteten Fertigungssystemen führen [HESS00, S. 215 ff.]. Bei der Positionierung externer Regalsysteme sollten die Transportwege unter Lean-Aspekten minimal gehalten werden, auch wenn der Materialtransport i. d. R. via automatisiertem Handlingsystem realisiert wird [SCHN16, S. 41 ff.]. Die Aufteilung der Regale und Magazine zwischen Bearbeitungswerkzeugen und Werkstück- bzw. Palettenspeicherplätzen ist unternehmensindividuell und abhängig von der Häufigkeit der zu fertigenden Werkzeugkomponenten, den benötigten Bearbeitungswerkzeugen und den verwendeten Fertigungsressourcen im verketteten Fertigungssystem [HESS00, S. 169 ff.]. Abbildung 2-21 zeigt exemplarisch die Unterteilung von Magazinen und Regalen. Neben der Bauweise kann auch eine integrierte Handlingeinheit verbaut sein [HESS00, S. 216 f.]. Diese wird häufig im Zuge von FFZ genutzt.

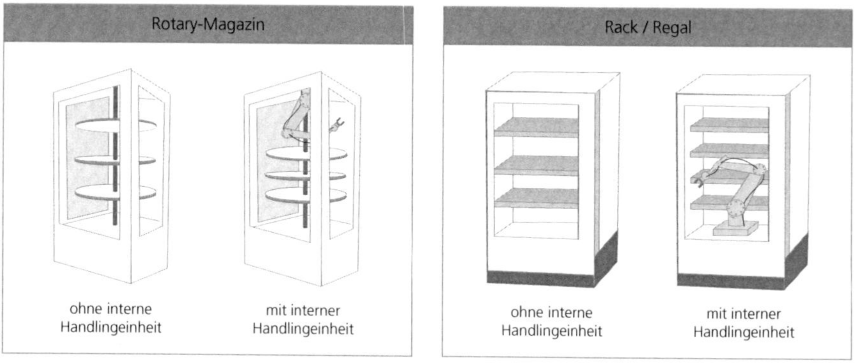

Abbildung 2-21: Unterteilung von Magazinen und Regalsystemen
Subdivision of Magazines and Rack Systems

Hinsichtlich der Bauform werden in Praxis zwei Varianten (s. Abbildung 2-21) eingesetzt, die beide den Vorteil der Erweiterbarkeit aufweisen und sich lediglich in der Anordnung der Werkzeuge im Magazin unterscheiden, was je nach Konzeption und Layout der FFZ bzw. FFS spezifische Vor- und Nachteile mit sich bringt. [NEUG12, S. 256 f.; HESS00, S. 215 ff.; WIRT90, S. 76 ff.]

2.3.3.5 Beladestationen

Loading Stations

Zur Bestückung von verketteten Fertigungssystemen mit Paletten und sonstigen Werkstückträgern werden meist Beladestationen genutzt. Bearbeitungswerkzeuge hingegen werden i. d. R. direkt in die Werkzeugwechsler oder die Magazin- und Regalsysteme eingeschleust. [BOOS17a, S. 33 ff.] Die Beladestation stellt den Übergabepunkt dar, an dem der Mitarbeiter das Werkstück der automatisierten FFZ oder FFS übergibt. Die Handlingeinheit des verketteten Fertigungssystems entnimmt die Palette der Beladestation und führt diese entweder einer Fertigungsressource oder einem Regal zu. Nach der Bearbeitung der Werkstücke werden sie über die Beladestation wieder aus der Verkettung ausgeschleust. In seltenen Fällen dienen Beladestationen als Transferstationen zwischen zwei verketteten Fertigungssystemen. Aufgrund des Einzel- und Kleinseriencharakters des Werkzeugbaus ist dies jedoch selten von Relevanz [BOOS17b; BOOS17a]. Prinzipiell ist eine Einschleusung der Werkstücke ebenfalls über eine Messmaschine möglich, wobei davon in der Praxis, aufgrund des entstehenden Engpasses an der Messmaschine, abgesehen wird.

2.3.3.6 Waschstationen

Cleaning Stations

Reinigen ist nach DIN 8592 definiert als „entfernen unerwünschter Stoffe (Verunreinigungen) von der Oberfläche von Werkstücken" [DIN 03h, S. 3] und zählt zu den trennenden Fertigungsverfahren [DIN 03e, S. 8]. Es wird nach dem Reinigungsprinzip differenziert, das sich in das mechanische, strömungstechnische, Lösemittel-, chemische und thermische Reinigen mit diversen Differenzierungen unterteilt. [DIN 03h, S. 3 ff.]

Bezogen auf verkettete Fertigungssysteme im Werkzeugbau ist die Werkstückreinigung vor allem hinsichtlich der Bearbeitungsqualität und der Prozesssicherheit des Materialhandlings von Relevanz und wird dort in der Praxis eingesetzt [WIRT90, S. 100 f.]. Die Werkstückreinigung vor und während der Bearbeitung, z. B. die Befreiung von Spänen, wird in der Regel maschinenintern mittels Druckluft realisiert [BOOS17b]. Waschstationen kommen i. d. R. für die Werkstückreinigung nach der fertigungstechnischen Bearbeitung zum Einsatz. Um eine vollständige Reinigung des Werkstücks und der Spannvorrichtung zu gewährleisten, muss eine ausreichende Zugänglichkeit von allen Seiten durch Drehen und Wenden ermöglicht sein. Eine anschließende Trocknung beugt Verschmutzungen am Werkstück und im VFS vor. Ein klassischer Anwendungsfall im Spritzgießwerkzeugbau ist die Beseitigung der Erodierrückstände nach dem Senkerodierprozess, bevor das Werkstück vermessen oder eingelagert wird.

2.3.3.7 Messstationen

Measuring Stations

Messmaschinen werden innerhalb der mechanischen Fertigung zu Qualitätssicherungszwecken eingesetzt. I. d. R. besitzen die Fertigungsmaschinen zwar Messmodule und Messtaster zum Einmessen und zur Qualitätskontrolle von Werkstücken und Bearbeitungswerkzeugen, allerdings lassen sich werkstückseitig die Messvorgänge gut mittels Koordinatenmessgerät (KMG) hauptzeitparallel realisieren. [WIRT90, S. 120 f.] Die Lage und Orientierung des Werkstück im Spannsystem bzw. auf der Palette wird gemeinsam mit einem NC-Programm an die Messmaschine übergeben. Der Programmaufruf in einem verketteten Fertigungssystem wird über das Jobmanagement gesteuert und die Identifikation des Werkstücks erfolgt i. d. R. über einen Chip an der Palette. Es findet ein Soll-Ist-Abgleich auf der Messmaschine gegenüber den Daten aus dem CAD-System statt [KEFE18, S. 54 ff.]. KMG werden im Zuge von VFS zur Messung von Versatzdaten bei Elektroden und Kontrolle der Werkstücke, aber auch zur Werkstückvoreinstellung, genutzt. In der Praxis werden im Werkzeugbau die Werkstücke innerhalb des VFS i. d. R. nach jedem Fertigungsprozessschritt qualitätsvermessen, um den hohen Genauigkeits- und Toleranzanforderungen gerecht zu werden [BOOS17a]. Eine Klimatisierung des gesamten verketteten Fertigungssystems inkl. KMG kann zusätzlich für eine Qualitätssteigerung bzw. -sicherung sorgen. Für weitere Details zu Koordinatenmessmaschinen und deren Arbeitsprinzip sowie weiteren fertigungsmesstechnischen Geräten sei an dieser Stelle auf die Arbeit von KEFERSTEIN verwiesen [KEFE18]. Zukünftig ist auch eine optische Vermessung im VFS denkbar, wird an dieser Stelle jedoch nicht näher fokussiert.

2.3.4 Netzwerk für die Maschinenverkettung

Network for Interlinked Manufacturing Systems

In diesem Abschnitt werden die grundlegenden Elemente der Netzwerkinfrastruktur und entsprechender Software thematisiert, die zum Betreiben eines verketteten Fertigungssystems notwendig sind. Zuerst werden Jobmanagementsysteme und ihre Aufgaben eingeführt, bevor im zweiten Teil die Netzwerkumgebung und Datenweitergabe in den Fokus rückt.[15]

2.3.4.1 Jobmanagementsystem (JMS)

Jobmanagement System

Seit Anfang der 1990er Jahre werden offene Steuerungskonzepte entwickelt [WECK06b, S. 185]. In diesem Zusammenhang wird im Folgenden näher auf Jobmanagementsysteme (JMS) eingegangen, die im Zuge dessen an Bedeutung gewonnen haben. Bei Jobmanagementsystemen werden Funktionalitäten in Subsysteme aufgeteilt, deren Kommunikation über definierte Schnittstellen realisiert wird. Dabei weisen Subsysteme wiederum Einzelfunktionen auf, die Jobs genannt werden. Jobs bestehen dabei aus NC-Funktionen, die vom Anwender bestimmt werden können. Diese werden anschließend in Joblisten angeordnet. Jobs lassen sich im Nachgang priorisieren und sich so der Ablauf und die Steuerung modifizieren. [WECK06b, S. 188 f.]

Hauptbestandteile des Jobmanagements sind der Benutzer Server, der Arbeitsablaufplaner und der Ressourcenmonitor (s. Abbildung 2-22). Über den Benutzer Server wird die Interaktion des Anwenders mit dem System realisiert. Hierbei werden die Jobs und die damit verbundenen Anforderungen an das System übergeben. Eine Statusabfrage und Umpriorisierung ist ebenfalls möglich [EL-G04, S. 1231]. Mittels des Arbeitsablaufplaners werden die Jobs auf die Ressourcen, im

[15] Dieser Abschnitt der Arbeit hat keinen Anspruch auf Vollständigkeit aus IT-technischer Sicht, sondern verfolgt das Ziel, ein Grundverständnis für die Thematik aus Ingenieursperspektive zu schaffen und das Bewertungssystem thematisch einzuordnen.

Falle eines VFS die Fertigungsressourcen, Mess-, Belade- oder Waschstation sowie Magazine verteilt. Dabei wird die Verfügbarkeit der Ressourcen und die Ablaufrichtlinie berücksichtigt [EL-G04, S. 1231].

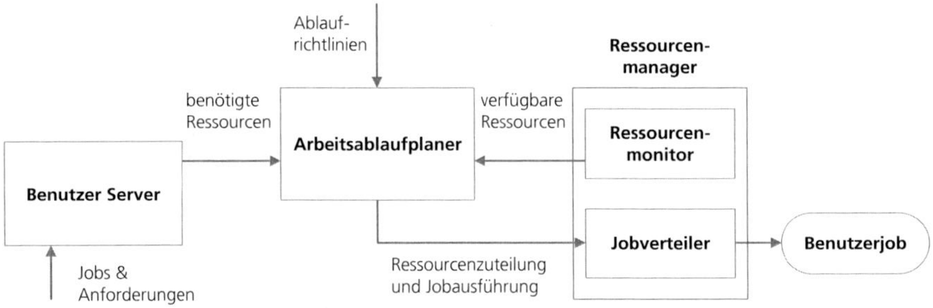

Abbildung 2-22: Hauptbestandteile eines Jobmanagementsystems
Main Components of a Jobmanagement System

Der Ressourcenmanager teilt sich wiederum in Ressourcenmonitor und Jobverteiler auf. Während der Ressourcenmonitor eine Übersicht über die verfügbaren Ressourcen bereitstellt, sorgt der Jobverteiler für die Ausführung der Jobs. Bei Ausführung des Jobs müssen neben den freien Kapazitäten auch die Randbedingungen bei der Erstellung des Jobs berücksichtigt werden [SHI05]. [EL-G04, S. 1231 ff.]

Mit Hinblick auf verkettete Fertigungssysteme stellen Jobmanagementsysteme eine Grundvoraussetzung zur Steuerung dar [KLIN07, S. 50 ff.; BOOS17a]. Neben der Jobverwaltung der einzelnen Fertigungsressourcen über Joblisten fällt auch das Management des gesamten verketteten Fertigungssystems in den Bereich des Jobmanagements. Je nach Hersteller und Softwaresystem findet eine systemseitige Trennung des Jobmanagements, bezogen auf die einzelne Fertigungsressource, und dem Zellenmanagement statt [KLIN07, S. 57 ff.]. Wichtig an der Stelle ist, dass die Schnittstelle zu vorhandenen Softwaresystemen im Werkzeugbau, wie MES-, PPS- und ERP-Systemen gegeben ist, um eine ganzheitliche Arbeitsplanung von der Grobplanung über die Feinplanung bis zur Steuerung ohne doppelte Dateneingabe abbilden zu können [KLIN07, S. 57 f.; BOOS15, S. 11; SHI05]. Bei der Einführung eines solchen Systems ist zu beachten, dass die existierenden Datenstrukturen kompatibel zum System sind und die bereits existierenden Daten und Systeme genutzt werden können [PAPA98, S. 4]. Datenbankstrukturen und das Jobmanagementsystem müssen den bidirektionalen Datenaustausch realisieren können, da neben dem Abrufen von Jobdaten auch Bearbeitungs- und Zustandsdaten zurückgeschrieben werden. Am Beispiel wird deutlich, wie signifikant der Einfluss ist: Beim Einmessen des Nullpunktes auf einem KMG regelt das JMS die Zuordnung zum entsprechenden Werkstück. Beim Vermessen der Elektroden sorgt das JMS dafür, dass die Versatzdaten auf dem richtigen RFID-Chip gespeichert werden. Bei der Bearbeitung auf der Senkerodiermaschine werden dann sowohl Werkstück als auch Elektrode erkannt, entsprechende

Bearbeitungsprogramme von Server abgerufen und nach der Bearbeitung Zustands- und Prozessdaten zurückgeschrieben. [KLIN07, S. 53] Das Handlingsystem wird ebenfalls über das JMS angesteuert [KLIN07, S. 44 ff.].

2.3.4.2 Netzwerkumgebung und Datenweitergabe

Network Environment and Data Transfer

Wie bereits eingeführt findet die Kommunikation zwischen Fertigungsressourcen, aber auch zwischen verschiedenen Ebenen eines Fertigungsbereichs, mittels definierter Schnittstellen statt. Um eine durchgängige Kommunikation auf den verschiedenen Ebenen eines Fertigungsbereichs zu realisieren (s. Abbildung 2-23), werden verschiedene Verbindungsstandards eingesetzt [WECK06b, S. 428 ff.].

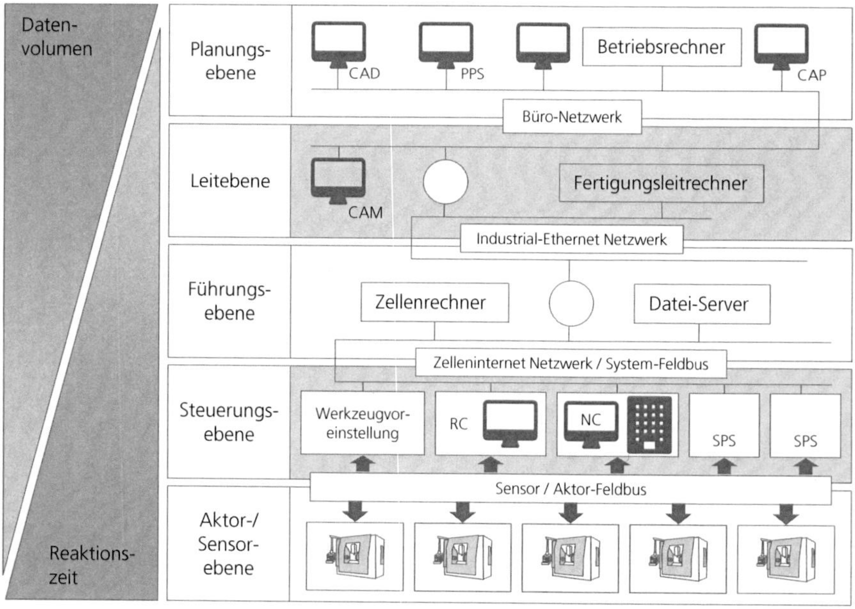

Abbildung 2-23: Kommunikationssysteme eines Fertigungsbereichs i. A. a. WECK

Communication Systems of a Shopfloor according to WECK

Verkettete Fertigungssysteme (VFS) finden sich vorwiegend auf der Aktor-/Sensorebene bis zur Leitebene wieder. Auf der Leitebene, mit Schnittstelle zur Planungsebene, befindet sich das Jobmanagementsystem eines VFS [KLIN07, S. 50 ff.]. Dort werden die Daten der darunterliegenden Ebenen zusammengetragen. Dazu werden bevorzugt Ethernet-Systeme eingesetzt. Bei Ethernet handelt es sich um die am weitesten verbreitete Technologie für Local Area Networks (LANs) [WECK06b, S. 146]. Ethernet-Systeme haben den Vorteil, dass sie echtzeitfähig sein können, wenn dies erforderlich ist [VOGE17, S. 134 f.].

Auf der Steuerungsebene werden größtenteils Feldbusse eingesetzt. In der industriellen Praxis werden verschiedene Feldbussysteme eingesetzt, die sich nach wirtschaftlichen und technischen Kriterien unterscheiden und anwendungsspezifisch eingesetzt werden. Exemplarische Vertreter sind CANopen, DeviceNet, Interbus und Profibus [REIß02, S. 256; LIAN01, S. 70; WECK06b, S. 140]. Die Reaktionszeit dieser Ebene ist jedoch unkritisch. So schaltet eine Fertigungsressource, z. B. eine Fräsmaschine, bei erkannter Kollision selbstständig ab [WECK06b, S. 430]. Die zur Erkennung benötigten Daten werden auf Aktor-/Sensorebene gesammelt, in Informationen umgewandelt und auf der Steuerungsebene verarbeitet. Im Hinblick auf VFS ist es wichtig, dass die Schnittstellen zwischen den Ebenen sicher ausgestaltet sind, um die volle Funktionalität und einen fehlerfreien Betrieb zu ermöglichen [WECK06b; KLIN07]. Um Feldbussysteme mit Ethernet-System zu verbinden, werden Schnittstellen wie Gateways, Router oder Bridges genutzt [WECK06b, S. 430].

Um die auf der Planungsebene anfallenden Datenmengen übertragen zu können, werden je nach Anforderung Ethernet, Fast-Ethernet oder Gigabit-Ethernet-Systeme eingesetzt. Echtzeitkritische Anwendungen finden auf dieser Ebene i. d. R. nicht statt, weshalb die Reaktionsgeschwindigkeit geringer ist. [WECK06b, S. 431; VOGE17, S. 256] Im Hinblick auf VFS ist diese Ebene relevant, da hier die Schnittstelle von JMS zu PPS und/oder ERP sowie den CAx-Systemen essenziell ist [KLIN07].

In der Praxis werden die Netzwerkumgebung und die Datenweitergabe i. d. R. in Kombination zwischen der IT-Abteilung des Werkzeugbaus und dem Automatisierungsanbieter ausgestaltet [KLIN07]. Dieser Schritt ist essenziell, um die Bereitstellung aller für ein VFS relevanten Daten, wie Planungsdaten, Messprogramme, Identifikationsdaten von Bearbeitungswerkzeug und Werkstück, Versatzdaten der Elektroden, Messprogramme, etc., sicherzustellen. [BOOS17a, S. 25]

2.4 Technologische Bewertung der Fertigung

Technological Evaluation of Manufacturing

Das folgende Kapitel befasst sich mit der technologischen Bewertung der Fertigung. Nach einer kurzen Einführung der Technologiebewertung in der Produktion schließen sich die Grundlagen der Kennzahlen und Kennzahlensysteme an. Abschließend wird der Begriff der technologischen Leistungsfähigkeit eingeführt und erläutert.

2.4.1 Technologiebewertung in der Produktion

Technology Evaluation in Manufacturing

Technologiebewertung, eine Querschnittsfunktion des Technologiemanagements, stellt in vielen Feldern des operativen und strategischen Technologiemanagements eine wichtige Entscheidungsgrundlage dar [HAAG11, S. 309]. SCHUH definiert Technologiebewertung als „die Ermittlung und Beurteilung des Erfüllungsgrades vorgegebener Zielstellungen für ein bestimmtes technologiebezogenes Bewertungsobjekt, um Entscheidungen bei der Entwicklung, Einführung und Nutzung von Technologien treffen zu können" [SCHU11, S. 17]. Dabei gliedert sich die Bewertung in zwei Teile, die finanzwirtschaftliche und die technische Ebene, auf der versucht wird, qualitative, zeit- und mengenbasierte Bewertungskriterien zu definieren [BILS06, S. 11]. Darüber hinaus wird versucht, die beiden Sichtweisen zu vereinen und technische Einflüsse finanzwirtschaftlich zu quantifizieren [BETG00, S. 258 ff.]. Dies ist bei Unternehmen mit hoher Produktvarianz, z. B. im Werkzeugbau, nur schwer umzusetzen, da Technologien, Organisationstruktur und Prozessfolgen Wechselwirkungen aufweisen [DENK10, S. 639]. Nach PFEIFFER & WEIß muss eine unvollständige Informationslage als vorläufige Entscheidungsgrundlage genügen, um dem Innovationscharakter von Technologieentwicklungsprozessen gerecht zu werden [PFEI95, S. 664 f.; HAAG11, S. 311].

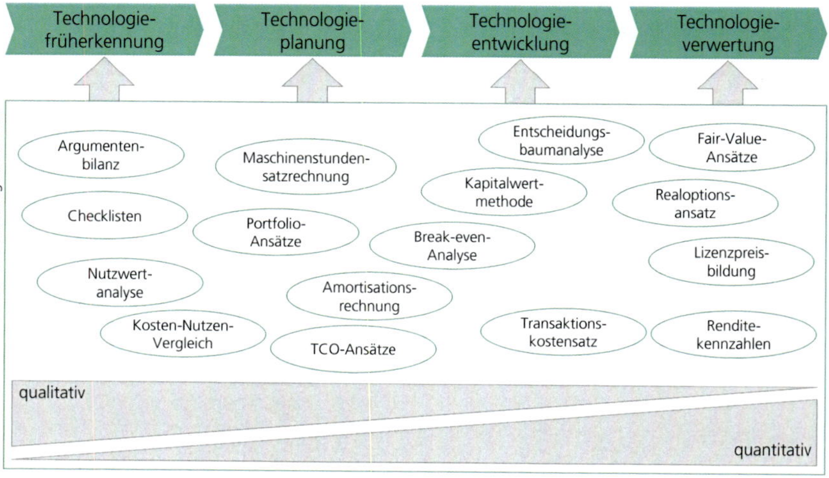

Abbildung 2-24: Aufgaben und Methoden in der Technologiebewertung
Tasks and Methods of Technology Evaluation

Festzuhalten ist, dass Bewertungsmethoden mit hohen Quantifizierungsgraden vorwiegend der finanzwirtschaftlichen Betrachtung und Bewertung zuzuordnen sind. Abbildung 2-24 zeigt zusammenfassend verschiedene Bewertungsmethoden auf, die jeweils hinsichtlich ihrer qualitativen und quantitativen Ausrichtung eingeordnet wurden. Die schwierige Quantifizierbarkeit technologischer Einflussgrößen verdeutlicht die Notwendigkeit, dass im Rahmen dieser Arbeit technologieorientierte Maßstäbe gefunden werden müssen, die eine technologische Bewertung von verketteten Fertigungssystemen in der mechanischen Fertigung des Werkzeugbaus ermöglichen.

2.4.2 Kennzahlen und Kennzahlensysteme
Key Figures and Key Figure Systems

Der Begriff Kennzahlen ist in der Literatur nicht eindeutig definiert [MEYE08, S. 17]. Kennzahlen werden jedoch, in ihren unterschiedlichen Ausprägungen, als Hilfsmittel zur Unternehmensführung genutzt, indem sie Informationen zur Analyse, Planung, Steuerung und Kontrolle bereitstellen [STAE69, S. 59]. Im Folgenden wird der Kennzahlenbegriff i. A. a. STAUDT ET AL. aufgefasst als

„Zahl, die in Bezug auf das Erkenntnisziel relevant ist und damit im Vergleich zu anderen Kennzahlen einen besonderen Aussagewert hat, unabhängig von ihrer quantitativen Struktur" [STAU85, S. 24].

Kennzahlen teilen sich grundsätzlich in absolute Zahlen und Verhältniskennzahlen auf (s. Abbildung 2-25) [STAU85, S. 22; MEYE08, S. 22]. Absolute Zahlen als Kennzahlen können sowohl Einzelzahlen als auch aus ihnen gebildete Summen, Mittelwerte oder Differenzen sein. Der Aussagegehalt absoluter Kennzahlen ist häufig zu gering, weshalb sie in Relation zu anderen Kennzahlen gesetzt werden. Dieser Typ von Kennzahl nennt sich Verhältniskennzahl. Dazu zählen Beziehungskennzahlen, die das Verhältnis unterschiedlicher Zahlen zueinander beschreiben, Gliederungskennzahlen, welche strukturelle Verhältnisse an der Gesamtmenge angeben, sowie Indexzahlen, die die zeitliche Entwicklung einer Messgröße abbilden. Ursachen können somit isoliert, Deckungsrelationen zwischen absoluten Zahlen ausformuliert sowie relative Bedeutungen von Einzelkenngrößen aufgezeigt werden. [GLAD01, S. 16 f.]

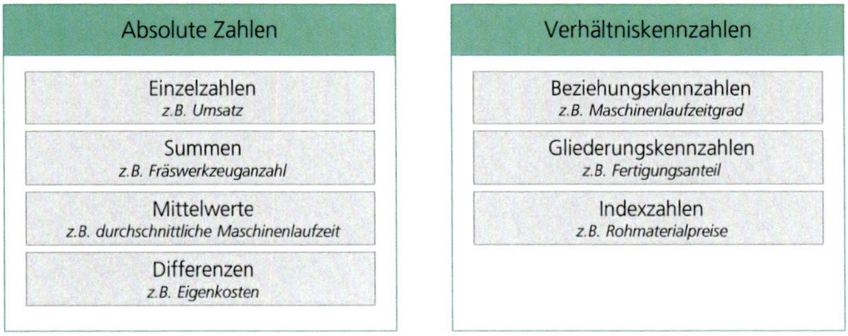

Abbildung 2-25: Arten von Kennzahlen
Types of Key Figures

Da einzelne Kennzahlen nur bedingte Aussagekraft besitzen, werden diese zu Kennzahlensystemen kombiniert. Ein Kennzahlensystem wird als systematische Zusammenstellung von Kennzahlen verstanden, die in Beziehung stehen, sich gegenseitig komplementieren oder erklären und ganzheitlich zielorientiert ausgerichtet sind [STEG14, S. 121]. Kennzahlensysteme werden nach der Art der Verknüpfung (Beziehung) differenziert. Hierbei wird zwischen sachlogischer Verknüpfung (Ordnungssysteme) und mathematischer Beziehung (Rechensysteme) unterschieden [STEG14, S. 124; GLAD01, S. 100]. Darüber hinaus wird weiter zwischen analytischen und Steuerungskennzahlensystemen differenziert. Analytische Kennzahlensysteme sind eindimensional und durch eine Spitzenkennzahl Top-down modelliert sowie durch mehrere Unterkennzahlen charakterisiert. Die Spitzenkennzahl ist dabei verdichtet, und durch hierarchische Beziehungen lassen sich die Kennzahlen im Zusammenhang gut interpretieren [GLAD14, S. 98 ff.]. Steuerungskennzahlen hingegen zielen darauf ab, organisatorische Ebenen zu steuern und basieren auf empirisch ermittelten Zweck-Mittel Beziehungen, da definitionslogische Verknüpfungen an dieser Stelle unzureichend sind [GLAD01, S. 130 ff.; SAND05, S. 431].

Bei der Verwendung von Kennzahlen und Kennzahlensystemen kommt dem Vergleich und der Evaluierung der Kennzahlen, z. B. im Unternehmensvergleich, große Bedeutung zu [GLAD14, S. 130 f.]. Eine Weiterentwicklung dieses methodischen Vergleichs ist unter dem Begriff „Benchmarking" verbreitet. Das Instrument der Wettbewerbsanalyse wird durch MERTINS & KOHL definiert als „kontinuierlicher Prozess, bei dem sowohl Produkte und Dienstleistungen, als auch insbesondere Prozesse und Methoden betrieblicher Funktionen über mehrere Unternehmen hinweg verglichen werden" [MERT09, S. 21]. Im Zuge des Benchmarking-Prozesses werden die zu vergleichenden Objekte (Funktion, Produkte, etc.) an Referenzwerten von Unternehmen gemessen, die Spitzenleistungen in diesem Bereich erbracht haben (Best Practice), um Verbesserungspotenziale abzuleiten [SIMO07, S. 68]. Daraus werden Maßnahmen transferiert, die als unternehmensindividuelle Lösung dienen können [MERT09, S. 21 ff.].

Erste Ansätze zur kennzahlenbasierten Wettbewerbsanalyse im Werkzeugbau wurden zu Beginn der 1990er Jahre, basierend auf den Arbeiten von POLLACK & MARON, am WZL der RWTH Aachen entwickelt. Die meist betriebswirtschaftlich-organisatorisch gelagerten Kennzahlen wurden zur Jahrtausendwende um die Faktoren Ressourceneinsatz, Prozessauslegung, strategische Managementkennzahlen und erste Ansätze zur technologischen Leistungsfähigkeit erweitert [BILS06; KOZI10; KLOC02, S. 599].

2.4.3 Technologische Leistungsfähigkeit

Technological Capability

Unter technologischer Leistungsfähigkeit werden je nach Betrachtungshorizont unterschiedliche Dinge verstanden [KRUP06, S. 70]. Nachdem der Begriff Technologie bereits in Kapitel 2.1 eingeführt wurde, gilt es nun den Begriff Leistungsfähigkeit einzuführen, um zu einer Definition der technologischen Leistungsfähigkeit herzuleiten. In der wissenschaftlichen Welt wird der Begriff Leistungsfähigkeit vielseitig benutzt und im jeweiligen kausalen Zusammenhang anders interpretiert [HIEN16, S. 49]. In der Physik ist die Leistungsfähigkeit die nach der Zeit differenzierte Arbeit [HART11, S. 45]. Im Rahmen dieser Dissertation lehnt sich die Definition der Leistungsfähigkeit an die ISO 9126-3 an, die Leistungsfähigkeit mit Effizienz gleichsetzt, die sich aus der Ressourcenauslastung und dem Zeitverhalten ergibt [MATE10, S. 46]. „Performance measurement can be defined as the process of quantifying the efficiency and effectiveness of action" [BOUR03, S. 3]. Nach BOURNE ET AL. wird „Performance", angloamerikanisches Synonym für Leistungsfähigkeit, neben der Effizienz um die Effektivität erweitert. Darüber hinaus wird der Begriff der Leistungsfähigkeit häufig in den Zusammenhang der Wettbewerbsfähigkeit eines Unternehmens gestellt [GABL20b, S. 2]. In aggregierter Form ergibt sich:

DEFINITION *Die **technologische Leistungsfähigkeit** beschreibt die Fähigkeit eines Unternehmens, sich auf technologischer Ebene hinsichtlich (Fertigungs-)Ressourcen und Prozessen vom Wettbewerb zu differenzieren.*

2.5 Ableitung des Handlungsbedarfs aus der Praxis

Need for Action from the Industrial Perspective

Aufgrund gestiegenen Wettbewerbsdrucks ist die Industrialisierung, neben der zunehmenden Bestrebung nach Digitalisierung und Vernetzung im Zuge von Industrie 4.0, nach wie vor das handlungsleitende Paradigma des Werkzeugbaus (s. Kapitel 2.2.1). Neben den in weiten Teilen eingeführten Elementen der Industrialisierung, wie der Produktstandardisierung [vgl. BOOS08], der Prozessstandardisierung [vgl. KLOT06] und der Fertigungstechnologieauswahl [vgl. HEES15], wurden in der Vergangenheit strategische Ansätze zur Vernetzung von Standorten [vgl. PITS14], zum digital vernetzten Shopfloor [vgl. SALM16] und zum datenbasierten Wissensmanagement für Smart Services [vgl. BEGO18] hergeleitet.

Die oben beschriebenen Ansätze zeigen, dass die organisatorisch-strategische Weiterentwicklung des Werkzeugbaus gut vorangeschritten und der Transfer aus der Serienfertigung gelungen ist. Es stellt sich daher die Frage, wie auf technologischer Ebene die Leistungsfähigkeit des Werkzeugbaus gestärkt und weiterentwickelt werden kann, da gerade die mechanische Fertigung den größten Kostenfaktor, aber auch den größten Wertschöpfungsfaktor im Werkzeugbau darstellt. Das Verlangen nach höherer Produktivität bei gleichzeitig hoher Flexibilität hindert Werkzeugbaubetriebe, auf Automationslösungen aus der Serienfertigung zu setzen. Technologische Weiterentwicklungen ermöglichen den Einsatz verketteter Fertigungssysteme (VFS) in Form von Bearbeitungszentren (BAZ), flexiblen Fertigungszellen (FFZ) oder flexiblen Fertigungssystemen (FFS) in der Einzel- und Kleinserienfertigung, da diese bei gleichbleibender Flexibilität die Produktivität der Fertigungsressourcen steigern können (s. Kapitel 2.3). Die Herausforderung besteht jedoch darin, das passende VFS zu finden, zu bewerten und zu gestalten, um die individuellen Bedürfnisse und Restriktionen des entsprechenden Werkzeugbaus zu berücksichtigen [SCHM10, S. 45].

Mit einem kennzahlenbasierten Bewertungssystem der technologischen Leistungsfähigkeit verketteter Fertigungssysteme wäre die Werkzeugbaubranche in der Lage, Konzepte für verkettete Fertigungssysteme vor, während oder nach einer Investitionsentscheidung zu bewerten. Investitionsentscheidungen können um eine technologisch quantifizierbare Komponente erweitert werden, und somit hohen Investitionskosten, die aktuell als größtes Implementierungshindernis der VFS gelten, begegnet werden [BOOS17a, S. 11 ff.]. Dabei werden sowohl Fertigungsressourcen, Peripherie als auch Netzwerkkomponenten sowie Fertigungsprozesskenngrößen berücksichtigt. Dies schließt bereits existierende Bewertungselemente innerhalb des Unternehmens mit ein. Somit würde ein weiterer Meilenstein in Richtung Industrialisierung und Vernetzung der Werkzeugbaubranche erreicht und die Prozessperspektive sowie die technologie- und ressourcenorientierte Perspektive weiterentwickelt werden. Auf dieser Basis besteht der Handlungsbedarf aus der Praxis hinsichtlich eines kennzahlenbasierten Bewertungssystems für verkettete Fertigungssysteme maßgeschneidert auf die Anforderungen und Rahmenbedingungen des Werkzeugbaus.

3 Analyse und Bewertung bestehender Ansätze

Analysis and Evaluation of Existing Approches

Ausgehend von der gewählten Forschungsmethodik nach H. ULRICH werden problemrelevante Theorien sowie in der Literatur bereits bekannte Ansätze unter Berücksichtigung des abgeleiteten Handlungsbedarfs aus der Praxis (s. Kapitel 2.5) vorgestellt [ULRI01a, S. 195; ULRI84, S. 193]. Es wird hierbei untersucht, inwiefern bereits vorhandene Methoden, Modelle oder weitere Lösungsansätze dem Forschungsziel dieser Arbeit gerecht werden und wo diese Ansätze Defizite aufweisen. Im selben Zuge wird überprüft, ob bereits Teile der bestehenden Ansätze auf den Werkzeugbau adaptierbar sind. Die zweite und dritte Phase der angewandten Forschung nach H. ULRICH werden damit nachfolgend adressiert.

Im ersten Schritt werden die Methodologie der Analyse und Bewertung bestehender Ansätze vorgestellt sowie die Anforderungen an ein kennzahlenbasiertes Bewertungssystem der Leistungsfähigkeit verketteter Fertigungssysteme im Werkzeugbau definiert. Unter Verwendung der hergeleiteten Anforderungen werden die relevanten Ansätze und Modelle ausgewählt, vorgestellt und anschließend bewertet (s. Kapitel 3.3) Geschlossen wird das Kapitel durch die Detaillierung der in Kapitel 1 formulierten Forschungshypothese in Form von vier spezifischen Forschungsfragen.

3.1 Methodologie der Analyse und Bewertung

Methodology for Analysis and Evaluation

Die Methodologie der Analyse und Bewertung legt die Systematik sowie die Inhalte und Herangehensweise für die Analyse und Bewertung bestehender Ansätze fest, um einheitliche Untersuchungskriterien und einen präzisen Vergleich zu ermöglichen. Dabei setzt sich die Methodologie der Analyse und Bewertung für ein kennzahlenbasiertes Bewertungssystem der Leistungsfähigkeit verketteter Fertigungssysteme in der mechanischen Fertigung des Werkzeugbaus aus dem Bewertungssystem und zu erfüllenden Anforderungen zusammen. Somit wird ein weitestgehend objektiver und zugleich präziser Vergleich mit Bezug zur Forschungshypothese ermöglicht.

3.1.1 Bewertungssystem für wissenschaftliche Ansätze

Evaluation System for Scientific Approaches

Für die Bewertung wissenschaftlicher Ansätze existiert kein Stereotyp, jedoch haben sie i. d. R. gemein, dass sie alle auf diskreten Skalen basieren, wodurch eine Bewertung ermöglicht wird [HEES15, S. 66]. Eine diskrete Skala mit fünf Merkmalsausprägungen bietet dabei den Vorteil, differenziert und gleichzeitig robust zu sein [DAWE08, S. 75; AKCA12, S. 153]. Die Bewertungssystematik zur eindimensionalen Messung mit fünf Ausprägungsstufen geht auf den US-amerikanischen Forscher RENSIS LIKERT zurück [LIKE32; AMRI08, S. 15]. Zur besseren Visualisierung der Ausprägungen werden diese innerhalb der Arbeit zusätzlich mithilfe der Harvey Squares, i. A. a. die Harvey Balls, visualisiert (s. Abbildung 3-1). Die Harvey Balls, erfunden durch HARVEY POPPEL in den 1970er Jahren, wurden mit der Intention entwickelt, große numerische Datenmengen übersichtlicher darzustellen [ROAM06].

Abbildung 3-1: Harvey Squares und die zugehörigen Ausprägungen[16]
Harvey Squares and Associated Characteristics

Die schnelle Übersichtlichkeit über den Erfüllungsgrad wird in dieser Arbeit in den fünf Ausprägungsstufen nicht vorhanden, sehr gering, gering, hoch und sehr hoch widergegeben. Von einer neutralen Ausprägung wird bewusst Abstand genommen, da eine neutrale Aussage in Bezug auf den Erfüllungsgrad weder wissenschaftlich begründbar noch logisch sinnvoll wäre [HEES15, S. 66].

3.1.2 Anforderung an das Bewertungssystem für VFS

Requirements of the Evaluation System for IMS

Die Anwendbarkeit existierender Ansätze zur Bewertung von verketteten Fertigungssystemen wird durch zu untersuchende Anforderungen formuliert, die nachfolgend hergeleitet werden. Dies stellt die Basis dar, inwieweit existierende Ansätze zur Bewertung verketteter Fertigungssysteme bereits den identifizierten Handlungsbedarf aus der Praxis adressieren und an welcher Stelle noch weiterer Handlungsbedarf besteht.

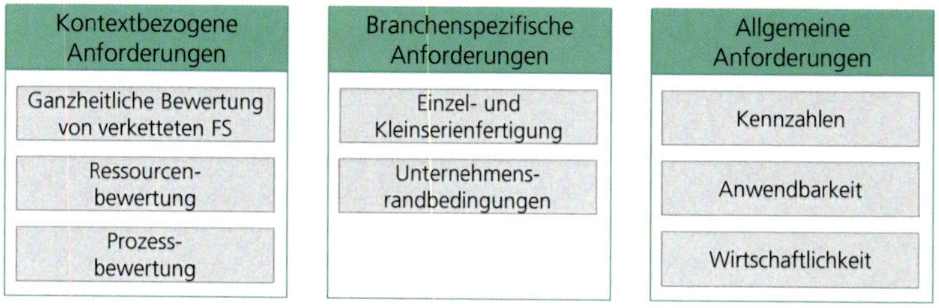

Abbildung 3-2: Anforderungen an Ansätze zur Bewertung verketteter Fertigungssysteme
Requirement on Evaluation of Interlinked Manufacturing Systems

Die Anforderungen an die kennzahlenbasierte Bewertung der Leistungsfähigkeit verketteter Fertigungssysteme werden in dieser Arbeit grundsätzlich in drei Gruppen eingeteilt (s. Abbildung 3-2). Die untersuchten Ansätze müssen im Zusammenhang mit der Forschungshypothese kontextbezogene Anforderungen aufweisen. Dies sind im Falle dieser Arbeit die ganzheitliche Betrachtung von VFS sowie die Fokussierung einer Ressourcen- und Prozessbewertung. Zweitens

[16] i. A. a. [LIKE32; ROAM06], Anmerkung: Aufgrund der Formensprache dieser Dissertation sind die Harvey Balls als Vierecke dargestellt und mit Harvey Squares benannt

müssen branchenspezifische Anforderungen erfüllt werden. Neben den unternehmensindividuellen Randbedingung gilt es die Anforderungen der Einzel- und Kleinserienfertigung zu erfüllen, die größtenteils in Kapitel 2 eingeführt wurden. Drittens gilt es den allgemeinen Anforderungen aus wissenschaftlicher Perspektive Folge zu leisten. Vor allem die Anwendbarkeit und Wirtschaftlichkeit sind im Zuge industrienaher Forschung von besonderer Bedeutung. Eine kennzahlenbasierte Bewertung schließt die Liste der Anforderungen an bestehende Ansätze.

3.1.2.1 Ganzheitliche Bewertung von VFS

Holistic Evaluation of Interlinked Manufacturing Systems

Die vorliegende Arbeit verfolgt das Ziel, eine ganzheitliche Bewertung der Leistungsfähigkeit eines verketteten Fertigungssystems im Werkzeugbau zu realisieren. Entscheidend dabei ist, dass nicht nur einzelne Systemelemente, wie Maschinen, bewertet werden können, sondern darüber hinaus das Gesamtsystem. Dies sollte unter Zuhilfenahme mathematisch-funktionaler Zusammenhänge innerhalb eines hierarchisch aufgebauten Bewertungssystems umgesetzt werden. Zur Vermeidung von Redundanzen ist die Integrität, also die Fähigkeit des Bewertungssystems als Integrationsrahmen für einzelne Bewertungsebenen zu dienen, zu verstehen [vgl. KOZI10, S. 79]. Darüber hinaus muss der Ansatz so gestaltet sein, dass Bewertungselemente hinzugefügt sowie existierende Teilsysteme modular betrachtet werden können. Die Ausprägungen der Anforderungen gestalten sich wie folgt:

- Nicht vorhanden: Ein Ansatz berücksichtigt die ganzheitliche Bewertung eines verketteten Fertigungssystems nicht.
- Sehr niedrig: Ein Ansatz berücksichtigt die ganzheitliche Bewertung eines Fertigungssystems oder eines fertigungsähnlichen Systems auf der Basis von quantitativen Daten.
- Niedrig: Ein Ansatz berücksichtigt die ganzheitliche Bewertung eines Fertigungssystems oder eines fertigungsähnlichen Systems auf der Basis von quantitativen Daten und ist hierarchisch aufgebaut.
- Hoch: Ein Ansatz berücksichtigt die ganzheitliche Bewertung eines (verketteten) Fertigungssystems und berücksichtigt einen hierarchischen Aufbau, der mithilfe von mathematischen Zusammenhängen beschrieben wird.
- Sehr hoch: Ein Ansatz berücksichtigt die ganzheitliche Bewertung eines verketteten Fertigungssystems im Werkzeugbau und berücksichtigt die Integrität und Erweiterbarkeit sowie Modularität des Bewertungssystems ebenso wie einen hierarchischen Aufbau, der mithilfe von mathematischen Zusammenhängen beschrieben wird.

3.1.2.2 Ressourcenbewertung von verketteten Fertigungssystemen

Resource Evaluation of Interlinked Manufacturing Systems

Die Ressourcen innerhalb eines verketteten Fertigungssystems haben erheblichen Einfluss auf die technologische Leistungsfähigkeit des Gesamtsystems (s. Kapitel 2.3). Die Ressourcen eines VFS setzen sich aus den Maschinen, dem Handlingsystem, diversen Peripheriesystemen und Teilen der Netzwerkumgebung zusammen. Der Ansatz muss daher zu einer Differenzierung zwischen den verschiedenen Ressourcen in der Lage sein. Die hohe Heterogenität der Ressourcen muss auch bei der Bewertung berücksichtigt werden. Darüber hinaus muss der Ansatz in der Lage sein, neue (Fertigungs-)Ressourcen zu berücksichtigen, die nach dem heutigen Stand der Technik im Werkzeugbau noch nicht berücksichtigt wurden. Die Ausprägungen der Anforderungen sehen wie folgt aus:

- Nicht vorhanden: Der Ansatz berücksichtigt die Bewertung von Ressourcen nicht.
- Sehr niedrig: Der Ansatz berücksichtigt die Bewertung von Ressourcen, jedoch liegt der Fokus nicht im Betrachtungsbereich der mechanischen Fertigung.
- Niedrig: Der Ansatz berücksichtigt die Bewertung von Ressourcen, die innerhalb der mechanischen Fertigung eingesetzt werden.
- Hoch: Der Ansatz berücksichtigt die Bewertung von Ressourcen, die Teil eines verketteten Fertigungssystems sind und differenziert zwischen den Ressourcenarten.
- Sehr hoch: Der Ansatz berücksichtigt die Bewertung von Ressourcen, die heute und in Zukunft Teil eines verketteten Fertigungssystems sind und differenziert zwischen den Ressourcenarten.

3.1.2.3 Prozessbewertung von verketteten Fertigungssystemen

Process Evaluation of Interlinked Manufacturing Systems

Neben den Ressourcen gilt es verkettete Fertigungssysteme auch auf Prozessebene ganzheitlich zu bewerten, um die Bewertung von VFS wissenschaftlich und praxisnah zu gestalten. Die Prozessbewertung erfolgt auf einem potenzialorientierten Ansatz. Die abgeleiteten Zielgrößen stellen die Prozessproduktivität, -flexibilität und -qualität dar, die neben der Kostenoptimierung die Zielgrößen innerhalb eines Werkzeugbaus abbilden. Da innerhalb dieser Arbeit der Fokus nicht auf einer monetären Bewertung liegt, werden die Messgrößen durch Zielgrößen repräsentiert. Die Ausprägungen der Anforderungen sehen wie folgt aus:

- Nicht vorhanden: Der Ansatz berücksichtigt die Bewertung von Prozessen nicht.
- Sehr niedrig: Der Ansatz berücksichtigt die Bewertung von Prozessen, jedoch liegt der Betrachtungsfokus nicht in der mechanischen Fertigung, sondern z. B. auf Geschäftsprozessen.

- Niedrig: Der Ansatz berücksichtigt die Bewertung von Fertigungsprozessen in der mechanischen Fertigung auf monetärer oder nicht monetärer Ebene.
- Hoch: Der Ansatz berücksichtigt die Bewertung von (Fertigungs-)Prozessen eines verketteten Fertigungssystems in der mechanischen Fertigung auf monetärer oder nicht monetärer Ebene.
- Sehr hoch: Der Ansatz berücksichtigt die Bewertung von (Fertigungs-)Prozessen eines verketteten Fertigungssystems in der mechanischen Fertigung im Werkzeugbau auf Basis von quantifizierten Messgrößen. Der Fokus der Betrachtung liegt, in Abgrenzung zur Ausprägung hoch, stärker auf technologischen Zielgrößen.

3.1.2.4 Einzel- und Kleinserienfertigung

Unique and Small Batch Production

Die Zielbranche für das zu entwickelnde Bewertungssystem zur Leistungsfähigkeitsbestimmung verketteter Fertigungssysteme ist der industrielle Werkzeugbau. Der Werkzeugbau weist hinsichtlich des Fertigungstypus die Charakteristika der Einzel- und Kleinserienfertigung auf (vgl. Kapitel 2.2). Trotz Produkt- und Prozessstandardisierung stellt die hohe Produkt- und Prozessdiversität besondere Anforderungen an verkettete Fertigungssysteme. Vor allem technologische Anforderungen hinsichtlich Fertigungstechnologie, IT-Infrastruktur und Prozesskettengestaltung haben direkten Einfluss auf das Bewertungssystem, sodass die Spezifika des Werkzeugbaus Berücksichtigung finden müssen. Die Ausprägungen der Anforderungen hinsichtlich der Einzel- und Kleinserie gestalten sich wie folgt:

- Nicht vorhanden: Der Ansatz adressiert weder die Einzel- und Kleinserienfertigung noch lässt sich der Ansatz auf diese übertragen, sondern fokussiert sich auf die Serien- und Massenproduktion.
- Sehr niedrig: Der Ansatz adressiert die Einzel- und Kleinserienfertigung nicht direkt, jedoch lässt sich der Ansatz auf diese abstrahieren.
- Niedrig: Der Ansatz adressiert keinen speziellen Produktionstyp und ist allgemein gestaltet, wodurch die Einzel- und Kleinserienfertigung Berücksichtigung findet.
- Hoch: Der Ansatz berücksichtigt direkt die Einzel- und Kleinserienfertigung und legt den Fokus auf diesen Produktionstyp.
- Sehr hoch: Der Ansatz adressiert direkt die Einzel- und Kleinserienfertigung und fokussiert explizit den Werkzeugbau.

3.1.2.5 Unternehmensrandbedingungen

Boundary Conditions of the Company

Neben den allgemeinen branchenbezogenen Anforderungen müssen auch die Unternehmensrandbedingungen berücksichtigt werden und das Bewertungssystem darauf anpassbar sein. Die konzeptionierten oder bereits implementierten zu bewertenden VFS stellen i. d. R. auf das Unternehmen angepasste Sonderlösungen dar, begründet durch die hohe Heterogenität der technologischen Ressourcen im Werkzeugbau (s. Kapitel 2.5). Ein Ansatz zur Bewertung eines VFSs muss die Unternehmensrandbedingungen und die daraus abgeleiteten Anforderungen an die mechanische Fertigung, resultierend aus dem Werkstückspektrum sowie den technologischen Ressourcen, berücksichtigen. Je umfangreicher diese Anforderungen einbezogen werden, desto aussagekräftiger ist der Bewertungsansatz. Die Ausprägungen der Anforderungen sehen wie folgt aus [vgl.HEES15, S. 71]:

- Nicht vorhanden: Der Ansatz ist auf einem abstrakten Niveau gehalten und berücksichtigt keine individuellen Randbedingungen.
- Sehr niedrig: Der Ansatz berücksichtigt allgemeine Randbedingungen, die aus dem marktspezifischen Umfeld des Unternehmens resultieren.
- Niedrig: Ein Ansatz berücksichtigt allgemeine Unternehmensrandbedingungen, die einer spezifischen Branche zuzuordnen sind.
- Hoch: Ein Ansatz berücksichtigt spezifische Unternehmensrandbedingungen, die aus den allgemeinen technologischen Ressourcen des Unternehmens resultieren.
- Sehr hoch: Ein Ansatz berücksichtigt spezifische Unternehmensrandbedingungen, die aus den technologischen Ressourcen in der mechanischen Fertigung des Unternehmens resultieren. Das Werkstückspektrum und weitere Spezifika in der mechanischen Fertigung finden Berücksichtigung.

3.1.2.6 Kennzahlen

Key Figures

Die Bewertung verketteter Fertigungssysteme, egal ob Ressourcen, Prozesse oder die Netzwerkumgebung, ist verbunden mit einer Vielzahl von Einflussgrößen, welche nicht alle direkt quantifizierbar sind. Kennzahlen bzw. Kennzahlensysteme sind in der Lage, neben quantitativen auch qualitative Eigenschaften zu berücksichtigen. Kennzahlen besitzen darüber hinaus die Funktion, die Objektivität in der Bewertung von verketteten Fertigungssystemen sicherzustellen, und treten den aktuell subjektiv geprägten Bewertungsmethoden des Anwenders entgegen. Die fünf Ausprägungen der Anforderung Kennzahlen sehen wie folgt aus:

- Nicht vorhanden: Der Ansatz berücksichtigt keine Kennzahlen, um den Bewertungsprozess zu unterstützen.

- Sehr niedrig: Der Ansatz berücksichtigt zu einem geringen Anteil Kennzahlen, um Ressourcen oder Prozesse zu bewerten.
- Niedrig: Ein Ansatz berücksichtigt quantitative und qualitative Kennzahlen zur Bewertung von Ressourcen und Prozessen.
- Hoch: Der Ansatz berücksichtigt quantitative und qualitative Kennzahlen zur Bewertung von Ressourcen und Prozessen, wobei die qualitativen Kennzahlen quantifizierbar abgebildet werden können.
- Sehr hoch: Der Ansatz berücksichtigt quantitative und qualitative Kennzahlen zur Bewertung von Ressourcen, Prozessen und des Netzwerks eines verketteten Fertigungssystems, wobei die qualitativen Kennzahlen quantifizierbar abgebildet und in einem Kennzahlensystem aggregiert werden können.

3.1.2.7 Anwendbarkeit
Applicability

Entsprechend dem Anspruch der Minimierung unnötiger Komplexität innerhalb eines Bewertungssystems ist die Anwendbarkeit eine der zentralen Anforderungen, um die wissenschaftstheoretische Positionierung nach H. ULRICH in der vorliegenden Arbeit angemessen zu erfüllen. Darüber hinaus ist die Praktikabilität eines Bewertungssystems für verkettete Fertigungssysteme im Werkzeugbau entscheidend für dessen Erfolg. Eine gute Anwendbarkeit ist durch eine einfache und unmissverständliche Nutzung sowie verlässliche Ergebnisse charakterisiert [HEES15, S. 72]. Die Informationsbeschaffung für die benötigten Einflussgrößen des Bewertungssystems darf nicht mit einem zu hohen Maß an Aufwand verbunden sein. So lässt sich der Anteil fehlerhafter bzw. unvollständiger Daten reduzieren und diese in der Praxis besser generieren, was die Anwendbarkeit steigert. Die fünf Ausprägungen dieses Anforderungselements gestalten sich wie folgt:

- Nicht vorhanden: Der Ansatz ist weder einfach anzuwenden noch sind die zu erwartenden Ergebnisse zuverlässig. Darüber hinaus ist die Datenbereitstellung in der Praxis nicht möglich.
- Sehr niedrig: Der Ansatz ist zwar einfach anzuwenden, jedoch ist die Aussagekraft der Ergebnisse nicht konkretisiert und daher nur eingeschränkt nachvollziehbar.
- Niedrig: Der Ansatz ist einfach anzuwenden und dessen Ergebnisse erscheinen plausibel und haben einen gewissen Bezug zur Praxis.
- Hoch: Der Ansatz ist einfach anzuwenden und liefert praxisnahe Ergebnisse. Zudem ist die benötigte Datenbereitstellung ohne hohen Aufwand möglich.
- Sehr hoch: Der Ansatz ist einfach anzuwenden und liefert Ergebnisse, die in der Praxis umgesetzt werden können. Zudem ist die benötigte Datenbereitstellung ohne hohen Aufwand möglich.

3.1.2.8 Wirtschaftlichkeit

Usability

Wirtschaftlichkeit lässt sich als Verhältnis zwischen Aufwand und Nutzen im allgemeinen Sinne betrachten [GABL20a]. Das Bewertungssystem verfolgt das Ziel, einen hohen Nutzen bei gleichzeitig geringem Aufwand zu generieren. Der Nutzen basiert letztendlich auf einem monetären Vorteil des Anwenders, egal ob dieser durch eine Kostenreduktion oder eine Maximierung der Produktivität hervorgerufen wird. Der Aufwand zur Anwendung des Bewertungssystems sollte verhältnismäßig gering sein. In Angrenzung zur Anwendbarkeit steht die Quantifizierung des Aufwands zur Informationsbeschaffung, weniger die Machbarkeit, im Vordergrund. Dieser Aufwand lässt sich schlussendlich in Kosten und Zeit quantifizieren. Die Ausprägungen der Anforderungen sehen wie folgt aus:

- Nicht vorhanden: Der Ansatz fordert einen hohen Aufwand zum Durchführen des Bewertungssystems und ein Nutzen ist nicht ersichtlich.
- Sehr niedrig: Der Ansatz fordert zwar einen hohen Aufwand, jedoch ist ein Nutzen zumindest in Teilen für den Anwender erkennbar.
- Niedrig: Der Ansatz fordert zwar einen hohen Aufwand, bringt jedoch auch gleichzeitig einen Nutzen für den Anwender.
- Hoch: Der Ansatz fordert einen mäßigen Aufwand und liefert dabei praxistaugliche Ergebnisse.
- Sehr hoch: Der Ansatz fordert einen vergleichsweise geringen Aufwand und durch die Anwendung kann ein hoher praxisbezogener Nutzen generiert werden.

3.2 Vorstellung existierender Ansätze

Presentation of Existing Approches

Die Vorstellung existierender Ansätze zur kennzahlenbasierten Bewertung der Leistungsfähigkeit verketteter Fertigungssysteme im Werkzeugbau steht im Fokus des folgenden Abschnitts. Nach einer umfassenden Recherche konnte festgestellt werden, dass kein wissenschaftlicher Ansatz existiert, der eine differenzierte Bewertung der Leistungsfähigkeit verketteter Fertigungssysteme im Sinne der Forschungshypothese durchführt. Daher wurde der Betrachtungsfokus der Analyse erweitert um eine Untersuchung sowohl generischer als auch werkzeugbauspezifischer Ansätze, in denen die Teilaspekte der Ressourcenbewertung, der Prozessbewertung oder der Betrachtung der technologischen Leistungsfähigkeit eines Unternehmens thematisiert werden. Die so entstehende große Menge existierender Ansätze wurde im Sinne einer wissenschaftlichen und kompakten Darstellung inhaltlich vorselektiert. Die entsprechenden Ansätze werden, getrennt nach generischen und werkzeugbauspezifischen Ansätzen, in der Zeitabfolge ihrer Veröffentlichung nachfolgend vorgestellt.

3.2.1 Vorstellung generischer Ansätze

Presentation of Generic Approches

FRANZKE *(2001): „Technologieorientierte Kompetenzanalyse produzierender Unternehmen"*

Der Ansatz nach FRANZKE umfasst die Analyse der Produktpalette und der Leistungsfähigkeit dazu benötigter Fertigungstechnologien, um Rückschlüsse auf die Eignung als interne Kernkompetenz oder entsprechende Notwendigkeit zur Fremdvergabe zu ermitteln. Durch die Bildung von Teilefamilien und Technologiegruppen analysiert er Fertigungsprozessketten, welche anhand von drei unterschiedlichen Hilfsmitteln bewertet werden: Ein Kriteriensystem ordnet die Marktleistung eines Unternehmens ein und zeigt Abhängigkeiten von den einzelnen Kriterien auf. Mit einem Stärken-Schwächen-Schema wiederum wird der Ist-Zustand analysiert und maßgebliche Kriterien können herausgearbeitet werden. Abschließend dient eine Bewertungsmatrix basierend auf einer Nutzwertanalyse dazu, Gewichtungen festzulegen, Ausprägungen zu bewerten und ein Gesamtergebnis zu ermitteln. So ist ein unternehmensspezifisches Bewertungssystem zur Kompetenzermittlung eines Produktionssystems realisierbar. [FRAN01]

HON *(2005): „Performance and Evaluation of Manufacturing Systems"*

In seinem CIRP Keynote Paper präsentiert HON einen Ansatz zur Leistungsfähigkeitsbewertung von Produktionssystemen. Die Zielsetzungen werden entsprechend der unterschiedlichen Stakeholder (Ingenieur, Controller und Unternehmer) analysiert und daraus entsprechende Ansprüche an das Bewertungssystem formuliert. Daraus resultiert eine Bottom-Up-Methode mit fünf verschiedenen, hierarchisch aufgebauten Leveln. Von der Maschine startend, über eine Fertigungszelle, eine Fertigungslinie und eine Fabrik bis hin zur Aggregation zu einem überregionalen Fertigungsnetzwerk wird die Leistungsfähigkeit gemessen und bewertet. Jede dieser Ebenen lässt sich quantitativ anhand von Kennzahlen in einer Matrix darstellen, analysieren und auswerten. Dabei fokussiert der Ansatz die Betrachtungsaspekte Zeit, Kosten, Produktivität, Qualität und Flexibilität. [HON05]

UNTIEDT *(2009): „Modell zur Bewertung der technologischen Leistungsfähigkeit produzierender Unternehmen"*

In seinem Ansatz zielt UNTIEDT auf eine Beurteilung technologischer Unternehmen aus Kapitalgebersicht ab, um sichere Investitionen zu tätigen. Mittels eines Technologie-Rating-Ansatzes, welcher aus den Teilen Technologiemodell, Zielmodell und Kontextmodell besteht, wird eine Bewertung mittels vorwiegend qualitativer Größen vorgenommen. Diese Größen werden mittels einer mathematischen Umwandlung quantifiziert. Als Faktor für die Technologieeignung eines Unternehmens wird im Technologieteilmodell die Ressourcenstärke analysiert und bewertet. Dazu werden die unterschiedlichen Technologien einzeln beurteilt und mittels multiplikativer Aggregation zur übergeordneten Ressourcenstärke verdichtet. Die Ressourcenstärke einer Technologie setzt sich dabei aus der Kombination von Ressourcenniveau und -kontinuität zusammen. Diese werden auf Basis einer Nutzwertanalyse qualitativ beurteilt. [UNTI09]

EL-TAMIMI ET AL. (2012): „Analysis of performance measures of flexible manufacturing system"

In ihrem Ansatz präsentieren EL-TAMIMI ET AL. einen Vergleich unterschiedlicher Bewertungsmethoden zur Leistungsbestimmung flexibler Fertigungssysteme. Dabei werden Komponenten des Systems in Software und Hardware differenziert. Darüber hinaus werden drei Ebenen der Flexibilität definiert, die ein FFS betreffen: Basisflexibilität setzt sich aus Maschinen-, Handlingsystem- sowie der betrieblichen Flexibilität zusammen. Eine Ebene darüber differenziert sich die Systemflexibilität in Volumen-, Prozess- sowie Produkt- und Routing-Flexibilität auf. Dem übergeordnet ist die gesamtwirtschaftliche Flexibilität, die sich aus der Programm-, Produktions- und Marktflexibilität zusammensetzt. Unter Zuhilfenahme von Petri-Netzen, dem Bottleneck-Verfahren zur Ermittlung der Engpässe und dem Simulationssystem „Awesim" wird die Leistungsfähigkeit von FFS bestimmt. Das Bottleneck-Verfahren generiert dabei einen mathematischen Ansatz zur Bewertung. Einflussgrößen, wie beispielsweise die Auslastung von Handlingsystem und Maschine, werden ermittelt und anschließend zur übergeordneten FFS-Auslastung aggregiert. Dieses Vorgehen ist auf diverse Messgrößen zur Bestimmung der Leistungsfähigkeit übertragbar. Anhand von zwei Fallbeispielen wird dargelegt, dass die mathematische Bewertung mit dem Bottleneck-Verfahren sowie die Simulationsansätze auf Ergebnisseite vergleichbar sind und so die Eignung der Verfahren zur Bewertung der FFS aufgezeigt ist. [EL-T12]

ERVURAL ET AL. (2016): „A Group Decision Making Approach for the Evaluation of Flexible Manufacturing Systems"

Der Ansatz von EVURAL ET. AL. verfolgt das Ziel, Auswahlprobleme eines flexiblen Fertigungssystems mittels einer Bewertung zu vereinfachen. In ihrem Ansatz wird Herausforderung als „multi attribute group decision making" (MADGM)-Problem bezeichnet. Durch eine 5-Schritte-Herangehensweise werden objektive sowie subjektive Aspekte in Betracht gezogen. Dies können mathematische Herangehensweisen und Expertenmeinungen sein, die zur Lösung des Auswahlproblems beitragen. Der mathematische Ansatz bedient sich der Fuzzy-Logik zur Gewichtung und Bewertung vorab festgelegter Nutzen- und Aufwandskriterien für die unterschiedlichen System- oder Komponentenvarianten. Mittels eines Anwendungsbeispiels werden exemplarische Nutzen-Kriterien wie Produktqualität, Produkt- und Volumenflexibilität genannt. Aufwandskriterien sind die Aufstellfläche, Investitionskosten und die Durchlaufzeit. Der Bewertungsansatz liefert als Resultat eine Bewertung in Kennzahlen für die Auswahlalternativen. Dabei werden Punktwerte zwischen 1 und 0 berechnet. Die beste Alternative zeichnet sich durch den höchsten Punktewert aus. [ERVU16]

SEIFERMANN (2018): „Methode zur angepassten Erhöhung des Automatisierungsgrades hybrider, schlanker Fertigungszellen"

Ziel von SEIFERMANN ist es, für die industrielle Produktion eine Methodik bereitzustellen, mithilfe derer hybride, schlanke Fertigungszellen und deren Einfluss auf den Automatisierungsgrad analysiert und bewertet werden können. Herstellkosten, manuelle Bedienzeiten, eine stabilisierte Qualität und eine Reduzierung der Mitarbeiterbelastung stehen im Fokus der Betrachtung. Mithilfe einer 7-Schritte Methode versucht er eine praxisnahe Vorgehensweise unter Zuhilfenahme von

Formblättern und Softwareunterstützung zu realisieren. Nach der Identifikation manueller Tätigkeiten in hybriden Fertigungszellen überprüft er im zweiten Schritt die Notwendigkeit einer Automatisierung unter den Gesichtspunkten Qualität, Zeit, Kosten und Ergonomie. Anschließend identifiziert er Automatisierungsspielräume auf Basis einer Kosten- und Zeitbetrachtung. Im vierten Schritt wird die Problemstellung konkretisiert und die ersten drei analytischen Methodikbausteine konsolidiert. Danach werden auf struktureller Ebene Automatisierungsalternativen und Schnittstellen identifiziert. Die darauffolgende Bewertung der Alternativen findet unter zeitlichen und finanzwirtschaftlichen Gesichtspunkten statt, bevor anschließend eine Lösungsalternative ausgewählt wird. Eine Validierung der Methodik führt SEIFERMANN am Beispiel einer Sequenzfertigungszelle in der Bohr- und Fräsbearbeitung durch. [SEIF18]

3.2.2 Vorstellung werkzeugbauspezifischer Ansätze

Presentation of Toolmaking Specific Approaches

awfm-Modell

Anfang der 2000er Jahre wurde, basierend auf 20 Jahren Erfahrung in der Werkzeugbauberatung, am WZL der RWTH Aachen und am Fraunhofer IPT das „aachener werkzeug- und formenbau management-Modell" (awfm-Modell) entwickelt. Angelehnt ist das Modell an das EFQM (European Foundation of Quality Measurement) -Modell, wobei den befähigenden Faktoren im awfm-Modell größeres Gewicht zukommt. FRICK erklärt diesen Umstand durch die Position des Werkzeugbaus als Befähiger der (Serien-)Produktion. Unter befähigenden Faktoren werden im awfm-Modell Ressourcen, Prozesse, Strategie und Führung sowie Organisation verstanden. Innerhalb der Ressourcen werden sowohl Maschinen als auch Mitarbeiter, Kapital und die vorhandene IT-Struktur betrachtet. Neben den befähigenden Faktoren wird die Ergebnisperspektive, aufgeteilt in finanzielle, mitarbeiterbezogene, kundenbezogene und produktbezogene Ergebnisse, beurteilt. Das awfm-Modell fokussiert quantitative Messgrößen und Daten, aus denen Kennzahlen bestimmt werden, um so eine Vergleichbarkeit herzustellen. Eine Bewertung von Teilfaktoren in Form von Rangfolgekennzahlen ist im Rahmen des Modells realisierbar. [FRIC06, S. 50 ff.]

BILSING (2006): „Kennzahlengestützte Bewertung der technologischen Leistungsfähigkeit der Fertigung im Werkzeug- und Formenbau"

In seiner wissenschaftlichen Arbeit beschreibt BILSING die technologische Leistungsfähigkeit im Werkzeugbau, vorwiegend an den drei Einflussfaktoren Maschine, Prozess sowie Personal. Die Bewertung erfolgt kennzahlenbasiert und auf Basis quantitativer Einflussgrößen. Mit Fokus auf der Technologieperspektive steht die Bewertung von Maschinen und Prozessen im Rahmen einer Prozesskettenbetrachtung im Vordergrund. Hierbei werden die Dimensionen Produktivität, Flexibilität und Qualität differenziert. Innerhalb der Arbeit von BILSING wird die Verknüpfung von unterschiedlichen Fertigungsressourcen, wie z. B. in einer FFZ oder einem FFS, nicht berücksichtigt. Es wird lediglich die einzelne Maschine bewertet. Diese Bewertung kann als eine Eingangsgröße für die Bestimmung der Leistungsfähigkeit von VFS verwendet werden. Eine Betrachtung der Peripherie wird nicht vorgenommen. [BILS06]

KOZIELSKI (2010): „Integratives Kennzahlensystem für den Werkzeugbau"

Mit seinem integrativem Kennzahlensystem schließt KOZIELSKI die Lücke zwischen strategischem und operativem Management. Dies realisiert er durch die Beschreibung kennzahlenbasierter Messgrößen und der Nutzung von Scorecards. Das Zielsystem teilt sich in inner- und außerbetriebliche Zielgrößen auf. Innerbetrieblich wird die Wertschöpfung von Prozessen, Ressourcen und der Organisation bewertet. Die Betrachtungshülle des Ansatzes ist der gesamte Werkzeugbau, daher fasst KOLZIELSKI neben den Maschinen auch die Mitarbeitermotivation und die Lieferantenstruktur unter dem Punkt Ressourcen zusammen. Die Bewertungsgrößen des Kennzahlensystems werden auf eine Skala von 0 bis 10 normiert. Dabei beruhen die genutzten Basiskennzahlen zur Beschreibung der Zielsysteme in den jeweiligen Anwendungsbereichen größtenteils auf dem awfm-Modell und der Arbeit von BILSING. [KOZI10]

HEESCHEN (2015): „Kennzahlenbasierte Auswahl der Fertigungstechnologien und -ressourcen im industriellen Werkzeugbau"

Der entwickelte Ansatz von HEESCHEN stellt grundlegend eine zweiphasige Methodik aus Analyse- und Gestaltungsphase dar, mit dem Ziel, die maschinelle Fertigung eines industriellen Werkzeugbaus durch die Auswahl von Fertigungsressourcen anforderungsgerecht zu gestalten. In der Analysephase werden die werkstückseitigen Anforderungen, das fertigungstechnische Leistungsprofil und die betriebswirtschaftlichen Ziele der maschinellen Fertigung sowie deren notwendige Kapazität untersucht. In der Gestaltungsphase erfolgt zunächst die Technologieauswahl durch die Bestimmung des Überdeckungsgrades des technologischen Leistungsprofils mit den werkstückseitigen Anforderungen. Dabei ergibt sich für jedes analysierte Werkstück eine bestimmte Anzahl an Technologiebündeln, welche die gestellten Leistungsanforderungen erfüllen. Darauf aufbauend werden die relevanten Fertigungskonzepte für die mechanische Fertigung entwickelt, die Technologien nach ihrer Bedeutung für den Werkzeugbau geordnet und die Anzahl der Fertigungsressourcen bestimmt. Die Bewertung der Fertigungskonzepte erfolgt anhand einer Nutzwertanalyse unter teilweiser Anwendung von Kennzahlen aus den Arbeiten von BILSING und KOZIELSKI. Die Ressourcendetaillierung der Maschinen im ausgewählten Fertigungskonzept schließt den Ansatz ab. [HEES15]

HIENZSCH (2016): „Bewertungsmodell für die lebenszykluskostenorientierte Leistungsfähigkeit von Werkzeugbaubetrieben am Beispiel von Spritzgießwerkzeugen"

Mit seinem lebenszykluskostenorientierten Ansatz verfolgt HIENZSCH das Ziel, dem wachsenden Kostendruck im deutschsprachigen Werkzeugbau durch die Höherwertigkeit von Werkzeugen entgegenzutreten. Sein Ansatz setzt die Amortisations- bzw. Lebensdauer der Werkzeuge als qualitätsbewertendes Kriterium an. Sein Bewertungsmodell gliedert sich in vier Module auf. Das erste Modul stellt dabei einen Referenzlebenszyklus für Spritzgießwerkzeuge dar, welches in drei hierarchisch angeordnete Ebenen unterteilt ist und 97 Kostenpositionen beinhaltet. Im zweiten Modul wird ein auf Basis von elf unabhängigen Qualitätsdimensionen und 34 unterschiedlichen Merkmalausprägungen ein Qualitätsvektor gebildet, welcher die Werkzeugqualität beschreibt. Die Ergebnisse aus Modul 1 und 2 werden im Modul 3 zu einer Qualitätselastizitätsmatrix mit 1067

Parametern kombiniert. Mithilfe dieser Matrix werden Kostenänderungen in Bezug auf die Qualität eines Werkzeugs dargestellt. Der daraus entstehende funktionale Zusammenhang wird in Verbindung mit dem Qualitätsvektor im vierten Modul beschrieben und so entstehende Lebenszykluskosten des betrachteten Werkzeugs vorhergesagt. [HIEN16]

3.3 Bewertung relevanter Forschungsansätze

Evaluation of Relevant Research Approaches

Nach der Vorstellung der existierende Ansätze werden diese nachfolgend auf Basis der in Kapitel 3.1.2 definierten Anforderungen an ein kennzahlenbasiertes Bewertungssystem zur Bestimmung der Leistungsfähigkeit verketteter Fertigungssysteme im Werkzeugbau bewertet. Das Ergebnis dieser Bewertung ist der Abbildung 3-3 zu entnehmen.

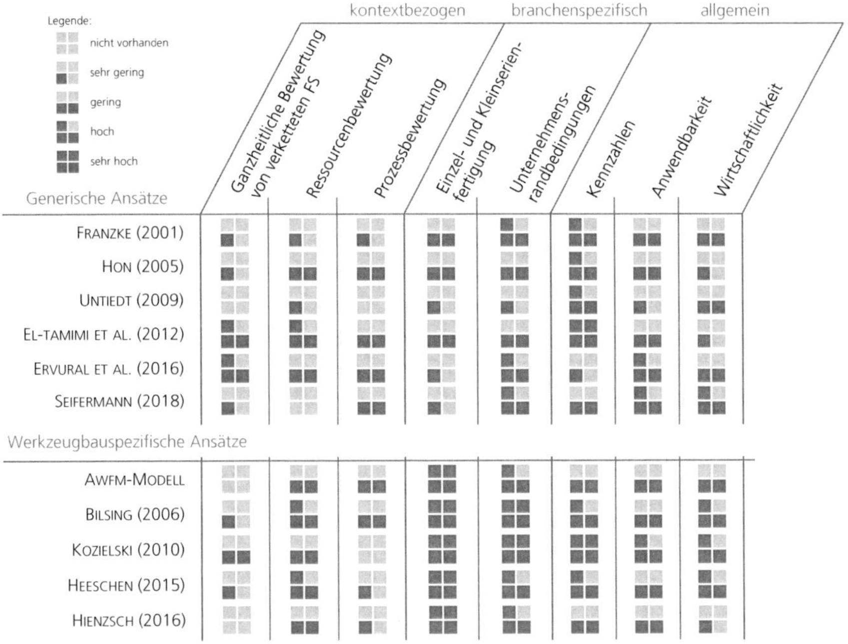

Abbildung 3-3: Bewertung bestehender Ansätze zur Bewertung verketteter Fertigungssysteme
Evaluation of Existing Approaches for Evaluation of Interlinked Manufacturing Systems

Die Recherche und Analyse zeigt auf, dass die betrachteten generischen Ansätze sehr abstrakt gehalten und darauf ausgerichtet sind, möglichst viele produktionstechnische Anwendungsfälle berücksichtigen zu können. Zur Analyse verketteter Fertigungssysteme ergibt sich ein geringer Nutzen, was sich auf die Bewertung der Wirtschaftlichkeit auswirkt. Die technologische Leistungsfähigkeit von Ressourcen wird in den Ansätzen von FRANZKE, HON und UNTIEDT anhand der technologischen Leistungsfähigkeit des Unternehmens dargestellt. Während UNTIEDT und FRANZKE nur eine Gesamtbewertung der technologischen Leistungsfähigkeit durchführen, detailliert HON diesen Bottom-up von der Maschine bis zum Produktionsnetzwerk über vier Ebenen aus. Um der hohen Heterogenität der Einflussgrößen auf ein verkettetes Fertigungssystem gerecht zu werden, versuchen die Arbeiten von EVURAL ET AL. und EL-TAMINI ET AL. mit mathematischen Lösungen zu begegnen, wobei sich die Einflussgrößen am Gesamtsystem eines FFS orientieren. Aufgrund einer unzureichender Prozessbetrachtung, dem Einfluss subjektiver Informationsquellen sowie der Ausrichtung der Ansätze auf die Serienproduktion ist eine Anwendung in der Einzel- und Kleinserienfertigung nicht bzw. nur sehr bedingt realisierbar. Ergänzend dazu berücksichtigen lediglich die Ansätze von EVURAL ET AL. und SEIFERMANN die Unternehmensrandbedingungen in einem akzeptablen Maß, wobei die Methodik von SEIFERMANN insbesondere bei den kontextbezogenen Bewertungskriterien sowie den Anforderungen der Einzel- und Kleinserienfertigung unzureichend ist. Zusammenfassend lässt sich festhalten, dass keiner der generischen Ansätze für die Bewertung der Leistungsfähigkeit von verketteten Fertigungssystemen ausreichend geeignet ist. Vor allem die fehlende Übertragbarkeit auf den Werkzeugbau sowie eine unzureichende Prozess- und Ressourcenbetrachtung zeigen die Defizite der Ansätze.

Des Weiteren ist klar erkennbar, dass ebenfalls keiner der werkzeugbauspezifischen Ansätze in der Lage ist, die kennzahlenbasierte Bewertung der Leistungsfähigkeit verketteter Fertigungssysteme zu realisieren. Vor allem die Kombination aus ganzheitlicher Betrachtung, Ressourcen- und Prozessbewertung auf einer fundierten Kennzahlenbasis stellt das Defizit existierender Ansätze dar. Zwar fokussieren BILSING und KOZIELSKI in ihren Ansätzen die kennzahlenbasierte Betrachtung von Werkzeugbaubetrieben unter Berücksichtigung des AWFM-MODELLS. BILSING analysiert und bewertet in seinem Ansatz Prozesse und Ressourcen, jedoch lediglich in Bezug auf die jeweiligen Fertigungstechnologien, sodass eine Gesamtbewertung hinsichtlich VFS nicht gegeben ist. Die Gesamtleistungsfähigkeit des Werkzeugbaus bestimmt er auf Basis einer Prozesskettenbetrachtung. Die Ganzheitlichkeit und Erweiterbarkeit als auch die logische Verknüpfung der Kennzahlenbetrachtung der Bewertung ist lediglich in geringem Maß gegeben. Diese Defizite berücksichtigt KOZIELSKI in seinem integrativen Ansatz durch die logische Verknüpfung von Basiskennzahlen zu aggregierten Bewertungsgrößen. Aufgrund der strategischen Ausrichtung seiner Dissertation spielen Ressourcen nur eine untergeordnete Rolle. Eine Prozessbetrachtung, vor allem eine auf fertigungstechnologischer Ebene, fehlt dem Ansatz jedoch. Daher kann die Forschungshypothese dieser Arbeit nicht mithilfe des Ansatzes von KOZIELSKI verifiziert werden.

HEESCHEN beschreibt in seinem Ansatz analog zu BILSING in einem guten Maß das Leistungsprofil von Fertigungsressourcen. Fertigungsprozesse für verkettete Fertigungssystem finden jedoch nur in sehr unzureichendem Maße Berücksichtigung. Darüber hinaus fehlt es dem Ansatz an Ganzheitlichkeit bezogen auf VFS, trotz der umfangreichen Betrachtung der maschinellen Fertigung in Form einer Fertigungskonzeption. HIENZSCH beschreibt in seiner Arbeit zwar einen quantitativen Ansatz zur Bewertung eines Werkzeugbaus, jedoch fokussiert er dabei in sehr geringem Umfang die Ressourcen- und Prozessbewertung. Darüber hinaus ist die Wirtschaftlichkeit des Ansatzes kritisch zu prüfen, da die von über 1000 Parametern aufgespannten Matrizen einen hohen Aufwand zur Datenbeschaffung in der Praxis verursachen und der Nutzen wenig praxisnah ist.

3.4 Handlungsbedarf aus der Theorie

Need for Action from the Scientific Perspective

Den Ausgangspunkt für die Analyse und Bewertung wissenschaftlicher Forschungsansätze stellte die entwickelte Systematik der Analyse mit Bewertungs- und Anforderungssystem dar. Somit konnten die Relevanz und die wissenschaftliche Übertragbarkeit der Ansätze überprüft werden. Die Recherche hat grundsätzlich gezeigt, dass sowohl generische als auch werkzeugspezifische Forschungsansätze existieren, die Schnittmengen zum Betrachtungs- und Bewertungsbereich der vorliegenden Arbeit aufweisen. Es wurden in Summe elf Ansätze mit entsprechender kontextbezogener Relevanz näher beleuchtet. Die Analyse zeigt auf, dass für einige der acht Anforderungsdimensionen an das Bewertungssystem Lösungen existieren. Jedoch zeigte die Analyse und Bewertung in gleicher Weise starke Schwachstellen auf. Auf Basis der definierten Anforderungsdimension sind insbesondere folgende Kriterien defizitär:

- Die ganzheitliche Betrachtung verketteter Fertigungssysteme, inklusive aller relevanten fertigungstechnologischen Zusammenhänge in der mechanischen Fertigung, wird nicht ausreichend beschrieben.
- Die Bewertung der Ressourcen und Prozesse erfolgt nicht differenziert genug und berücksichtigt die Spezifika von VFS nicht ausreichend.
- Es existieren keine Ansätze, die VFS kennzahlenbasiert auf Basis von quantitativen Daten bewerten können.
- Die Wirtschaftlichkeit existierender Ansätze, im Sinne eines Aufwand-Nutzen-Verhältnisses, ist nur bedingt gegeben.
- Aktuelle Bewertungssysteme sind nicht in der Lage, Teilsysteme sowohl integriert als auch getrennt zu bewerten und im Sinne einer Modularität flexibel neue Bewertungsaspekte, wie z. B. neue Fertigungsverfahren im Zuge der VFS, hinzuzufügen.

Somit bleibt festzuhalten, dass aktuell kein wissenschaftlicher Forschungsansatz ein ausreichend geeignetes Bewertungssystem zur Verfügung stellt, um die Leistungsfähigkeit verketteter Fertigungssysteme kennzahlenbasiert und ganzheitlich, im Sinne der Forschungshypothese dieser Arbeit für den Werkzeugbau, zu bewerten. Der Handlungsbedarf aus der Theorie ist damit bestätigt.

3.5 Konkretisierung der Forschungsfragen

Specifying of the Research Questions

In Kapitel 2.5 wurde der Handlungsbedarf aus der Praxis hergeleitet, in welchem die Forderung nach einem ganzheitlichen Bewertungssystem für verkettete Fertigungssysteme mit Fokus auf den Ressourcen und Prozessen im Werkzeugbau aufgezeigt wurde. In Kapitel 3.4 wurde der Handlungsbedarf aus der Theorie aufgezeigt. Dabei konnte festgestellt werden, dass keiner der existierenden Forschungsansätze der wissenschaftlichen Problemstellung gerecht wird. Aus diesem Umstand leiten sich die Zielsetzung der Arbeit und die verifizierende Forschungshypothese ab. Diese lautet:

Mithilfe eines fertigungstechnologischen Bewertungssystems lässt sich die Leistungsfähigkeit von verketteten Fertigungssystemen in der mechanischen Fertigung des Werkzeugbaus kennzahlenbasiert, ganzheitlich und modular beschreiben.

Basierend auf den in Kapitel 2 und 3 erarbeiteten Grundlagen können konkretisierende Forschungsfragen abgeleitet werden, um die Forschungshypothese zu validieren [KUBI77, S. 17 ff.].

Da der Fokus der Arbeit auf der Bewertung von verketteten Fertigungssystemen im Werkzeugbau liegt, muss zunächst die Frage beantwortet werden:

Welche Bewertungselemente müssen in einem Bewertungssystem für verkettete Fertigungssysteme betrachtet und wie können diese beschrieben werden?

Nach anforderungsgerechter Definition der Bewertungselemente stellt sich hinsichtlich der Beurteilung die Frage:

Wie lassen sich die Leistungsfähigkeiten der gewählten Bewertungselemente bezogen auf verkettete Fertigungssysteme in diesem Kontext kennzahlenbasiert beschreiben und bewerten?

Aufgrund der befähigenden Position des Werkzeugbaus in der Wertschöpfungsprozesskette sowie der hohen Heterogenität der verketteten Fertigungssysteme bezogen auf die Einsatzgebiete und die technische Ausgestaltung stellt sich die Frage:

Welche Schnittstellen sind in einem Bewertungssystem für verkettete Fertigungssysteme in der mechanischen Fertigung von Werkzeugbaubetrieben zu beschreiben?

Auf Basis des stetigen technologischen Fortschritts verbunden mit sich ändernden Eigenschaftsausprägungen bezogen auf verkettete Fertigungssysteme muss folgende Frage beantwortet werden:

Wie muss die Struktur des Bewertungssystems auf Basis der identifizierten Bewertungselemente aussehen, um Teilsysteme modular betrachten, anpassen und bewerten zu können?

Diese formulierten Leitfragen werden im Zusammenhang zur Forschungshypothese in den nachfolgenden Kapiteln adressiert und ausdetailliert und in Kapitel 6 validiert.

4 Konzeption des Bewertungssystems

Conception of the Evaluation System

Die vorliegende Arbeit verfolgt das Ziel, die Leistungsfähigkeit verketteter Fertigungssysteme in der mechanischen Fertigung des Werkzeugbaus kennzahlenbasiert zu bewerten. Dazu werden innerhalb dieses Kapitels zunächst die Grundlagen der Modellierung und Systemtechnik dargestellt. Anschließend wird der fertigungstechnische Ordnungsrahmen dargelegt (s. Kapitel 4.2) und das übergeordnete Zielsystem ausformuliert. Auf dieser Basis findet anschließend die Entwicklung der Grobstruktur des Bewertungssystems statt. Im Rahmen dieser schließt sich in Kapitel 4.4 die Methodikentwicklung zur Bestimmung der Leistungsfähigkeit an. Abschließend wird in einem Zwischenfazit das Grobkonzept reflektiert und zusammengefasst.

4.1 Grundlagen von Modellen, Systemen und Methoden

Fundamentals of Models, Systems and Methods

Der Ansatz zur Lösung des Forschungsproblems basiert auf den Modell- und Systemwissenschaften. Diese haben sich als Ausgangpunkt zur Lösung komplexer Problemstellungen etabliert [HABE12, S. 57 ff.; vgl. KUHL11, S. 67] und zeichnen sich durch theoretische und anwendungsorientierte Blickwinkel aus. Ihre Grundlagen und die Nutzung zur Methodikentwicklung innerhalb dieser Arbeit werden nachfolgend eingeführt [PATZ82, S. 8 ff.].

4.1.1 Grundlagen der Systemwissenschaft

Fundamentals of Systems Science

Die Definition des Begriffs System variiert je nach Anwendungszusammenhang. Nach BRUNS besteht ein System aus folgenden konstituierenden Merkmalen: [vgl.BRUN91, S. 31 f.; HABE12, S. 33 ff.]

- Ein System setzt sich aus verschiedenen Elementen zusammen.
- Diese Elemente weisen beschreibbare Eigenschaften auf.
- Die Elemente werden durch Beziehungen miteinander verbunden.
- Es bildet sich eine abgegrenzte Struktur durch die Eigenschaften und die Beziehungen der Elemente.

Ein System kann daher auch als „dynamisches Ganzes" bezeichnet werden [vgl. HABE12, S. 33 ff.]. Durch die Systemgrenze wird der zu untersuchende Ausschnitt der Realität von seinem Umfeld getrennt [MÜLL90, S. 8]. Darüber hinaus werden Systeme in Abhängigkeit davon, ob Systemelemente existierende funktionale Beziehungen zum Umfeld besitzen oder lediglich innerhalb der Systemgrenzen interagieren, in offene und geschlossene Systeme differenziert [vgl. HABE12, S. 35; KUHL11, S. 67].

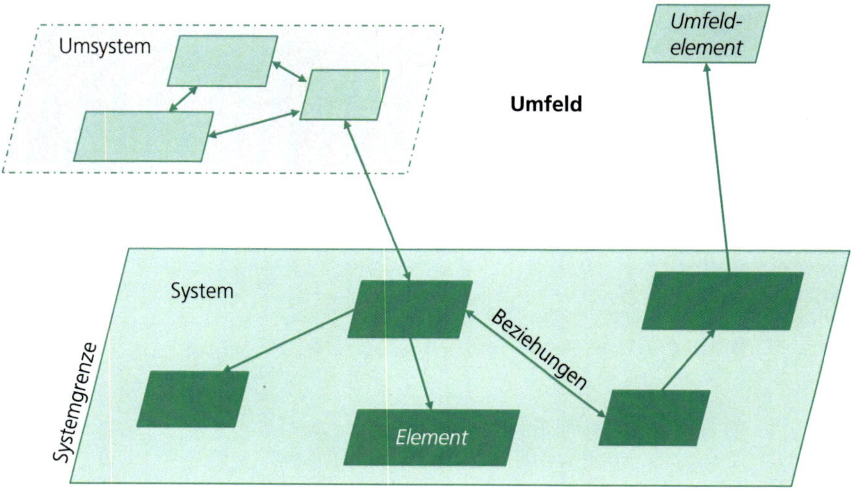

Abbildung 4-1: Grundbegriffe des Systemdenkens nach HABERFELLNER[17]
Basic Concept of System Thinking according to HABERFELLNER

PATZAK folgend ist die **Systemwissenschaft** der übergeordnete Begriff für die Auseinandersetzung mit zweckrationalem Handeln im Umfeld komplexer Sachverhalte. Die Systemwissenschaft teilt sich in eine theoretische Betrachtung (Systemtheorie) sowie die darauf aufsetzende Anwendung (Systemtechnik) auf. [PATZ82, S. 8 f.]

Innerhalb der **Systemtheorie** werden die theoretischen Grundlagen von Relationen, Elementen und Strukturen eines Systems betrachtetet. Beziehungen, Wechselwirkungen und die Funktionen des Teil- bzw. Gesamtsystems finden ebenfalls Berücksichtigung [PATZ82, S. 11 f.]. Abstrahiert beschreibt die allgemeine Systemtheorie die induktiv aus verschiedenen Disziplinen hergeleiteten, allgemeingültigen Eigenschaften beliebiger Systeme [PATZ82, S. 12] und kann zur Ableitung neuer Prinzipien und Instrumente genutzt werden [BRUN91, S. 6]. [vgl. KUHM17, S. 127]

Die **Systemtechnik** stellt „eine gemeinsame formale Sprache bereit, die es gestattet, ingenieurmäßige Methoden auf Nachbargebiete und umgekehrt zu übertragen und legt somit tragfähige Grundlagen für interdisziplinäre Problemlösungen." [BRUN91, S. 1] Ein System im oben vorgestellten Verständnis wird als Strukturvorstellung für das Objekt oder den Prozess genutzt, die Systemtechnik stellt die Hilfsmittel für deren Untersuchung und Gestaltung zur Verfügung. Der angloamerikanische Begriff „System Engineering" sowie der Begriff Systemanalyse werden häufig

[17] i. A. a. [HABE12].

synonym verwendet und können trotz divergierenden mathematischen oder regelungstechnischen Methoden grundlegend auf die Systemtechnik bzw. Systemtheorie zurückgeführt werden [BRUN91, S. 2 f.; KUHM17, S. 127].

HABERFELLNER erweitert das System Engineering um ein Vorgehensmodell mit vier Prinzipien basierend auf einem hierarchischen Denkansatz. Zuerst wird mithilfe eines Top-down-Ansatzes das System von einer groben Betrachtung hin zu einer feineren Granularität ausdetailliert, um nicht zu früh einzelne Betrachtungsaspekte bzw. Einflussgrößen zu sehr im Detail zu betrachten und somit die Lösungsfindung zu verlängern. Anschließend werden nach dem Prinzip der Variantenbildung Lösungsansätze geclustert und deren Einfluss auf die Systemelemente bestimmt. Unter Nutzung einer Phasengliederung werden Teilprobleme gelöst, die Praktikabilität gewährleistet und die Systementwicklung und -realisierung zeitlich voneinander entkoppelt. Das vierte Prinzip bildet den Problemlösungszyklus ab, wodurch ein problemneutraler und arbeitslogischer Ablauf zur Lösungsfindung durchgeführt werden kann. [HABE12, S. 57 ff.] Die vorliegende Arbeit greift den Systemgedanken nach PATZAK mit der Erweiterung von HABERFELLNER auf.

4.1.2 Grundlagen der Modellwissenschaft

Fundamentals of Model Science

Ein Modell stellt eine Abbildung eines Originals dar. Durch den Prozess der Abstrahierung einzelner Elemente und deren Relationen entsteht so eine Abbildung eines komplexen Systems, welches vereinfacht und so besser beherrschbar ist [STAC73, S. 131 ff.; WEBE83, S. 17; WÖHE00, S. 36]. Ziel ist es, den Untersuchungsraum zu beschränken und wesentliche Merkmale eines Systems gezielt analysieren zu können [FRIE02, S. 44]. Nach STACHOWIAK charakterisieren sich Modelle über drei wesentliche Merkmale [STAC73, S. 131 ff.]:

Das Abbildungsmerkmal besagt, dass Modelle stets Abbildungen bzw. Repräsentationen darstellen und somit eine Menge von u. a. mathematischen oder mengenorientierten Attributen eines Originals repräsentieren. Unter dem Verkürzungsmerkmal wird verstanden, dass ein Modell nicht alle Attribute der Realität erfasst, sondern auf eine für den Modellerfasser relevante Auswahl eingeschränkt ist. Das pragmatische Merkmal von Modellen beschreibt die Güte, in der das Modell das Original ersetzen kann. Darüber hinaus können zeitliche oder inhaltliche Restriktionen der Modellfunktion hinsichtlich ihres Subjektes hinzugefügt werden.

Neben den Eigenschaftsausprägungen von Modellen lassen sich diese, abhängig von ihrer Zielsetzung und Anwendung, in unterschiedliche Typen klassifizieren [WÖHE00, S. 39 ff.]. Für diese Arbeit soll, unter Berücksichtigung des Forschungsziels, die Modellklassifizierung nach ZELEWSKI, welche auf die Grundtypen von Modellen nach PATZAK aufbaut, Anwendung finden (s. Abbildung 4-2). Linguistisch explizite Modelle teilen sich in Beschreibungs- und Analysemodelle auf. Beschreibungsmodelle bilden dabei vorgefundene Zustände eines Originals ab, ohne dabei auf Entstehungsvoraussetzungen oder Ursache-Wirkzusammenhänge einzugehen. Analysemodelle teilen sich weiter in Erklärungs-, Entscheidungs- und Prognosemodelle auf. Erklärungsmodelle verfolgen das Ziel, kausale Ursache-Wirkzusammenhänge zu analysieren und somit Zustände des Originals zu erklären. Beschränkungen und Voraussetzungen werden dabei i. d. R. induktiv erzeugt. Ein

Prognose- bzw. Vorhersagemodell nutzt hingegen eine deduktive Vorgehensweise, um basierend auf einem Erklärungsmodell zukünftige Systemzustände bzw. -verhalten abzuleiten. Entscheidungsmodelle werden mit der Intention genutzt, Handlungsalternativen aufzuzeigen und zu bewerten. Bezogen auf ein vorgegebenes Zielsystem werden somit optimale Modellstrukturen unter Verwendung von z. B. Nutzenfunktionen, Randbedingungen und Entscheidungsvariablen ermittelt. [ZELE99, S. 48 ff.; PATZ82, S. 313 f.]

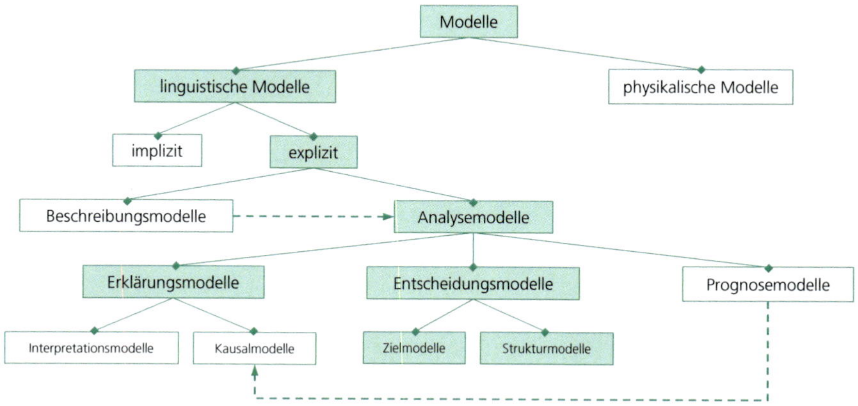

Abbildung 4-2: Modellklassifizierung nach ZELEWSKI
Model Classifaction according to ZELEWSKI

Zur kennzahlenbasierten Bewertung der Leistungsfähigkeit verketteter Fertigungssysteme im Werkzeugbau wird im Rahmen dieser Arbeit auf eine Kombination aus einem Erklärungs- und Entscheidungsmodell zurückgegriffen. Die Charakteristik eines Erklärungsmodells wird in Form eines Kontextmodells, welches den Ordnungsrahmen, die Systemgrenzen sowie die Wirkbeziehungen beschreibt, implementiert (s. Abschnitt 4.2). Zur übergeordneten objektiven Bewertung und Aggregation der Kennzahlen wird ein Strukturmodell als Unterart der Entscheidungsmodelle genutzt.

4.1.3 Systeme und Modelle im Rahmen der Methodikentwicklung

Systems and Models within the Framework of Methodology Development

Eine Methode ist die Beschreibung einer Abfolge von Schritten zur Erreichung eines gewollten Endzustands, ausgehend von einem vorgegebenen Ausgangszustand [BERE94, S. 104]. Diese ist bezogen auf eine Problemstellung zielgerichtet, zweckgebunden, systematisch und in ihrer Anwendung situationsabhängig [LAUF96, S. 9]. Als Methodik wird eine systematisierte Gesamtheit von Methoden zur Analyse einer Klasse von Problemen mit einem gemeinsamen Vorgehensprinzip verstanden [BERE94, S. 104; vgl. ULRI76a, S. 252]. Eine Methodik berücksichtigt neben einer Vielzahl an Methoden ebenfalls Modelle als Grundlage für die richtige Methodenauswahl, -ausgestaltung und -anwendung [LAUF96, S. 6]. Sowohl Modelle als auch Methoden benötigen für ihre Anwendung geeignete Hilfsmittel, die stets Bestandteil der Methodik sind [NEUH02, S. 7].

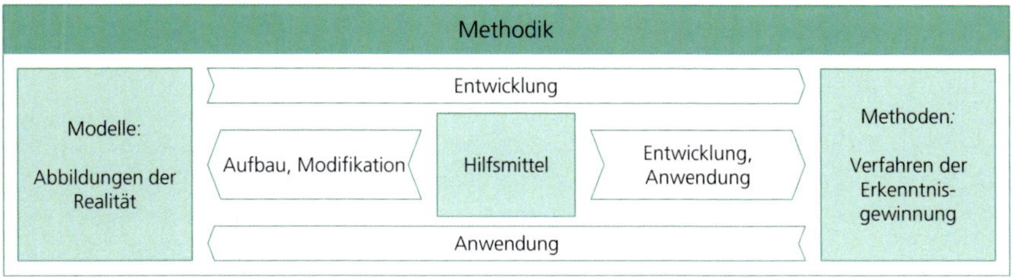

Abbildung 4-3: Methodik als System von Modellen, Methoden und Hilfsmitteln[18]
Methodology as a System Consisting of Models, Methods and Auxiliary Means

Innerhalb dieser Arbeit ist das Methodenverständnis insbesondere für die Leistungsfähigkeitsbestimmung von verketteten Fertigungssystemen (s. Abschnitt 4.4) von hoher Relevanz.

4.2 Ordnungsrahmen des Bewertungssystems

Regulation Framework of the Evaluation System

Dieser Abschnitt dient dazu, den Ordnungsrahmen des zu entwickelnden Bewertungssystems aufzuzeigen sowie den Betrachtungsbereich zu definieren. Dazu wird zuerst der fertigungstechnische Bezugsrahmen festgelegt und anschließend das Zielsystem abgegrenzt.

4.2.1 Fertigungstechnischer Bezugsrahmen

Manufacturing Reference Framework

Im Stuttgarter Unternehmensmodell wird das System „Fabrik" mit all seinen Subsystemen, denen auch die Fertigung zugeordnet werden kann, beschrieben [WEST06, S. 51]. Dabei bildet die Fertigung ein Subsystem ab, das als Leistungseinheit auf Ressourcen als auch auf Führungs- und Leitungsaufgaben zurückgreift und somit ihre Aufgabenstellungen möglichst selbstständig erfüllen soll [vgl. WEST06, S. 52]. Innerhalb der vorliegenden Arbeit ist ein verkettetes Fertigungssystem als ein Ressourcengut zu bezeichnen und wird als Leistungseinheit innerhalb des Fertigungssystems verstanden. Um der fertigungstechnologischen Problemstellung dieser Arbeit gerecht zu werden, wird das Stuttgarter Unternehmensmodell um die Subebene „Mechanische Fertigung" erweitert und als Leistungseinheit ausdetailliert (s. Abbildung 4-4). Innerhalb dieser Ebene finden sich verkettete Fertigungssysteme unter den in Kapitel 2.2 eingeführten Rahmenbedingungen wieder. Bei Konkretisierung der Beschreibungs- und Bewertungsebenen eines verketteten Fertigungssystems für den industriellen Werkzeugbau gilt es folgende Ebenen zu beschreiben und anschließend kennzahlenbasiert zu bewerten:

- Ressourcen (Maschinen, Handlingsysteme und Peripherie) innerhalb des VFS

[18] i. A. a. [NEUH02].

- Prozesse innerhalb des VFS [19]
- Netzwerk der VFS

Die Elemente Werkstück und Werkzeug werden innerhalb des Bewertungssystems nicht als Bewertungselemente behandelt. Ihr Einfluss fließt als Randbedingung bei der Auslegung eines VFS mit ein und ist bereits in Bezug auf die Maschine bzw. Peripherie als auch bei den Gewichtungsfaktoren (s. Anhang E) berücksichtigt. Schnittstellen in der Betrachtung werden innerhalb der drei Bewertungsebenen beachtet und bezogen auf den Sachzusammenhang integriert.

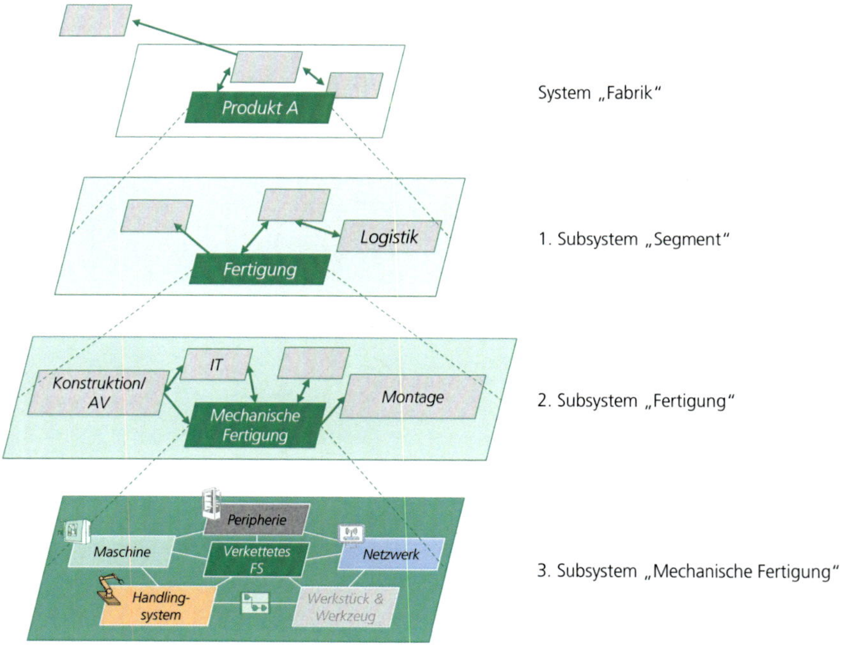

Abbildung 4-4: Fertigungstechnischer Bezugsrahmen[20]
Manufacturing Reference Framework

[19] Prozesse sind in der Abbildung 4-4 nicht gesondert dargestellt, sondern werden u. a. durch die Kanten der Systemelemente und durch die Verbindungen zwischen den Systemen und Subsystemen repräsentiert

[20] i. A. a. [WEST06].

4.2.2 Abgrenzung des Zielsystems

Definition of the Target System

Neben dem Ordnungsrahmen ist die Abgrenzung des Zielsystems von essenzieller Bedeutung, da das Bewertungssystem ein bestimmtes Ziel verfolgt und entsprechend Einflussgrößen sowie Bewertungs- und Gewichtungsfaktoren bestimmt werden müssen [WILD08, S. 36 ff.]. Im Hinblick auf die kennzahlenbasierte Bewertung der Leistungsfähigkeit verketteter Fertigungssysteme im Werkzeugbau wird das Zielsystem nachfolgend abgegrenzt.

Ziele eines Unternehmens, so auch für den Werkzeugbau, werden in einer Unternehmensstrategie festgeschrieben und die Zielerreichung daran gemessen [WÖHE13, S. 66]. Als wichtigste Ziele sind, vor allem aus Shareholdersicht, die langfristige Gewinnmaximierung und der wirtschaftliche Erfolg zu nennen [KLOC98, S. 11 f.]. Neben den bislang vorwiegend ökonomischen Zielen gewinnen darüber hinaus auch absatzwirtschaftliche und nutzenmaximierende Zielstellungen des Kunden, wie eine hohe Produktqualität oder günstige Werkzeugpreise, an Bedeutung [BILS06, S. 27].

Voraussetzung für unternehmerischen Erfolg eines Werkzeugbaus ist dessen Lieferfähigkeit von hochwertigen und prozesssicheren Werkzeugen, die durch technologische Kompetenz bei der Werkzeugherstellung mitbestimmt wird. Neben der Kompetenz stellen die befähigenden Faktoren[21] Prozesse, Organisation und Ressourcen einen entscheidenden Stellhebel für die Steigerung der Effektivität und der Effizienz in der Wertschöpfung dar [HENS17, S. 3; vgl. FRIC06, S. 51]. Basierend auf BILSING sollen für diese Arbeit die Zielgrößen Produktivität, Flexibilität und Qualität genutzt werden [vgl. BILS06, S. 28], jedoch mit der Zielstellung, verkettete Fertigungssysteme kennzahlenbasiert zu bewerten und nicht Prozessketten zu beurteilen. Das Zielsystem dieser Arbeit ist noch einmal stärker auf die effiziente kennzahlenbasierte Bewertung innerhalb der mechanischen Fertigung fokussiert.

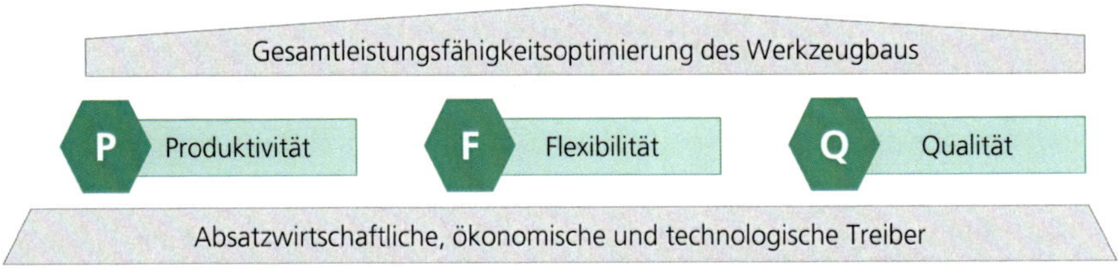

Abbildung 4-5: Zentrale Zielgrößen der Leistungsfähigkeitsbestimmung und -optimierung[22]
Central Targets for Determining and Optimizing Efficiency

[21] Die befähigenden Faktoren werden im awfm-Modell eingeführt (s. Abschnitt 3.2)

[22] i. A. a. [KLOC98; BILS06].

Nach SPUR ist die Produktivität definiert als „zu definierendes Verhältnis von Ertrag zu Aufwand" [SPUR98, S. 201]. Erweitert um die Forderung nach kurzen Durchlaufzeiten, hoher Termintreue, und reduzierten Fertigungskosten [vgl. BILS06, S. 28], welche direkt mit den Fertigungsverfahren und deren Einsatz in Verbindung stehen, ergibt sich folgende Definition [GROT92, S. 23]:

DEFINITION *Die **Produktivität** wird als Verhältnis zwischen produktionstechnischem Aufwand (Personal- und Ressourceneinsatz) und dem Nutzen, der sich aus der Steigerung der effektiven Produktionszeit (Verkürzung der Durchlaufzeit) und der Menge der produzierten Güter ergibt, bezeichnet.*

Unter der Flexibilität wird die Fähigkeit eines Werkzeugbaus verstanden, auf die ständig wechselnden Produkt- und Terminanforderungen einer diversen Kundenstruktur reagieren zu können [BILS06, S. 28]. Die mechanische Fertigung muss entsprechend diesen Anforderungen ausgelegt sein [HEES15]. I. A. a. die REFA und deren produktionssystembezogene Definition der Flexibilität gilt für diese Arbeit folgende Definition [REFA87, S. 45 f.]:

DEFINITION *Unter **Flexibilität** im Werkzeugbau wird die Anpassungsfähigkeit auf neue Aufgaben verstanden, die durch nicht vorhersehbare (teils kurzfristige) Änderungen aus Produkt- oder terminlichen Anforderungen entstehen.*

Für die Qualität existieren diverse Definitionen, welche alle gemein haben, dass sie die Güte einer Dienstleistung bzw. eines Produktes in der Erfüllung bestimmter Anforderungen messen [GABL19]. Die Qualität von Produkten und Dienstleistungen ist in der DIN EN ISO 9000 definiert als „die Fähigkeit (...) Kunden zufrieden zu stellen sowie (...) die beabsichtigte und unbeabsichtigte Auswirkung auf relevante interessierte Parteien"[DIN 15, S. 10]. Durch die hohe Bedeutung der Werkzeuge innerhalb der produzierenden Industrie ist für den Kunden die Einsatzqualität der Werkzeuge maßgeblich [BILS06, S. 28]. Der fertigungstechnologische Herstellungsprozess der Werkzeugkomponenten innerhalb der mechanischen Fertigung des Werkzeugbaus beeinflusst die Einsatzqualität direkt. Innerhalb dieser Arbeit gilt folgende Definition:

DEFINITION *Die **Qualität** im Werkzeugbau wird durch das Maß an Präzision und Genauigkeit eines Werkzeugs oder einer Werkzeugkomponente bestimmt.*

Eine gleichzeitige Optimierung aller Zielgrößen führt i. d. R. zu einem Zielkonflikt und kann bezogen auf verkettete Fertigungssysteme auch als „Dilemma der Automatisierung" bezeichnet werden [VDI90, S. IX]. Das eingeführte Zielsystem gibt daher den Rahmen für die Entwicklung eines kennzahlenbasierten Bewertungssystems der Leistungsfähigkeit verketteter Fertigungssysteme im Werkzeugbau vor.

4.3 Grobstruktur des Bewertungssystems

General Structure of the Evaluation System

Dem Forschungsziel dieser Arbeit folgend wird, auf Basis des definierten Ordnungsrahmens, die Grobstruktur des Bewertungssystems eingeführt. Nach BREIING ist der „grundsätzliche Bewertungsvorgang im Ansatz vergleichsweise einfach: Für eine endliche Menge von Lösungen beliebiger Art auf beliebigen Fachgebieten und in beliebigen Reifegraden, jedoch gleichen Informationsgehalts, sind gemeinsame Bewertungskriterien aufzustellen, diese mit einheitlich erfassbaren und vergleichbaren Werten zu versehen (Wertungszahlen) und deren Summen (Wertigkeiten) als Wertvergleich gegenüber zu stellen, um so durch den höchsten Wert die beste und durch den niedrigsten Wert die schlechteste Lösung zu ermitteln" [BREI97, S. 2 f.].

In der Theorie ist eine Bewertung von Fertigungssystemen im Allgemeinen vergleichsweise einfach umsetzbar, jedoch gestaltet sich dies in der praktischen Anwendung meist sehr schwierig. Es ist kein Bewertungssystem existent, welches der hohen Heterogenität verketteter Fertigungssysteme sowie dem variierenden Informationsgehalt im industriellen Werkzeugbau gerecht wird. Die Gründe für die Heterogenität sind vor allem auf die verschiedenen unternehmensspezifischen technologischen Spezifika und Anforderungen zurückzuführen, die aus dem Werkstück- und Komponentenspektrum sowie den daraus resultierenden individuellen Fertigungsprozessfolgen entstehen (vgl. Kapitel 2.3).

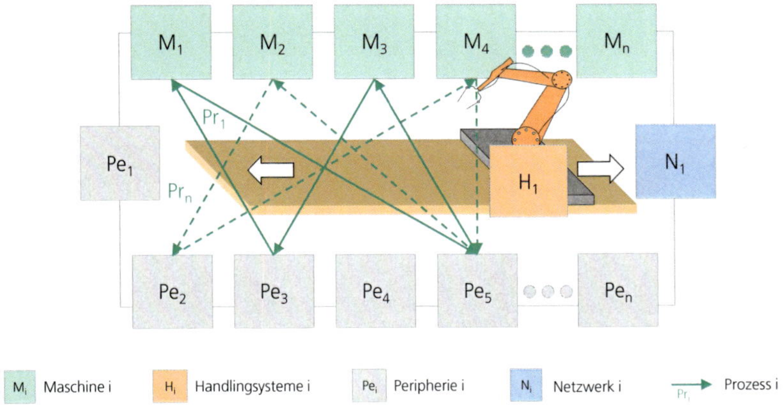

Abbildung 4-6: Bestandteile eines verketteten Fertigungssystems
Components of an Interlinked Manufacturing System

Um die genannte hohe Heterogenität beherrschbar zu machen, wird in einem ersten Schritt das verkettete Fertigungssystem in seine Bestandteile in Form von Bewertungsebenen mit -elementen zerlegt (s. Abbildung 4-7) und dem Ansatz von H. ULRICH folgend systemintegriert analytisch und synthetisch betrachtet. [ULRI01b, S. 36 f.] Basierend auf den in Kapitel 2.3 eingeführten Grundlagen für verkettete Fertigungssysteme, mit Fokus auf BAZ, FFZ und FFS, lässt sich festhalten, dass die hardwareseitige Ausstattung grundsätzlich aus einer oder mehreren NC-Fertigungsmaschinen,

Handlingsystemen und weiteren (physischen) Peripheriekomponenten besteht (s. Abbildung 4-6). Diese Bestandteile werden in der weiteren Betrachtung unter dem Begriff „Ressourcen" zusammengefasst, da es sich entweder um Maschinen oder Betriebsmittel für verkettete Fertigungssysteme handelt. Damit wird neben der individuellen Ressourcenbetrachtung eine auf **Ressourcenebene** ganzheitliche und aggregierte Bewertung ermöglicht.

Die zweite Bewertungsebene stellt die **Netzwerkebene** dar. Innerhalb dieser Ebene werden die hardware- und softwareseitigen Elemente berücksichtigt, die zum Betrieb und zur erfolgreichen Verwendung von verketteten Fertigungssystemen essenziell sind (s. Kapitel 2.3.4). Insbesondere die Datenweitergabe und Infrastruktur sind von besonderer Bedeutung und grundsätzlich schwierig kennzahlenbasiert zu bewerten.

Mit verketteten Fertigungssystemen lassen sich im industriellen Werkzeugbau die Effizienz und die Effektivität der Fertigungsprozesse steigern. Es wird versucht, eine möglichst große Menge von Werkstücken bzw. Werkstückkomponenten mittels mehrerer differierender Fertigungsprozessschritte weitestgehend autonom zu bearbeiten und dadurch einen Mehrwert für das Unternehmen zu generieren. Im Rahmen des Bewertungssystems werden bewertungsrelevante Aspekte und Einflussgrößen (s. Kap.4.4.1 und 4.4.2), die mit Fertigungsprozessen direkt in Verbindung stehen, innerhalb der **Prozessebene** getrennt nach Fertigungsverfahren und im Rahmen einer Aggregation übergeordnet im Rahmen von VFS bewertet.

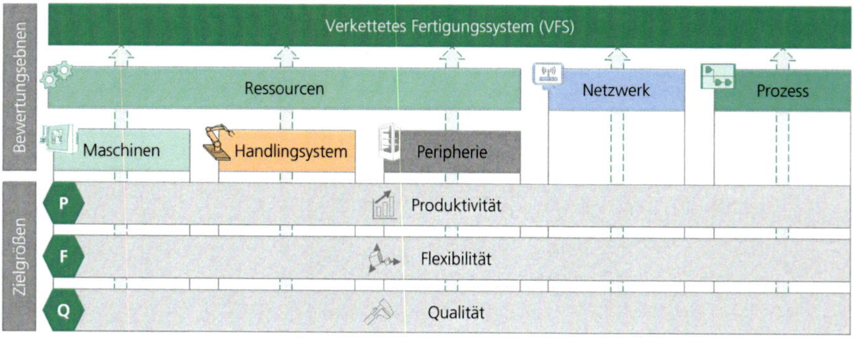

Abbildung 4-7: Bewertungsebenen und Zielgrößen zur Bewertung eines VFS
Evaluation Levels and Target Figures for the Evaluation of IMS

Die Bewertungsebenen und -elemente eines verketteten Fertigungssystems sind somit definiert (s. Abbildung 4-7) und es kann nachfolgend die Methodik zur Bestimmung der Leistungsfähigkeit auf Basis zu erfüllender Zielgrößen beschrieben werden [vgl. WEST06, S. 195]. Die Zielgrößen Produktivität, Flexibilität und Qualität des Bewertungssystems dienen dabei der Erfüllung des in Kapitel 4.2.2 eingeführten Zielsystems und werden je Betrachtungsebene gesondert hergeleitet und quantifiziert (s. Kapitel 5).

4.4 Methodik zur Bestimmung der Leistungsfähigkeit

Methodology of the Capability Evaluation

Nach erfolgreicher Herleitung der Grobstruktur wird nachfolgend die Methodik zur Bestimmung der Leistungsfähigkeit hergeleitet. Die Methodik ist grundsätzlich für alle Bewertungsebenen und -elemente des kennzahlenbasierten Bewertungsmodells für verkettete Fertigungssysteme in der mechanischen Fertigung des Werkzeugbaus anwendbar, variiert jedoch inhaltlich innerhalb der Einflussgrößen und bewertungsrelevanten Aspekte sowie deren Bestimmung und Bewertung entsprechend der Betrachtungsebene. Die Methodik gliedert sich in eine Analyse- und Bewertungsphase mit jeweils drei Schritten auf.

4.4.1 Bestimmung der Zielgrößen und bewertungsrelevanten Aspekte

Evaluation of the Target Criteria and Valuation-relevant Aspects

Im ersten Schritt der Analysephase sind die Zielgrößen und die daraus abgeleiteten bewertungsrelevanten Aspekte pro Bewertungsebene bzw. -element zu bestimmen. Die Vorgehensweise richtet sich dabei nach dem in Kapitel 4.1 eingeführten Top-down-Ansatz nach HABERFELLNER. Als Zielgrößen des Bewertungselements sind die Produktivität, Flexibilität und Qualität fixiert. Die bewertungsrelevanten Aspekte wiederum sind individuell pro Bewertungselement zu definieren. Nach der Bestimmung der bewertungsrelevanten Aspekte pro Bewertungselement folgt die Definition der Gewichtungsfaktoren der Aspekte für die gewählte Zielgröße. Die bestimmten Gewichtungsfaktoren sind dabei individuell und vom Bewertungselement abhängig.

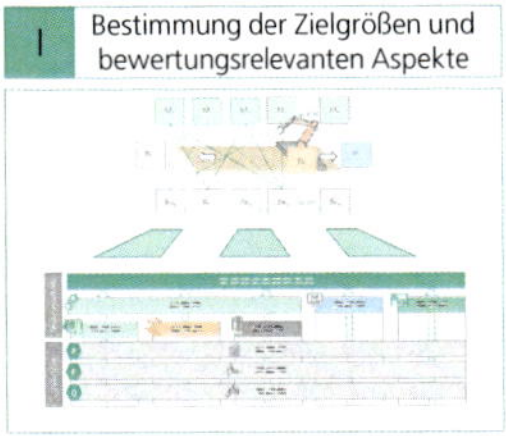

Abbildung 4-8: Schritt I – Bestimmung der Zielgrößen und bewertungsrelevanten Aspekte
Step I – Evaluation of the Target Criteria and Valuation-relevant Aspects

Durch die Einführung der Zielgrößen und bewertungsrelevanten Aspekte wird das Bewertungsmodell im Rahmen der Methodik um empirische Erkenntnisse erweitert und verbindet so die theoretische Vorgehensweise mit der praktischen Problemstellung (s. Anhang C).

4.4.2 Bestimmung der Einflussgrößen

Evaluation of the Influence Parameters

Im zweiten Schritt der Methodik gilt es die Einflussgrößen der Bewertungselemente zu bestimmen. Die bereits thematisierte hohe Heterogenität innerhalb verketteter Fertigungssysteme führt dazu, dass die Festlegung universell anwendbarer Einflussgrößen sich stets zwischen den Stadien einer zu hohen Verallgemeinerung und einem zu hohen Detaillierungsgrad bewegt. Verallgemeinerte Einflussgrößen gehen mit zu geringem Informationsgehalt zur Bewertung von VFS einher. Ein zu hoher Detaillierungsgrad der Einflussgrößen schränkt die geforderte Praktikabilität und branchenweite Anwendung des Bewertungssystems ein. Aus diesem Grund gilt es eine repräsentative, aber auch anwendungskonforme Anzahl an Einflussgrößen je Bewertungselement zur Bewertung von VFS zu bestimmen. Dem explorativen Forschungszyklus nach KUBICEK folgend orientiert sich die Auswahl der Einflussgrößen daran, Theorie und Empirie, wie bereits im heuristischen Bezugsrahmen definiert (s. Kapitel 1.3.2), zu verbinden [vgl. KUBI77, S. 14].

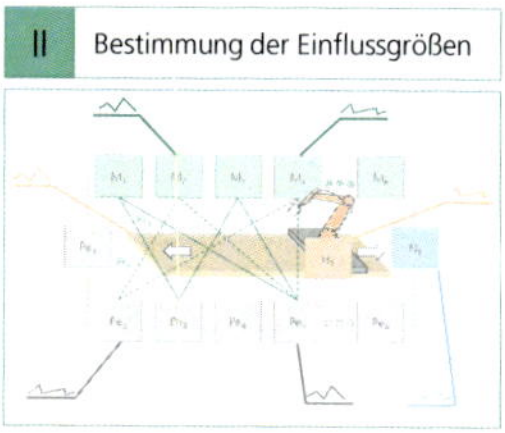

Abbildung 4-9: Schritt II – Bestimmung der Einflussgrößen
Step II – Evaluation of the Influence Parameters

Die Festlegung der Einflussgrößen erfolgt auf Basis von umfangreichen Marktanalysen, Erkenntnissen bestehender Forschungsarbeiten sowie aus direkten Expertenbefragungen aus den Bereichen Fertigungstechnologie und Automatisierung, sowohl mit wissenschaftlichem als auch industriellem Hintergrund. Die beruflichen Erfahrungen des Autors in der Industrie und Wissenschaft sowie die Erkenntnisse aus der gemeinsamen Datenbank des Werkzeugmaschinenlabors WZL der RWTH Aachen und des Fraunhofer-Instituts für Produktionstechnologie IPT (s. Anhang A) fundieren die Auswahl zusätzlich. Die Einflussgrößen sind dem Anhang C zu entnehmen.

4.4.3 Ermittlung der Gewichtungsfaktoren der Einflussgrößen

Evaluation of Weighting Factors for the Influence Parameters

Abbildung 4-10: Schritt III – Ermittlung der Gewichtungsfaktoren der Einflussgrößen
Step III – Evaluation of Weighting Factors for the Influence Parameters

Im letzten Schritt der Analysephase gilt es die Gewichtungsfaktoren der Einflussgrößen zu bestimmen. Der Prozess zur Bestimmung folgt dem Prinzip einer Nutzwertanalyse. Es wird der Beeinflussungsgrad b_i^T der Einflussgröße i auf die Zielgröße y des Bewertungselements x in den Ausprägungen „keine Beeinflussung", „geringe Beeinflussung", „mittlere Beeinflussung", „deutliche Beeinflussung" und „starke Beeinflussung" bestimmt und visuell mithilfe von Harvey Squares dargestellt. Die Gewichtungsfaktoren $w_{x,i}$ lassen sich mittels des ermittelten Beeinflussungsgrads b_i^T über die bewertungsrelevanten Aspekte auf die Zielgröße y des Bewertungselements x berechnen. Der benötigte Spaltenvektor w wurde bereits in Schritt 1 der Methodik festgelegt (s. Abbildung 4-11).

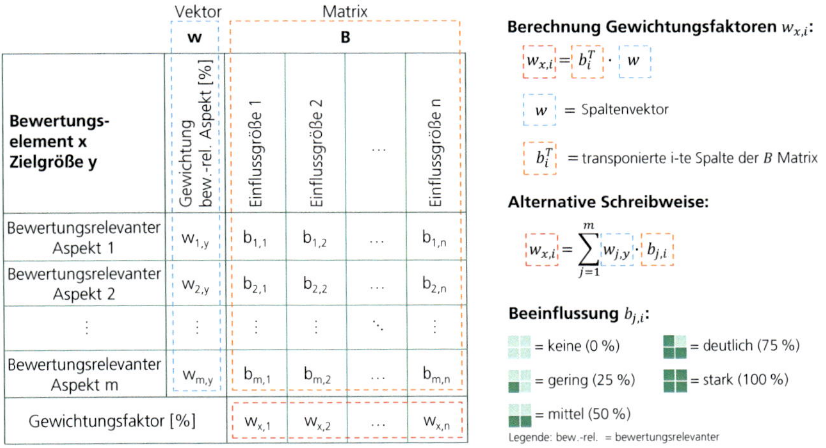

Abbildung 4-11: Berechnung der Gewichtungsfaktoren der Einflussgrößen
Calculation of Weighting Factors for the Influence Parameters

Damit ist die Analysephase der Methodik zur Bestimmung der Leistungsfähigkeit innerhalb des kennzahlenbasierten Bewertungssystems für verkettete Fertigungssysteme abgeschlossen. In der Detaillierung des Bewertungssystems (s. Kapitel 5) werden die bewertungsrelevanten Aspekte und die Einflussgrößen der Bewertungsebenen inhaltlich hergeleitet. Die vollständige Bestimmung aller Gewichtungsfaktoren befindet sich im Anhang C dieser Arbeit.

4.4.4 Bewertung der Einflussgrößen
Evaluation of the Influence Parameters

Im ersten Schritt der Bewertungsphase gilt es, die ermittelten Einflussgrößen unter Berücksichtigung des Zielsystems (s. Abschnitt 4.2.2) zu bewerten. In der Literatur sind Ansätze verbreitet, die aus sogenannten Basiskennzahlen über mathematische Herleitung Bewertungskennzahlen bilden [vgl. KOZI10, S. 81]. Der Abgleich absoluter Kennzahlen mittels dieser Variante ist zwar sichergestellt, jedoch ist eine modulare Anwendung der Bewertungskennzahlen nicht gewährleistet. Dies ist jedoch explizit erforderlich, um der vierten Forschungsfrage dieser Arbeit gerecht zu werden (s. Abschnitt 3.5). Deshalb sollen in dieser Arbeit Bewertungskennzahlen direkt aus den Einflussgrößen bestimmt werden, soweit dies mathematisch sinnvoll und abbildbar ist. So wird sichergestellt, dass neben der ganzheitlichen Bewertung verketteter Fertigungssysteme auch die isolierte

Analyse und Bewertung aller Bewertungselemente bzw. Gruppen von Bewertungselementen beliebig modular möglich ist. Hierdurch wird eine direkte Identifikation von Schwachstellen und Optimierungspotenzialen sowie die geforderte Modularität an beliebiger Stelle im Bewertungssystem sichergestellt.

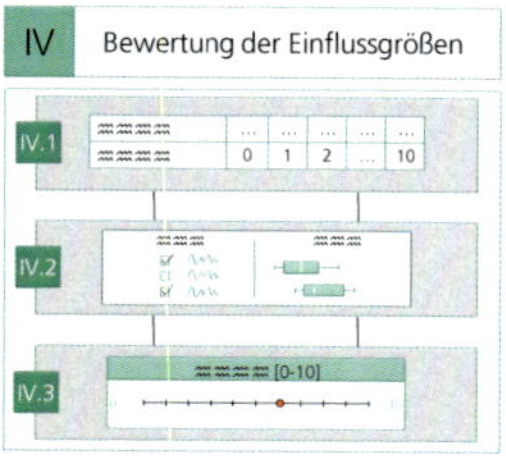

Abbildung 4-12: Schritt IV – Bewertung der Einflussgrößen
Step IV – Evaluation of the Influence Parameters

Grundsätzlich werden alle Bewertungskennzahlen in einem Intervall von 0 bis 10 normiert. Hierbei steigt die Bewertung wertmäßig entsprechend von 0 schlechteste bis 10 bestmögliche Bewertung. Im Bewertungssystem werden drei mögliche Zusammenhänge von Bewertungskennzahlen zugelassen. Es wird dabei in Bezug auf die jeweilige Einflussgröße in Bewertungskennzahlen mit mathematischen, selektiven oder binären Zusammenhängen differenziert. Die mathematische Bewertung der Ausprägung der Einflussgrößen wird in der Abbildung 4-13 dargestellt.

1. Bestimmung der Wertetabelle der Einflussgröße n:

IV.1

Ausprägung x	$x_{1,n}$	$x_{2,n}$	$x_{3,n}$	...	$x_{10,n}$
Bewertung f(x)	0	1	2	...	10

2. Ableitung der Trendlinien und Berechnung des Bestimmtheitsmaßes R^2:

IV.2

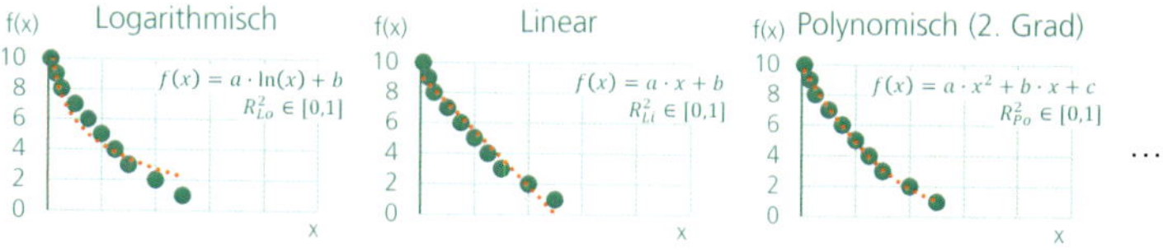

3. Auswahl des mathematisch-funktionalen Zusammenhangs:

IV.3

$$f(x) := \begin{cases} max\{R^2_{Lo}, R^2_{Li}, R^2_{Po}, R^2_{Ku}\}, \text{falls } R^2_i \geq 0{,}95 \\ \emptyset, \text{ sonst} \end{cases}$$

Abbildung 4-13: Bestimmung des mathematisch-funktionalen Zusammenhangs
Determination of the Mathematical-Functional Relationship

Zuerst werden für die Einflussgrößen auf Basis von empirischen und theoretischen Erkenntnissen logische Grenzwerte bzw. Stützstellen im Intervall von 0 und 10 festgesetzt. Daraufhin wird mittels Regressionsanalyse der mathematisch-funktionale Zusammenhang bestimmt, der das höchste Bestimmtheitsmaß bei der Abbildung der Wertepaare aufweist und das Mindestbestimmtheitsmaß von $R^2 = 0{,}95$ überschreitet. Im Rahmen dieser Arbeit wurden lineare, polynomische, kubische und logarithmische Regressionen zur Ermittlung des mathematisch-funktionalen Zusammenhang verwendet. Ist eine quantitative Bewertung der Einflussgröße nicht möglich, so wird der qualitative Zusammenhang auf einer Ordinalskala beschrieben und als selektiver Zusammenhang bezeichnet. Durch Bildung einer Rangfolge werden so die Eigenschaftsausprägungen in eine Ordinalskala im Intervall von 0 bis 10 überführt und direkt bewertet, wodurch eine Verrechnung, ein Vergleich oder eine Aggregation mit quantitativen Zusammenhängen ermöglicht wird. Binäre Bewertungskennzahlen sind dadurch charakterisiert, dass sie lediglich die Werte 0 oder 1 annehmen können, folglich in der Bewertung, mit einem Verrechnungsfaktor zur Beibehaltung des Intervalls 0 bis 10, berücksichtigt oder nicht berücksichtigt werden.

4.4.5 Aggregation der Bewertungskennzahlen

Aggregation of the Evaluation System

Im zweiten Schritt der Bewertungsphase werden die Bewertungskennzahlen Buttom-up, startend von den Einflussgrößen über die bewertungsrelevanten Aspekte auf die Zielgrößen eines Bewertungselements, aggregiert. Die einzelnen Bewertungselemente werden wiederum zu den Bewertungsebenen aggregiert. Die Aggregation aus Ressourcen-, Netzwerk- und Prozessebene beschreibt ganzheitlich, kennzahlenbasiert und modular die Leistungsfähigkeit verketteter Fertigungssysteme im Werkzeugbau.

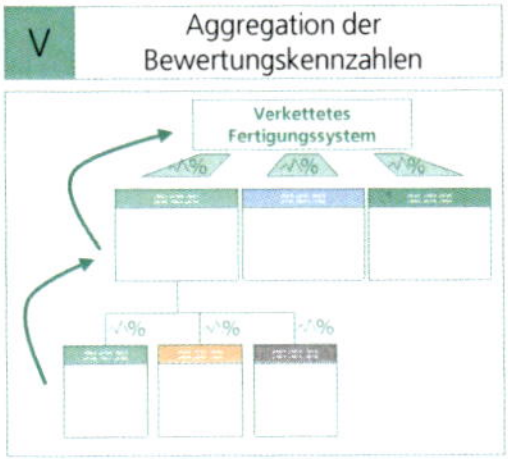

Abbildung 4-14: Schritt V – Aggregation der Bewertungskennzahlen

Step V – Aggregation of the Evaluation System

Dieser Schritt ist von mathematisch-operativer Natur, da alle Informationen zur Berechnung der Leistungsfähigkeit bereits in den vorherigen Schritten ermittelt wurden. Anzumerken ist an dieser Stelle, dass die Gewichtungsfaktoren der Bewertungsebene teilweise werkzeugtypabhängig sind (s. Anhang E) und neben einer normierten Leistungsfähigkeit formal weitere werkzeugtypabhängig Leistungsfähigkeiten gebildet werden müssen, um der hohen Heterogenität der Produktseite des Werkzeugbaus gerecht zu werden.

4.4.6 Ableitung von Handlungsempfehlungen

Derivation of Recommendations

Im letzten Schritt der Bewertungsphase gilt es, aus den ermittelten Kennzahlen Handlungsempfehlungen abzuleiten und nach Priorität zu ordnen. Aufgrund des modularen Charakters des Bewertungssystems können Optimierungen sowohl einzelne Bewertungselemente als auch das vollständige verkettete Fertigungssystem betreffen. Exemplarische Handlungsempfehlung könnte zum Beispiel die Optimierung einer von zwei 5-Achs-Frasmaschinen im VFS, aufgrund schlecht bewerteter Qualität, sein. Die Struktur des Kennzahlensystems ermöglicht es, die Bewertung der Fräsmaschine von den Zielgrößen über die bewertungsrelevanten Aspekte bis zur Ebene der Einflussgrößen detailliert zu analysieren, um so die potenzielle Ursache, z. B. mangelnde Wartung, ein hohes Maschinenalter oder eine zu geringe Achspositioniergenauigkeit, zu identifizieren.

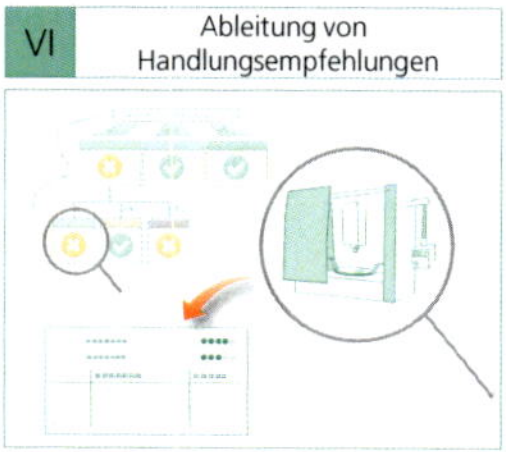

Abbildung 4-15: Schritt VI – Ableitung von Handlungsempfehlungen

Step VI – Derivation of Recommendations

Der letzte Schritt der Methodik zur Bestimmung der Leistungsfähigkeit geht über die Bewertung des Status quo hinaus und zielt auf eine Optimierung ab. Handlungsempfehlungen sind individuell und abhängig von den zu untersuchenden Bewertungselementen. Hier spiegelt sich erneut die hohe Heterogenität innerhalb der VFS und des industriellen Werkzeugbaus wider, die mittels Kennzahlen transparent und beherrschbar gemacht wird. Neben der technologischen Bewertung der Handlungsfelder ist auch eine Kosten- bzw. Investitionsbetrachtung der Maßnahmen erforderlich, die i. d. R. stark von den Unternehmensrandbedingungen beeinflusst wird.

4.5 Zwischenfazit

Preliminary Conclusion

Basierend auf den Grundlagen von Modellen, Systemen und Methoden wurde das Grobkonzept eines kennzahlenbasierten Bewertungssystems für verkettete Fertigungssysteme im industriellen Werkzeugbau erfolgreich realisiert. Ziel war es, die bestehenden Handlungsbedarfe aus Praxis (s. Kapitel 2.5) und Theorie (s. Kapitel 3.4) zu adressieren und die Forschungshypothese (s. Kap. 1.3.2) der vorliegenden Arbeit zu beantworten.

Die Forschungshypothese kann durch die in Kapitel 4.3 konzeptionierte Grobstruktur und in Kapitel 4.4 entwickelte Methodik zur Bestimmung der Leistungsfähigkeit verketteter Fertigungssysteme verifiziert werden. Als relevante Bewertungsebenen für die Bestimmung der Leistungsfähigkeit von VFS konnten die Ressourcen-, Netzwerk- und Prozessebene identifiziert werden. Zur Bestimmung der Leistungsfähigkeit eines verketteten Fertigungssystems wurde eine Methodik in sechs Schritten entwickelt, welche in Abbildung 4-16 zusammenfassend dargestellt ist.

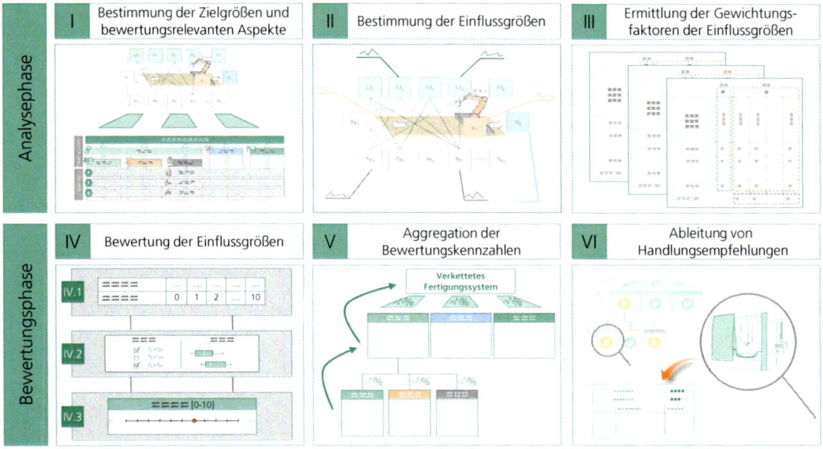

Abbildung 4-16: Methodik zur Bestimmung der Leistungsfähigkeit
Methodology of the Capability Evaluation

Neben der Verifizierung der zentralen Forschungshypothese ist ein Abgleich zwischen konzeptioniertem Bewertungssystem und den in Kapitel 3.1.2 hergeleiteten Anforderungen sowie den in Kapitel 3.5 beschriebenen konkretisierten Forschungsfragen zu gewährleisten.

Die **kontextbezogenen Anforderungen** erfüllt das entwickelte Bewertungssystem im vollen Umfang. Durch den top-down aufgebauten Ansatz ist die ganzheitliche Bewertung von verketteten Fertigungssystemen sichergestellt. Die Nutzung von mathematischen, selektiven und binären Bewertungszusammenhängen inklusive einer Normierung auf eine Ordinalskala im Intervall 0 bis 10 fördert zusätzlich die Vergleichbarkeit. Die Ressourcen- und Prozessbetrachtung wird in der Bewertung mittels der Ressourcen- und Prozessebene realisiert und zusätzlich um die Netzwerkebene ergänzt.

Die **branchenspezifischen Anforderungen** bezüglich der Eignung für Einzel- und Kleinserienfertigung sowie der Beachtung unternehmerischer Randbedingungen sind ebenfalls erfüllt. Das Bewertungssystem wurde gezielt für die Bewertung von VFS im industriellen Werkzeugbau entwickelt. Spezifische Unternehmensrandbedingungen, die aus den technologischen Ressourcen in der mechanischen Fertigung des Unternehmens resultieren, werden in Kombination mit der hohen Heterogenität der Prozessfolgen zur Herstellung von Werkstücken ebenfalls über Bewertungselemente, Einflussgrößen oder Gewichtungsfaktoren berücksichtigt.

Die **allgemeinen Anforderungen** bezüglich Kennzahlen, Anwendbarkeit und Wirtschaftlichkeit erfüllt das Bewertungssystem ebenfalls. Bewertungskennzahlen werden direkt aus den Einflussgrößen auf verkettete Fertigungssysteme und deren Bewertungselemente gebildet. Der Ansatz ist dabei einfach anzuwenden und liefert Ergebnisse, die in der Praxis direkt genutzt werden können. Zudem ist die notwendige Datenbereitstellung mit angemessenem Aufwand realisierbar. Somit sind die Anwendbarkeit und Wirtschaftlichkeit gegeben. Eine softwaretechnische Umsetzung zur Auswertung der Kennzahlen inkl. Onlinefragebogen zur Erfassung der Ausprägungen der Einflussgrößen untermauert die Anwendbarkeit und Wirtschaftlichkeit zusätzlich (s. Kapitel 6.2).

Alle Anforderungen an ein Bewertungssystem für verkettete Fertigungssysteme werden durch den entwickelten Ansatz erfüllt. Dieser erlaubt weiter die Beantwortung der definierten Forschungsfragen:

Welche Bewertungselemente müssen in einem Bewertungssystem für verkettete Fertigungssysteme betrachtet und wie können diese beschrieben werden?

Mithilfe des Bewertungssystems werden VFS in der mechanischen Fertigung von Werkzeugbaubetrieben auf Ressourcen-, Netzwerk- und Prozessebene untersucht und hinsichtlich ihrer spezifischen Bewertungselemente detailliert.

Wie lassen sich die Leistungsfähigkeiten der gewählten Bewertungselemente bezogen auf verkettete Fertigungssysteme in diesem Kontext kennzahlenbasiert beschreiben und bewerten?

Die Leistungsfähigkeit der Bewertungsebenen und -elemente lässt sich durch die in Abschnitt 4.4 vorgestellte Methodik kennzahlenbasiert beschreiben und VFS direkt quantifizierbar beschreiben und bewerten.

Welche Schnittstellen sind in einem Bewertungssystem für verkettete Fertigungssysteme in der mechanischen Fertigung von Werkzeugbaubetrieben zu beschreiben?

Die Abgrenzung des Bewertungsbereichs wird durch den fertigungstechnischen Bezugsrahmen und die Ausgestaltung der Bewertungselemente eingegrenzt. Schnittstellen innerhalb des VFS werden durch die Bewertungselemente und ihre Einflussgrößen repräsentiert.

Wie muss die Struktur des Bewertungssystems auf Basis der identifizierten Bewertungselemente aussehen, um Teilsysteme modular betrachten, anpassen und bewerten zu können?

Die Struktur des Kennzahlensystems ist von top-down entwickelter, hierarchischer Natur. Durch die Buttom-up Kennzahlenbildung mit einer standardisierten Vorgehensweise und einheitlichen Zielgrößen für unterschiedliche, heterogene Bewertungselemente ist der modulare Charakter des Bewertungssystems sowie die Bewertung und Optimierung von Teilsystemen jederzeit sichergestellt. Nachfolgend wird in Kapitel 5 das Bewertungssystem zur kennzahlenbasierten Bewertung der Leistungsfähigkeit verketteter Fertigungssysteme detailliert und in Kapitel 6 validiert.

5 Detaillierung des Bewertungssystems

Itemization of the Evaluation System

Nachdem im vorherigen Kapitel das kennzahlenbasierte Bewertungssystem der Leistungsfähigkeit verketteter Fertigungssysteme im Werkzeugbau konzeptioniert wurde, wird dieses im folgenden Kapitel ausdetailliert. Dazu werden unter Berücksichtigung des modularen Aufbaus und des definierten Zielsystems die einzelnen Bewertungsebenen und deren Bewertungselemente genauer beschrieben und der Bewertungsprozess exemplarisch durchgeführt. Hierzu wird zunächst die Ressourcenebene, aufgetrennt nach den hardwareseitigen Hauptkomponenten Maschinen, Handlingsystem und Peripherie, in den Abschnitten 5.1-5.3 detailliert. Im Anschluss werden die Netzwerkebenen und Prozessebene ausgearbeitet. Geschlossen wird dieser Teil der Arbeit mit der Synthese der Gesamtstruktur des Bewertungssystems für verkettete Fertigungssysteme in der mechanischen Fertigung des Werkzeugbaus (s. Kapitel 5.6).

5.1 Detaillierung der Ressourcenebene – Maschinen

Itemization of the Resource Level - Machines

Ziel des folgenden Kapitels ist die Beschreibung der Leistungsfähigkeitsbestimmung der für verkettete Fertigungssysteme relevanten Maschinen. Hierzu wird die bereits eingeführte Ressourcenebene für Maschinen konkretisiert. Dazu werden zuerst die bewertungsrelevanten Aspekte und im Anschluss die Einflussgrößen auf die Leistungsfähigkeit von Fertigungsmaschinen bestimmt (s. Abschnitt 5.1.2). Anschließend werden exemplarisch die Gewichtungsfaktoren der Einflussgrößen ermittelt, bevor im Abschnitt 5.1.4 die Einflussgrößen bewertet werden. Zum Schluss des Unterkapitels werden die Bewertungskennzahlen für die Maschinen aggregiert.

5.1.1 Bestimmung der bewertungsrelevanten Aspekte

Evaluation of the Valuation-relevant Aspects

Die hohen Ansprüche und Heterogenität der Werkzeuge bei ihrem Einsatz in der Serienproduktion stehen unmittelbar mit den Anforderungen an die Fertigungsressourcen in Zusammenhang, welche bei der Herstellung der Werkstücke und Werkzeugkomponenten verwendet werden. Durch die Heterogenität der Bearbeitungsoperationen an den Werkzeugkomponenten ist eine Vielzahl unterschiedlicher Fertigungsressourcen erforderlich. Basierend auf dem in Kapitel 4.2.2 hergeleiteten Zielsystem werden nachfolgend die bewertungsrelevanten Aspekte bestimmt, über die anschließend die Bewertung der Maschinen auf die Zielgrößen Produktivität, Flexibilität und Qualität realisiert wird. Bereits bestehende theoretische Ansätze zum Thema der Ressourcenbewertung (s. Kapitel 3.2) dienen dabei als weitere Informationsquellen.

Die **Produktivität** von Ressourcen, in diesem Fall Maschinen, kann nach dem definierten Zielsystem als Verhältnis zwischen produktionstechnischem Aufwand und Nutzen bezeichnet werden. In diesem Kontext wird u. a. die benötigte Fertigungszeit als Aufwand aufgefasst. Die Fertigungszeit setzt sich allgemein aus Hauptzeit, Nebenzeit, Rüstzeit und Verteilzeit zusammen [TSCH83, S. 36 ff.]. Hierbei beschreibt die Hauptzeit, als bewertungsrelevanter Aspekt der Produktivität, die

Zeit des eigentlichen Bearbeitungsvorgangs am Werkstück, der eine Veränderung an der Werkstückgeometrie oder dessen Stoffeigenschaften hervorruft. Den zweiten bewertungsrelevanten Aspekt dieser Zielgröße bilden die Rüst- und Nebenzeiten. Diese fassen alle Vorgänge zusammen, in der die Fertigungsressource nicht werkstückverändernde Tätigkeiten ausführt, z. B. Bearbeitungswerkzeugwechsel oder Messvorgänge innerhalb der Maschine [COLL04b, S. 206]. Für eine hohe Produktivität sollten dem folgend die Hauptzeiten im Verhältnis zu den Neben- und Rüstzeiten der Maschine sehr hoch sein. Dies findet in der Ressourcenbewertung durch die Gewichtung Berücksichtigung. Die mannlose Nutzung stellt den letzten bewertungsrelevanten Aspekt dar. Die Fähigkeit der Maschine, mannlos bzw. möglichst personalarm betrieben zu werden, reduziert den Aufwand und erhöht den Nutzen, was gerade am Hochlohnstandort Deutschland von Bedeutung ist [BAHM13, S. 2].

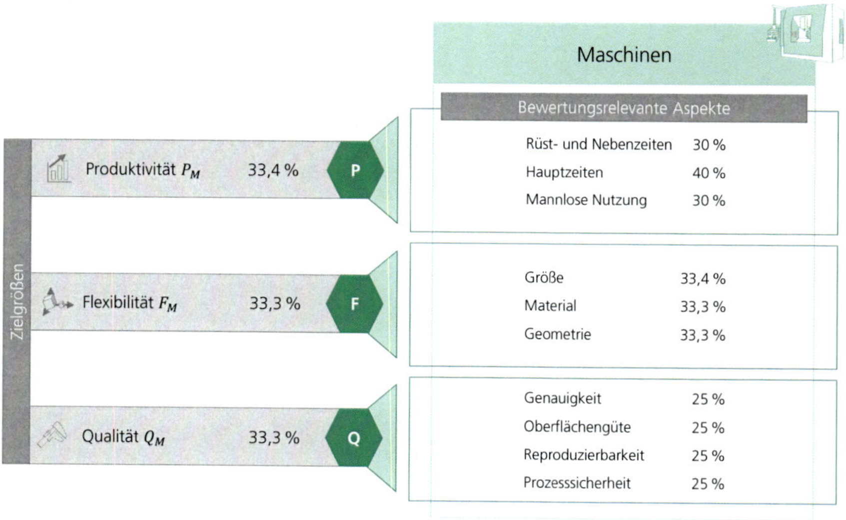

Abbildung 5-1: Bewertungsrelevante Aspekte der Maschinenleistungsfähigkeit
Valuation-relevant Aspects for Machine Performance

Verkürzte Produktlebenszyklen, zunehmende Derivatisierung sowie verkürzte Durchlaufzeiten sind allgemeine Markttrends der Branche Werkzeugbau. Hieraus resultiert für die Fertigungsressourcen letztendlich die Zielgröße der **Flexibilität** [SCHU16, S. 1 f.; REFA93, S. 133]. Das Charakteristikum für die Flexibilität von Maschinen ist die Anpassungsfähigkeit der Ressource an die jeweilig zu bearbeitenden Werkstücke. Aus der Beschreibung lässt sich der gegenläufige Charakter der Produktivität und Flexibilität von Fertigungsressourcen erkennen. Verfolgen speziell entwickelte Einzweckmaschinen das Ziel, eine möglichst hohe Produktivität zu erreichen, sind Universalmaschinen hingegen durch eine hohe Flexibilität gekennzeichnet [PERO09, S. 2 ff.]. Die Verwendung von Einzweckmaschinen ist i. d. R. nur nutzenbringend bei entsprechender Produktstandardisierung und hohen Fertigungsmengen [BILS06, S. 58 f.]. Somit erscheinen Fertigungsressourcen mit universellem Charakter für die Branche Werkzeugbau zweckmäßig, da die Flexibilität ebenso den langfristigen wirtschaftlichen Einsatz von Fertigungsressourcen bei sich häufig verändernden Werkstückgeometrien, Abmessungen und Werkstoffen, wie es in der Einzel- und Kleinserienfertigung üblich ist, sicherstellt [REFA93, S. 133 ff.]. Aus diesem Grund werden die bewertungsrelevanten Aspekte Größe, Material und Geometrie verwendet, um die Flexibilität einer Fertigungsressource zu differenzieren.

Die letzte Zielgröße der Maschinen ist die **Qualität**. Bewertungsrelevante Aspekte im Bereich der Qualität sind durch ihren Einfluss auf das Ergebnis der maschinellen Fertigung gekennzeichnet. Ressourcenseitig ist die Genauigkeit der Maschine einer der maßgeblich bewertungsrelevanten Aspekte für die Bewertung der Qualität. Die Genauigkeit gilt in der Fertigung als Maß dafür, mit welchen Form-, Maß- und Lageabweichungen der ursprünglich gewünschte Zustand erreicht wird [COLL04b, S. 80]. Die Erreichung einer hohen Genauigkeit wird demzufolge von Eigenschaften der Maschine mitbestimmt und ist zugleich eine der entscheidenden Anforderungen an die Maschine [PERO09, S. 3]. Die Oberflächengüte, die Reproduzierbarkeit als auch die Prozesssicherheit werden als weitere bewertungsrelevante Aspekte bestimmt, da hierüber die zu bewertende Maschine direkten Bezug zur Qualität der zu bearbeitenden Werkzeugkomponente aufweist.

Abbildung 5-1 zeigt zusammenfassend die Zielgrößen und die bewertungsrelevanten Aspekte der Maschinen mit den jeweiligen Gewichtungen. Somit ist die Grundlage für die später folgende Ermittlung und Zuordnung der Gewichtungsfaktoren der Einflussgrößen gegeben. Zunächst gilt es jedoch die Einflussgrößen zu bestimmen.

5.1.2 Bestimmung der Einflussgrößen

Evaluation of the Influence Parameters

Nachfolgend werden die Zusammenhänge der Einflussgrößen einer Fertigungsressource zu den bewertungsrelevanten Aspekten und somit ebenfalls zu den Zielgrößen erläutert. Für die Bestimmung der Einflussgrößen soll aufgrund des hohen Überdeckungsgrads spanender Fertigungsverfahren mit geometrisch bestimmter Schneide stellvertretend das Dreh-Fräszentrum als Beispiel dienen. Für die Verfahren mit unbestimmter Schneide und die abtragenden Fertigungsverfahren werden nach jeder Zielgröße differierende Merkmale genauer betrachtet. Redundante Einflussgrößen werden nicht erneut betrachtet. Eine vollständige Übersicht aller Einflussgrößen separiert nach Fertigungsressourcen ist dem Anhang C.1 zu entnehmen, weshalb in diesem Kapitel nicht jede Einflussgröße aufgeführt ist.

Einflussgrößen auf die Produktivität

Einflussgrößen auf die Produktivität eines Dreh-Fräszentrums sind u. a. der Bearbeitungswerkzeugrevolver und -wechseleinrichtung für Bearbeitungswerkzeuge. Sie besitzen großen Einfluss auf die Rüst- und Nebenzeiten sowie auf die mannlose Nutzung. Ist der Bearbeitungswerkzeugrevolver mit angetriebenen Bearbeitungswerkzeugen bestückt, resultiert aus den erweiterten Bearbeitungsmöglichkeiten ebenso eine Reduzierung der Rüst- und Nebenzeiten im Sinne der Komplettbearbeitung [NEUG12, S. 112]. Bei zusätzlicher Integration einer vollwertigen Frässpindel stellen die Frässpindeldrehzahl, die Frässpindelleistung und der Schwenkbereich der Frässpindel weitere Einflussgrößen mit direktem Bezug zu den Hauptzeiten dar. Einfluss auf die Rüst- und Nebenzeiten sowie die mannlose Nutzung haben eine Gegenspindel, ein Späne- sowie Stangenförderer als auch ein Werkstückwechsel- und Palettiersystem [KIEF17, S. 107]. Mithilfe einer Gegenspindel als Bestandteil der Fertigungsressource kann die Bearbeitung von Werkstücken, für die eine mehrseitige Bearbeitung notwendig ist, realisiert werden. Es entfällt somit ein händischer Umspannvorgang, wodurch eine vorhandene Gegenspindel zwangsläufig zu einer Steigerung der Produktivität führt. Als zentrale Einflussgröße einer Maschine ist NC-Fähigkeit zu bezeichnen, die es ermöglicht, Bearbeitungsprogramme zu reproduzieren und hierdurch die mannlose Nutzung bzw. Mehrmaschinenbedienung zu fördern. Durch eine CAM-Schnittstelle der Maschine kann der personalintensive Programmieraufwand an der Steuerung durch den direkten Datentransfer zwischen CAM- und NC-Programm reduziert werden [WECK06b, S. 424]. Diese Einflussgröße beeinflusst die Produktivität über die bewertungsrelevanten Aspekte Rüst- und Nebenzeiten, zu denen auch die Programmierzeit zählt, als auch über die mannlose Nutzung. [vgl. BILS06, S. 57 f.] Von entscheidender Bedeutung für den bewertungsrelevanten Aspekt der Hauptzeit, aller spanenden Fertigungsressourcen mit geometrisch bestimmter Schneide, haben sich die Drehzahlen sowie die Leistung der Arbeitsspindel herausgestellt, da diese die resultierenden Schnittgeschwindigkeiten wesentlich beeinflussen und demzufolge das Zeitspanungsvolumen steigt [DIET16, S. 375 f.].

Ergänzend zum Dreh-Fräszentrum haben bei Fräsmaschinen die Achsanzahl und die HSC-Fähigkeit insbesondere Einfluss auf die Hauptzeiten. Bei den Schleifmaschinen stellt die Abrichteinheit eine weitere Einflussgröße der Produktivität dar. Unter Abrichten wird die Erzeugung einer definierten Form und das Schärfen des Bearbeitungswerkzeugs, z. B. der Schleifscheibe, verstanden [KLOC05, S. 155 f.]. Durch eine Abrichteinrichtung kann dieser Prozess innerhalb der Fertigungsressource automatisiert erfolgen, mit dem Nutzen, dass sowohl die Rüst- und Nebenzeiten reduziert sowie die mannlose Nutzung gesteigert werden. Bearbeitungswerkzeugmesssysteme sind dabei eine Grundvoraussetzung und werden u. a. auch in Fräs- und Drehmaschinen zur Bearbeitungswerkzeugvermessung eingesetzt. Die Einflussgrößen von Senk- und Drahterodiermaschinen variieren aufgrund des physikalischen Grundprinzips der Fertigungstechnologie. Statt Spindeldrehzahl und -leistung stellen die Abtrags- bzw. Schnittleistung die entsprechende Einflussgröße auf die Hauptzeit dar. Ein Generatorupdate beeinflusst ebenfalls die Hauptzeiten. Grund ist die sich ständig weiterentwickelnde Technologie der Generatoren, welche die Produktivität der Maschinen bei der Bearbeitung teils stark erhöht [BOOS17b, S. 17 f.]. Eine automatische Drahteinfädelung an der Drahterodiermaschine beeinflusst die Rüst- und Nebenzeiten und die mannlose Nutzung. Gleiches gilt für die automatische Drahtentsorgung, die dem Spääneförderer beim Fräsen entspricht.

Einflussgrößen auf die Flexibilität

Die Flexibilität hinsichtlich des bewertungsrelevanten Aspekts „Größe" lässt sich maßgeblich anhand des Arbeitsraums und des Aufspanngewichts beschreiben. Die Gegenspindel oder Reitstock und Lünette, vor allem bei langen Werkstücken, sowie Schnellspannvorrichtungen weisen ebenfalls einen Einfluss auf. Darüber hinaus bestimmt die Achsanzahl über die Möglichkeit herstellbarer

Geometrien sowie die mehrseitige Bearbeitung ohne weiteres Umspannen. Gegenspindel und angetriebene Werkzeuge prägen ebenfalls den Aspekt der Geometrie und werden folglich auch bei der Bewertung der Flexibilität herangezogen. Die Dreh-Frässpindel als wesentliche Komponente der Fertigungsressource beeinflusst die Herstellung möglicher Geometrien besonders. Aus diesem Grund sind die maximale Schwenkbarkeit der B-Achse sowie die Y-Verschiebung des Werkzeugrevolvers weitere Einflussgrößen. Die Fertigung komplexer und filigraner Geometrien hängt zudem von den Eigenschaften der Steuerung der Maschinen, deren Fähigkeit zur Achstransformation, Kompensation von Radien oder Bahninterpolation, ab. Die Verarbeitung verschiedener Werkstoffe erfordert einen angepassten Kühlmitteleinsatz und ggf. den Einsatz einer Absauganlage (bei den spanenden Verfahren z. B. von Graphitwerkstoffen) und stellt hierdurch zusätzliche Anforderungen an die Flexibilität einer Maschine [DIET16, S. 415-416]. Bei Senk- und Drahterodiermaschinen wird die Flexibilität um die maximale Schnitthöhe, den maximalen Konizitätswinkel, den minimalen Drahtdurchmesser, den automatischen Drahtwechsel und den Elektrodenwerkstoff erweitert. Diese Einflussgrößen haben maßgeblichen Einfluss auf die Flexibilität über den bewertungsrelevanten Aspekt der Geometrie. Damit das Impulsspektrum optimal auf die jeweiligen Anforderungen des zu bearbeitenden Werkstoffs abgestimmt und dem Stand der Technik entspricht, hat das Generatorupdate ebenfalls Einfluss auf die Flexibilität [BOOS17b, S. 17 f.].

Einflussgrößen auf die Qualität

Qualitätsverluste innerhalb der Fertigung, die auf Verschleißerscheinungen der Fertigungsressource zurückzuführen sind, können durch regelmäßige Wartung auf ein Minimum reduziert werden, sodass die Reproduzierbarkeit, Prozesssicherheit und Genauigkeit fortlaufend gewährleistet wird. Dies wird bei steigendem Maschinenalter relevant, da der Verschleiß der Maschinenkomponenten zunimmt. Die hohen Genauigkeitsanforderungen resultieren in einer hohen Achspositioniergenauigkeit sowie in einem möglichst geringen Rundlauffehler der Fertigungsressource. Ein gut ausgelegtes Kühlschmierstoffsystem stellt sowohl die Erzielung der geforderten Maßhaltigkeit durch hemmende Einflüsse auf die Wärmeausdehnung als auch die Erreichung einer exzellenten Oberflächenqualität sowie den Abtransport von Spänen sicher und verringert die generelle Wärmebelastung der Fertigungsressource [DIET16, S. 415]. Ein Kühlschmierstoffsystem beeinflusst somit die Qualität hinsichtlich der bewertungsrelevanten Aspekte Genauigkeit, Oberflächengüte und Prozesssicherheit [WECK06a, S. 179 f.]. Die Berücksichtigung konstruktiver Maßnahmen zur Temperaturkompensation wie auch eine klimatisierte Aufstellung sind ebenfalls relevante Einflussgrößen der Genauigkeit, der Reproduzierbarkeit und der Prozesssicherheit. Die Einflussgröße Schwingungsdämpfung ergibt sich aus der qualitätsrelevanten Beeinflussung der Fertigung durch Schwingungserscheinungen einer Fertigungsressource. Die Folgen solcher selbst- bzw. fremderregte Schwingungen zeigen sich u. a. durch schlechte Oberflächenqualitäten, Formfehler sowie Beschädigungen an der Werkzeugkomponente [WECK06a, S. 195]. Systeme zur Prozessüberwachung wie z. B. die Kollisions- oder die Bearbeitungswerkzeugbruchüberwachung haben maßgeblichen Einfluss auf die Qualität über den bewertungsrelevanten Aspekt der Prozesssicherheit. Verfügt ein Dreh-Fräszentrum über ein Werkstückmesssystem, so kann mit entsprechenden Messzyklen die Qualität in der Fertigung beeinflusst werden [WECK06b, S. 24]. Bei den Draht- und Senkerodiermaschinen hat die Filtration und Deionisierung des Dielektrikums, welches gleichzeitig auch zur Prozesskühlung dient, unterschiedlich starken Einfluss auf alle bewertungsrelevanten Aspekte der Qualität. Innerhalb der Drahterosion weisen der Drahtdurchmesser und die Drahtführung Einfluss auf die Genauigkeit und Reproduzierbarkeit auf.

5.1.3 Ermittlung der Gewichtungsfaktoren der Einflussgrößen

Evaluation of Weighting Factors for the Influence Parameters

Nach Bestimmung der bewertungsrelevanten Aspekte und der Einflussgrößen werden im letzten Schritt der Analysephase die Gewichtungsfaktoren für die Einflussgrößen ermittelt. Die methodische Vorgehensweise ist dem Kapitel 4.4.3 zu entnehmen. Aufgrund des modularen und systematischen Aufbaus des Bewertungssystems ist die Methodik zur Bestimmung aller Gewichtungsfaktoren anwendbar und wird deshalb nicht erneut durchgeführt. Abbildung 5-2 zeigt exemplarisch die Gewichtungsfaktoren der Ressourcenproduktivität des Dreh-Fräszentrums auf. Eine vollständige Übersicht der Gewichtungsfaktoren ist dem Anhang C.1 zu entnehmen.

(Ressourcen-) Produktivität Dreh-Fräszentrum (I/II)	Gewicht. bewertungs-relevanter Aspekt	Angetriebene Bearbeitungswerkzeuge	Arbeitsspindeldrehzahl	Arbeitsspindelleistung	Bearbeitungswerkzeug-revolver	Bearbeitungswerkzeug-wechselsystem	Bearbeitungswerkzeug-messsystem	CAM-Datenschnittstelle	Frässpindeldrehzahl	Frässpindelleistung	Schwenkbereich Frässpindel
Rüst- und Nebenzeiten	30 %	gering	keine	keine	stark	stark	stark	deutlich	keine	keine	keine
Hauptzeiten	40 %	mittel	stark	mittel	keine	keine	keine	keine	stark	mittel	gering
Mannlose Nutzung	30 %	keine	keine	keine	stark	stark	gering	deutlich	keine	keine	keine
Gewichtungsfaktor Einflussgröße		5,0 %	7,2 %	3,6 %	10,8 %	10,8 %	6,8 %	8,1 %	7,2 %	3,6 %	1,8 %

(Ressourcen-) Produktivität Dreh-Fräszentrum (II/II)	Gewicht. bewertungs-relevanter Aspekt	Gegenspindel	Maschinenalter	NC-Fähigkeit	Palettiersystem	Spanförderer	Stangenförderer	Werkstückwechsel-system			
Rüst- und Nebenzeiten	30 %	mittel	keine	keine	mittel	gering	gering	gering			
Hauptzeiten	40 %	keine	mittel	stark	keine	keine	keine	keine			
Mannlose Nutzung	30 %	gering	mittel	stark	gering	gering	gering	gering			
Gewichtungsfaktor Einflussgröße		4,1 %	6,3 %	12,5 %	4,1 %	2,7 %	2,7 %	2,7 %			

Beeinflussung: = keine (0 %) = gering (25 %) = mittel (50 %) = deutlich (75 %) = stark (100 %)

Abbildung 5-2: Beispielhafte Ermittlung der Gewichtungsfaktoren der Einflussgrößen

Exemplary Determination of the Weighting Factors of the Influencing Parameters

5.1.4 Bewertung der Einflussgrößen

Evaluation of Weighting Factors for the Influence Parameters

Im vierten Schritt der Methodik werden die Einflussgrößen bewertet und auf das Intervall von 0 bis 10 normiert, um die Vergleichbarkeit sicherzustellen und die Aggregation des Kennzahlensystems zu ermöglichen. Abbildung 5-3 zeigt exemplarisch die mathematische Bewertung der Einflussgröße Arbeitsspindelleistung. Die Vorgehensweise ist dabei dem Kapitel 4.4.4 zu entnehmen.

IV.1

1. Bestimmung der Wertetabelle der Einflussgröße Arbeitsspindelleistung $x_{ASL,DF}$:

Ausprägung $x_{ASL,DF}$ [kW]		7,5		12	15		22		28		35
Bewertung $ASL_{DF}\,(x_{ASL,DF})$	0	1	2	3	4	5	6	7	8	9	10

IV.2

2. Ableitung der Trendlinien und Berechnung des Bestimmtheitsmaßes R²:

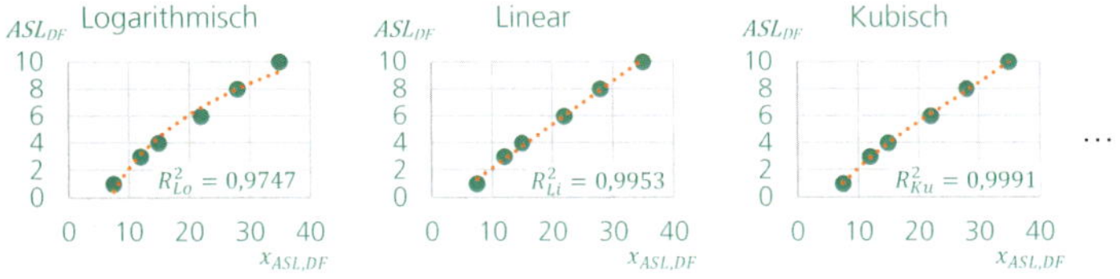

IV.3

3. Auswahl des mathematisch-funktionalen Zusammenhangs:

$$ASL_{DF} = 1{,}8173 \cdot x_{ASL,DF}{}^3 - 1{,}3717 \cdot x_{ASL,DF}{}^2 + 0{,}6292 \cdot x_{ASL,DF} - 2{,}98$$

Definitionsbereich ASL_{DF}:

$$D_f = \mathbb{R}^+ \rightarrow D_{f|ASL_{DF}} := \begin{cases} 0 & \text{wenn} \quad x_{ASL,DF} \leq 1{,}3728 \\ ASL_{DF} & \text{wenn} \quad 1{,}3728 < x_{ASL,DF} \leq 2{,}1453 \\ 10 & \text{wenn} \quad x_{ASL,DF} > 2{,}1453 \end{cases}$$

Abbildung 5-3: Mathematische Bewertung der Einflussgröße Arbeitsspindelleistung

Mathematical Evaluation of the Influence Parameter Spindle Power

Die Normierung der Ausprägungen der Arbeitsspindeldrehzahl wird über eine kubische Funktion, also ein Polynom 3. Grades, realisiert. Der angegebene Definitionsbereich der mathematischen Bewertung stellt dabei die Normierung auf das geforderte Intervall 0 bis 10 sicher.

Für selektive Bewertungszusammenhänge ist die Vorgehensweise der Bewertung vergleichbar. Zu Beginn werden die möglichen Ausprägungen einer Einflussgröße entsprechend den Bewertungen auf der normierten Skala zugeordnet. Jede definierte Ausprägung wiederum stellt eine binäre Bewertungskennzahl dar, welche durch selektive Zusammenhänge verbunden sind. Exemplarisch zeigt die Abbildung 5-4 dies anhand der Wartung des Dreh-Fräszentrums. Die Wartung setzt sich in diesem Fall aus dem Wartungsplan (erster Teil der Formel) und dem Wartungsintervall (zweiter Teil der Formel) mit den jeweiligen binären Bewertungskennzahlen zusammen. Der maximale

Wert wird bei einer halbjährlichen Wartung der Maschine und eingehaltenem Wartungsplan erreicht. Dies wirkt sich direkt auf die (Ressourcen-)Qualität des Drehfräszentrums aus.

Selektive Verknüpfung — Binäre Bewertungskennzahlen

$$WA_{DF} = MAX\,(5 \cdot WPE_{DF,1/0}; 4 \cdot WPV_{DF,1/0}; 2 \cdot WPR_{DF,1/0}; 0 \cdot WPK_{DF,1/0}) + MAX\,(5 \cdot WAH_{DF,1/0}; 4 \cdot WAJ_{DF,1/0}; 3 \cdot WAZ_{DF,1/0}; 2 \cdot WAD_{DF,1/0}; 1 \cdot WAB_{DF,1/0})$$

WA_{DF}	Wartung Dreh-Fräszentrum	$WAZ_{DF,1/0}$	Zweijährliche Wartung
$WAB_{DF,1/0}$	Wartung bei Bedarf	$WPE_{DF,1/0}$	Wartungsplan eingehalten
$WAD_{DF,1/0}$	Dreijährliche Wartung	$WPK_{DF,1/0}$	Kein Wartungsplan
$WAH_{DF,1/0}$	Wartung halbjährlich	$WPR_{DF,1/0}$	Wartungsplan im Rückstand
$WAJ_{DF,1/0}$	Wartung jährlich	$WPV_{DF,1/0}$	Wartungsvertrag

Abbildung 5-4: Selektive Bewertung der Einflussgröße Wartung des Dreh-Fräszentrums
Selective Evaluation of the Influence Parameter Maintenance of Turning-Milling Centre

Eine vollständige Übersicht zur Bewertung der Einflussflussgrößen in Form von binären, selektiven oder mathematischen Zusammenhängen ist dem Anhang D.1 dieser Arbeit zu entnehmen.

5.1.5 Aggregation der Bewertungskennzahlen

Aggregation of the Evaluation System

Nachdem alle notwendigen Schritte der Methodik zur Bewertung der Leistungsfähigkeit für die Maschinen durchgeführt und am Beispiel des Dreh-Fräszentrums dargestellt wurden, wird nachfolgend die Aggregation der Bewertungskennzahlen für die Maschinen dargestellt. Hierfür werden die Bewertungskennzahlen Buttom-up, startend von den Einflussgrößen über die bewertungsrelevanten Aspekte auf die Zielgrößen eines Bewertungselements verdichtet. Im kennzahlenbasierten Bewertungssystem finden neun verschiedene Maschinenarten im Rahmen der Ressourcenbetrachtung Berücksichtigung. Abbildung 5-5 zeigt diese zusammenfassend mit entsprechenden Zielgrößen und Gewichtungsfaktoren. Nach dem Status quo sind aktuell Fräsmaschinen und Senkerodiermaschinen am häufigsten in ein verkettetes Fertigungssystem, also ein BAZ, FFZ oder FFS, eingebunden[23] [BOOS17a, S. 36 f.], jedoch existieren aufgrund der hohen Individualität der Produkte im Werkzeugbau eine Vielzahl verketteter Fertigungssysteme mit unterschiedlicher Spezifikation und Maschinenzusammensetzungen, die das Bewertungssystem ganzheitlich berücksichtigen muss. Die Formeln zu Berechnung der Leistungsfähigkeiten sind dem Anhang D.1 zu entnehmen.

[23] Eine Datenbankauswertung der gemeinsamen Datenbank des Fraunhofer-Instituts für Produktionstechnologie IPT und des WZL der RWTH Aachen für den Werkzeugbau bestätigt diese Werte (s. Anhang A).

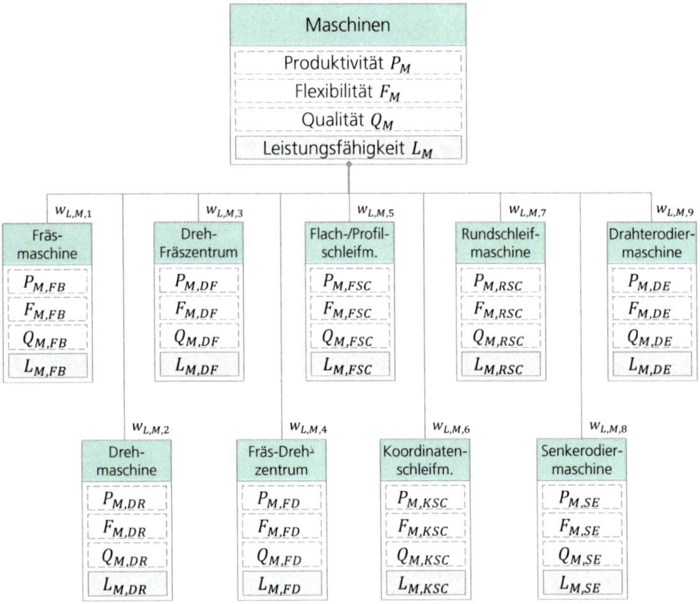

Abbildung 5-5: Aggregation der Bewertungskennzahlen der Maschinenleistungsfähigkeit
Aggregation of the Evaluation System for Machine Performance

Zu beachten ist, dass neben einer normativen Bewertung zusätzlich eine Bewertung mit Gewichtungsfaktoren $w_{L,M\,1\text{-}9}$ abhängig vom herzustellenden Werkzeugtyp gebildet wird, um die Besonderheiten der Ressourcenverteilung je Werkzeugtyp zu berücksichtigen. Die Gewichtungsfaktoren sind dem Anhang E zu entnehmen.

5.2 Detaillierung der Ressourcenebene – Handlingsystem

Itemization of the Resource Level – Handling System

Nach der Detaillierung der Maschinen wird die Ressourcenebene für das Handlingsystem ausgearbeitet. Da das methodische Vorgehen zur Ermittlung der Gewichtungsfaktoren und Bewertung der Einflussgrößen, Schritte 3 und 4 der Methodik zur Bestimmung der Leistungsfähigkeit, sich nicht unterscheidet, sei an dieser Stelle für die Ergebnisse auf den Anhang C.2 und D.2 verwiesen, in dem alle Gewichtungsfaktoren und Bewertungen der Einflussgrößen gebündelt dargestellt sind.

5.2.1 Bestimmung der bewertungsrelevanten Aspekte

Evaluation of the Valuation-relevant Aspects

Das Handlingsystem ist von zentraler Bedeutung für die Funktionsfähigkeit eines verketteten Fertigungssystems, da es alle Maschinen und Teile der Peripherie, wie Magazine, Mess- und Beladestationen, mit Werkzeugkomponenten und weiteren Peripheriekomponenten, u. a. Bearbeitungswerkzeugen, versorgt. Zwar handelt es sich beim Materialtransport um logistische und somit indirekte Tätigkeiten [vgl. DORN14, S. 33], jedoch finden diese innerhalb des VFS statt [LÖFV18, S. 180 f.].

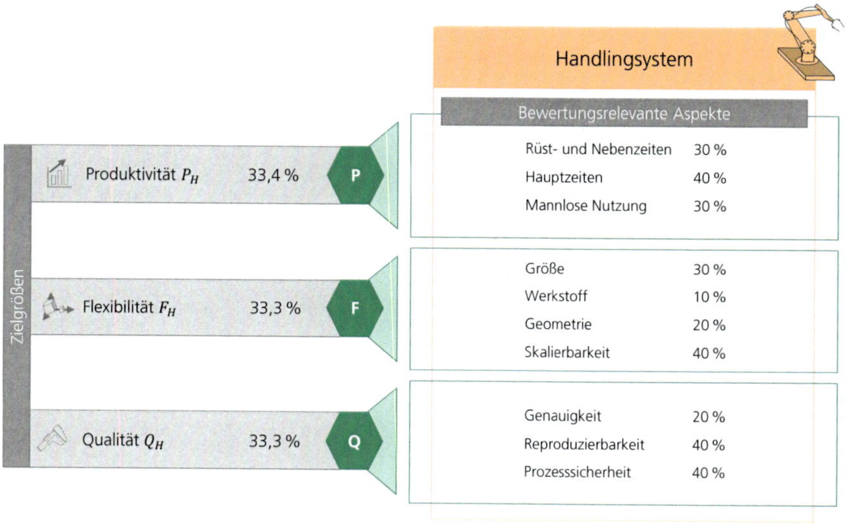

Abbildung 5-6: Bewertungsrelevante Aspekte der Handlingsystemleistungsfähigkeit
Valuation-relevant Aspects for Handling System Performance

In Kapitel 2.3.2 wurden verschiedene Konfigurationen von Handlingsystemen, je nach Anordnung innerhalb des VFS, dargestellt. Es wird zwischen linearen und zellenintegrierten Varianten unterschieden. Aus diesem Grund ist eine vergleichbare Bewertung von Handlingsystemen schwierig [DEVI00, S. 211]. Daher werden als Zielgrößen in analoger Form die Produktivität, Flexibilität und Qualität genutzt. Die bewertungsrelevanten Aspekte sind ebenfalls von der Bewertung der Maschinen adaptiert und hinsichtlich ihrer Bedeutung angepasst worden. Die Zielgröße Flexibilität wurde um die Skalierbarkeit als bewertungsrelevanter Aspekt, als Maß für die Erweiterbarkeit des VFS mittels des Handlingsystems, ergänzt. Gerade die Flexibilität des Handlingsystems ist aufgrund der hohen Diversität der Komponenten im Werkzeugbau nicht zu vernachlässigen [WADH12].

5.2.2 Bestimmung der Einflussgrößen

Evaluation of the Influence Parameters

Die Einflussgrößen auf die Leistungsfähigkeit von Handlingsystemen grenzen sich, im Vergleich zu den bewertungsrelevanten Aspekten, deutlich von denen der Maschinen ab und werden nachfolgend nach Zielgrößen getrennt dargestellt.

Einflussgrößen auf die Produktivität

Zentrale Einflussgrößen der Produktivität von Handlingsystemen stellen die maximale Palettengröße und das maximale Transfergewicht dar [vgl. EROW19, S. 362 ff.; ZIMM18, S. 11 ff.; LÖFV18, S. 182]. Diese Einflussgrößen bestimmen indirekt, welcher Anteil der zu fertigenden Werkstücke mittels eines VFS hergestellt werden kann. Mit steigender Palettengröße steigt auch die Produktivität an, da auch schwerere Werkstücke autonom gehandhabt und somit auch gefertigt werden können. Beide Einflussgrößen haben Einfluss auf alle bewertungsrelevanten Aspekte der Produktivität. Die Beweglichkeit des Handlingsystems, welche über die Einflussgrößen Achsanzahl und C-Rotationsbereich beschrieben wird, hat insbesondere Einfluss auf die Rüst- und Nebenzeiten, aber auch auf die Hauptzeiten des VFS. Kurze Transportbewegungen in Form von Wegen und Drehungen des Handlingsystems begünstigen die Produktivität. Die Greiferart weist ebenfalls einen Einfluss auf die Haupt-, Rüst- und Nebenzeiten des Handlingsystems auf. Ein Doppelgreifer ist in der Lage, zwei Bearbeitungswerkzeuge, wie Fräser oder Elektroden, gleichzeitig aufzunehmen [WOLF16, S. 106]. Neben der Art des Greifers kann ein automatisches Greiferwechselsystem die mannlose Laufzeit des verketteten Fertigungssystems erhöhen. Letzte Einflussgröße der Produktivität ist die maximale Anzahl verketteter Maschinen, welche insbesondere Einfluss auf die mannlose Nutzung aufweist. Bei Handlingsystemen für FFZ in Zellenanordnung ist die Maschinenanzahl bspw. auf vier Maschinen begrenzt [KLIN07, S. 43], wohingegen mittels linearerem Handlingsystem eine größere Anzahl an Fertigungsressourcen angebunden werden können.

Einflussgrößen auf die Flexibilität

Der bewertungsrelevante Aspekt der Größe im Sinne der Flexibilität wird maßgeblich durch die Palettengröße und das Transfergewicht bestimmt. Darüber hinaus werden auch der Werkstoff, die Geometrie und die Skalierbarkeit durch die Palettengröße in unterschiedlicher Ausprägung beeinflusst. Das Handlingsystem muss in der Lage sein, verschiedene Arten von Fertigungsressourcen und Peripheriesystemen zu beschicken, was im Rahmen dieser Arbeit als Technologiediversität bezeichnet wird. Insbesondere die Skalierbarkeit eines VFS ist von dieser Eigenschaft maßgeblich betroffen. Skalierbarkeit ist allgemein definiert als die Fähigkeit, Fertigungskapazitäten eines Objekts wirtschaftlich variieren zu können [DRAB06, S. 111]. Für diese Arbeit stellt sie daher die Assimilation des Handlingsystems an die Gegebenheiten des VFS dar. Darüber hinaus stellen die Greiferart und der Greiferwechsel ebenfalls Einflussgrößen der Flexibilität dar. Das Spannsystem ist eine weitere essenzielle Größe, die alle bewertungsrelevanten Aspekte beeinflusst. Sowohl Werkstücke als auch Bearbeitungswerkzeuge werden innerhalb dieser gehandhabt. Durch eine Referenzierung und Sicherstellung des Nullpunktes befähigen sie Handlingsysteme im VFS mit einheitlichen Schnittstellen. Für weitere Details sei auf Kapitel 2.3.3 verwiesen. Eine weitere Einflussgröße ist die Erweiterbarkeit des Handlingsystems, welche die Integration zusätzlicher Fertigungsressourcen und Anordnung der selbigen beeinflusst und befähigt. Als letzte Einflussgröße beinhaltet die Flexibilität des Handlingsystems dessen Achsanzahl. Aufgrund der Zugänglichkeit zu den einzelnen Maschinen und Peripheriekomponenten sowie der heterogenen Geometrien der Werkstücke ist eine höhere Flexibilität in der Beweglichkeit, realisiert durch eine gesteigerte Achsanzahl des Handlingsystems, von Vorteil.

Einflussgrößen auf die Qualität

Da das Handlingsystem keine Veränderung am Werkstück selbst ausführt, wird dessen Qualität durch die Güte der Ausführung als Logistikinstrument anhand der bewertungsrelevanten Aspekte Genauigkeit, Reproduzierbarkeit und Prozesssicherheit gemessen. Hierbei hat die Positioniergenauigkeit des Handlingsystems maßgeblichen Einfluss auf die Genauigkeit des Systems. Durch die hohe geforderte Präzision bei der Beladung der Maschinen mit Werkstücken und Bearbeitungswerkzeugen sind die Reproduzierbarkeit und Prozesssicherheit ebenfalls beeinflusst. Durch eine angepasste Wartung kann dem Verschleiß des Handlingsystems entgegengewirkt werden, der in der Regel mit steigendem Alter und Nutzungsgrad ansteigt. Die Einflussgrößen Alter und Wartung verhalten sich daher analog zu den Maschinen (s. Kapitel 5.1.2). Das Identifikationssystem stellt eine weitere Einflussgröße und gleichzeitig eine Grundvoraussetzung dar. Es dient dazu, Werkstück sowie Bearbeitungswerkzeuge innerhalb eines VFS zu identifizieren bzw. zu registrieren. Dies wird beim Transport, der Einlagerung und der Bereitstellung der Bearbeitungsprogramme benötigt. Hier wird erneut deutlich, dass das Handlingsystem die essenzielle physische Schnittstelle eines VFS bildet, egal ob es sich um ein BAZ, FFZ oder ein FFS handelt.

5.2.3 Aggregation der Bewertungskennzahlen

Aggregation of the Evaluation System

Die Aggregation der Bewertungskennzahlen innerhalb der Ressourcenbewertung fällt vergleichsweise kurz aus, da im Gegensatz zu den Maschinen keine weitere Differenzierung innerhalb der Handlingsysteme durchgeführt wurde. Abbildung 5-7 zeigt die Zielgrößen der Leistungsfähigkeit für die Handlingsysteme auf.

Handlingsystem
Produktivität P_H
Flexibilität F_H
Qualität Q_H
Leistungsfähigkeit L_H

Abbildung 5-7: Aggregation der Bewertungskennzahlen der Handlingsystemleistungsfähigkeit
Aggregation of the Evaluation System for Handling System Performance

An dieser Stelle wird exemplarisch die Berechnungsformel zur Bestimmung der Leistungsfähigkeit am Beispiel der (Ressourcen-)Leistungsfähigkeit des Handlingsystems dargestellt. Die Leistungsfähigkeit ist die normierte Vektorsumme aus der Bewertung der Produktivität, Flexibilität und Qualität und ist ebenfalls auf den Bereich von 0 bis 10 normiert.

$$L_H = \sqrt{\frac{P_H^2 + F_H^2 + Q_H^2}{3}}$$

Alle anderen Leistungsfähigkeitsberechnungen sowie die bewertungsrelevanten Aspekte als auch die Einflussgrößen sind dem Anhang C.2 und D.2 zu entnehmen.

5.3 Detaillierung der Ressourcenebene – Peripherie

Itemization of the Resource Level – Periphery

Nach der Detaillierung der Maschinen und des Handlingsystems wird die Ressourcenebene für die Peripherie ausdetailliert. Der Fokus liegt auf der Bestimmung der Einflussgrößen für die Leistungsfähigkeit, da die anderen Schritte der Methodik bereits in den vorherigen Kapiteln eingeführt wurden.

5.3.1 Bestimmung der bewertungsrelevanten Aspekte

Evaluation of the Valuation-relevant Aspects

Wie schon beim Handlingsystem wird auch durch Peripheriekomponenten keine Veränderung des Werkstücks, mit Ausnahme der Waschmaschine, die zur Reinigung der Oberfläche eingesetzt wird, realisiert.

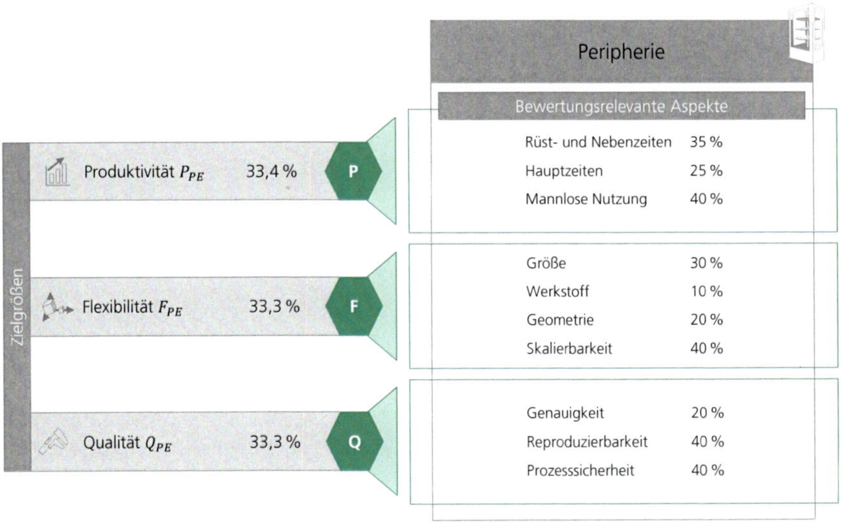

Abbildung 5-8: Bewertungsrelevante Aspekte der Peripherieleistungsfähigkeit
Valuation-relevant Aspects for Periphery Performance

Aus diesem Grund werden die bewertungsrelevanten Aspekte des Handlingsystems adaptiert und in ihrer Gewichtung angepasst. Dabei wird innerhalb der Produktivität die mannlose Nutzung stärker gewichtet, da die Peripherie im Zuge von VFS den größten Stellhebel zur Optimierung dieser besitzt. Mittels richtig gestalteter Peripherieausstattung lassen sich hohe Eingriffsintervalle, also Zeiten bis zum nächsten Eingriff des Anlagenbedieners, realisieren. Hierdurch werden die Produktivität von VFS gerade in Nachtschichten und am Wochenende gesteigert, wo i. d. R. geringe Personalkapazitäten verfügbar sind.

5.3.2 Bestimmung der Einflussgrößen

Evaluation of the Influence Parameters

Aufgrund der Vielzahl der zu betrachtenden Bewertungselemente werden die Einflussgrößen nach den jeweiligen Peripheriekomponenten getrennt dargestellt. Die vollständige Übersicht aller Einflussgrößen inklusive Gewichtungsfaktoren ist dem Anhang C.3 zu entnehmen.

Beladestation

Die Produktivität der Beladestation wird maßgeblich durch die Palettengröße und das Beladegewicht bestimmt. Mit steigender Größe zuführbarer Werkstücke in das VFS steigt auch die Produktivität an. Die Möglichkeit der Beladung ohne Stopp des Handlingsystems beeinflusst die Hauptzeiten positiv, während eine mögliche Kranbeladung sich auf Rüst- und Nebenzeit positiv auswirkt. Die Flexibilität wird hauptsächlich durch die Art des Spannsystems gekennzeichnet, über welches das Werkstück dem VFS mittels Beladestation zugeführt wird. Ist neben der Beladung mit Werkstücken auch ein Einschleusen von Bearbeitungswerkzeugen über die Beladestation möglich, wirkt sich dies positiv auf die Flexibilität der Ressource aus. Die Qualitätsbewertung von Beladestationen wird vornehmlich durch die Prozessüberwachung und das Identifikationssystem, welches auch Einfluss auf die Produktivität besitzt, bestimmt. Darüber hinaus sind die Wartungsstrategie und die Möglichkeit einer Ferndiagnose im Störungsfall qualitätsbeeinflussende Größen. Die Grundlagen verschiedener Beladestationen sind dem Kapitel 2.3.3.5 zu entnehmen.

Magazin

Neben der maximalen Anzahl einzulagernder Werkstücke und Bearbeitungswerkzeugplätze setzt sich die Produktivität von Magazinen und Regalsystemen aus der maximalen Palettengröße und dem maximalen Beladegewicht zusammen. Die Bauart hat ebenfalls Einfluss auf die Produktivität und Flexibilität der Magazine. Durch den Linearantrieb bei Rotary-Magazinen sind sie in der Lage, benötigte Werkstücke oder Bearbeitungswerkzeuge schneller bereitzustellen. Im Gegensatz dazu lassen sich Regalsysteme effizienter beladen und leichter erweitern, was bei der Betrachtung der Flexibilität zu bewerten ist. Die Skalierbarkeit eines Systems, intrasystemisch über die Ebenenskalierbarkeit und intersystemisch über die Anzahl der Regale, fließt in die Bewertung von Produktivität und Flexibilität mit ein. Eine Zustandsvisualisierung für eingelagerte Werkstückkomponenten ist ein Aspekt, um die Qualität eines Magazins bewertbar zu machen. Weiterhin können Komponenten wie eine integrierte Trocknung und Abtropfwannen die werkstückseitige Bearbeitungsqualität unterstützen. Die Wartungsstrategie und ein Identifikationssystem sind weitere Einflussgrößen der (Ressourcen-)Qualität eines Magazins. Die vollständige Übersicht ist dem Anhang C.3.2 zu entnehmen.

Elektrodenspannsystem

Beim Elektrodenspannsystem ist neben der verfügbaren Spannart auch die damit erreichbare Spannkraft für die Bewertung der Produktivität entscheidend. Auch die Systemdurchgängigkeit, die direkt die Anzahl der Umspannvorgänge von der Elektrodenherstellung bis hin zur senkerosiven Bearbeitung bestimmt, stellt eine signifikante Einflussgröße dar. Die Aufbauhöhe des Elektrodenhalters und das maximal zulässige Elektrodengewicht haben Einfluss auf die Flexibilität. Die Ressourcenqualität des Bewertungselements wird durch die Wiederholgenauigkeit, das Identifikationssystem, eine Vibrationsdämpfung, gehärtete Referenzflächen sowie die Wartung bestimmt.

Fräswerkzeugspannsystem

Bei Spannsystemen für Fräswerkzeuge stellt die Spannart des Fräsers ein wichtiges Kriterium für die Bewertung der Produktivität dar. Daraus ergibt sich die Notwendigkeit zur Betrachtung der maximalen Drehzahl und des maximalen Drehmoments als Einflussgrößen. Auch die Maschinenschnittstelle ist ein maßgebliches Bewertungskriterium, da sie die Produktivitätskennwerte für den Prozess einschränken kann. Der maximale Fräserdurchmesser begrenzt die Flexibilität des Spannsystems genauso wie Art und Aufwand des Werkzeugwechsels in der Fräseraufnahme. Rundlaufgenauigkeit, Wuchtgüte und Kühlschmierstoffzufuhr hingegen sind Einflussgrößen, die die Qualität des Systems beeinflussen.

Palettenaufnahme

Die Palettenaufnahme bildet die Schnittstelle für bereits palettierte Werkstücke. Die Produktivität wird maßgeblich durch die Spannart und die maximale Spannkraft bestimmt. Die Flexibilität wird ebenfalls durch das Beladegewicht beeinflusst. Weiterhin schränkt die Aufbauhöhe den zu beladenden Bauraum in der Maschine ein. Aufbaumodule für die 5-Achs-Bearbeitung haben sowohl Einfluss auf die Produktivität als auch die Flexibilität. Die Qualität wird maßgeblich durch die Wiederholgenauigkeit der Palettenaufnahme sowie die Vibrationsdämpfung, Thermosymmetrie (gleichmäßige Ausdehnung der Palettenaufnahme bei Temperaturabweichung) und eine sensorgestützte Auflagenkontrolle bestimmt. Gehärtete Referenzflächen und eine gute Wartung sorgen für eine positive Beeinflussung der Ressourcenqualität.

Werkstückträger (Palette)

Werkstückträger werden durch die Palettengröße sowie das maximale Beladegewicht sowohl innerhalb der Produktivität als auch der Flexibilität beeinflusst. Die Durchgängigkeit der Palette über die unterschiedlichen Bearbeitungsstationen und Fertigungsverfahren stellt eine maßgebliche Einflussgröße für die Produktivitätsbewertung dar, ebenso wie die Schnittstelle zur Palettenaufnahme und eine mögliche Mehrfachpalettierung. Hierbei werden mehrere Werkstücke auf einer Palette gleichzeitig aufgespannt. Für die Flexibilität ist die Palettenhöhe von Relevanz, da diese den Arbeitsraum der Maschine verkleinert. Die Ebenheit der Palette, eine thermosymmetrische Auslegung und gehärtete Referenzflächen an der Schnittstelle zur Palettenaufnahme unterstützen Ressourcenqualität von Werkstückträgern. Weist die Palette ein Lochraster auf, so verhindert die konsequente Verwendung von Verschlussstopfen die Verunreinigung nicht verwendeter Bohrungen.

Spannrahmen Drahterodieren

Die Spannrahmen für das Drahterodieren lassen sich analog zu den Werkstückträgern im Bereich der Produktivität durch die Anzahl an möglichen Aufspannungen charakterisieren. Eine NPS-

Schnittstelle kann die Produktivität durch die Realisierung schneller Werkstückwechsel steigern. Hinsichtlich der Flexibilität ist, neben Aufspannbereich und -höhe, die Integration einer zusätzlichen Drehachse von Relevanz. Für die Ressourcenqualität kann die Wiederholgenauigkeit der Aufspannung an definierten Aufspannpunkten innerhalb des Rahmens als auch ein Identifikationssystem als Einflussgröße genannt werden.

Waschstation

Die Waschstation dient der Bauteilreinigung und lässt sich anhand der Größe des Schmutztanks sowie der Filtrierung und der Wiederverwendung des Waschmediums hinsichtlich der Produktivität beeinflussen. Die maximale Palettengröße und das maximale Beladegewicht weisen sowohl Einfluss auf die Produktivität als auch auf die Flexibilität auf. Eine Erhöhung der Flexibilität tritt zusätzlich ein, wenn die Waschmaschine als Übergabestation bzw. Beladestation fungieren kann. Die Qualität der Ressource wird durch eine schwenkbare Aufspannplatte, die Möglichkeit der Reinigung im Ultraschallbad oder eine anschließende Trocknung des Werkstücks bestimmt. Ferndiagnose, eine Konservierung nach der Reinigung als auch die Wartungsstrategie haben zudem Auswirkungen auf die Qualität der Waschstation.

Messstation

Bei Messstationen wird die Produktivität, neben der maximalen Palettengröße und dem Beladegewicht, durch die Geschwindigkeit des Messvorgangs bestimmt. Dies schließt die Verfahrgeschwindigkeiten und Achsbeschleunigungen mit ein, aber auch die Möglichkeit des Messens mittels Scanning. Die Flexibilität lässt sich neben der Größe des Arbeitsraums auch durch den zulässigen Temperaturbereich und die Möglichkeiten des Sensortauschs charakterisieren. Die Qualität wiederum berücksichtigt Eigenschaften wie eine Temperatur- und Dynamikkompensation, die Klimatisierung des Aufstellraums sowie die Fähigkeit zur Rauheitsmessung. Schwingungsdämpfung, die Messgenauigkeit als auch das Identifikationssystem sind weitere qualitätsbestimmende Einflussgrößen.

5.3.3 Aggregation der Bewertungskennzahlen

Aggregation of the Evaluation System

Nachfolgend werden analog zu den Maschinen und dem Handlingsystem die Bewertungskennzahlen zur Bestimmung der Leistungsfähigkeit eines VFS für die Ressourcenebene der Peripherie aggregiert. Die Gewichtungsfaktoren $w_{L,PE\,1\text{-}6}$ sind, im Vergleich zu den Maschinen, nicht abhängig vom herzustellenden Werkzeugtyp. Der Grund hierfür ist, dass die Peripheriekomponenten keine Veränderung am Werkstück hervorrufen, sondern lediglich als zwingend notwendiges, aber unterstützendes Element für VFS gesehen werden. In Abbildung 5-9 sind die Zusammenhänge zwischen den bewerteten Peripheriekomponenten und den Zielgrößen grafisch visualisiert. Die Leistungsfähigkeit wird analog zu den anderen Bewertungselementen gebildet. Die Leistungsfähigkeitsberechnungen sowie die bewertungsrelevanten Aspekte als auch die Einflussgrößen sind dem Anhang C.3 und D.3 zu entnehmen.

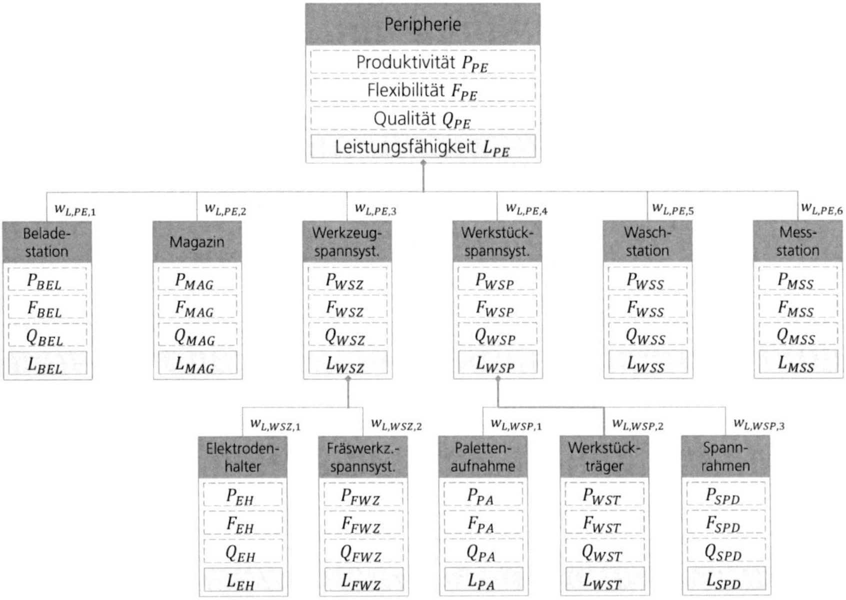

Abbildung 5-9: Aggregation der Bewertungskennzahlen der Peripherieleistungsfähigkeit
Aggregation of the Evaluation System for Periphery Performance

5.4 Detaillierung der Netzwerkebene

Itemization of the Network Level

Nach der Detaillierung der Ressourcenebene wird im folgenden Abschnitt die Netzwerkebene ausgearbeitet. Da das methodische Vorgehen zur Ermittlung der Gewichtungsfaktoren und Bewertung der Einflussgrößen, Schritte 3 und 4 der Methodik zur Bestimmung der Leistungsfähigkeit, auch bei der Netzwerkbewertung in analoger Form durchgeführt wird, sei an dieser Stelle für die Ergebnisse auf den Anhang C.4 und D.4 verwiesen, in dem alle Gewichtungsfaktoren und Bewertungen der Einflussgrößen für die Netzwerkbetrachtung gebündelt dargestellt sind.

5.4.1 Bestimmung der bewertungsrelevanten Aspekte

Evaluation of the Valuation-relevant Aspects

Die Betrachtung der Netzwerkebene im Rahmen der Bewertung von verketteten Fertigungssystemen stellt einen wichtigen, jedoch in der Praxis meistens vernachlässigten Punkt dar [vgl. BOOS17a, S. 26 ff.]. Dazu werden im Rahmen dieser Arbeit das Jobmanagement sowie die Netzwerkumgebung und Datenweitergabe fokussiert betrachtet und anhand der Zielgrößen Produktivität, Flexibilität und Qualität unter Zuhilfenahme bewertungsrelevanter Aspekte bestimmt. Diese sind in der Abbildung 5-10 zusammengefasst dargestellt.

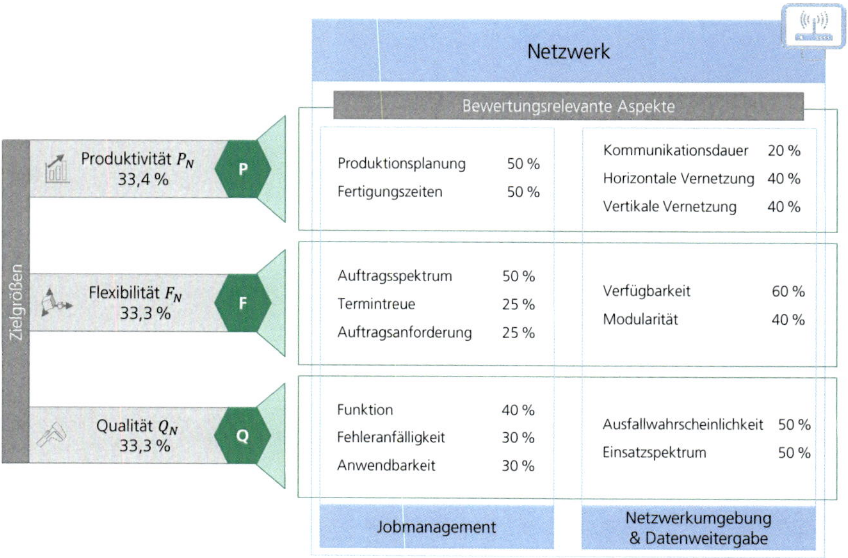

Abbildung 5-10: Bewertungsrelevante Aspekte der Netzwerkleistungsfähigkeit
Valuation-relevant Aspects for Network Performance

Die Produktivität des **Jobmanagements** wird durch die bewertungsrelevanten Aspekte Produktionsplanung und Fertigungszeiten bestimmt. Hierbei stehen die Automation von Arbeitsabläufen, eine vereinfachte Planung und Steuerung sowie eine Beeinflussung der Haupt- und vor allem der Nebenzeiten im Fokus der Betrachtung [KLIN07, S. 52 ff.]. Die Flexibilität wird durch die bewertungsrelevanten Aspekte Aufgabenspektrum, Termintreue und Auftragsanforderung beschrieben. Das Aufgabenspektrum repräsentiert hierbei die speziellen Rahmenbedingungen in der mechanischen Fertigung des Werkzeugbaus bei der Herstellung hochkomplexer Werkzeugkomponenten. Die Termintreue stellt das Maß für die Zuverlässigkeit der Planung dar und wird aufgrund häufiger Umplanung und geringer Losgrößen unter der Zielgröße Flexibilität betrachtet. Schnittstellen zu anderen Systemen des Werkzeugbaus werden in den Einflussgrößen berücksichtigt. Die sich ständig ändernde Produkt- und Auftragsart findet im letzten bewertungsrelevanten Aspekt Berücksichtigung und muss durch ein Jobmanagement beherrscht werden. Die Qualität des Jobmanagements wird anhand der bewertungsrelevanten Aspekte Funktion, Fehleranfälligkeit und Anwendbarkeit beschrieben. Der Funktionsumfang des JMS variiert anbieterspezifisch und wird je nach Softwarelösung technisch anders realisiert. Die Fehleranfälligkeit stellt ein Maß für die Qualität und Robustheit des JMS dar. Diese Eigenschaften müssen aufgrund der zentralen Funktion des JMS im VFS sehr gut ausgeprägt sein, da die zentrale Vergabe der Jobs im VFS maßgeblich den Betrieb des Gesamtsystems beeinflusst. Die Anwendbarkeit wird durch die einfache Verwendung und die Nutzung bestehender Datenstrukturen zur Prognose charakterisiert und beeinflusst ebenfalls die Qualität des JMS [PAPA98, S. 4]. Für die detaillierte Funktionsweise von JMS sei an dieser Stelle auf Abschnitt 2.3.4.1 verwiesen.

Das zweite Bewertungselement der Netzwerkebene stellt die **Netzwerkumgebung und Datenweitergabe** dar. Basierend auf den in Abschnitt 2.3.4.2 eingeführten Grundlagen leiten sich für die Produktivität die bewertungsrelevanten Aspekte Kommunikationsdauer, horizontale sowie vertikale Vernetzung her. Die Kommunikation auf einer Ebene, z. B. zwischen zwei Maschinen in einem VFS, stellt hierbei die horizontale Vernetzung dar, während eine ebenenübergreifende Kommunikation, z. B. zwischen Feld- und Planungsebene als vertikale Vernetzung beschrieben wird. [vgl. WECK06b, S. 428 ff.] Das Bewertungssystem berücksichtigt hierbei sowohl Hardwarebestandteile, als auch Einflussgrößen, die eher softwarespezifisch bzw. vorgehensorientiert sind. Als Beispiel hierfür ist die Kommunikationsdauer zu nennen. Die Flexibilität wird durch die bewertungsrelevanten Aspekte Verfügbarkeit und Modularität beschrieben. Da sich VFS durch Neukonfiguration, z. B. durch den Tausch von Maschinen oder Software, verändern, muss die Netzwerkinfrastruktur modular anpassbar sein. Die Verfügbarkeit, auch in Form von Netzwerkperformance, ist essenziell. Beispielhaft ist die Reaktionsgeschwindigkeit an dieser Stelle zu nennen. Die Qualität wird durch die Ausfallwahrscheinlichkeit und das Einsatzspektrum beschrieben. Ziel muss es sein, netzwerktechnisch einen störungsfreien, sicheren, erweiterbaren und leistungsstarken Betrieb für ein VFS sicherzustellen.

Die bewertungsrelevanten Aspekte der Netzwerkebene unterscheiden sich deutlich von denen der Ressourcenebene für Maschinen, Handling und Periphere. Die Netzwerkebene bildet eine Schnittstellenfunktion und ist bei richtiger Ausgestaltung gleichzeitig ein Befähiger für die Performance von VFS. [vgl. BOOS17a, S. 26 ff.]

5.4.2 Bestimmung der Einflussgrößen

Evaluation of the Influence Parameters

Nachfolgend werden Zusammenhänge von Einflussgrößen der Netzwerkebene zu den bewertungsrelevanten Aspekten und somit ebenfalls zu den Zielgrößen erläutert. Hierbei werden die beiden Bewertungselemente Jobmanagement sowie Netzwerkumgebung und Datenweitergabe zusammen betrachtet und punktuell vertieft. Die vollständige Übersicht über alle Einflussgrößen ist dem Anhang C.4 zu entnehmen.

Einflussgrößen des Jobmanagements

Einflussgrößen auf die Produktivität von JMS sind die maximale Maschinenanzahl, automatisierte Abläufe, eine integrierte Jobüberwachung sowie eine Reportfunktion. Das JMS soll mit möglichst wenig manuellem Eingriff eine maximale Produktivität erzielen. Die Flexibilität ist damit eng verknüpft. Einflussgrößen sind hier exemplarisch die Schnittstellen zum PPS bzw. ERP-Systemen, eine Funktion zur Priorisierung der Jobs, um zum Beispiel Eilaufträge kurzfristig einsteuern zu können. Darüber hinaus stellt eine angepasste Reaktionszeit eine Einflussgröße der Flexibilität dar. Gerade hinsichtlich der Schnittstellen ist eine genaue Analyse entscheidend. Schnittstellen zu vorhandenen Softwaresystemen im Werkzeugbau wie PPS- und ERP-Systemen sollten gegeben sein, um eine ganzheitliche Arbeitsplanung von der Grobplanung über die Feinplanung bis zur Steuerung ohne doppelte Dateneingabe im JMS abbilden zu können [KLIN07, S. 57 f.; BOOS15, S. 11; SHI05]. Einflussgrößen auf die Qualität sind u. a. die Prognosefähigkeit und die Fehlermeldefunktion. Gerade bei mannlosem Betrieb eines verketteten Fertigungssystems sind diese Funktionen entscheidend, um bei Störungen bzw. auslaufenden Arbeitsaufträgen rechtzeitig reagieren zu können.

Einflussgrößen auf die Netzwerkumgebung und Datenweitergabe

Die Produktivität der Netzwerkumgebung und Datenweitergabe wird durch die Übertragungsgeschwindigkeit sowie die Echtzeitfähigkeit beeinflusst. Betroffene bewertungsrelevante Aspekte stellen hierbei die Kommunikationsdauer sowie die horizontale Vernetzung dar. Auf die vertikale Vernetzung wird maßgeblich durch eine standardisierte Joberstellung eingewirkt. Die Skalierbarkeit der Netzwerkressource sowie der gezielte Einsatz von Switches wirken sich auf alle bewertungsrelevanten Aspekte, als auch in Teilen auf die Flexibilität, aus. Die Zielgröße der Flexibilität wird darüber hinaus durch die Verwendung von Feldbussystemen, die Art der Datenbereitstellung als auch durch die Verwendung von Übertragungsprotokollen bestimmt. Die Qualität der Netzwerkumgebung und Datenweitergabe wird maßgeblich durch die Absicherung bei Störungen sowie die Fehleranfälligkeit geprägt. Darüber hinaus können ein zentraler Server, eine Diagnosefunktion und ein ausgereiftes Überwachungskonzept die Qualität positiv beeinflussen. Die Skalierbarkeit der Netzwerkressourcen beeinflusst neben der Produktivität auch die Qualität, um bei einer Modifikation bzw. Erweiterung des VFS die Informationsinfrastruktur sicherzustellen. [vgl. KLIN07, S. 30 ff.]

5.4.3 Aggregation der Bewertungskennzahlen

Aggregation of the Evaluation System

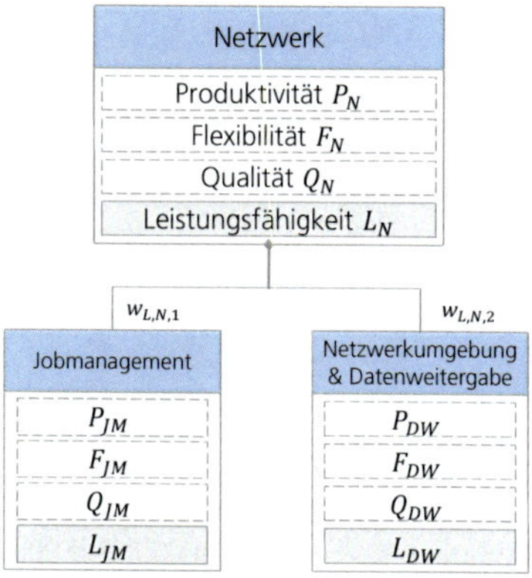

Abbildung 5-11: Aggregation der Bewertungskennzahlen der Netzwerkleistungsfähigkeit

Aggregation of the Evaluation System for Network Performance

Die Bewertungselemente Jobmanagement sowie Netzwerkumgebung und Datenweitergabe aggregieren sich zur Netzwerkebene auf. Die Gewichtungsfaktoren $w_{L,N,1\text{-}2}$ sind, wie bei der Peripherie, nicht abhängig vom herzustellenden Werkzeugtyp. Zusammengefasst lässt sich festhalten, dass mit steigender Komplexität des verketteten Fertigungssystems auch die Komplexität der Netzwerkebene zunimmt [vgl. KLIN07, S. 30 ff.]. Schnittstellen zu existierenden Systemen im Werkzeugbau, Informationsweitergabe von Bearbeitungsprogrammen, Versatzdaten, Nullpunkte sowie eine zu geringe Performance der Netzwerkumgebung stellen auch heute noch Werkzeugbaubetriebe bei der Implementierung und dem Betrieb von VFS vor Herausforderungen [BOOS17a].

5.5 Detaillierung der Prozessebene

Itemization of the Process Level

Ziel des folgenden Abschnitts ist die Herleitung der Leistungsfähigkeitsbestimmung der für verkettete Fertigungssysteme relevanten Prozesse auf Basis der verwendeten Fertigungsverfahren, die mit den in Kapitel 5.1 bewerteten Maschinen korrespondieren. Hierzu wird die Prozessebene konkretisiert sowie die bewertungsrelevanten Aspekte und deren Einflussgrößen hergeleitet, welche abschließend zu Bewertungskennzahlen aggregiert werden.

5.5.1 Bestimmung der bewertungsrelevanten Aspekte

Evaluation of the Valuation-relevant Aspects

Durch die hohe Heterogenität der Bearbeitungsaufgaben an den Werkzeugkomponenten ist eine Vielzahl unterschiedlicher Fertigungsverfahren im Werkzeugbau erforderlich, die in ein VFS integriert werden können. Die dazu korrespondierenden Prozesse gilt es bei einer ganzheitlichen Betrachtung der mechanischen Fertigung, mit Fokus auf VFS, zu analysieren und bewerten. Zielgrößen stellen hierbei die Produktivität, Flexibilität und Qualität der Prozesse dar.

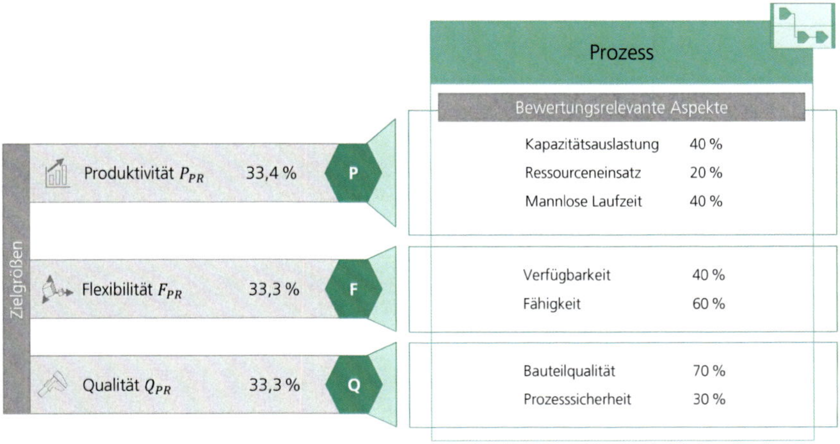

Abbildung 5-12: Bewertungsrelevante Aspekte der Prozessleistungsfähigkeit

Valuation-relevant Aspects for Process Performance

Die **Prozessproduktivität** wird als das Verhältnis zwischen dem Nutzen (u. a. Anzahl der gefertigten Güter) und dem fertigungstechnischen Aufwand (u. a. Fertigungszeit) verstanden. Die Fertigungszeit unterteilt sich dabei in Haupt-, Neben-, Rüst- und Verteilzeiten [vgl. WELL19, S. 5 f.]. Für die Bewertung von VFS ist die Betrachtung dieser Zeitarten und der korrespondierenden Prozesse von Relevanz, da sie die Stundensätze des VFS als auch die Auslastung der Mitarbeiter direkt beeinflussen [LANG16, S. 78 ff.]. Die bewertungsrelevanten Aspekte der Prozessproduktivität stellen die Kapazitätsauslastung, die Ressourcenauslastung sowie die mannlose Laufzeit dar. Mittels gesteigerter Kapazitätsauslastung lassen sich die Stundensätze, sowohl von BAZ, FFZ als auch des FFS, senken und die Produktivität steigern [BOOS17a, S. 14]. Technologisch betrachtet ist der richtige Ressourceneinsatz ebenfalls produktivitätssteigernd. Zum Beispiel können durch die vollständige Nutzung des Potenzials der 5-Achs-Simultanfräsbearbeitung mit dementsprechend komplexer CAM-Programmierung Umspannvorgänge eingespart und somit Rüstzeiten reduziert sowie die Durchlaufzeit der Werkzeugkomponenten verkürzt werden [BOOS18a, S. 19 ff.; BOOS19a, S. 13 ff.]. Mittels mannloser Laufzeiten lässt sich die Produktivität ebenfalls steigern, da die Hauptzeiten eines VFS mannlos laufen und die Rüstvorgänge oder planenden Tätigkeiten durch den Mitarbeiter hauptzeitparallel durchgeführt werden können [BOOS17a, S. 12].

Die **Prozessflexibilität** stellt die zweite Zielgröße dar. Unter der Prozessflexibilität wird die Eignung verstanden, auf unvorhersehbare und vorhersehbare Änderungen reagieren und betroffene Teile des Prozesses anpassen zu können, während nicht betroffene Bestandteile beibehalten werden. Als bewertungsrelevanter Aspekt wird hierzu die Verfügbarkeit definiert. Unter Verfügbarkeit wird im technischen Sinne die Wahrscheinlichkeit verstanden, dass ein System, in diesem Fall ein VFS, zu einem Zeitpunkt bestimmte Anforderungen erfüllen kann [DIES99, S. 8 ff.]. Verfügbarkeit unter kapazitiven Gesichtspunkten stellt die Möglichkeit eines Systems dar, kurzfristig auftretende Bedarfe bedienen zu können. Ziel ist es, prozessseitig die Bearbeitungsaufgaben intern jederzeit abbilden zu können. Daneben stellt die Fähigkeit einen weiteren bewertungsrelevanten Aspekt dar. Darunter wird die Möglichkeit eines Systems, die Bearbeitungsaufgabe technologisch realisieren zu können, verstanden. Dabei spielen die Prozessbeherrschung, aber auch der Standardisierungsgrad eine essenzielle Rolle [DIES99, S. 104 ff.].

Die **Prozessqualität** wird durch die bewertungsrelevanten Aspekte der Bauteilqualität und der Prozesssicherheit bestimmt. Die vom Kunden an das Werkzeug gestellten Qualitätsanforderungen müssen vollständig erfüllt werden. Ausgereifte und ständig optimierte Prozesse und Arbeitsweisen im Werkzeugbau stellen dies letztendlich sicher. Prozessbeherrschung in den Fertigungstechnologien, aber auch die Reife der Fertigungsverfahren selbst haben dabei maßgeblichen Einfluss auf erreichbare Qualität in der mechanischen Fertigung und deren Prozesse.

5.5.2 Bestimmung der Einflussgrößen

Evaluation of the Influence Parameters

Nach der Bestimmung der Zielgrößen und bewertungsrelevanten Aspekten werden nachfolgend die Einflussgrößen bestimmt. Diese werden analog zu den Maschinen am Beispiel eines zerspanenden Prozesses, dem Fräsen, dargestellt und um abweichende Einflussgrößen der abtragenden

Fertigungsverfahren erweitert. Eine vollständige Übersicht über alle Einflussgrößen der Prozesse ist dem Anhang C.5 zu entnehmen.

Einflussgrößen auf die Produktivität

Einflussgrößen auf die Produktivität eines Prozesses stellen die Spindelstunden bei zerspanenden Fertigungsverfahren bzw. die Generatorstunden bei den abtragenden Fertigungsverfahren sowie die Anzahl Maschinen pro Bediener als auch die Rüst- und Nebenzeitanteile dar. Diese Einflussgrößen wirken sich über alle bewertungsrelevanten Aspekte auf die Produktivitätsbewertung von Prozessen aus. Hohe Rüstzeitanteile sorgen für Unterbrechungen im Fertigungsablauf und stellen lediglich unterstützende Prozesse dar, die im Sinne der Produktivität hauptzeitparallel durchgeführt werden sollten. Gleiches gilt für die Programmierzeitanteile. Die CAM-Programmierung gilt ebenfalls als unterstützender Prozess, der im Idealfall hauptzeitparallel Fertigungsressourcen zur Herstellung komplexer Werkzeugkomponenten befähigt, womit dieser Prozessschritt indirekt als wertschöpfend zu bezeichnen ist. Die Programmierstrategie und die Güte der CAM-Programmierung haben daher ebenfalls Einfluss auf die Produktivität von Fertigungsprozessen. Weitere Einflussgrößen stellen die Prozessbeherrschung, die Anzahl der Bearbeitungswerkzeugwechsel, die Bearbeitungsstrategie und die Ausfallrate dar. Gerade hinsichtlich einer mannlosen Nutzung ist die Prozessbeherrschung und Ausfallrate von besondere Bedeutung, da stabile Prozesse Grundvoraussetzung für den produktiven Betrieb einer Fertigungsressource bzw. eines VFS sind. Bei den abtragenden Fertigungsverfahren hat der Elektroden- bzw. Drahtwerkstoff zusätzlich einen nicht zu vernachlässigenden Einfluss auf die Prozessproduktivität. [vgl. BOOS17c, S. 23 ff.; BOOS17a; BILS06, S. 74 ff.]

Einflussgrößen auf die Flexibilität

Die Flexibilität wird durch die Prozessbeherrschung und durch den Grad der Standardisierung beeinflusst. Beiden Größen prägen maßgeblich den bewertungsrelevanten Aspekt der Fähigkeit. Unter Fähigkeit wird u. a. auch der Umstand verstanden, dass mit einem verketteten Fertigungssystem eine Werkzeugkomponente ohne eine Umrüstung, Tausch von Spannsystemen oder sonstigen Zusatzaufwände hergestellt werden kann. Ziel ist, analog zu den Ressourcen, auch auf Prozessebene der hohen Heterogenität und geringen Losgrößen des Werkzeugbaus gerecht zu werden. Zusammengefasst beeinflussen die Rüst- und Nebenzeiten also auch die Flexibilität der Prozesse, denn hohe, nicht hauptzeitparallele Rüstzeitanteile reduzieren die Verfügbarkeit der Fertigungsressourcen und erhöhen die Eingriffszeiten in die Fertigungsabläufe. Auch die Programmierzeitanteile beeinflussen die Prozessflexibilität, da Kapazitäten in der Programmierung gebunden werden und bei Eilaufträgen erst die CAM-Programme für die Bearbeitung erzeugt werden müssen.

Einflussgrößen auf die Qualität

Auf die Qualität der Prozesse innerhalb eines VFS, unabhängig ob zerspanendes oder abtragendes Fertigungsverfahren, wirken sich die Einflussgrößen Prozessüberwachung und Prozessbeherrschung aus. Beherrschte Prozesse bilden die Grundlage für ein konstantes Qualitätsniveau der Werkstücke. Ein gesteigerter Grad an Standardisierung wirkt sich darüber hinaus positiv auf die

Prozesssicherheit und damit auf die Qualität auf. Für weitere Hintergründe zu den positiven Effekten der Prozessbeherrschung und Standardisierung bei der Betrachtung von VFS sei an dieser Stelle auf Abschnitt 2.3.1 verwiesen. Integrierte Prozessüberwachung, wie z. B. Bearbeitungswerkzeugbruch- oder Kollisionsüberwachung beim Fräsen, steigern die Prozesssicherheit und beeinflussen die Bauteilqualität positiv.

5.5.3 Aggregation der Bewertungskennzahlen

Aggregation of the Evaluation System

Nachfolgend werden analog zu den Maschinen die Bewertungskennzahlen zur Bestimmung der Leistungsfähigkeit eines VFS auf Prozessebene aggregiert. Zu beachten ist, dass die Gewichtungsfaktoren $w_{L,PR\,1\text{-}9}$, wie auch schon die Gewichtungsfaktoren der Maschinen, abhängig vom herzustellenden Werkzeugtyp sein können, da dieser maßgeblichen Einfluss auf die Zusammensetzung der Prozesse aufweist. Die Zahlenwerte der Gewichtungsfaktoren sind dem Anhang E zu entnehmen.

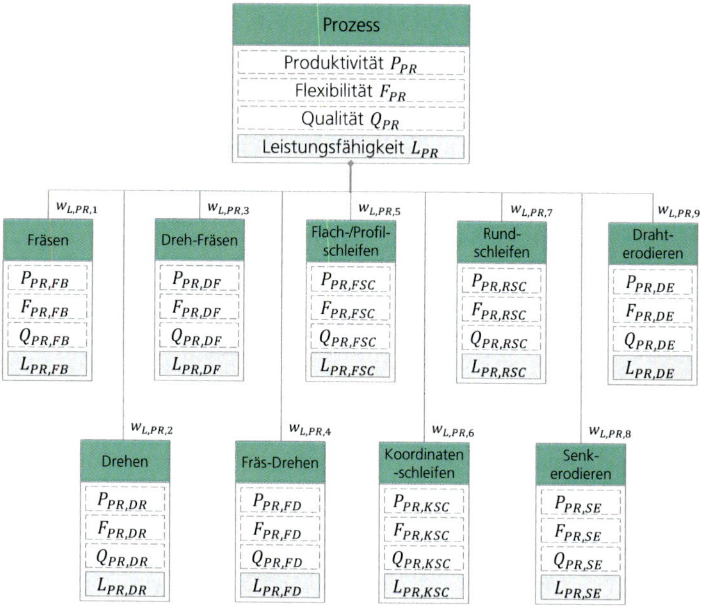

Abbildung 5-13: Aggregation der Bewertungskennzahlen der Prozessleistungsfähigkeit

Aggregation of the Evaluation System for Process Performance

Es sei darauf hingewiesen, dass Einflussgrößen, die maßgeblich durch die Fertigungsressourcen des VFS bestimmt werden, aus Gründen der Modularität der kennzahlenbasierten Bestimmung der Leistungsfähigkeit verketteter Fertigungssysteme in der mechanischen Fertigung keinen weiteren Einfluss auf die Prozessebene innerhalb des Bewertungssystems besitzen.

5.6 Synthese der Gesamtstruktur des Bewertungssystems für VFS

Synthesis of the Overall Structure of the Evaluation System for IMS

Im nachfolgenden Abschnitt werden die einzelnen Bewertungsebenen zu einem kennzahlenbasierten Bewertungssystem der Leistungsfähigkeit verketteter Fertigungssysteme synthetisiert und die Gesamtstruktur des Bewertungssystems grafisch dargestellt. Das kennzahlenbasierte Bewertungssystem integriert die Bewertungsebene Ressourcen, mit den Subebenen Maschinen, Handlingsystem und Peripherie, sowie die Bewertungsebenen Netzwerk und Prozesse. Die Bewertungsebenen gliedern sich in 35 Bewertungselemente, die modular gestaltet, jedoch hierarchisch miteinander verknüpft sind. Somit ermöglich das kennzahlenbasierte Bewertungssystem neben der ganzheitlichen Bewertung von VFS auch die Bewertung von Teilsystemen mit klar definierten Schnittstellen. Die Forschungsfragen 3 und 4 dieser Arbeit sind somit erfüllt.

Innerhalb der Bewertungselemente und synthetisiert auf den Bewertungsebenen werden einheitlich die Zielgrößen der Produktivität, Flexibilität und Qualität verfolgt, welche sich aus den Einflussgrößen unter Zuhilfenahme bewertungsrelevanter Aspekte bestimmen. Die Bewertung der Einflussgrößen wird unter Nutzung von mathematischen, selektiven und binären Zusammenhängen durchgeführt und realisiert eine Normierung auf eine Skala von 0 bis 10, um die Vergleichbarkeit sicherzustellen und die Transparenz zu erhöhen. Die vollständigen Bewertungsformeln der Leistungsfähigkeiten der Bewertungselemente sind dem Anhang D zu entnehmen.

Für die Gewichtungsfaktoren der Bewertungselemente sei auf Anhang C verwiesen. Um der hohen Heterogenität des Werkzeugspektrums und dessen Einfluss auf die Maschinen und Prozesse innerhalb der Bewertung eines verketteten Fertigungssystems gerecht zu werden, sind die Gewichtungsfaktoren dieser beiden Bewertungsebenen abhängig vom Werkzeugtyp. Diese Gewichtungsfaktoren, welche an den Kanten in der Gesamtstruktur visualisiert sind, sind dem Anhang E zu entnehmen. Für Spritzgießwerkzeuge und Blechumformwerkzeuge wird darüber hinaus nach der Werkzeuggröße differenziert. Zusätzlich zu den werkzeugtypabhängigen Bewertungen beinhaltet das Bewertungssystem eine normative Bewertung mit festen Gewichtungsfaktoren, unabhängig von Werkzeugtyp und -größe, um eine übergeordnete Vergleichbarkeit sicherzustellen.

Abbildung 5-14 und Abbildung 5-15 visualisieren die Struktur des kennzahlenbasierten Bewertungssystems der Leistungsfähigkeit von VFS ganzheitlich auf den Detaillierungsgrad der Zielgrößen. Mithilfe der Methodik zur Bestimmung der Leistungsfähigkeit (siehe Kapitel 4.4) sowie den Anhängen C, D und E werden Werkzeugbaubetriebe in die Lage versetzt, sowohl verkettete Fertigungssysteme im Werkzeugbau, aber auch Teilbereiche der mechanischen Fertigung, wie zum Beispiel die Peripherieausstattung im Bereich Fräsen, näher zu analysieren, kennzahlenbasiert zu bewerten und Handlungsempfehlungen sowie Verbesserungsmaßnahmen abzuleiten. Die Forschungsfragen dieser Arbeit wurden ganzheitlich beantwortet und Anforderungen an ein Bewertungssystem vollständig erfüllt. Die Forschungshypothese kann hiermit formal verifiziert werden. Eine Validierung anhand zweier realer Fallbeispiele sowie die softwaretechnische Umsetzung des Bewertungssystems wird in Kapitel 6 abschießend dargestellt.

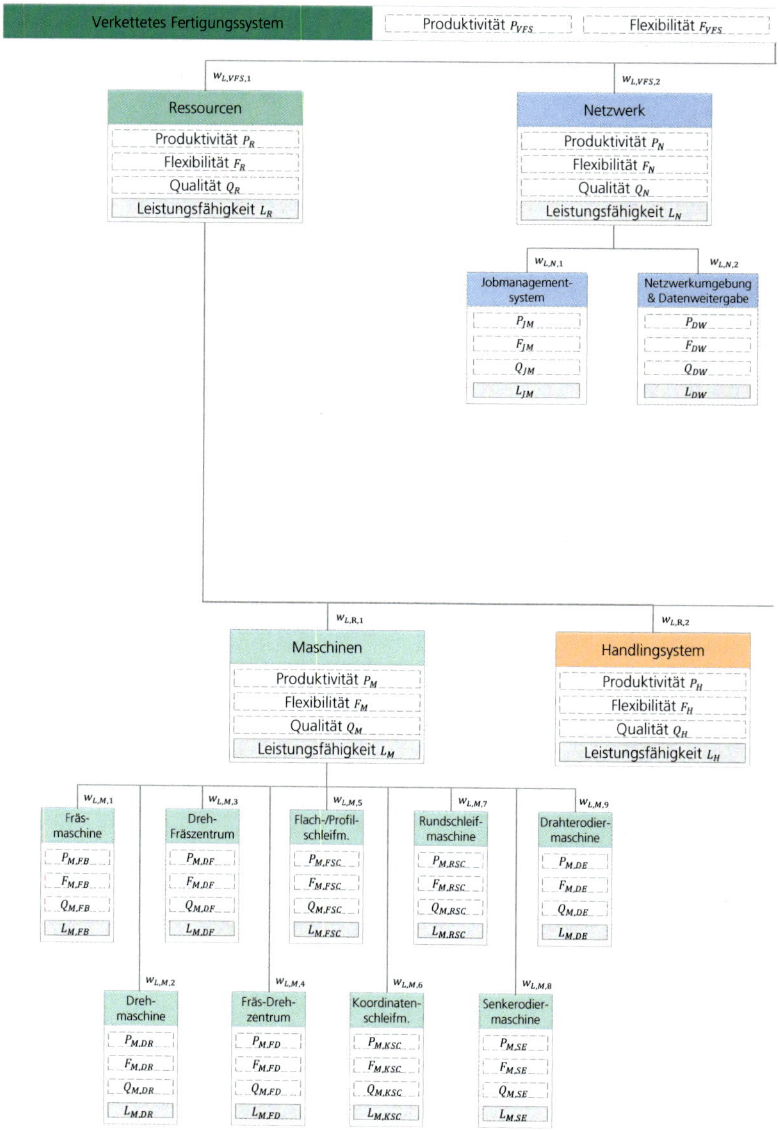

Abbildung 5-14: Kennzahlenbasiertes Bewertungssystem der Leistungsfähigkeit von VFS (I/II)
Key Figure based Evaluation System of the Capability of IMS (I/II)

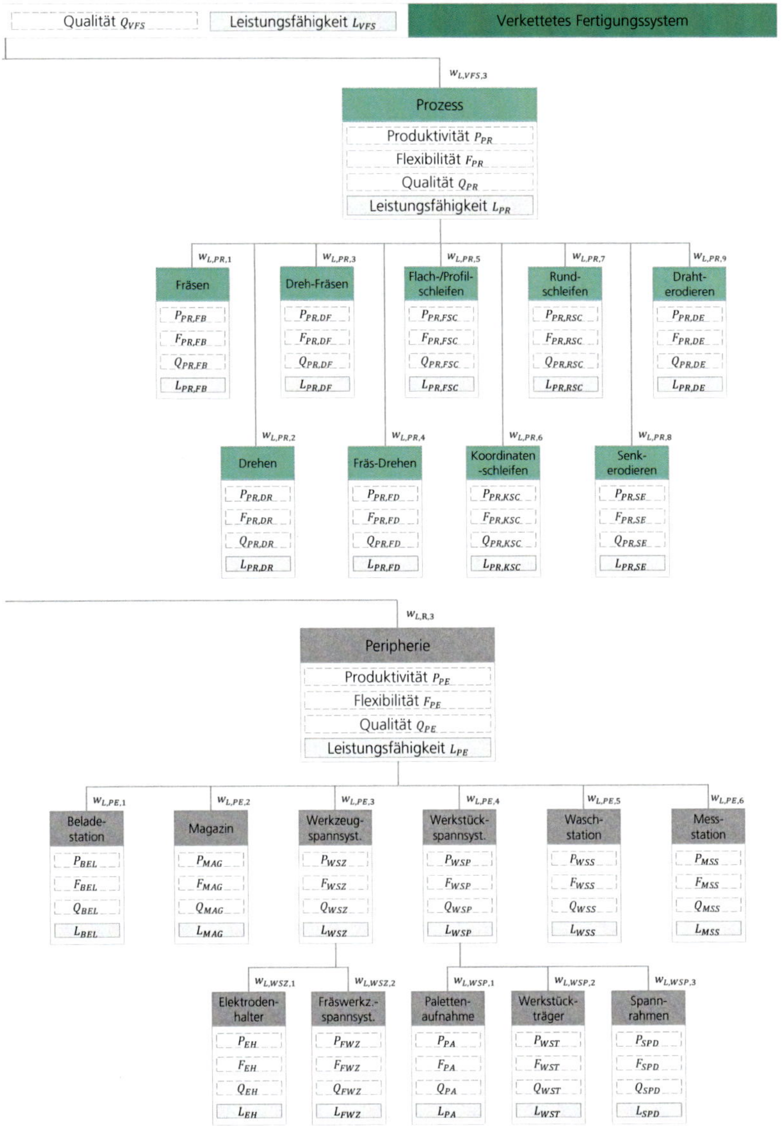

Abbildung 5-15: Kennzahlenbasiertes Bewertungssystem der Leistungsfähigkeit von VFS (II/II)

Key Figure based Evaluation System of the Capability of IMS (II/II)

6 Fallbeispiele und kritische Reflexion

Case Studies and Critical Reflection

Das kennzahlenbasierte Bewertungssystem für die Leistungsfähigkeit von verketteten Fertigungssystemen in der mechanischen Fertigung des Werkzeugbaus wurde in Kapitel 4 auf übergeordneter Ebene konzeptioniert und in Kapitel 5 ausdetailliert. Für alle relevanten Bewertungsebenen des VFS wurden die zugehörigen Bewertungselemente mit ihren entsprechenden Leistungsfähigkeiten, Zielgrößen, Gewichtungsfaktoren, bewertungsrelevanten Aspekten und Einflussgrößen entwickelt und kennzahlenseitig beschrieben. Schließlich erfolgte eine Synthese der einzelnen Bewertungselemente zu einem ganzheitlichen kennzahlenbasierten Bewertungssystem. Nachfolgend wird das Bewertungssystem anhand von Fallbeispielen validiert. Die Validierung ist konform mit den letzten beiden Phasen der angewandten Forschung nach ULRICH (vgl. Kapitel 1.4). Der Forschungsprozess ist nach erfolgreicher Validierung abgeschlossen.

6.1 Vorgehen zur Validierung des Bewertungssystems

Procedure for the Validation of the Evaluation System

Für eine konsistente Analyse und einen systematischen Vergleich verketteter Fertigungssysteme im industriellen Werkzeugbau ist es essenziell, die erforderlichen Daten einheitlich und reproduzierbar zu erheben. Daher werden die Informationen anhand eines standardisierten und umfangreichen Online-Fragebogens erhoben und die Datenplausibilität und -qualität durch einen Vor-Ort-Besuch beim entsprechenden Werkzeugbau sichergestellt[24].

Der Fragebogen teilt sich analog zur modularen Bewertungssystematik in verschiedene Bereiche auf, die je nach Größe des Unternehmens von unterschiedlichen Verantwortlichen ausgefüllt werden. Grundsätzlich gibt es Fragen zur bzw. zum:

- Leistungsspektrum des Unternehmens mit dem Schwerpunkt auf den Produktanforderungen und der Verteilung der Werkzeugtypen
- Fertigungsorganisation mit Fokus auf die Mitarbeiterstruktur und Schichtverteilung in der mechanischen Fertigung
- Maschinenpark zur Berücksichtigung der Spezifikation sowie verfahrensspezifischer Merkmale[25]

---

[24] Die Erfahrung des Autors aus diversen Benchmarkingprojekten und der Betreuung des EiP der Jahre 2016-2018 hat gezeigt, dass eine Plausibilisierung der Daten Vor-Ort unerlässlich ist, da die Informationsgrundlagen in den Unternehmen teilweise auf unzureichenden Datenerfassungen und Schätzungen basiert.

[25] Da die Maschinenbewertung auch für Maschinen genutzt werden kann, die nicht in ein VFS eingebunden sind, werden hier aus Aufwand-Nutzen-Gründen nur Maschinen mit einer Laufzeit größer 750 h/a erfasst.

- Ausstattung und Spezifikation der Handlingsysteme von VFS
- Peripherieausstattung des VFS, deren genaue Aufteilung den Kapiteln 2.3.3 und 5.3.2 zu entnehmen ist
- Prozessbetrachtung des VFS unter Berücksichtigung der verwendeten Fertigungsverfahren (vgl. Kapitel 5.5)
- Netzwerk mit dem Fokus auf Jobmanagement, Netzwerkumgebung und Datenweitergabe (vgl. Kapitel 5.4.2)

Beim Entwurf des Fragebogens wurde BILSING folgend auf eine ausgewogene Balance zwischen Erfassbarkeit und Verfügbarkeit von Informationen geachtet [BILS06, S. 90]. Abbildung 6-1 zeigt exemplarisch die Eingabemaske für eine Fräsmaschine innerhalb der Bewertung von verketteten Fertigungssystemen im Werkzeugbau.

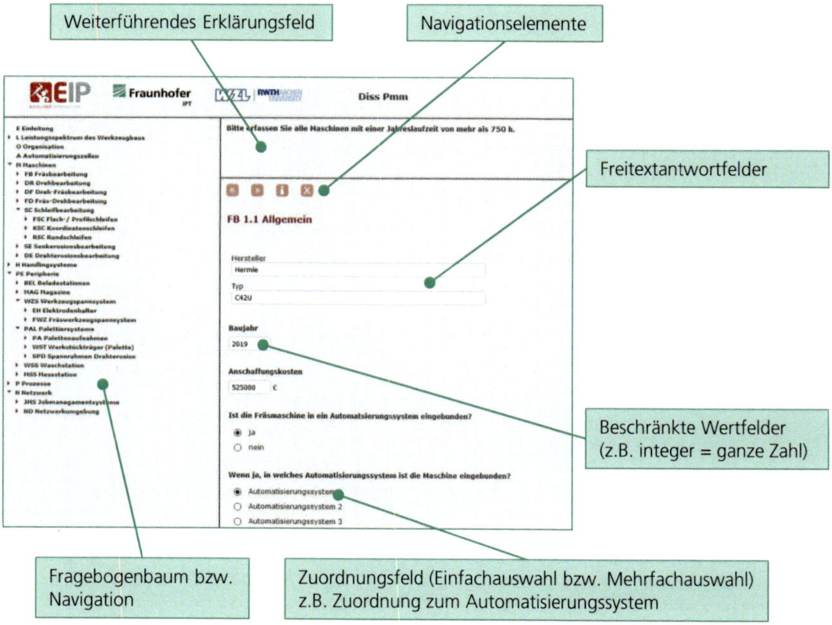

Abbildung 6-1: Online-Fragebogen zur Dateneingabe

Online-Questionnaire for Data Input

6.2 Softwaretechnische Umsetzung des Bewertungssystems

Software Implementation of the Evaluation System

Am Fraunhofer IPT und WZL der RWTH Aachen wurde die Software „Benchpro" für die Dateneingabe, -verwaltung und -auswertung von Benchmarkingdaten entwickelt. Im Rahmen dieser Dissertation wurde das kennzahlenbasierte Bewertungssystem der Leistungsfähigkeit verketteter Fertigungssysteme innerhalb dieser Software implementiert. Zum einen, um die Informationseingabe für die Werkzeugbaubetriebe zu vereinfachen (siehe Abbildung 6-1) und zu strukturieren, zum anderen, um die kennzahlenbasierte Bewertung (s. Anhang C und D) automatisiert zu realisieren und dauerhaft nutzbar zu machen. Die Daten aus dem Online-Fragebogen werden automatisch nach Eingabe in die Datenbank von Benchpro gespeichert, basierend auf den entwickelten Formeln kennzahlenbasiert weiterverarbeitet, aggregiert, bewertet und abschließend visualisiert.

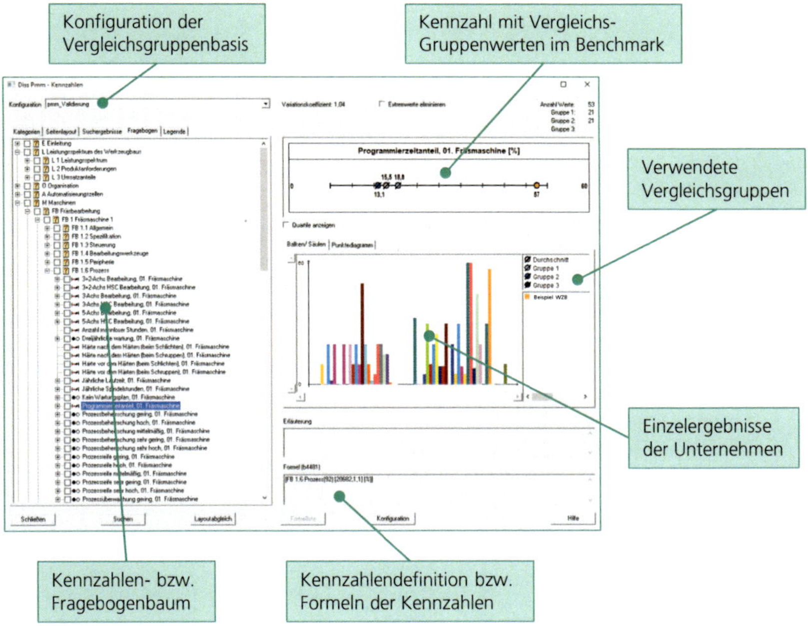

Abbildung 6-2: Kennzahlenbaum und -darstellung in Benchpro

Key Figure Tree and Presentation in Benchpro

Abbildung 6-2 zeigt exemplarisch die Ergebnisdarstellung am Beispiel des Programmierzeitanteils der ersten Fräsmaschine, die Teil eines verketteten Fertigungssystems ist. Hierbei ist zu erkennen, dass neben dem Wert des betrachteten Unternehmens sowohl der Durchschnitt der Datenbank als auch bis zu drei individuelle Vergleichsgruppenwerte für die jeweilige Kennzahl in Relation gesetzt werden können. Exemplarische Vergleichsgruppen können die EiP Top 10[26] als auch eine individuelle Auswahl von Werkzeugbauunternehmen innerhalb der Datenbank sein, die dem zu untersuchenden Werkzeugbau hinsichtlich Produktspektrum, Unternehmensgröße, Marktzugang, Zeitanteilen der Fertigungsverfahren sowie Werkzeuggröße und -typ entsprechen. Eine systemintegrierte Schnittstelle zur Präsentationserstellung ermöglicht nach Auswahl der relevanten Kennzahlen und Vergleichsgruppen die Erstellung der Ergebnisaufbereitung für den zu bewertenden Werkzeugbau, welche lediglich um die textuelle Interpretation der Kennzahlen ergänzt werden muss. Die Interpretation und Einordung der Kennzahlen durch einen Experten ist essenziell und zwingend erforderlich, um die richtigen Handlungsempfehlungen abzuleiten.

6.3 Fallbeispiel 1: Gebhardt Werkzeug- und Maschinenbau GmbH

Case Study 1: Gebhardt Werkzeug- und Maschinenbau GmbH

Die Gebhardt Werkzeug- und Maschinenbau GmbH (nachfolgend: Gebhardt) ist ein eigentümergeführtes mittelständisches Unternehmen und gehört mit aktuell ca. 83 Mitarbeitern und 18 Auszubildenden zu den größeren Werkzeugbaubetrieben in Deutschland. Das Unternehmen erwirtschaftete im Geschäftsjahr 2017 einen Umsatz von 13,57 Mio. Euro, welcher größtenteils im Neuwerkzeugbau, aber auch mit der Kleinserienproduktion von Blechbauteilen erzielt wurde. Das Unternehmen zeichnet sich im Werkzeugbau durch eine vergleichsweise hohe Wertschöpfungstiefe aus. Diese führt zum einen zu einer hohen Ressourcenverfügbarkeit und zur Nutzung einer flexiblen Fertigungszelle im Bereich Fräsen, um den Kunden eine weit überdurchschnittlich schnelle Werkzeugerstellung bei gleichzeitiger Produktivität in der mechanischen Fertigung garantieren zu können. Ziel des Unternehmens ist es, als Problemlöser für seine Kunden zu fungieren mit dem Fokus auf Werkzeuge für hochkomplexe Produkte. Werkzeuge für die Automobilindustrie zur Herstellung von komplexen Blechumformteilen für den Karosserierohbau, hochwertige Dekorteile im Fahrzeuginnenbereich sowie Bauteile für Motoren und Getriebe als auch Rückhaltesysteme stehen im Fokus der Geschäftsaktivitäten.

Als Blechumformwerkzeugbau zeigt Gebhardt eine branchentypische Fertigungstechnologieverteilung mit den Fertigungsverfahren 3- & 5-Achs-Fräsen, Drahterodieren, Flach-, Koordinaten-, und Rundschleifen (vgl. Kapitel 2.2.2). Unterstützende Fertigungsverfahren stellen das Drehen und das Senkerodieren dar. Insgesamt werden im Werkzeugbau des Unternehmens 31 Fertigungsmaschinen sowie diverse Messmaschinen eingesetzt. Gebhardt zeichnet sich insbesondere im Bereich der Frästechnologien durch eine zeitgemäße Maschinenausstattung aus. Neben mehrachsigen und HSC-fähigen Maschinen werden kombinierte Maschinen zum HSC-Fräsen und Koordinatenschleifen als auch eine flexible Fertigungszelle (FFZ) mit integrierter 5-Achs-Fräsmaschine für die Weich- und Hartbearbeitung umfassend genutzt. Darüber hinaus sind die Prozessbeherrschung und die Programmierfähigkeiten für die 5-achsige simultane Fräsbearbeitung als sehr hoch zu bezeichnen.

[26] Dies sind die besten 10 Unternehmen des Wettbewerbs „Excellence in Production" zum Werkzeugbau des Jahres (s. Anhang B).

6.3.1 Ausgangssituation und Beschreibung der Einflussgrößen

Initial Situation and Description of the Influencing Parameters

Im Rahmen der Validierung wird die FFZ der Firma Gebhardt analysiert und mit der entwickelten Kennzahlensystematik bewertet (s. Kap. 6.3.2). Nach einer kurzen Beschreibung der Ressourcen der FFZ wird anschließend der Fertigungsablauf der Zelle beschrieben, um die prozess- und netzwerkrelevanten Einflussgrößen darzustellen.

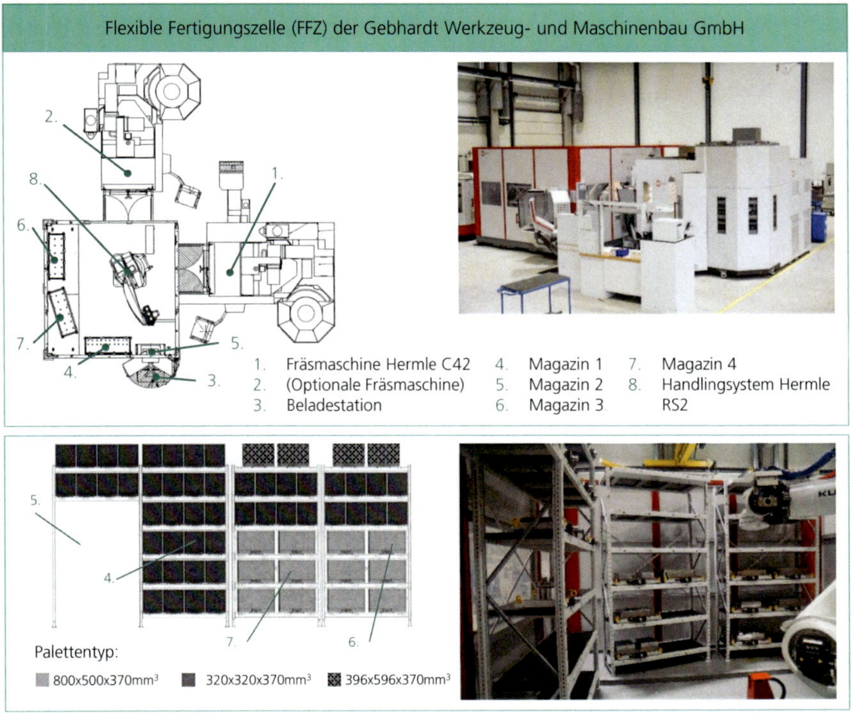

Abbildung 6-3: Flexible Fertigungszelle (FFZ) der Firma Gebhardt

Flexible Manufacturing Cell of the Company Gebhardt

Die Flexible Fertigungszelle der Firma Gebhardt besteht aus einer 5-Achs-Fräsmaschine der Firma Hermle (Modell C42, Baujahr 2016), vier Magazinen für Werkstückträger, einer Beladestation und einem Handlingsystem (Modell Hermle RS2 mit einem Roboter der Firma Kuka). Das Handlingsystem verfügt über ein maximales Transfergewicht von 240 kg und stellt damit den limitierenden Faktor für die in der Zelle automatisiert bearbeitbaren Werkstücke hinsichtlich des Gewichts dar. Innerhalb der Zelle werden drei unterschiedliche Größen an Werkstückträgern (Paletten) genutzt, von denen die mittlere Palettengröße auch als Magnetspannplatte existiert. Das maximale Eigengewicht der Paletten liegt hier bei 90 kg. Als Palettenaufnahme wird durchgängig das Nullpunktspannsystem der Firma ZeroClamp eingesetzt. Für Bearbeitungswerkzeuge sind 234 Speicherplätze innerhalb des Systems vorgesehen, die in einem Bearbeitungswerkzeugwechsler an der Maschine integriert sind. Diese werden nicht über das Handlingsystem eingewechselt. Als Fräswerkzeugspannsysteme werden vorwiegend Schrumpfspannfutter mit HSK-Schnittstelle eingesetzt, aber auch Flächenspannfutter und Spannzangen finden Verwendung. Eine Wasch- und Messstation sind innerhalb der Zelle nicht integriert. Ein Layout der Anlage, eine Aufteilung der Magazine und Bilder aus dem Vor-Ort Besuch sind in Abbildung 6-3 dargestellt.

Innerhalb der FFZ wird ca. zu gleichen Teilen die Weich- als auch die Hartbearbeitung von Werkstücken durchgeführt. Typische Härten bewegen zwischen 30 und 60 HRC. Als Werkstoffe werden die Stähle 1.2379, 1.2738, 1.2767 und 1.2363 genutzt. Dabei werden hauptsächlich 3D-Elemente bearbeitet. Der minimale Konturradius der zu fertigenden Komponenten liegt bei kleiner 1 mm und die maximale Konturtiefe bei größer als 100 mm. Hierbei liegen die Toleranzen im Bereich von kleiner 20 µm. Zeitanteilig werden ca. 70 % in einer 3-Achs-, 5 % in einer 3+2-Achs- und 25 % in einer 5-Achs-(Simultan-)Bearbeitung durchgeführt. Das FFZ wird jährlich gewartet, um den hohem Qualitätsanforderungen dauerhaft gerecht werden zu können.

Der **typische Fertigungsablauf** zur Nutzung der FFZ wird nachfolgend beschrieben, um die Prozesse und Netzwerkaspekte zu berücksichtigen. Dabei sind folgende Softwarelösungen zu unterscheiden: Das Jobmanagement, welches in der mechanischen Fertigung von Gebhardt für alle, auch für nicht automatisierte Maschinen, verwendet wird, wird durch die Software von Certa realisiert. Die Zellensteuerungssoftware der FFZ ist Soflex, welche ebenfalls über ein Jobmanagementmodul verfügt. Innerhalb der FFZ ist Soflex das führende System und ist über eine Schnittstelle an das übergeordnete System von Certa angebunden.

Werkstückträger werden außerhalb der FFZ vorbereitet. Hierzu wird das Werkstück auf die Palette aufgebracht und dann vermessen. Nach der Vermessung findet in Certa ein Postprozessordurchlauf statt, der das NC-Programm für das Werkstück erzeugt. Dieses NC-Programm besteht aus einem Hauptprogramm und evtl. mehreren Unterprogrammen. Die Versatzdaten (Nullpunktverschiebung) können im NC-Programm stehen oder separat an das Werkstück angeheftet werden. Zusätzlich erzeugt Certa zum NC-Programm eine Bearbeitungswerkzeugliste, in der alle im Programm zum Einsatz kommenden Fräswerkzeuge mit ihrer Einsatzzeit aufgelistet sind.

Um eine Palette in die FFZ einzuschleusen, wird mit einem Lesegerät, das an Certa angeschlossen ist, die Ident Nummer der Palette via QR-Code eingelesen. Certa übergibt daraufhin Soflex folgende Daten: NC-Programme (Hauptprogramm mit Werkzeugliste und Unterprogramme), Werkzeugstammdaten (mit nomineller Standzeit) für alle Werkzeugtypen in der Werkzeugliste des Programms sowie die Fertigungsaufträge, die im FFZ ausgeführt werden. Soflex bildet aus allen in die FFZ eingebrachten Fertigungsaufträgen eine Reihenfolge. Diese entsteht entweder durch Vorgabe des Bedieners an der FFZ oder durch Terminsteuerung. Anschließend folgt die NC-Bearbeitung der Werkstücke. Hierfür überträgt Soflex vorausschauend NC-Programme für alle existierenden Werkstücke. Die Anzahl von NC-Programmen in der Maschinensteuerung wird auf 5 Hauptprogramme begrenzt. Nicht mehr benötigte NC-Programme werden automatisch aus der Steuerung gelöscht. Durch Simulation der Reihenfolge der Fertigungsaufträge wird der notwendige Fräswerkzeugbedarf ermittelt, der dem Bearbeitungswerkzeugwechsler der Fräsmaschine durch den Mitarbeiter bereits vor Bearbeitungsbeginn zugeführt werden muss. Informationen der Fräswerkzeuge werden via Certa aus dem Toolmanagementsystem (Zoller) an Soflex übergeben. Die Identifikation der Fräswerkzeuge erfolgt via QR-Codes beim Einlesen der Bearbeitungswerkzeuge in den Bearbeitungswerkzeugwechsler.

Zur Entnahme von Werkstücken aus dem System wird der Werkstückträger mit dem bearbeiteten Werkstück an der Beladestation angeliefert. Der Bediener bestätigt die Entnahme des Werkstücks. Daraufhin überträgt Soflex eine Arbeitsfortschrittsmeldung an Certa. Infolgedessen werden durch Certa folgende Informationen aus dem System gelöscht: Ident-Nummer des Werkstückträgers, der Fertigungsauftrag, die NC-Programme. Der Bearbeitungsprozess innerhalb der FFZ ist somit beendet.

6.3.2 Auswertung

Evaluation

Nachdem im Abschnitt 6.3.1 die notwendigen Einflussgrößen zur Bewertung der Leistungsfähigkeit der FFZ der Firma Gebhardt ermittelt und auszugsweise beschrieben wurden, erfolgt nun die Interpretation der Ergebnisse und Ableitung von Handlungsempfehlungen. Als Grundlage dienen hierzu die systemseitig gebildeten Kennzahlen, welche nach der Methodik zur Bestimmung der Leistungsfähigkeit (vgl. Kapitel 4.4) hergeleitet wurden. Die Zahlenwerte und Informationen für die benötigten Einflussgrößen wurden in einen Workshop am 5.2.2020 bei der Firma Gebhardt in Baienfurt aufgenommen und mit der Werkzeugbauleitung und Leitung Fräsbereich diskutiert. Der Aufwand der Datenerfassung ist mit ca. 4 Stunden zu beziffern, was die Anwendbarkeit und die Wirtschaftlichkeit des Kennzahlensystems in sehr hohem Maße aufzeigt, da die Kennzahlenberechnung im Nachgang vollautomatisch in Benchpro (siehe Kapitel 6.2), auf Basis der im Anhang C, D und E beschriebenen Gewichtungsfaktoren und Bewertungsformeln, realisiert wird. In Abbildung 6-4 sind die Leistungsfähigkeiten und die Zielgrößen der Produktivität, Flexibilität und Qualität der Bewertungsebenen Ressourcen (Maschinen, Handlingsystem und Peripherie), Netzwerk und Prozess dargestellt[27]. Die Bewertung der Fräsmaschine und deren Prozesse ist gesondert dargestellt.

Auf **Ressourcenebene** stellt die FFZ eine gut gestaltete, anforderungsgerechte Lösung für das Werkstückspektrum der Firma Gebhardt dar. Die Leistungsfähigkeitsbewertung der Fräsmaschine weist einen Wert von 7,98 auf. Hierbei zeichnet sich die Fräsmaschine insbesondere durch eine hohe Produktivität aus. Die Produktivität könnte weiter gesteigert werden, indem eine zusätzliche Maschine in die FFZ integriert wird. Auch das Handlingsystem ist mit 5,9 gut bewertet und erfüllt

[27] Auf eine tiefergehende visuelle Kennzahlendarstellung wird an dieser Stelle verzichtet, da diese im Gesamtkontext interpretiert werden muss. Signifikante Zahlen werden jedoch im Rahmen der Interpretation adressiert.

anforderungerecht die zu erfüllenden Aufgaben. Konzeptbedingt wirkt die eingeschränkte Erweiterbarkeit der FFZ im Vergleich zur einem linearen FFS sich negativ auf die Bewertung aus. Dennoch ist die Bewertung hinsichtlich Produktivität, Flexibilität und Qualität ausgeglichen, was positiv zu werten ist. Hinsichtlich der Peripherie sind die Bewertungsergebnisse solide, jedoch ausbaubar. Werkstückträger, Bearbeitungswerkzeughalter, Beladestation und Magazine sind hinsichtlich der Bewertung zwischen 5 und 7, was positiv zu werten ist. Eine Steigerung der Leistungsfähigkeit des FFZ wäre durch die Integration einer Messmaschine möglich. Aktuell wird die Werkstückvoreinstellung extern mittels eines FaroArms, der nicht Teil des VFS ist, und somit nicht bewertet wird, realisiert. Eine Waschmaschine, die ebenfalls zu einer Steigerung der Qualität führen würde, ist vor wirtschaftlichen und technologischen Aspekten aufgrund des Werkstückspektrums jedoch kritisch zu hinterfragen.

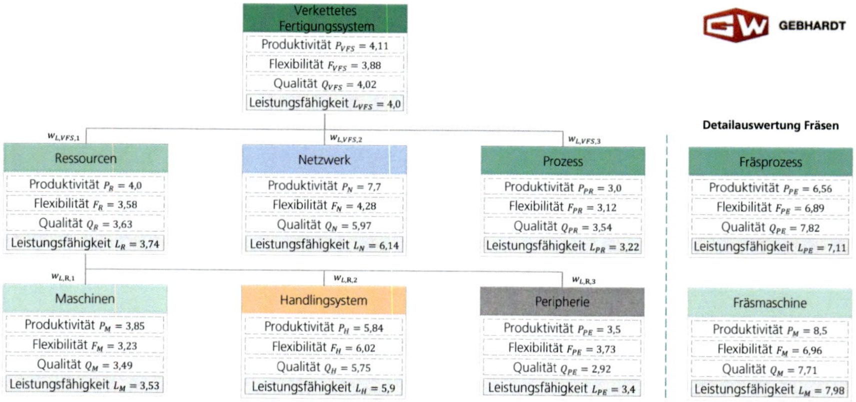

Abbildung 6-4: Leistungsfähigkeit und Zielgrößen der FFZ der Firma Gebhardt
Performance Index and Target Figures of the FMC of the company Gebhardt

Die zusammengefasste Ressourcenleistungsfähigkeit mit 3,74 Punkten wirkt niedrig, begründet sich jedoch dadurch, dass lediglich ein Fertigungsverfahren mit einer Fertigungsressource in der FFZ integriert ist. Bei einer Integration weiterer Fertigungsverfahren, z. B. das HSC-Fräsen oder Koordinatenschleifen, wie es auch bei Gebhardt zum Einsatz kommt, würde dieser Wert ansteigen. Diese Bewertungsebene des Kennzahlensystems wird vor allem für den Vergleich von FFZ und FFS herangezogen und ist daher im Gesamtkontext zu werten. Die Leistungsfähigkeit einzelner Fertigungsressourcen ist innerhalb der Bewertungselemente (s. Abbildung 6-4 rechts) besser analysierbar und ist für das Fräsen bei Gebhardt als sehr gut zu werten (7,98 Punkte).

Netzwerkseitig ist das FFZ mit einem Wert von 6,14 als gut zu bezeichnen. Lediglich in der Flexibilität des Netzwerks schneidet es schlechter ab. Dies ist vor allem durch die fehlende PPS- bzw. ERP-Anbindung des Jobmanagementsystems zu begründen. Hierdurch ist eine manuelle Priorisierung der Arbeitsreihenfolge an mehreren Stellen entlang des Auftragsabwicklungsprozesses erforderlich, und der Datenaustausch ist nicht durchgängig gesichert. Ein ERP-System befindet sich jedoch im Moment in der Implementierung, sodass dieser Umstand zeitnah verbessert wird. Grundsätzlich positiv zu bewerten ist, dass alle Maschinen bei Gebhardt über ein JMS verfügen, auch wenn sie nicht automatisiert sind. Die Nutzung von zwei Systemen mit Jobmanagementfunktionen (Certa und Soflex) gilt es jedoch kritisch zu prüfen.

Hinsichtlich der **Prozessleistungsfähigkeit** ist der Prozess des Fräsens (7,11 von 10 Punkten) innerhalb des FFZ als sehr gut zu bewerten. Die jährliche Anzahl Spindelstunden beträgt 4.500 h bei einer Maschinenlaufzeit inklusive Rüst- und Nebenzeiten von 5.085 h (Bewertung 8,87 von 10 Punkten). Der Rüstzeitanteil liegt bei 13 % und der Programmierzeitanteil beläuft sich auf 20 % bezogen auf die Maschinenlaufzeit. Als besonders positiv ist der hohe Anteil mannloser Laufzeit von 66 % bezogen auf die Spindelstunden zu nennen. Dieser zeigt in besonderem Maße die Leistungsfähigkeit und Produktivität der Prozesse auf, da die FFZ lediglich in der Frühschicht mit Personal betrieben wird. Hinsichtlich der Prozessqualität sind die hohe Prozessreife, -beherrschung und die sehr hohe Güte der CAM-Programmierung befähigende Faktoren und sorgen für einen stabilen Betrieb. Eine jährliche Wartung, geregelt durch einen Wartungsvertrag, wirkt sich positiv auf die Prozessqualität aus. Der geringe Grad der Werkstückstandardisierung hingegen wirkt sich negativ auf die Bewertung aus. Kompensiert wird dies jedoch durch die geringe Anzahl an Umspannvorgängen, die zur Bearbeitung der Werkstückkomponenten notwendig sind. Die Ausfallrate[28] von ca. 4 % sorgt für eine mittlere Bewertung und bietet weiteres Verbesserungspotenzial. Die Prozessproduktivität könnte weiter gesteigert werden, indem eine zusätzliche Fräsmaschine in die FFZ eingebunden und somit von der vorhandenen Peripherie profitieren würde. Bei ausreichend hoher Auslastung und passendem Werkstückspektrum würde dies den Maschinenstundensatz der Gesamtanlage als auch der einzelnen Maschinen reduzieren, was zu einer direkten Verringerung der Stückkosten führen würde. Der niedrige Wert bei der Gesamtprozessleistungsfähigkeit ist wie schon bei den Maschinen durch die geringe Anzahl unterschiedlicher Fertigungsverfahren begründet und gilt es im Gesamtkontext zu interpretieren. Dieser Umstand ist der Vergleichbarkeit des Kennzahlensystems hinsichtlich BAZ, FFZ und FFS geschuldet.

Zusammengefasst kann die flexible Fertigungszelle der Firma Gebhardt als leistungsfähige Lösung zur Automatisierung der Fräsbearbeitung mit Potenzial zur Erweiterung bezeichnet werden. Die kennzahlenbasierte Bewertung konnte erfolgreich durchgeführt, Stärken und Schwächen identifiziert und Handlungsfelder abgeleitet werden. Die Validierung am Beispiel einer flexiblen Fertigungszelle im Blechumformwerkzeugbau ist damit abgeschlossen.

[28] Verhältnis ungeplante Stillstandszeiten zu Planlaufzeiten

6.4 Fallbeispiel 2: HARTING Applied Technologies GmbH

Case Study 2: HARTING Applied Technologies GmbH

Die HARTING Applied Technologies GmbH (HARTING AT) stellt Werkzeuge und Sondermaschinen her und ist eine eigenständige Gesellschaft innerhalb der HARTING Technologiegruppe mit Sitz in Espelkamp. Von den 129 Mitarbeitern (inkl. 12 Auszubildende) arbeiten 49 Personen im Werkzeugbau. HARTING AT entwickelt, konstruiert und fertigt im Werkzeugbau vor allem Spritzgussformen, Druckgussformen für Aluminium und Zink, Stanz-Biege-Werkzeuge. Dabei werden hochpräzise und produktive Formen in Einkomponenten- und Mehrkomponententechnik erstellt. Die Bandbreite der Produkte reicht von großvolumigen Gehäusebauteilen für Steckverbinder aus Kunststoff und Aluminium bis hin zu Mikrospritzgussteilen mit Schussgewichten kleiner 1 Gramm, Strukturgrößen von wenigen hundertstel Millimetern und höchsten Ansprüchen an die Oberflächengüte. Eine weitere Spezialität ist die Herstellung von Spritzgießformen und die Entwicklung von zugehörigen Spritzgießprozessen für die Herstellung von Metall-Kunststoff-Verbundbauteilen. Die Prozesskette im Werkzeugbau umfasst bei HARTING AT eine eigene Vorentwicklung für neue Fertigungsverfahren und Fertigungskonzepte sowie eine umfassende und frühzeitige Beratung der konzerninternen Kunden. Die Herstellung von Formen und Werkzeugen läuft über Engineering, Konstruktion, Fertigung und Montage sowie ein umfangreich ausgestattetes Technikum. Neben der Fokussierung auf die Herstellung von Werkzeugen hat sich das Unternehmen als kompetenzübergreifender und global aktiver Technologiepartner innerhalb der HARTING Gruppe positioniert.

6.4.1 Ausgangssituation und Beschreibung der Einflussgrößen

Initial Situation and Description of the Influencing Parameters

In das flexible Fertigungssystem der Firma HARTING AT sind drei Fertigungstechnologien mit in Summe vier Maschinen integriert. Auf der Fräsmaschine Röders RXP501DS wird die Elektrodenherstellung durchgeführt. Bei dieser Fräsmaschine handelt es sich um eine thermostabilisierte 5-Achs-HSC-Fräsmaschine mit einer maximalen Spindeldrehzahl von 42.000 min^{-1} und einem internen Bearbeitungswerkzeugwechsler mit 75 Speicherplätzen für HSK E40-Aufnahmen. Die Werkstücke werden im FFS auf zwei GF FORM 2000 senkerodiert. Die benötigten Elektroden, die nahezu ausschließlich aus Graphit herstellt werden, warten nach der Herstellung und Vermessung in den Rotationsmagazinen von 3R auf ihren Einsatz. Die messtechnische Auswertung der Elektroden, die Ermittlung von Versatzdaten und die Qualitätskontrolle der Werkstücke werden auf einer Zeiss Vista Koordinatenmessmaschine durchgeführt. Vor der Vermessung und nach dem Senkerodierprozess werden die Werkzeugkomponenten in einer Waschmaschine der Firma INTEKO mit Wasseraufbereitung gereinigt. Als Drahterodiermaschine wird der Maschinentyp GF CUT P 350 eingesetzt. Das Handlingsystem stammt ebenfalls aus dem Hause GF (System 3R Transformer) mit einem maximalen Transfergewicht von 150 kg. Das System verfügt über eine Greiferwechselstation mit drei Greifern, um Elektroden, Paletten und das Spannsystem für die Drahterosion handhaben zu können. Als Werkstückträger werden für die Drahterosion Spannvorrichtungen von 3R (Typ Macro) eingesetzt. Für die fräs- und funkenerosive Bearbeitung wird ein Palettiersystem von Erowa ITS148 mit Nullpunktspannsystem verwendet. Als Elektrodenhalter werden ITS50 Halter genutzt. Eine Beladestation ist nicht integriert, da die Magazine direkt von der Außenseite mit Elektroden und Werkstückträgern beladen werden können. Das Layout des FFS ist der Abbildung 6-5 zu entnehmen.

Flexibles Fertigungssystem (FFS) der Firma HARTING Applied Technologies GmbH

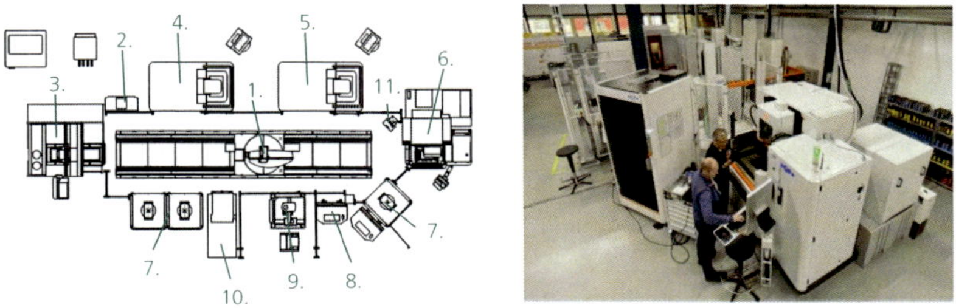

1. Handlingsystem Transformer
2. Schaltschrank Transformer
3. Fräsmaschine Röders RXP501
4. Senkerodiermaschine GF Form 2000 HP
5. Senkerodiermaschine GF Form 2000 HP
6. Drahterodiermaschine GF Cut P 350
7. Rotations-Magazin 3R
8. Cellmanager Workstation
9. Messmaschine Zeiss
10. Spülstation Inteko
11. Greiferstation

Abbildung 6-5: Flexibles Fertigungssystem (FFS) der Firma HARTING AT
Flexible Manufacturing System of the Company HARTING AT

Innerhalb des FFS wird keine Prozessverkettung der Drahterosion mit den anderen Fertigungsverfahren realisiert. Die Drahterodiermaschine und das ihr zugeordnete Magazin, das in Rotationsbauweise ausgeführt ist und Platz für 36 Werkstücke bietet, wurden nachträglich an das FFS angeschlossen. Sie partizipieren am Handlingsystem der Automationslösung. Gründe hierfür sind die geringen Investitionskosten zur Realisierung einer ersten Automation im Bereich der Drahterosion. Es wird das mittelfristige Ziel verfolgt, eine separate FFZ für das Drahterodieren mit zwei Maschinen aufzubauen, um so die aktuell noch nicht automatisierten Drahterodiermaschinen bei HARTING AT zu substituieren. Der Arbeitsablauf der Drahterosion im FFS gestaltet sich aktuell wie folgt: Nach erster grober Vorstellung der Werkstücke inkl. Werkstückträger an einen externen Voreinstellplatz werden diese auf der Koordinatenmessmaschine hochgenau vermessen und anschließend durch den Mitarbeiter in das Magazin eingeschleust. Aus Kostengründen und unter technologischen Aspekten, u. a. begründet durch eine zu kleine Messmaschine sowie fehlende Pneumatikanschlüsse für zwei unterschiedliche Spannsysteme auf dem Tisch der Messmaschine wird der Transportvorgang der Werkstücke aktuell durch den Mitarbeiter und außerhalb der Automation realisiert. Bei Implementierung einer separaten FFZ für die Drahterosion würde dies automatisiert ablaufen. Durch die Größe des Magazins und die langen Bearbeitungszeiten ist der mannlose Betrieb innerhalb des Drahterodierprozesses, gerade in der Nachschicht, auch jetzt schon in sehr gutem Maße sichergestellt.

Nachfolgend werden die Netzwerkumgebung und die Datenweitergabe des FFS erläutert (s. Abbildung 6-6). Das flexible Fertigungssystem wird in einer eigenen Netzwerkumgebung betrieben.

Zentrales Element stellt dabei das Zellenmanagement dar, welches auch die Jobmanagementfunktion ausführt. Innerhalb des geschlossenen „Zellen-Netzwerks" stellt der Rechner die Bearbeitungsaufgaben, Bearbeitungsprogramme (.rod, .xmlj, .mjb-Dateien) sowie Messpunkte, Untermaße und Versatzdaten (.stp-Datei) an den jeweiligen Maschinen und Peripherieelementen bereit. Das Handlingsystem, die Waschmaschine und die Rotarymagazine erhalten ihre Signale ebenfalls vom Zellenmanagement des FFS. Nach Beendigung des Bearbeitungsschritts übertragen alle Ressourcen Fehlermeldungen an das Zellenmanagement und geben die Ist-Bearbeitungszeiten zurück. Zur Identifikation von Werkstücken und Elektroden werden RFID-Chips an den Werkstückträgern und Elektrodenhaltern eingesetzt, die alle relevanten Informationen enthalten. Somit ist eine prozesssichere Zuordnung von Werkstücken, Bearbeitungswerkzeugen und -programmen sichergestellt.

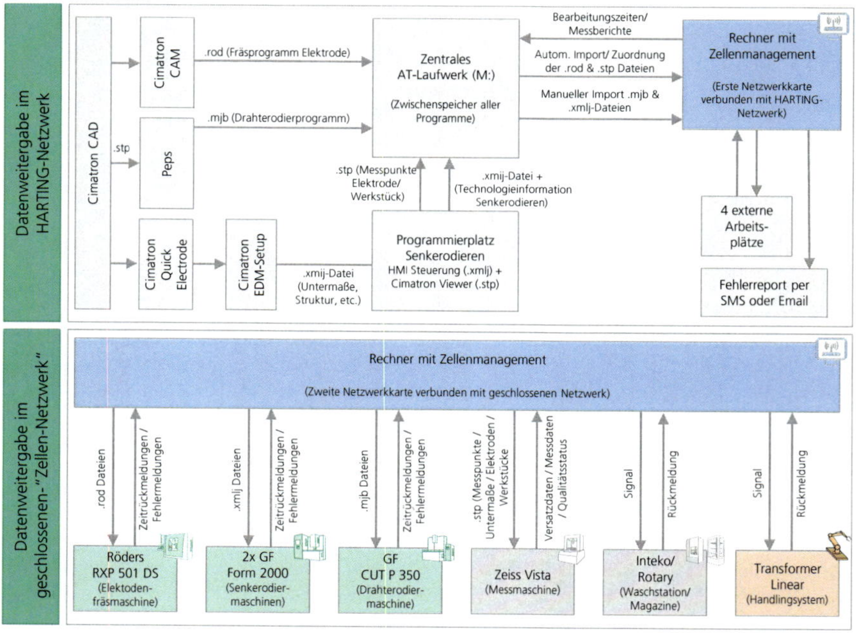

Abbildung 6-6: Netzwerkumgebung des FFS der Firma HARTING AT
Network Environment of the FMS of the Company HARTING AT

Der Rechner mit dem Zellenmanagement, welcher über zwei Netzwerkkarten verfügt, stellt die Schnittstelle zum übergeordneten HARTING-Netzwerk des gesamten Werkzeugbaus dar. Nach der Konstruktion der Werkzeuge in Cimatron CAD werden beim Fräsen und Drahterodieren die CAM-Programme der Werkstücke im Cimatron CAM bzw. Peps erzeugt und anschließend auf ein zentrales Laufwerk gespeichert. Bei der Senkerosion werden die Elektroden in Cimatron abgeleitet und anschließend mit Technologieinformationen angereichert und gleichermaßen auf dem zentralen Laufwerk zwischengespeichert. Messpunkte für die Elektroden und Werkstücke werden ebenfalls dort abgelegt. Die Bearbeitungsprogramme für die Senk- und Drahterosion werden anschließend durch den Mitarbeiter im Zellenmanagement eingesteuert. Dabei priorisieren Mitarbeiter die Arbeitsaufträge eigenständig. Zielkriterien sind dabei eine geringe Durchlaufzeit der Werkstücke, eine hohe mannlose Bearbeitungszeit und geringe Rüstzeiten. Durch die Übertragung der Bearbeitungsprogramme für das Senkerodieren wird ein Automatismus ausgelöst, der sowohl die Fräsprogramme und die Versatzdaten als auch Messpunkte ebenfalls in das Zellenmanagement überträgt. Durch die automatische Zuordnung der Bearbeitungsprogramme werden nicht wertschöpfend, sehr fehleranfällige und händische Aufwände beim Mitarbeiter reduziert. Der eingesparte Aufwand zur Programmzuordnung im Zuge eines Senkerodierprozesses kann bei einer komplexen Geometrie am Werkstück, mit mehr als 60 benötigten Elektroden, durchaus über eine Stunde betragen. Im Rahmen des FFS hat die Firma HARTING AT daher besonderes Augenmerk auf die Datenweitergabe rund um das verkettete Fertigungssystem gelegt.

6.4.2 Auswertung

Evaluation

Nachdem im Abschnitt 6.4.1 die notwendigen Einflussgrößen zur Bewertung der Leistungsfähigkeit des FFS der Firma HARTING AT ermittelt und auszugsweise beschrieben wurden, erfolgen nun die Interpretation der Ergebnisse und die Ableitung von Handlungsempfehlungen. Die Zahlenwerte und Informationen für die benötigten Einflussgrößen wurden in einen Workshop am 26.2.2020 bei der Firma HARTING AT in Espelkamp aufgenommen und mit der Fertigungsleitung und den Bedienern des FFS diskutiert. Der Aufwand der Datenerfassung ist mit ca. 5,5 Stunden etwas höher als im ersten Fallbeispiel, was durch die größere Anzahl an Maschinen innerhalb des FFS zu begründen ist. In Abbildung 6-7 sind die Leistungsfähigkeiten und die Zielgrößen Produktivität, Flexibilität und Qualität der Bewertungsebenen Ressourcen (Maschinen, Handlingsystem und Peripherie), Netzwerk und Prozess für das FFS zusammenfassend dargestellt.[29]

Auf **Ressourcenebene** stellt das FFS eine sehr gut gestaltete und leistungsfähige Lösung für das Werkstückspektrum der Firma HARTING AT dar. Die Gesamtleistungsfähigkeitsbewertung der Maschinen im FFS weist einen Wert von 6,53 auf, was als sehr gut zu bezeichnen ist. Hierbei zeichnen sich die Maschinen insbesondere durch eine hohe Qualität (7,33) und Produktivität (6,72) aus. Die beste (Einzel-)Maschinenleistungsfähigkeit weist die Elektrodenfräsmaschine mit einem Wert 8,33 auf, wobei die Senk- und Drahterodiermaschinen mit einem Wert von 7,9 nur knapp darunterliegen. Das Handlingsystem hat eine Leistungsfähigkeitsbewertung von 6,13 Punkten. Diese ist in ihrer Bewertung ausgewogen über die Zielgrößen Produktivität, Flexibilität und Qualität verteilt. Auch die Peripherie, also die Werkstückträger, Bearbeitungswerkzeughalter, Elektrodenhalter,

[29] Auf eine tiefergehende visuelle Kennzahlendarstellung wird an dieser Stelle aus Datenschutzgründen verzichtet, da diese im Gesamtkontext interpretiert werden muss. Signifikante Zahlen werden jedoch im Rahmen der Interpretation adressiert.

Messmaschine, Waschstation und Magazine, ist hinsichtlich der Bewertung im Mittel mit einer Leistungsfähigkeit von 6,01 bewertet. Insbesondere die Integration einer Mess- und Waschmaschine haben hier einen positiven Einfluss im Vergleich zum ersten Fallbeispiel der FFZ. Subsumiert lässt sich das FFS der Firma HARTING AT auf der Ressourcenebene als sehr performant bezeichnen.

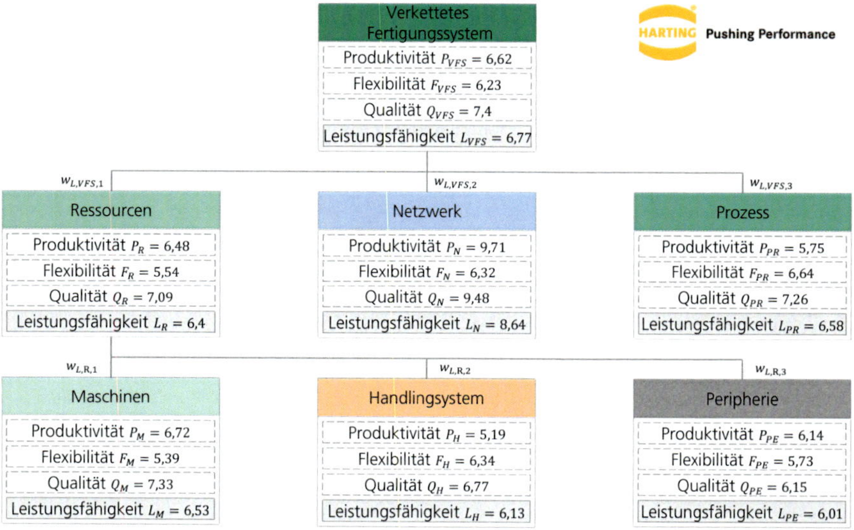

Abbildung 6-7: Leistungsfähigkeit und Zielgrößen der FFS der Firma HARTING AT
Performance Index and Target Figures of the FMS of the Company HARTING AT

Netzwerkseitig ist das FFS mit einem Wert von 8,64 exzellent bewertet. Lediglich in der Flexibilität des Netzwerks befindet es sich auf einem niedrigeren Niveau (6,32). Dies ist vor allem durch die fehlende PPS- bzw. ERP-Anbindung des Jobmanagementsystems zu begründen. Es besteht an dieser Stelle weiteres Potenzial für die Datendurchgängigkeit und Transparenz im Sinne der zentralen Datenspeicherung. HARTING AT setzt jedoch bewusst auf eine seit über 10 Jahre verfeinerte analoge PPS-Lösung mit Plantafeln auf Basis von Fertigungsbereichen und Wochenkapazitäten, um dem Mitarbeiter die Möglichkeit der Selbstoptimierung hinsichtlich Durchlaufzeit, mannloser Laufzeiten und Rüstzeiten zu ermöglichen. Die Priorisierung der Bearbeitungsreihenfolge im FFS findet, begründet aus dem Umstand der analogen Planung, direkt durch den Mitarbeiter im Jobmanagementmodul des Zellenmanagements statt. Die sehr gute Netzwerkbewertung zeigt, dass bei der Konzeption und Umsetzung des FFS ein besonderer Fokus auf der Netzwerkumgebung und Datenweitergabe lag. Dies macht sich im operativen Betrieb durch die Reduktion nicht wertschöpfender Tätigkeiten, wie der manuellen Zuordnung von Bearbeitungsprogrammen, positiv bemerkbar und gibt den Mitarbeitern des FFS die Möglichkeit, sich auf technologisch komplexe fertigungstechnische Aufgaben zu fokussieren.

Hinsichtlich der **Prozessleistungsfähigkeit** sind die Prozesse Fräsen, Senk- und Drahterodieren mit einer Bewertung zwischen 7,67 und 8,64 sehr gut zu bewerten. Die Gesamtleistungsfähigkeitsbewertung des FFS liegt mit einem Wert von 6,58 ebenfalls auf sehr gutem Niveau. Die jährliche Anzahl Spindel- bzw. Generatorstunden liegt bei allen Maschinen zwischen 4000 und 6000 Stunden. In Kombination mit einem hohen Anteil mannloser Laufzeit begründet sich hierdurch die gute Produktivitäts- und sehr gute Flexibilitätsbewertung der Prozesse. Der Programmierzeitanteil liegt bei allen Fertigungsverfahren im FFS im Bereich von 10-15 % was ebenfalls positiv zu bewerten ist. Hinsichtlich der Rüstzeitanteile schneidet das Fräsen mit 15 % sehr gut ab, während im Bereich Senk- und Drahterodieren die Rüstzeitanteile leicht erhöht sind. In der Senkerosion ist dies durch die hohe Anzahl Elektroden pro Bearbeitung begründet. Innerhalb der Drahterosion sind, aus oben genannten Gründen, der Rüstprozess und die Übergabe der Werkstücke in das FFS noch nicht optimal gestaltet. Hinsichtlich der Prozessqualität sind die hohe Prozessreife, -beherrschung als auch die sehr hohe Güte der CAM-Programmierung über alle Fertigungsverfahren hinweg als befähigende Faktoren zu nennen und sorgen für einen stabilen Betrieb des VFS. Eine mindestens jährliche Wartung, geregelt durch einen Wartungsvertrag, wirkt sich positiv auf die Prozessqualität aus. Der hohe Grad der Werkstückstandardisierung im Bereich Elektrodenfräsen und Senkerodieren wirkt sich ebenfalls positiv auf die Leistungsfähigkeit aus.

Die Leistungsfähigkeit innerhalb der mechanischen Fertigung von HARTING AT könnte weiter gesteigert werden, indem eine zusätzliche HSC-Fräsmaschine in das FFS eingebunden und somit von der vorhandenen Peripherie profitieren würde. Diese könnte zum einen zur Entlastung der Elektrodenfräsmaschine genutzt werden, die aktuell mit knapp 6000 Spindelstunden an der Kapazitätsgrenze betrieben wird, zum anderen könnten darauf Werkstücke im Harten geschlichtet und somit in einer Aufspannung im FFS komplett bearbeitet und qualitätsvermessen werden. Dies könnte insbesondere für Formeinsätze interessant sein, die keine 6-Seiten-Bearbeitung benötigen. Aktuell wird der Fräsprozess von Werkstücken in einer separaten FFZ realisiert, was zu einer Unterbrechung der Prozesskette und Steigerung der Durchlaufzeit führt. Darüber hinaus wäre es unter technologischen Aspekten sinnvoll, eine separate FFZ für die Drahterosion zu realisieren. Hierdurch könnten die beiden aktuell noch nicht automatisierten älteren Drahterodiermaschinen substituiert werden.

Zusammengefasst kann das flexible Fertigungssystem der Firma HARTING AT als sehr leistungsfähige Lösung zur Automatisierung der Elektrodenherstellung und Senkerosion mit Potenzial zur Weiterentwicklung hinsichtlich der Drahterosion und der (Stahl-)Hartbearbeitung bezeichnet werden. Die kennzahlenbasierte Bewertung konnte erfolgreich durchgeführt, Stärken und Schwächen identifiziert und Handlungsfelder abgeleitet werden. Die Validierung am Beispiel einer FFS im Spritzgieß- und Druckgusswerkzeugbau ist damit abgeschlossen.

6.5 Kritische Reflexion

Critical Reflection

Die Fallbeispiele im internen Werkzeugbaubetrieb von HARTING AT sowie im externen Werkzeugbaubetrieb von Gebhardt zeigen auf, dass das entwickelte Bewertungssystem der Leistungsfähigkeit verketteter Fertigungssysteme zur Analyse, Bewertung und Ableitung von Handlungsempfehlungen in der operativen Praxis, mit Fokus auf die mechanische Fertigung, erfolgreich genutzt werden kann. Das Zwischenfazit aus Kapitel 4.5 wird nachfolgend erweitert und die Anforderungsdimensionen, auch auf Basis der Validierung, kritisch reflektiert.

Die **kontextbezogenen Anforderungen** stellen die ganzheitliche Bewertung von verketteten Fertigungssystemen, sowie die Ressourcen- und Prozessbewertung dar. Der in dieser Arbeit entwickelte Ansatz berücksichtigt die ganzheitliche Bewertung eines verketteten Fertigungssystems im Werkzeugbau. Weiterhin erfüllt er die Integrität und Erweiterbarkeit sowie Modularität hinsichtlich der Bewertung im besonderen Maße. Unterschiedlich konzeptionierte VFS lassen sich mit kennzahlenbasierten Bewertungssystemen gleichermaßen analysieren, bewerten und vergleichen. Durch die Nutzung der Bewertungsebenen Ressourcen (Maschine, Handlingsystem, Peripherie) sowie Netzwerk und Prozesse als Ordnungsrahmen der mechanischen Fertigung sind die kontextbezogenen Anforderungen in vollem Umfang erfüllt und validiert worden.

Branchenspezifische Anforderungen sind die Eignung für die Einzel- und Kleinserienfertigung und die Beachtung unternehmerischer Randbedingungen. In beiden Fallbeispielen konnte der Bezug zu individuellen verketteten Fertigungssystemen berücksichtigt und deren jeweilige Besonderheiten während des Validierungsprozesses aufgezeigt werden. Durch die Wahl eines internen kleinen und eines externen großen Werkzeugbaus konnte die Heterogenität von Unternehmen der Einzel- und Kleinserienfertigung u. a. in Bezug auf Leistungsspektrum, Marktzugang und Organisationsstruktur dargestellt werden. Während der Werkzeugbaubetrieb von HARTING AT hauptsächlich Mehrkavitätenwerkzeuge für Elektrik- und Elektronikanwendungen sowie Druckgussformen herstellt, bietet Gebhardt vorwiegend Blechumformwerkzeuge mit Fokus auf die Automobilindustrie an. Die Beachtung unternehmensspezifischer Randbedingungen, insbesondere die der mechanischen Fertigung, und die Anpassung auf die Charakteristika des internen Werkzeugbaubetriebs von HARTING AT sowie des externen Werkzeugbaubetriebs von Gebhardt konnten gezeigt werden. Somit wurden die branchenspezifischen Anforderungen ebenfalls ganzheitlich erfüllt.

Die **allgemeinen Anforderungen** stellen Kennzahlen, Anwendbarkeit und Wirtschaftlichkeit dar. Der Ansatz berücksichtigt quantitative und qualitative Kennzahlen zur Bewertung von Ressourcen, Prozessen und des Netzwerks eines verketteten Fertigungssystems, wobei die qualitativen Kennzahlen quantifizierbar abgebildet werden. Darüber ist die Anwendbarkeit und Wirtschaftlichkeit in vollem Umfang gegeben, da die Erfassung der relevanten Einflussgrößen einfach via Online-Fragebogen und die Kennzahlengenerierung durch die Softwareunterstützung vollautomatisiert realisiert wird. An den beiden Fallbeispielen konnte quantifiziert werden, dass Aufwand für die Datenbereitstellung und der Nutzen der Bewertung in einem sehr guten Verhältnis zueinander stehen. Die Ergebnisse sind in der Praxis quantifizier- und umsetzbar.

Die Fallbeispiele verdeutlichen, dass das entwickelte Bewertungssystem der Leistungsfähigkeit verketteter Fertigungssysteme im industriellen Werkzeugbau erfolgreich in der Praxis angewendet werden kann. Die Heterogenität der beiden Beispielunternehmen hinsichtlich Leistungsspektrum, Marktzugang und Organisationsstruktur und Struktur der mechanischen Fertigung weist die Anwendung des Bewertungsmodells auf unterschiedliche Werkzeugbaubetriebe und damit auch auf die gesamte Branche nach. Darüber hinaus werden in einem bis November 2020 laufenden Konsortialprojekt der WBA und des Fraunhofer IPT zum Thema „Best of Benchmark Automatisierung und Maschinenverkettung" weitere 8 Werkzeugbaubetriebe mithilfe des kennzahlenbasierten Bewertungssystems für VFS bewertet. Das Bewertungssystem wurde somit als ganzheitlicher Lösungsansatz verifiziert. Die übergeordnete Zielsetzung dieser Arbeit ist damit erreicht.

Abschließend bleibt festzuhalten, dass der Arbeitsaufwand für die softwaretechnische Implementierung des kennzahlenbasierten Bewertungssystems in Benchpro deutlich höher war als ursprünglich durch den Autor angenommen. Dies ist der geforderten Modularität und der Bewertung vom Teilsystemen innerhalb der mechanischen Fertigung geschuldet. In Summe wurden über 37.500 Datenbankeinträge im SQL-basierten System Benchpro erzeugt, um sowohl der hierarchischen Struktur, der Ganzheitlichkeit, der Modularität sowie den anderen geforderten Anforderungsdimensionen gerecht zu werden. Das entwickelte Bewertungssystem kann mit vertretbarem Aufwand mit bereits bestehenden Kennzahlensystemen innerhalb der Software Benchpro verbunden werden Durch die Softwareimplementierung ist eine weitere Verwertung der geleisteten Forschungsarbeiten im Zuge des Beratungsgeschäfts über die WBA und das Geschäftsfeld Werkzeugbau am Fraunhofer IPT in einer praxisnahen Umgebung sichergestellt. Darüber hinaus hat sich gezeigt, dass ein Vor-Ort-Besuch im Rahmen der Datenaufnahme zur kennzahlenbasierten Bewertung sinnvoll ist, um eine valide und vergleichbare Aufnahme der Einflussgrößen sicherzustellen.

Schwer zu bewerten bleibt das Themenfeld der (adaptiven) Fertigungsprozessketten. Auch das Themenfeld der Automatisierung der additiven Fertigung ist nicht Teil dieser Arbeit. Exemplarisch sind hier die Themen Spannsysteme, Bauteilhandling und Prozesskettengestaltung für additiv gefertigte Werkstücke inklusive deren Nachbearbeitung zu nennen. In beiden genannten Feldern bietet sich Raum für weitere Forschungsarbeiten.

7 Zusammenfassung und Ausblick

Summary and Outlook

Gemäß der angewandten Forschung nach ULRICH wurde das kennzahlenbasierte Bewertungssystem der Leistungsfähigkeit verketteter Fertigungssysteme im Werkzeugbau erfolgreich anhand von zwei Praxisbeispielen validiert (s. Kapitel 6). Die vorliegende Arbeit wird nachfolgend zusammengefasst. Abschließend erfolgt ein kurzer Ausblick in die zukünftig notwendigen Tätigkeiten in Forschung und Industrie.

7.1 Zusammenfassung

Summary

In Deutschland steht das produzierende Gewerbe vor zahlreichen Herausforderungen [BMWI19a, S. 6]. Der globalisierte Wettbewerb führt zu einem erhöhten Kostendruck bei gleichbleibendem Anspruch an Qualität und Lieferzeiten [BMWI19b, S. 5 f.]. Die Pandemie durch das COVID-19 (Coronavirus SARS-CoV-2) erschwert die wirtschaftliche Situation zusätzlich, da Lieferketten zusammenbrechen und Unternehmen ihre Produktion stoppen müssen [GOMO20; RING20; BMWI20]. Neben der Globalisierung stellt der demografische Wandel ein weiteres Handlungsfeld für die deutsche Industrie dar, welcher durch sinkende Zahlen bei Erwerbstätigen zu einem Facharbeitermangel und veränderten Tätigkeitsstrukturen, auch im Werkzeugbau, führen wird [BOOS18d, S. 13 f.; STAT19]. Dritte Herausforderung für die produzierende Industrie stellt die Implementierung und Nutzung von Industrie 4.0 dar. Durch die bisherige Nutzung von Einzellösungen, z. B. zur Digitalisierung und Visualisierung, können Produktivitätssteigerungen nicht in vollem Umfang gehoben werden [SCHU18a, S. 6 f.].

Der Werkzeugbau in Deutschland ist in gleichem Maße von den beschriebenen Herausforderungen betroffen [BOOS18d, S. 13 f.]. Als Bindeglied zwischen Produktentwicklung und Serienfertigung kann der Werkzeugbau sowohl zum Innovationstreiber als auch zum Produktivitätsbefähiger der Serienfertigung werden und einen Wettbewerbsvorteil erzielen [vgl. HEES15, S. 1]. Die aktuelle Konjunkturentwicklung im Werkzeug- und Formenbau mit sinkenden Auftragseingängen und geringen Auftragsbeständen führt zu einem Preiskampf und wird durch die Corona Pandemie zusätzlich erschwert [WERK20; ZEDT20a]. Marktfähig sind Werkzeugbaubetriebe daher auf Dauer nur, wenn die internen Wertschöpfungsprozesse optimiert werden und so Margenverluste durch interne Effizienzsteigerungen kompensiert werden können. Zusammenfassend lässt sich festhalten, dass neben der Entwicklung innovativer Produkte und Dienstleistungen eine deutliche wertschöpfungsseitige Effizienzsteigerung zu erzielen ist, um auch zukünftig global wettbewerbsfähig zu sein.

Unter technologischen Gesichtspunkten bieten Automatisierungslösungen in der mechanischen Fertigung des Werkzeugbaus großes Potenzial zur weiteren Steigerung der Leistungsfähigkeit [BOOS17a, S. 37 f.; PRÜM18, S. 1]. Aufgrund des Einzel- und Kleinseriencharakters ist eine reine Adaption der bekannten Automatisierungsmethoden aus der Serienfertigung auf den Werkzeugbau jedoch nicht anwendbar [BOOS17a]. Im Rahmen der Arbeit wurde daher ein kennzahlenbasiertes Bewertungssystem der technologischen Leistungsfähigkeit verketteter Fertigungssysteme im Werkzeugbau entwickelt. Dieses versetzt die Werkzeugbaubranche in die Lage, individuelle Konzepte oder bestehende verkettete Fertigungssysteme in der mechanischen Fertigung vor, während oder nach einer Investitionsentscheidung zu bewerten und so Optimierungspotenzial abzuleiten. Die Vorgehensweise zur Entwicklung eines solchen Bewertungssystems innerhalb dieser Arbeit orientiert sich an vier Forschungsfragen (s. Kap. 3.5), die in den Kapiteln 4 und 5 beantwortet wurden. Für das Kennzahlensystem wurden aus den Erkenntnissen von Forschungsarbeiten und aus dem Handlungsbedarf der Praxis Anforderungsdimensionen abgeleitet, auf deren Basis das Kennzahlensystem konzeptioniert wurde. Hierbei wurden als Bewertungsebenen die Ressourcen- (Maschinen, Handlingsystem, Peripherie), Netzwerk- und Prozessebene eingeführt, die den Ordnungsrahmen bilden. Im Zuge der Methodikentwicklung zur Bestimmung der Leistungsfähigkeit (s. Kap. 4.4) wurden anschließend Zielgrößen, bewertungsrelevante Aspekte, Einflussgrößen, Gewichtungsfaktoren und daraus resultierende Bewertungskennzahlen entwickelt. Synthetisiert bilden diese das ganzheitliche, modulare und kennzahlenbasierte Bewertungssystem für VFS im Werkzeugbau. Das Bewertungssystem wurde in der Softwarelösung Benchpro implementiert, um die Nutzbarkeit, die mathematische Korrektheit sowie eine nachhaltige Verwendbarkeit sicherzustellen. Das entwickelte kennzahlenbasierte Bewertungssystem und dessen softwaretechnische Umsetzung wurde anhand von zwei Praxisbeispielen validiert. Die Validierung erfolgte im externen Werkzeugbau der Gebhardt Werkzeug- und Maschinenbau GmbH in Baienfurt sowie im internen Werkzeugbaubetrieb der HARTING Applied Technologies GmbH in Espelkamp. Die Anwendung des kennzahlenbasierten Bewertungssystems für VFS bei diesen Unternehmen hat gezeigt, dass die gestellten kontext- und branchenspezifischen sowie allgemeinen Anforderungsdimensionen in sehr hohem Maße erfüllt werden.

7.2 Ausblick

Outlook

Das in der vorliegenden Arbeit entwickelte kennzahlenbasierte Bewertungssystem stellt den ersten spezifischen und holistischen Ansatz zur Bewertung der Leistungsfähigkeit verketteter Fertigungssysteme im Werkzeugbau dar. Der Mehrwert dieser Arbeit besteht in der Entwicklung eines wissenschaftlich fundierten und in der Praxis validierten, objektiven Bewertungssystems zur Analyse, Auslegung und Bewertung von VFS in der mechanischen Fertigung des Werkzeugbaus hinsichtlich der Leistungsfähigkeit mit Fokus auf Produktivität, Flexibilität und Qualität. In zukünftigen Forschungsarbeiten sollten Automatisierungskonzepte, z. B. für den Materialtransport außerhalb eines VFS, ebenfalls Berücksichtigung finden. Exemplarisch sei an dieser Stelle ein innovatives Konzept mit AGVs (Automated Guided Vehicle) genannt, welche den Transport von Werkstücken, Werkstückträgern oder Bearbeitungswerkzeugen zwischen einzelnen Maschinen übernehmen könnten [NC-F19]. Neben der physischen Automation sollten sich weitere Forschungsarbeiten mit der Automatisierung in der digitalen (vertikalen) Prozesskette der mechanischen Fertigung beschäftigen. Beispielhaft seien hier die automatisierte CAM-Programmierung für Freiformflächen im Bereich Fräsen oder die Schnittstellenprobleme entlang der CAx-Prozesskette genannt [BOOS19b, S. 36 ff.].

Mit Blick in die Zukunft des Werkzeugbaus ist „Automatisierung nur der erste Schritt!" [BOOS17a, S. 41]. Im Zuge der vierten industriellen Revolution gilt es durch die ganzheitliche digitale Vernetzung von Maschinen, Ressourcen, Mitarbeitern und Prozessen die Gesamtleistungsfähigkeit des Werkzeugbaus, sowohl markt- als auch wertschöpfungsseitig, zu steigern. In Abbildung 7-1 sind aus diesem Grund die Stufen des Werkzeugbaus hin zur operativen und technologischen Exzellenz visualisiert.

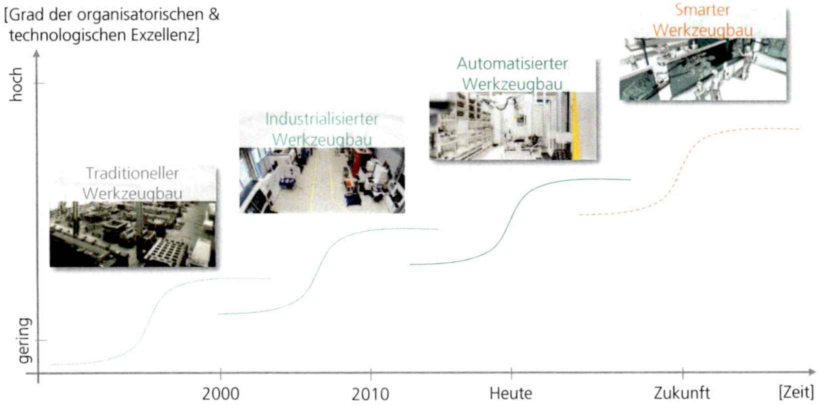

Abbildung 7-1: Stufen des Werkzeugbaus zur operativen und technologischen Exzellenz[30]
Stages of Toolmaking towards Operational and Technological Excellence

Zukünftige fertigungstechnologiemotivierte Handlungsfelder zur Erreichung der Stufe des „Smarten Werkzeugbaus" sind unter anderem die Steigerung der Prognosefähigkeit von Fertigungsprozessen hinsichtlich Fertigungszeit-, kosten und -qualität als Grundvoraussetzung für eine adaptive Fertigungsprozesskettengestaltung und -planung [FRAU19; KLOC17, S. 435 ff.]. Heterogene Datenstrukturen, kleine Losgrößen, eine fehlende Semantik zur Beschreibung sowie darauf aufbauende automatisierte Klassifizierung von Geometrie- und Fertigungsinformationen stellen aktuell die größten Herausforderungen innerhalb dieses Forschungsfelds dar, die es mit Hochdruck zu lösen gilt.

[30] Eigene erweiterte Darstellung des Autor basierend auf [SCHU10; BOOS17a]. Im Rahmen des Internationalen Kolloquiums Werkzeugbau mit Zukunft am 14.11.2019 zeigte Prof. Dr. Thomas Bergs, MBA das Visionsbild des Fraunhofer IPT zu adaptiven Fertigungsprozessketten im Werkzeugbau auf, welches durch datenbasierte Prognosefähigkeit aus den Fertigungstechnologien befähigt wird und einen wichtigen Bestandteil auf dem Weg hin zum Smarten Werkzeugbau darstellt.

Literaturverzeichnis

Bibliography

[ACAT13] Kagermann, H. Prof. Dr.; Wahlster, W. Prof. Dr.; Helbig, J. Dr.: Umsetzungsempfehlungen für das ZukunftsprojektIndustrie 4.0. Abschlussbericht des Arbeitskreises Industrie 4.0, 2013

[ACAT19] acatech – Deutsche Akademie der Technikwissenschaften e.V.: Akzeptanz von Industrie 4.0. Abschlussbericht zu einer explorativen empirischen Studie über die deutsche Industrie, Feburar 2019

[AGHA11] Aghassi, S.; Bauhoff, F.; Brecher, C.; Fuchs, S.; Jeschke, S.; Jooß, C.; Kozielski, S.; Orilski, S.; Richert, A.; Roderburg, A.; Schiffer, M.; Schubert, J.; Schuh, G.; Stiller, S.; Welter, F.; Arnoscht, J.; Karmann, O.; Tönissen, S.: Integrative Produktionstechnik für Hochlohnländer. In: Brecher, C. (Hrsg.): Integrative Produktionstechnik für Hochlohnländer. Berlin: Springer, 2011, S. 17-81

[AGIE20] AgieCharmilles: Kenndaten - CUT 1000, CUT 1000 OilTech. URL: http://www.gfms.com/content/dam/gfac/PDF-Documents/Brochure-Wire-Cut-EDM/cut-1000-oilTech/cut1000_oiltech_data_de.pdf [Stand: 10.03.2020]

[AKCA12] Akca, N.: Case-Study-Guide. Grundlagen - Anschauungsbeispiele - Hinweise für Seminararbeiten. Berlin: Logos, 2012

[AMF17] AMF: Katalog 2017. Magnetspannsysteme Vakuumspannsysteme. URL: https://www.amf.de/de/aktuelles/produktkataloge-und-aktionen.html

[AMRI08] Amrioui, N.: Das Image von Automarken. Eine empirische Studie von Audi, BMW und Mercedes Benz. Saarbrücken: VDM, 2008

[ARNT13] Arntz, K.: Technologie des Mehrachsfräsens von vergütetem Schnellarbeitsstahl. Diss RWTH Aachen. Aachen, 2013

[BAHM13] Bahmann, W.: Werkzeugmaschinen kompakt. Baugruppen, Einsatz und Trends. 21. Aufl. Wiesbaden: Springer Vieweg, 2013

[BAY13] Bay, A.; Schmid, C.: Industrieroboter und Handhabung. In: Kief, H. B.; Roschiwal, H. A. (Hrsg.): CNC-Handbuch 2013/2014. 1. Aufl. München: Hanser, 2013, S. 349-370

[BDG 10] BDG Bundesverband der deutschen Gießerei-Industrie (BDG): Sand- und Kokillenguss aus Aluminium. Technische Richtlinien. URL: http://www.bdguss.de/fileadmin/content_bdguss/BDG-Service/Infothek/Broschueren/Sand-_und_Kokillenguss_aus_Aluminium.pdf [Stand: 10.02.2020]

[BEGO18] Begovic, A.: Datenbasiertes Wissensmanagement für Smart Services im Werkzeugbau. Diss. RWTH Aachen. Aachen, 2018

[BERE94] Berens, W.; Delfmann, W.: Quantitative Planung. Konzeption, Methoden und Anwendungen. Stuttgart: Schäffer-Poeschel, 1994

[BERG19] Bergs, T.; Arntz, K.; Wollbrink, M.: Methodology for Integration of Additive Manufacturing in Tool Manufacturing Process Chains: 1th Tooling Conference & Exhibition 2019 : 12-16 May 2019, Aachen, Germany; DVD-ROM

[BETG00] Betge, P.: Investitionsplanung. Methoden, Modelle, Anwendungen. 4. Aufl. München: Vahlen, 2000

[BILS06] Bilsing, A.: Kennzahlengestützte Bewertung der technologischen Leistungsfähigkeit der Fertigung im Werkzeug- und Formenbau. Diss. RWTH Aachen. Aachen, 2006

[BIND96] Binder, V. A.; Kantowsky, J.: Technologiepotentiale. Neuausrichtung der Gestaltungsfelder des Strategischen Technologiemanagements. Wiesbaden, s.l.: Deutscher Universitätsverlag, 1996

[BIRK13] Birkert, A. R.; Haage, S.; Straub, M.: Umformtechnische Herstellung komplexer Karosserieteile. Auslegung von Ziehanlagen. Berlin: Springer, 2013

[BMWI19a] Bundesministerium für Wirtschaft und Energie (BMWi): Jahreswirtschaftsbericht 2019. Soziale Marktwirtschaft stärken – Wachstumspotenziale heben, Wettbewerbsfähigkeit erhöhen. Frankfurt: Druck- und Verlagshaus Zarbock GmbH & Co. KG, 2019

[BMWI19b] Bundesministerium für Wirtschaft und Energie (BMWi): Nationale Industriestrategie 2030. Strategische Leitlinien für eine deutsche und europäische Industriepolitik. Frankfurt: Druck- und Verlagshaus Zarbock GmbH & Co. KG, 2019

[BMWI20] BMWi: Altmaier berät sich mit Wirtschaftswissenschaftlern zur Corona-Pandemie. - Pressemitteilung Wirtschaftspolitik. URL: https://www.bmwi.de/Redaktion/DE/Pressemitteilungen/2020/20200324-altmaier-beraet-sich-mit-wirtschaftswissenschaftlern-zur-corona-pandemie.html [Stand: 24.03.2020]

[BÖGE11] Böge, A.: Handbuch Maschinenbau. Grundlagen und Anwendungen der Maschinenbau-Technik. 20. Aufl. Wiesbaden: Vieweg, 2011

[BOOS08] Boos, W.: Methodik zur Gestaltung und Bewertung von modularen Werkzeugen. Diss. RWTH Aachen. Aachen, 2008

[BOOS15] Boos, W.; Pitsch, M.; Salmen, M.; Begovic, A.; Kuhlmann, T.: Erfolgreich Planen im Werkzeugbau. Aachen, 2015

[BOOS16a] Boos, W.; Salmen, M.; Hensen, T.; Wiese, J.; Lange, J. de; Goertz, D.: Erfolgreich digital vernetzen auf dem Shopfloor im Werkzeugbau. Aachen, 2016

[BOOS16b] Boos, W.; Salmen, M.; Hensen, T.; Johannsen, L.; Kelzenberg, C.; Schippers, M.: Tooling in Germany. Aachen, 2016

[BOOS17a] Boos, W.; Arntz, K.; Johannsen, L.; Prümmer, M.; Wollbrink, M.; Wilms, M.; Horstkotte, R.: Erfolgreich Automatisieren im Werkzeugbau. Aachen, 2017

[BOOS17b] Boos, W.; Arntz, K.; Johannsen, L.; Dröscher, T.; Wollbrink, M.; Prümmer, M.: Erfolgreich Fertigungstechnologien Einsetzen im Werkzeugbau. Aachen, 2017

[BOOS17c] Boos, W.; Salmen, M.; Hensen, T.; Schippers, M.; Wiese, J.; Schultes, T.: Erfolgreich Performance Messen im Werkzeugbau. Aachen, 2017

[BOOS18a] Boos, W.; Arntz, K.; Johannsen, L.; Prümmer, M.; Horstkotte, R.; Ganser, P.; Venek, T.; Gerretz, V.: Erfolgreich Fräsen im Werkzeugbau. Aachen, 2018

[BOOS18b] Boos, W.; Arntz, K.; Prümmer, M.; Wollbrink, M.; Horstkotte, R.; Pothen, M.; Gerretz, V.: Erfolgreich CAx-Prozessketten Gestalten im Werkzeugbau. Aachen, 2018

[BOOS18c] Boos, W.; Salmen, M.; Kelzenberg, C.; Stark, M.; Schultes, T.; Graberg, T.: World of Tooling. Aachen, 2018

[BOOS18d] Boos, W.; Salmen, M.; Kelzenberg, C.; Johannsen, L.; Helbig, J.; Ebbecke, C.: Tooling in Germany 2018. Aachen, 2018

[BOOS19a] Boos, W.; Arntz, K.; Degen, F.; Wollbrink, M.; Gerretz, V.; Hun Lee, T.; Pothen, M.; Venek, T.; Maurer, F. K.; Landwehr, M.; Henrichs, O.; Lowis, S.: Erfolgreich digitale Fräsprozessketten umsetzen im Werkzeugbau. Aachen, 2019

[BOOS19b] Boos, W.; Hensen, T.: WBA Aachener Werkzeugbau Akademie GmbH - Forschungsbericht 2019. Aachen: Verlagsgruppe Mainz GmbH, 2019

[BORC13] Borcherding, H.: Der mittelständische Maschinenbau – flexibel und höchst innovativ auch in der Systementwicklung. In: Sendler, U. (Hrsg.): Industrie 4.0. (Reihe: Xpert.press). Berlin: Springer, 2013, S. 55-72

[BOUR03] Bourne, M.; Neely, A. D.; Mills, J.; Platts, K.: Implementing performance measurement systems. a literature review. In: Int. J. Business Performance Management. 5. Jg., 2003, Nr. 1, S. 1-24

[BRAN91] Brankamp, K.: Wettbewerbsfaktor Werkzeug- und Betriebsmittelbau. Zürich: Industrielle Organisation, 1991

[BREI97] Breiing, A.; Knosala, R.: Bewerten technischer Systeme. Theoretische und methodische Grundlagen bewertungstechnischer Entscheidungshilfen. Berlin: Springer, 1997

[BREU13] Breuninger, J.; Becker, R.; Wolf, A.; Rommel, S.; Verl, A.: Generative Fertigung mit Kunststoffen. Konzeption und Konstruktion für Selektives Lasersintern. Berlin: Springer, 2013

[BRIN91] Brinksmeier, E.: Prozess- und Werkstückqualität in der Feinbearbeitung. 1. Aufl. Düsseldorf: VDI, 1991

[BRUN91] Bruns, M.: Systemtechnik. Ingenieurwissenschaftliche Methodik zur interdisziplinären Systementwicklung. Berlin: Springer, 1991

[COLL04a] Collège International pour l'Etude Scientifique des Techniques de Production Mécanique: Wörterbuch der Fertigungstechnik II. 1. Aufl. Berlin: Springer, 2004

[COLL04b] Collège International pour l'Etude Scientifique des Techniques de Production Mécanique: Wörterbuch der Fertigungstechnik III. 1. Aufl. Berlin: Springer, 2004

[CONR15] Conrad, K.-J.: Taschenbuch der Werkzeugmaschinen. 3. Aufl. München: Carl-Hanser, 2015

[DAMB05] Dambon, O.: Das Polieren von Stahl für den Werkzeug- und Formenbau. Diss RWTH Aachen. Aachen, 2005

[DAMB10] Dambon, O.; Arntz, K.: Ressourceneffiziente Produktauslegung. Der Werkzeugbau als Schlüsseltechnologie. In: Eversheim, W.; Pfeifer, T. (Hrsg.): Ressourceneffiziente Produktionstechnik. Ein Aachener Modell. Aachen: Apprimus, 2010, S. 157-184

[DAWE08] Dawes, J.: Do data characteristics change according to the number of scale points used? An experiment using 5-point, 7-point and 10-point scales. In: International Journal of Market Research. 50. Jg., 2008, Nr. 1, S. 61-104

[DENK10] Denkena, B.; Eikötter, M.; Schürmeyer, J.; Goesmann, R.; Apmann, H.; Lünemann, M.: Technologieplanung und -bewertung mittels Prozesskettensimulation. Total Cost and Benefit of Ownership innerhalb der Produktion der Premium Aerotec GmbH. In: wt Werkstatttechnik online. 100. Jg., 2010, H. 7/8, S. 638-643

[DEVI00] Devise, O.; Pierreval, H.: Indicators for measuring performances of morphology and material handling systems in flexible manufacturing systems. In: International Journal of Production Economics. 64. Jg., 2000, S. 209-218

[DIES99] Diesch, R.: Steigerung der organisatorischen Verfügbarkeit von Fertigungszellen. Diss Techn. Univ. München, 1999

[DIET16] Dietrich, J.: Praxis der Zerspantechnik. Verfahren, Werkzeuge, Berechnung. 12. Aufl. Wiesbaden: Springer, 2016

[DIN 03a] Norm DIN Deutsches Institut für Normung e. V. DIN 8589-11 (September, 2003). Fertigungsverfahren Spanen - Teil 11: Schleifen mit rotierendem Werkzeug - Einordnung, Unterteilung, Begriffe

[DIN 03b] Norm DIN Deutsches Institut für Normung e. V. DIN 8589-2 (September, 2003). Fertigungsverfahren Spanen - Teil 2: Bohren, Senken, Reiben Einordnung, Unterteilung, Begriffe

[DIN 03c] Norm DIN Deutsches Institut für Normung e. V. DIN 8589-1 (September, 2003). Fertigungsverfahren Spanen - Teil 1: Drehen Einordnung, Unterteilung, Begriffe

[DIN 03d] Norm DIN Deutsches Institut für Normung e. V. DIN 8590 (September, 2003). Fertigungsverfahren Abtragen - Einordnung, Unterteilung, Begriffe

[DIN 03e] Norm DIN Deutsches Institut für Normung e. V. DIN 8580 (September, 2003). Fertigungsverfahren - Begriffe, Einteilung

[DIN 03f] Norm DIN Deutsches Institut für Normung e. V. DIN 8589-3 (September, 2003). Fertigungsverfahren Spanen - Teil 3: Fräsen Einordnung, Unterteilung, Begriffe

[DIN 03g] Norm DIN Deutsches Institut für Normung e. V. DIN 8589 (September, 2003). Fertigungsverfahren Spanen - Teil 0: Allgemeines Einordnung, Unterteilung, Begriffe

[DIN 03h] Norm DIN Deutsches Institut für Normung e. V. DIN 8592 (September, 2003). Fertigungsverfahren Reinigen - Einordnung, Unterteilung, Begriffe

[DIN 14] Norm DIN Deutsches Institut für Normung e. V. DIN IEC 60050-351 (September, 2014). Internationales Elektrotechnisches Wörterbuch - Teil 351: Leittechnik

[DIN 15] Norm DIN Deutsches Institut für Normung e. V. DIN EN ISO 9000 (November, 2015). Qualitätsmanagementsysteme - Grundlagen und Begriffe

[DIN 17] Norm DIN Deutsches Institut für Normung e. V. DIN EN ISO 52911-1 (Dezember, 2017). Additive Fertigung - Technische Konstruktionsrichtlinie für Pulverbettfusion - Teil 1: Laserbasierte Pulverbettfusion von Metallen

[DIN 85] Norm DIN Deutsches Institut für Normung e. V. DIN 55201-1 (1985). Paletten für Werkzeugmaschinen

[DIN 87] Norm DIN Deutsches Institut für Normung e. V. DIN 55201-2 (1987). Paletten für Werkzeugmaschinen

[DIN18a] DIN Deutsches Institut für Normung e. V.: Mehr Fokus auf Additive Fertigung: DIN gründet neuen Fachbereichsbeirat. URL: https://www.din.de/de/din-und-seine-partner/presse/mitteilungen/mehr-fokus-auf-additive-fertigung-din-gruendet-neuen-fachbereichsbeirat-288670

[DIN18b] Norm DIN Deutsches Institut für Normung e. V. DIN EN ISO/ASTM 52900:2018 (Juni, 2018). Additive Fertigung - Grundlagen - Terminologie

[DORN14] Dorner, M.: Das Produktivitätsmanagement des Industrial Engineering unter besonderer Betrachtung der Arbeitsproduktivität und der indirekten Bereiche. Diss. Karlsruhe Institut für Technologie. Karlsruhe, 2014

[DRAB06] Drabow, G.: Modulare Gestaltung und ganzheitliche Bewertung wandlungsfähiger Fertigungssysteme. Diss. Universität Hannover. Hannover, 2006

[DUDE20a] Dudenverlag - Bibliographisches Institut GmbH: Peripherie. URL: http://www.duden.de/rechtschreibung/Peripherie [Stand: 19.02.2020]

[DUDE20b] Dudenverlag - Bibliographisches Institut GmbH: Automation. URL: http://www.duden.de/rechtschreibung/Automation [Stand: 19.02.2020]

[DUDE20c] Dudenverlag - Bibliographisches Institut GmbH: Werkstück. URL: https://www.duden.de/rechtschreibung/Werkstueck [Stand: 19.02.2020]

[DUDE20d] Dudenverlag - Bibliographisches Institut GmbH: Bauteil. URL: http://www.duden.de/node/781393/revisions/1387690/view [Stand: 19.02.2020]

[EL-G04] El-Ghazawi, T.; Gaj, K.; Alexandridis, N.; Vroman, F.; Nguyen, N.; Radzikowski, J. R.; Samipagdi, P.; Suboh, S. A.: A performance study of job management systems. In: Concurrency and Computation: Practice and Experience. 16. Jg., 2004, Nr. 13, S. 1229-1246

[EL-T12] El-Tamimi, A. M.; Abidi, M. H.; Mian, S. H.; Aalam, J.: Analysis of performance measures of flexible manufacturing system. In: Journal of King Saud University - Engineering Sciences. 24. Jg., 2012, Nr. 2, S. 115-129

[EMER10] Emert, W.: Automatisierung - Hype oder doch sinnvolle Investition? In: werkzeug&formenbau, 16.02.2010, Februar 2010, S. 44-47

[EROW19] EROWA system solutions: Gesamtkatalog. Erschliesst das volle Potenzial Ihrer Maschinen. URL: https://www.erowa.com/de/Products [Stand: 24.09.2019]

[ERVU16] Ervural, B. Ç.; Ervural, B.; Kabak, Ö.: A Group Decision Making Approach for the Evaluation of Flexible Manufacturing Systems. In: IFAC-PapersOnLine. 49. Jg., 2016, Nr. 12, S. 1329-1334

[EUKO03] Europäische Kommission: Empfehlung der Kommision vom 6. Mai 2003 betreffend die Definition der Kleinstunternehmen sowie der kleinen und mittleren Unternehmen. Aktenzeichen K(2003) 1422. In: Amtsblatt der Europäischen Union, 20.05.2003, 2003/361/EG, L124/36 - L124/41

[EVER95] Eversheim, W.; Baumann, M.; Heller, C.; Walz, M.: Werkzeugbau: Wiederverwendung in der Einmalfertigung. In: VDI-Z. 137. Jg., 1995, 7/8, S. 47-49

[FAVR04] Favre-Bulle, B.: Automatisierung komplexer Industrieprozesse. Systeme, Verfahren und Informationsmanagement. Wien: Springer, 2004

[FAYZ10] Fayzullin, K.: Autonome Planung und Entscheidungsoptimierung in der Ablaufsteuerung flexibel automatisierter Fertigungssysteme. Diss. RWTH Aachen. Aachen, 2010

[FRAN01] Franzke, S.: Technologieorientierte Kompetenzanalyse produzierender Unternehmen. Diss. Universität Hannover. Hannover, 2001

[FRAU19] o.V.: Prognosefähigkeit für adaptive Prozessketten [Stand: 19.02.2019]

[FREI09] Freiling, J.: Resource-based view und ökonomische Theorie. Grundlagen und Positionierung des Ressourcenansatzes. 1. Aufl. Wiesbaden: Gabler, 2009

[FRIC06] Frick, L.: Erfolgreiche Geschäftsmodelle im Werkzeugbau. Diss. RWTH Aachen. Aachen, 2006

[FRIE02] Friedrich, M.: Beurteilung automatisierter Prozesskoordination in der technischen Auftragsabwicklung. Diss. RWTH Aachen. Aachen, 2002

[FRIT12] Fritz, A. H.; Schulze, G.: Fertigungstechnik. 10. Aufl. Berlin: Springer, 2012

[FRIT15] Fritz, A. H.; Schulze, G.: Fertigungstechnik. 11. Aufl. Berlin: Springer, 2015

[GABL18] Gabler Wirtschaftslexikon: Peripherie. URL: https://wirtschaftslexikon.gabler.de/definition/peripherie-44292/version-267606 [Stand: 06.04.18]

[GABL19] Gabler Wirtschaftslexikon: Qualität. URL: https://wirtschaftslexikon.gabler.de/definition/qualitaet-45908 [Stand: 24.07.2019]

[GABL20a] Gabler Wirtschaftslexikon: Wirtschaftlichkeit. URL: http://wirtschaftslexikon.gabler.de/Archiv/3570/wirtschaftlichkeit-v5.html [Stand: 19.02.2020]

[GABL20b] Gabler Wirtschaftslexikon: Technologiemanagement. URL: http://wirtschaftslexikon.gabler.de/Definition/technologiemanagement.html [Stand: 19.02.2020]

[GEBH16] Gebhardt, A.: Additive Fertigungsverfahren. Additive Manufacturing und 3D-Drucken für Prototyping - Tooling - Produktion. 5., neu bearbeitete und erweiterte Auflage. München: Hanser, 2016

[GIEH10] Giehler, F.: Erhöhung der Planungsproduktivität am Beispiel der Auftragsabwicklung im Werkzeugbau. Diss, RWTH Aachen. Aachen, 2010

[GLAD01] Gladen, W.: Kennzahlen- und Berichtssysteme. Grundlagen zum Performance Measurement. Wiesbaden: Gabler, 2001

[GLAD14] Gladen, W.: Performance Measurement. Controlling mit Kennzahlen. 6. Aufl. Wiesbaden: Springer Gabler, 2014

[GOMO20] Gomoll, W.: Corona und kein Ende: Lieferketten im Stresstest. URL: https://www.automobil-produktion.de/hersteller/neue-modelle/corona-und-kein-ende-lieferketten-im-stresstest-108.html [Stand: 25.03.2020]

[GROT14] Grote, K.-H.; Feldhusen, J. (Hrsg.). In: Dubbel. Taschenbuch für den Maschinenbau. 24. Aufl. Berlin: Springer Vieweg, 2014

[GROT92] Groth, U.: Kennzahlensystem zur Beurteilung und Analyse der Leistungsfähigkeit einer Fertigung. Einsatz von personellen, organisatorischen und technischen Kennzahlen. Düsseldorf: VDI, 1992

[GUBA94] Guba, E. G.; Lincoln, Y. S.: Competing Paradigms in Quality Research. In: Denzin, N. K.; Lincoln, Y. S. (Hrsg.): Handbook of qualitative research. Thousand Oaks: Sage Publ, 1994, S. 105-117

[GUNT04] Guntermann, G.: Aspekte des Hochgeschwindigkeits-Hartfräsens im Werkzeug- und Formenbau. Diss. Universität Dortmund, 2004

[HAAG11] Haag, C.; Schuh, G.; Kreysa, J.; Schmelter, K.: Technologiebewertung. In: Schuh, G.; Klappert, S. (Hrsg.): Technologiemanagement. Berlin: Springer, 2011, S. 309-366

[HABE12] Haberfellner, R.: Systems Engineering. Grundlagen und Anwendung. 12. Aufl. Zürich: Füssli, 2012

[HART11] Harten, U.: Physik. Eine Einführung für Ingenieure und Naturwissenschaftler. 5. Aufl. Berlin: Springer, 2011

[HEES15] Heeschen, D.: Kennzahlenbasierte Auswahl der Fertigungstechnologien und -ressourcen im industriellen Werkzeugbau. Diss. RWTH Aachen. Aachen, 2015

[HEID13] Heid, R.; Pries, H.: Druckgussgeeignete Warmarbeitsstähle. Vergleichende Untersuchungen unter seriennahen Bedingungen: ifs report, S. 6-9

[HEIN91] Heinrich, M.: Beitrag zur Verbesserung der Spanntechnik komplexer Werkstücke am Beispiel von Turbinenschaufeln. Diss. Technische Universität Hamburg-Harburg. Hamburg, 1991

[HEIS14] Heisel, U.; Klocke, F.; Uhlmann, E.; Spur, G.: Handbuch Spanen. 2. Aufl. München: Hanser, 2014

[HENS17] Hensen, T.: Strategische Auslegung industrieller Werkzeugbaubetriebe. Diss. RWTH Aachen, 2017

[HERB13] Herbertz, R.; Hermanns, H.; Labs, R.; Volz, H. U.: Massivumformung kurz und bündig. Hagen: Industrieverband Massivumformung, 2013

[HERR10] Herrmann, C.: Ganzheitliches Life Cycle Management. Nachhaltigkeit und Lebenszyklusorientierung in Unternehmen. Berlin: Springer, 2010

[HESS00] Hesse, S.: Fertigungsautomatisierung. Automatisierungsmittel, Gestaltung und Funktion. Wiesbaden: Teubner, 2000

[HIEN16] Hienzsch, M.: Bewertungsmodell für die lebenszykluskostenorientierte Leistungsfähigkeit von Werkzeugbaubetrieben am Beispiel von Spritzgießwerkzeugen. Diss. RWTH Aachen. Aachen, 2016

[HIRS12] Hirsch, A.: Werkzeugmaschinen. Grundlagen, Auslegung, Ausführungsbeispiele. 2. Aufl. Wiesbaden: Springer Vieweg, 2012

[HOFM65] Hofmann, F.: Zur Problematik der Begriffsbestimmung Technologie als Wissenschaft. In: Die Technik. 20. Jg., 1965, Nr. 11, S. 727-733

[HON05] Hon, K.K.B.: Performance and Evaluation of Manufacturing Systems. In: CIRP Annals - Manufacturing Technology. 54. Jg., 2005, Nr. 2, S. 139-154

[IHME06] Ihme, J.: Logistik im Automobilbau. Logistikkomponenten und Logistiksysteme im Fahrzeugbau. München: Hanser, 2006

[ISTM17] Camacho, J.: ISTMA Statistical Year Book - edition 2017 ISTMA World. Lissabon: ISTMA World, 2017

[ITTN04] Ittner, T.: Quantitative Bewertung von Kernkompetenzen in der Automobilzulieferindustrie am Beispiel des Presswerkzeugbaus. Diss. Technische Universität Darmstadt. Darmstadt, 2004

[KAMP04] Kampker, A.: Kompetenzbasierte Geschäftsausweitung von produzierenden Unternehmen. Diss. RWTH Aachen. Aachen, 2004

[KEFE18] Keferstein, C. P.; Marxer, M.; Bach, C.: Fertigungsmesstechnik. Alles zu Messunsicherheit, konventioneller Messtechnik und Multisensorik. 9., überarbeitete und erweiterte Auflage. Wiesbaden: Springer Vieweg, 2018

[KIEF15] Kief, H. B.; Roschiwal, H. A.; Schwarz, K.: CNC-Handbuch 2015/2016. CNC, DNC, CAD, CAM, FFS, SPS, RPD, LAN, CNC-Maschinen, CNC-Roboter, Antriebe, Energieeffizienz, Werkzeuge, Industrie 4.0, Fertigungstechnik, Richtlinien, Normen, Simulation, Fachwortverzeichnis. München: Hanser, 2015

[KIEF17] Kief, H. B.; Roschiwal, H. A.; Schwarz, K.: CNC-Handbuch. CNC, DNC, CAD, CAM, FFS, SPS, RPD, LAN, CNC-Maschinen, CNC-Roboter, Antriebe, Energieeffizienz, Werkzeuge, Industrie 4.0, Fertigungstechnik, Richtlinien, Normen, Simulation, Fachwortverzeichnis. 30. Aufl. München: Hanser, 2017

[KLIN07] Klingauf, W.: Automation im Werkzeug- und Formenbau. Konzepte, Voraussetzungen, Lösungen. Landsberg: Moderne Industrie, 2007

[KLOC02] Klocke, F.; Bilsing, A.: Technologisches Benchmarking im Werkzeug- und Formenbau. Einzelfertiger durch Kennzahlen vergleichbar machen. In: wt Werkstatttechnik online. 92. Jg., 2002, 11/12, S. 595-599

[KLOC05] Klocke, F.; König, W.: Fertigungsverfahren 2. Schleifen, Honen, Läppen. 4. Aufl. Berlin: Springer, 2005

[KLOC06] Klocke, F.; König, W.: Fertigungsverfahren 4. Umformen. 5. Aufl. Berlin: Springer, 2006

[KLOC07] Klocke, F.; König, W.: Fertigungsverfahren 3. Abtragen, Generieren Lasermaterialbearbeitung. 4. Aufl. Berlin: Springer, 2007

[KLOC08] Klocke, F.; König, W.: Fertigungsverfahren 1. Drehen, Fräsen, Bohren. 8. Aufl. Berlin: Springer, 2008

[KLOC17] Klocke, F.; Arntz, K.; Dröscher, T.; Grogels, C.; Heuer, V.; Johann, H.; Kappmeyer, G.; Krömer, M.; Löpenhaus, C.; Schug, P.; Welling, D.: Prognosefähigkeit für Prozessketten. In: Brecher, C.; Klocke, F.; Schmitt, R.; Schuh, G. (Hrsg.): Internet of Production für agile Unternehmen. AWK Aachener Werkzeugmaschinen-Kolloquium 2017, 18. bis 19. Mai. 1. Auflage. Aachen: Apprimus Verlag, 2017, S. 435-460

[KLOC98] Eversheim, W.; Klocke, F.: Werkzeugbau mit Zukunft. Strategie und Technologie. 1. Aufl. Berlin: Springer, 1998

[KLOT06] Klotzbach, C.: Gestaltungsmodell für den industriellen Werkzeugbau. Diss. RWTH Aachen. Aachen, 2006

[KOZI10] Kozielski, S. A.: Integratives Kennzahlensystem für den Werkzeugbau. Diss. RWTH Aachen. Aachen, 2010

[KRUP06] Kruppke, H.; Gontard, M.; Otto, M.: Human Capital Management. Personalprozesse erfolgreich managen. Berlin: Springer, 2006

[KUBI77] Kubicek, H.: Heuristische Bezugsrahmen und heuristisch angelegte Forschungsdesigns als Elemente einer Konstruktionsstrategie empirischer Forschung. In: Köhler, R. (Hrsg.): Empirische und handlungstheoretische Forschungskonzeptionen in der Betriebswirtschaftslehre. [Bericht]. Stuttgart: Poeschel, 1977, S. 3-36

[KUHL11] Kuhlmann, K. K.: Methodik zur Gestaltung von Geschäftsprozessen im industriellen Werkzeugbau. Diss. RWTH Aachen. Aachen, 2011

[KUHM17] Kuhlmann, T. B.: Corporate Tooling. Modularer Werkzeugbau als Befähiger internationaler Produktionsnetzwerke. Diss. RWTH Aachen. Aachen, 2017

[KÜHN16] Kühn, T.: Lebenszyklusorientierte Leistungssysteme im Werkzeugbau. Diss. RWTH Aachen. Aachen, 2016

[LANG16] LANG Technik GmbH: Kapazitäten effizienter nutzen. In: maschine+werkzeug, 2016, Nr. 1, S. 78-80

[LAUF96] Laufenberg, L.: Methodik zur integrierten Projektgestaltung für die situative Umsetzung des simultaneous engineering. Diss. RWTH Aachen. Aachen, 1996

[LENK05] Lenk, B.: Optische Identifikation oder RF-Identifikation. In: e&i Elektrotechnik und Informationstechnik. 122. Jg., 2005, Nr. 6, a17-a19

[LENK79] Lenk, H.: Pragmatische Vernunft. Philosophie zwischen Wissenschaft und Praxis. Stuttgart: Reclam, 1979

[LIAN01] Lian, F.-L.; Moyne, J. R.; Tilbury, D. M.: Performance evaluation of control networks: Ethernet, ControlNet, and DeviceNet. In: IEEE Control Systems. 21. Jg., 2001, Nr. 1, S. 66-83

[LIKE32] Likert, R.: A technique for the measurements of attidudes. New York: Woodworth, 1932

[LIND06] Lindemann, U.; Reichwald, R.; Zäh, M. F.: Individualisierte Produkte - Komplexität beherrschen in Entwicklung und Produktion. Berlin: Springer, 2006

[LITZ13] Litz, L.; Bonertz, M.: Grundlagen der Automatisierungstechnik. Regelungssysteme, Steuerungssysteme, Hybride Systeme. 2. Aul. München: Oldenbourg, 2013

[LÖFV18] Löfving, M.; Almström, P.; Jarebrant, C.; Wadman, B.; Widfeldt, M.: Evaluation of flexible automation for small batch production. In: Procedia Manufacturing. 25. Jg., 2018, S. 177-184

[LUNG02] Lung, D.; Fritsch, R.: Technologie der Hochleistungszerspanung. In: Perspektiven der Zerspantechnik. Entwicklung und Integration der Fertigungsprozesse von morgen. Aachen: WZL, 2002, S. 81-100

[MANT13] Mantovani, E.: DNC – Direct Numerical Control oder Distributed Numerical Control. In: Kief, H. B.; Roschiwal, H. A. (Hrsg.): CNC-Handbuch 2013/2014. 1. Aufl. München: Hanser, 2013, S. 523-541

[MARA13] Maradia, U.; Scuderi, M.; Knaak, R.; Boccadoro, M.; Beltrami, I.; Stirnimann, J.; Wegener, K.: Super-finished Surfaces using Meso-micro EDM. In: Procedia CIRP. 6. Jg., 2013, S. 157-162

[MATE10] Matevska, J.: Rekonfiguration komponentenbasierter Softwaresysteme zur Laufzeit. 1. Aufl. Wiesbaden: Vieweg, 2010

[MENG07] Menges, G.; Michaeli, W.; Mohren, P.: Spritzgießwerkzeuge. Auslegung, Bau, Anwendung. 6. Aufl. München: Hanser, 2007

[MENN08] Mennig, G.: Werkzeugbau für die Kunststoffverarbeitung. Bauarten, Herstellung, Betrieb. 5. Aufl. München: Hanser, 2008

[MERT09] Mertins, K.; Kohl, H.: Benchmarking. Leitfaden für den Vergleich mit den Besten. 2. Aufl. Düsseldorf: Symposion, 2009

[MEYE08] Meyer, C.: Betriebswirtschaftliche Kennzahlen und Kennzahlen-Systeme. 5. Aufl. Sternenfels: Wissenschaft & Praxis, 2008

[MOKY89] Mokyer, J.: The economics of industrial revolution. Boston: Rowmann, 1989

[MÜLL09] Müller, E.; Engelmann, J.; Löffler, T.; Strauch, J.: Energieeffiziente Fabriken planen und betreiben. Berlin, Heidelberg: Springer-Verlag Berlin Heidelberg, 2009

[MÜLL90] Müller, J. A.: Systemanalyse. Dynamische Modellbildung in der Ökonomie. Berlin: Hochschule für Ökonomie Berlin, 1990

[MUNZ15] Munz, M.: Funkenerosives Bohren mit großen Aspektverhältnissen. Diss. Technischen Universität Bergakademie Freiberg, 2015

[NC-F19] NC-Fertigung: Transportsysteme für die digitale Fabrik der Zukunft. DMG Mori und Jungheinrich haben eine Kooperation bei fahrerlosen Transportsystemen vereinbart. Damit soll der Materialfluss automatisiert werden. [Stand: 10.02.2020]

[NEST06] Nestler, A.: Produktionsautomatisierung. Einfluss von Information und Software. Forschungsergebnisbericht 2005/2006, 2006

[NEUG12] Neugebauer, R.: Werkzeugmaschinen. Aufbau, Funktion und Anwendung von spanenden und abtragenden Werkzeugmaschinen. Berlin: Springer, 2012

[NEUH02] Neuhausen, J.: Methodik zur Gestaltung modularer Produktionssysteme für Unternehmen der Serienproduktion. Diss. RWTH Aachen. Aachen, 2002

[OELT00] Oeltjenbruns, H.: Organisation der Produktion nach dem Vorbild Toyotas. Analyse, Vorteile und detaillierte Voraussetzungen sowie die Vorgehensweise zur erfolgreichen Einführung am Beispiel eines globalen Automobilkonzerns. Diss. TU Clausthal. Clausthal, 2000

[OHNO13] Ohno, T.; Hof, W.; Rother, M.: Das Toyota-Produktionssystem. 3. Aufl. Frankfurt, New York: Campus, 2013

[PAPA98] Papakhian, M.: Comparing job-management systems: the user's perspective. In: IEEE Computational Science and Engineering. 5. Jg., 1998, Nr. 2, S. 4-9

[PATZ82] Patzak, G.: Systemtechnik - Planung komplexer innovativer Systeme. Grundlagen, Methoden, Techniken. Berlin, Heidelberg: Springer Berlin Heidelberg, 1982

[PEPE13] Pepels, W.: Produktmanagement. Produktinnovation - Markenpolitik - Programmplanung - Prozessorganisation. 6. Aufl. München: Oldenbourg, 2013

[PERG13] Pergler, R.: Drehen statt schleifen. URL: http://www.werkzeug-formenbau.de/2013/07/drehen-statt-schleifen/

[PERO09] Perović, B.: Spanende Werkzeugmaschinen. Berlin: Springer, 2009

[PERO13] Perović, B.: Vorrichtungen im Werkzeugmaschinenbau. Grundlagen, Berechnung und Konstruktion. Berlin: Springer Vieweg, 2013

[PFEI95] Pfeiffer, W.; Weiß, E.: Methoden zur Analyse und Bewertung technologischer Alternativen. In: Zahn, E. (Hrsg.): Handbuch Technologiemanagement. Stuttgart: Schäffer-Poeschel, 1995, S. 663-679

[PITS14] Pitsch, M.: Kompetenzfeldbasierte Vernetzung von Werkzeugbaustandorten. Diss. RWTH Aachen. Aachen, 2014

[POPP75] Popper, K. R.: Die Logik der Sozialwissenschaften: Der Positivismusstreit in der deutschen Soziologie, S. 103-113

[PRIT06] Pritschow, G.: Einführung in die Steuerungstechnik. München: Hanser, 2006

[PRÜM18] Prümmer, M.; Bergs, T.; Lürken, C.: Resource Evaluation of Interlinked Manufacturing Systems in Tooling, 2018

[PRÜM19] Prümmer, M.; Bergs, T.; Arntz, K.; Lürken, C.: Periphery evaluation for interlinked manufacturing systems in industrial tooling. In: Procedia CIRP. 81. Jg., 2019, S. 470-475

[REFA87] REFA - Verband für Arbeitsgestaltung, Betriebsorganisation und Unternehmensentwicklung: Planung und Gestaltung komplexer Produktionssysteme, 1987

[REFA93] REFA - Verband für Arbeitsgestaltung, Betriebsorganisation und Unternehmensentwicklung: Arbeitsgestaltung in der Produktion. 2. Aufl. München: Hanser, 1993

[REIß02] Reißenweber, B.: Feldbussysteme zur industriellen Kommunikation. 2. Aufl. München: Oldenbourg-Industrieverl., 2002

[RING20] Ringel, A.: Corona stoppt Autoproduktion: Diese Werke schließen. URL: https://www.produktion.de/wirtschaft/corona-stoppt-autoproduktion-diese-werke-schliessen-389.html [Stand: 25.03.2020]

[RISS12] Risse, A.: Fertigungsverfahren der Mechatronik, Feinwerk- und Präzisionsgerätetechnik. Wiesbaden: Springer Vieweg, 2012

[RITT18] Ritter, S.: formnext AM FIELD GUIDE. Eine praktische Orientierungshilfe für die spannende Welt der generativen Fertigung. 1. Auflage. Stuttgart: Mesago Messe Frankfurt GmbH, 2018

[ROAM06] Roam, D.: Harvey balls? Harvey Who? URL: http://www.danroam.com/harvey_balls_ha/ [Stand: 19.02.2017]

[RÖHR01] Röhrig, M.; Schirrmeister, E.; Lay, G.; Wiendahl, H.-P.: Zurück zu neuen Ufern. Rücknahme des Automatisierungsniveaus in deutschen Unternehmen. In: Zeitschrift für wirtschaftlichen Fabrikbetrieb ZWF. 96. Jg., 2001, 7-8, S. 399-405

[RÖSS14] Rössner, W.: Mit Multifunktionsmaschinen die Durchlaufzeit reduzieren. In: MaschinenMarkt, 24.02.2014, Nr. 9, S. 52-54

[SABI91] Sabisch, H.: Produktinnovationen. Stuttgart: Poeschel, 1991

[SALM16] Salmen, M.: Gestaltungsmodell für den digital vernetzten Shopfloor im Werkzeugbau. Diss. RWTH Aachen. Aachen, 2016

[SAND05] Sandt, J.: Performance measurement. In: Controlling und Management. 49. Jg., 2005, Nr. 6, S. 429-447

[SCHA87] Schanz, G.: Wissenschaftstheoretische Grundfragen der Führungsforschung. In: Kieser, A. (Hrsg.): Handwörterbuch der Führung. (Reihe: Enzyklopädie der Betriebswirtschaftslehre, Bd. 10). Stuttgart: Schäffer-Poeschel, 1987, S. 2039-2047

[SCHM10] Schmidt, W.: Automatisierung - Hype oder doch sinnvolle Investition? In: werkzeug&formenbau, 16.02.2010, Februar 2010, S. 44-47

[SCHN16] Schneider, M.: Lean Factory Design. Gestaltungsprinzipien für die perfekte Produktion und Logistik. München: Hanser, 2016

[SCHR17a] Schröder, S.: HSC-Fräsen. URL: https://www.form-werkzeug.de/themen/fw-wiki/produktionsprozess/fraesen/artikel/hsc-fraesen-high-speed-cutting-2865547.html [Stand: 11.07.17]

[SCHR17b] Schröder, S.: HPC-Fräsen. URL: https://www.form-werkzeug.de/themen/fw-wiki/produktionsprozess/fraesen/artikel/hpc-fraesen-high-performance-cutting-2865665.html [Stand: 11.06.2017]

[SCHU10] Schuh, G.: Operative Exzellenz im Werkzeug- und Formenbau. Aachen: Apprimus, 2010

[SCHU11] Schuh, G.; Klappert, S. (Hrsg.). In: Technologiemanagement. Berlin: Springer, 2011

[SCHÜ14] Schürmann, H.: Auch im Werkzeug- und Formenbau wird 3-D-Druck zum Schwerpunktthema. URL: http://www.vdi-nachrichten.com/Technik-Wirtschaft/Auch-im-Werkzeug-Formenbau-3-D-Druck-Schwerpunktthema [Stand: 27.12.2016]

[SCHU16] Schuh, G.; Boos, W. (Hrsg.). In: Werkzeugbau Akademie. Forschungsbericht 2015/2016. Aachen: Apprimus, 2016

[SCHU18a] Schuh, G.; Boos, W.; Kelzenberg, C.; Lange, J. de; Stracke, F.; Helbig, J.; Boshof, J.; Ebbecke, C.: Industrie 4.0: Implement it! Ein Leitfaden zur erfolgreichen Implementierung von Industrie 4.0-Lösungen. Aachen, 2018

[SCHU18b] SCHUNK GmbH & Co. KG: Produktübersicht Spanntechnik. Superior Clamping and Gripping. URL: https://schunk.com/fileadmin/user_upload/service/downloads/catalog/Greifsysteme_Katalog_DE/Produktuebersicht_SPT_DE_0315.pdf [Stand: 07.06.18]

[SEIF18] Seifermann, S.: Methode zur angepassten Erhöhung des Automatisierungsgrades hybrider, schlanker Fertigungszellen. Diss TU Darmstadt. Darmstadt, 2018

[SHI05] Shi, S.; Mo, R.; Yang, H.; Chang, Z.; Chen, Z.: A Job Management System Design and Implementation, 2005

[SIEB98] Siebert, G.; Kempf, S.: Mit Benchmarking die Prozesse optimieren. und die besten Praktiken zum Erzielen überdurchschnittlicher Wettbewerbsvorteile identifizieren. In: Qualität und Zuverlässigkeit. 43. Jg., 1998, Nr. 8, S. 1-4

[SIMO07] Simon, S.: Benchmarking im Werkzeugmaschinenbau. Ein Beitrag zur wettbewerbsfähigen Produktentwicklung. Saarbrücken: VDM-Verl., Müller, 2007

[SPUR98] Spur, G.: Technologie und Management. Zum Selbstverständnis der Technikwissenschaften. München: Hanser, 1998

[STAC73] Stachowiak, H.: Allgemeine Modelltheorie. 1. Aufl. Wien: Springer, 1973

[STAE69] Staehle, W.: Kennzahlen und Kennzahlensysteme. Als Mittel der Organisation und Führung von Unternehmen. Wiesbaden: Gabler, 1969

[STAL16] Stalmann, A.; Schöbel, R.; Hochmuth, C.: Neue Wege in der HPC-Bearbeitung. In: Döbbeler, B. (Hrsg.): 6. Aachener High-Performance-Cutting (HPC) Konferenz 11.-12. Oktober 2016. 1. Auflage. Aachen: Apprimus, 2016, S. 283-300

[STAT19] Statistisches Bundesamt: Demografischer Wandel. URL: https://www.destatis.de/DE/Themen/Querschnitt/Demografischer-Wandel/_inhalt.html [Stand: 11.12.2019]

[STAU85] Staudt, E.: Kennzahlen und Kennzahlensysteme. Grundlagen zur Entwicklung und Anwendung; Bibliographie deutschsprachiger Veröffentlichungen; praxisorientierte Literaturauswertung. Berlin: Schmidt, 1985

[STEG14] Steger, J.: Kennzahlen und Kennzahlensysteme. Herne: NWB Verlag, 2014

[TOEN13] Toenshoff, H. K.; Denkena, B.: Basics of cutting and abrasive processes. Berlin: Springer, 2013

[TOMC92] Tomczak, T.: Forschungsmethoden in der Marketingwissenschaft. Ein Plädoyer für den qualitativen Forschungsansatz. In: Marketing ZFP. 14. Jg., 1992, Nr. 2, S. 77-87

[TÖNI14] Tönissen, S.: Economic Efficiency of Manufacturing Technology Integration. Diss. RWTH Aachen. Aachen, 2014

[TSCH83] Tschätsch, H.: Praktische Betriebslehre. Wiesbaden: Vieweg+Teubner, 1983

[ULRI01a] Ulrich, H.: Systemorientiertes Management. Das Werk von Hans Ulrich. Studienausgabe. Bern: Haupt, 2001

[ULRI01b] Ulrich, H.: Gesammelte Schriften. Anleitung zum ganzheitlichen Denken und Handeln. Bern: Haupt, 2001

[ULRI71] Ulrich, H.: Der systemorientierte Ansatz in der Betriebswirtschaftslehre. In: Kortzfleisch, G. v. (Hrsg.): Wissenschaftsprogramm und Ausbildungsziele der Betriebswirtschaftslehre. Bericht von der wissenschaftlichen Tagung in St. Gallen vom 2. - 5. Juni 1971. (Reihe: Tagungsberichte des Verbandes der Hochschullehrer für Betriebswirtschaft e.V, Bd. 1). Berlin: Duncker & Humblot, 1971, S. 43-60

[ULRI76a] Ulrich, P. (Hrsg.). In: Wirtschaftswissenschaftliches Studium, 1976

[ULRI76b] Ulrich, P.; Hill, W.: Wissenschaftstheoretische Grundlagen der Betriebswirtschaftslehre (Teil 1). In: Ulrich, P. (Hrsg.): Wirtschaftswissenschaftliches Studium, 1976, S. 304-309

[ULRI84] Ulrich, H.: Management. Bern: Haupt, 1984

[UNTI09] Untiedt, D. B. J.: Technologie Rating. Modell zur Bewertung der technologischen Leistungsfähigkeit produzierender Unternehmen. Zugl.: Aachen, Techn. Hochsch., Diss., 2009. Aachen,

[VDI16] VDI: Handlungsfelder Additive Fertigungsverfahren. 1. Auflage. Düsseldorf: VDI, 2016

[VDI78] Norm VDI 2815 (1978). Begriffe für die Produktionsplanung und -steuerung - Einführung, Grundlagen

[VDI84] VDI-Richtlinie VDI 2852 (1984). VDI 2852 - Blatt 2: Kenngrößen numerisch gesteuerter Fertigungseinrichtungen

[VDI90] VDI: Flexible Fertigung (FFS). Rechnerintegrierte Konstruktion und Produktion. Düsseldorf: VDI, 1990

[VOGE17] Vogel-Heuser, B.; Bauernhansl, T.; Hompel, M. ten (Hrsg.). In: Handbuch Industrie 4.0. Bd. 2 : Automatisierung (Reihe: Springer Reference Technik). 2., erweiterte und bearbeitete Auflage. Berlin: Springer Vieweg, 2017

[WADH12] Wadhwa, R. S.: Flexibility in manufacturing automation: A living lab case study of Norwegian metalcasting SMEs. In: Journal of Manufacturing Systems. 31. Jg., 2012, Nr. 4, S. 444-454

[WEBE83] Weber, K.; Trzebiner, R.; Tempelmeier, H.: Simulation mit GPSS. Lehr- u. Handbuch zu GPSS (General purpose simulation system) mit wirtschaftswissenschaftlichen Anwendungsbeispielen. Bern: Haupt, 1983

[WECK05] Weck, M.; Brecher, C.: Werkzeugmaschinen 1. Maschinenarten und Anwendungsbereiche. 6. Aufl. Berlin: Springer, 2005

[WECK06a] Weck, M.; Brecher, C.: Werkzeugmaschinen 5. Messtechnische Untersuchung und Beurteilung, dynamische Stabilität. 7. Aufl. Berlin: Springer, 2006

[WECK06b] Weck, M.; Brecher, C.: Werkzeugmaschinen 4. Automatisierung von Maschinen und Anlagen. 6., neu bearbeitete Auflage. Berlin, Heidelberg: Springer-Verlag Berlin Heidelberg, 2006

[WECK99] Weck, M.; Reinartz, T.: Untersuchungen von Werkzeug- und Spannsystemen unter sicherheitstechnischen Gesichtspunkten. Kassel: Verl. Inst. für Arbeitswiss, 1999

[WELL19] Wellmann, F.: Datengetriebene, kontextadaptive Produktivitätssteigerung von NC-Zerspanprozessen. Diss RWTH Aachen. Aachen, 2019

[WERK20] werkzeug&formenbau: Konjunkturbarometer Werkzeug- und Formenbau. ab Januar 2020. URL: https://www.werkzeug-formenbau.de/branche/konjunkturbarometer/das-aktuelle-konjunkturbarometer-werkzeug-und-formenbau-110.html [Stand: 27.01.2020]

[WEST06] Westkämper, E.; Decker, M.: Einführung in die Organisation der Produktion. Berlin: Springer, 2006

[WIEN10] Wiendahl, H.-P.: Betriebsorganisation für Ingenieure. 7. Aufl. München: Hanser, 2010

[WILD08] Wildemann, H.: Erfolgsformel Prozessbeherrschung. In: ERP Management. 4. Jg., 2008, S. 36-39

[WIRT90] Wirth, S. (Hrsg.). In: Flexible Fertigungssysteme. Gestaltung und Anwendung in der Teilefertigung. Heidelberg: Hüthig, 1990

[WÖHE00] Wöhe, G.; Döring, U.: Einführung in die allgemeine Betriebswirtschaftslehre. 20. Aufl. München: Vahlen, 2000

[WÖHE13] Wöhe, G.; Kaiser, H.; Döring, U.: Einführung in die allgemeine Betriebswirtschaftslehre. 25. Aufl. München: Vahlen, 2013

[WOLF16] Wolf, A.; Schunk, H.: Greifer in Bewegung. Faszination der Automatisierung von Handhabungsprozessen. München: Carl Hanser Verlag, 2016

[ZEDT12] Zedtwitz, A.: VDMA Werkzeugbau. Produktspektrum. URL: http://pwz.vdma.org/article/-/articleview/583256 [Stand: 29.11.2016]

[ZEDT19] Zedtwitz, A.: Präzisionswerkzeuge. Statements anlässlich der Jahrespressekonferenz des Fachverbands Präzisionswerkzeuge im VDMA. URL: https://pwz.vdma.org/viewer/-/v2article/render/28593244 [Stand: 11.02.2019]

[ZEDT20a] Zedtwitz, A.: Werkzeugbau mit großen Herausforderungen konfrontiert - Serienproduktion in Deutschland beeinflusst. URL: https://wzb.vdma.org/viewer/-/v2article/render/47339599 [Stand: 25.03.2020]

[ZEDT20b] Zedtwitz, A.: Präzisionswerkzeuge. Statements anlässlich der Jahrespressekonferenz des Fachverbands Präzisionswerkzeuge im VDMA am 15. Januar 2020 in Frankfurt/Main [Stand: 27.01.2020]

[ZEID15] Zeidler, S.: Das war die Fachkonferenz: 3D-Druck – Additive Fertigung in der Automobilindustrie. In: 3Druck.com, 29.10.2015

[ZEIS17] Zeis, M.: Verformung dünnwandiger Graphitelektroden mit hohen Aspektverhältnissen beim funkenerosiven Senken. Diss. RWTH Aachen. Aachen, 2017

[ZELE99] Zelewski, S.: Grundlagen. In: Corsten, H. (Hrsg.): Betriebswirtschaftslehre. 3. Aufl. München, Wien: Oldenbourg, 1999, S. 1-126

[ZIMM16] Zimmer&Kreim GmbH & Co. KG: genius Erodiermaschinen. URL: http://www.zk-system.com/assets/downloads/broschueren/rzkatalogEDMde160728WEB.pdf [Stand: 27.12.2016]

[ZIMM18] Zimmer&Kreim GmbH & Co. KG: Chameleon - Handlingsysteme. URL: https://www.zk-system.com/wp-content/uploads/2018/07/rz_katalog_HAN_de_180509_Ansicht.pdf [Stand: 24.09.2019]

[ZISK13] Ziskoven, H.: Methodik zur Gestaltung und Auftragseinplanung einer getakteten Fertigung im Werkzeugbau. Diss. RWTH Aachen. Aachen, 2013

Anhang

Appendix

A Gemeinsame Datenbank des Fraunhofer IPT und des WZL der RWTH Aachen

Database of Fraunhofer IPT and WZL of RWTH Aachen University

Das Fraunhofer-Institut für Produktionstechnologie IPT und das Werkzeugmaschinenlabor WZL der RWTH Aachen betreiben eine Datenbank für Kennzahlen des Werkzeugbaus. Darin werden verschiedene Kennzahlen aus den Bereichen der technologischen, organisatorischen und strategischen Bewertung industriellen Werkzeugbaus berücksichtigt. Die Datenbank umfasst mehr als 1000 verschiedene Datensätze von Werkzeugbauunternehmen und wird durch den jährlich stattfindenden Wettbewerb „Excellence in Production" (vgl. Anhang B), durch nationale und internationale Benchmarkingprojekte und Marktstudien der Institute kontinuierlich mit Daten erweitert. Die gesammelten Daten sind zum Großteil aus dem deutschsprachigen Raum (60 %) und decken das gesamte Werkzeugspektrum der Branche ab, wobei Spritzgießwerkzeughersteller und Stanz-Biege-Werkzeughersteller im Vordergrund stehen. Die Struktur der Datenbank Stand Februar 2020 ist in der nachfolgenden Abbildung dargestellt.

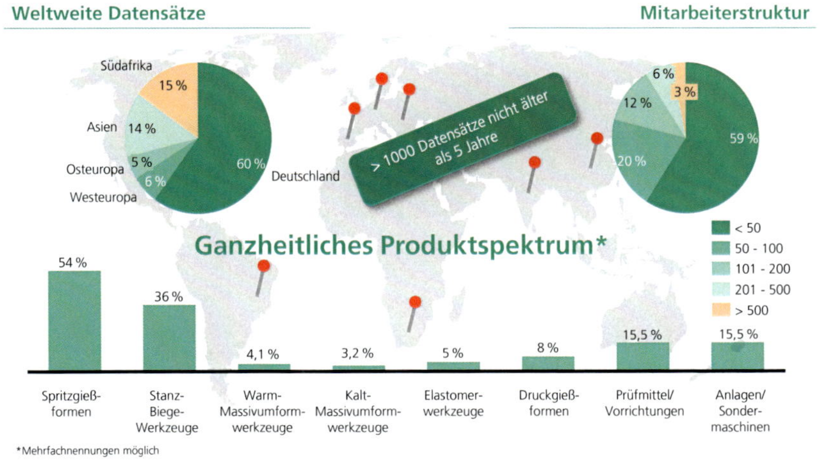

Abbildung A-1: Struktur der Datenbank von Fraunhofer IPT und WZL der RWTH Aachen
Company Characteristics within Fraunhofer IPT and WZL's Tool and Die Making Database

B Wettbewerb „Excellence in Production" zum „Werkzeugbau des Jahres"

Competition "Excellence in Production" for the "Tool-Maker of the Year"

Der Branchenwettbewerb „Excellence in Production" wurde im Jahr 2003 durch Vertreter aus Wissenschaft, Industrie, Verbänden, Medien und der Bundespolitik eingeführt. Zielgruppe des

Wettbewerbs sind ausnahmslos Unternehmen der Branche des Werkzeug- und Formenbaus im deutschsprachigen Raum. Ziel des Wettbewerbs ist die Identifikation der besten Werkzeugbaubetriebe. Dazu sind im Wettbewerb vier Kategorien definiert. Einerseits wird zwischen internen und externen Betrieben, andererseits hinsichtlich der Betriebsgröße unterschieden, wobei die unterscheidungsrelevante Schwelle bei 50 Mitarbeitern liegt. Ein zweiter Grund für die Existenz des Wettbewerbs ist die Steigerung der Sichtbarkeit der Branche Werkzeugbau, um die Leistungsfähigkeit und Schlüsselrolle der Branche für produktionstechnische Zwecke stärker zu präsentieren.

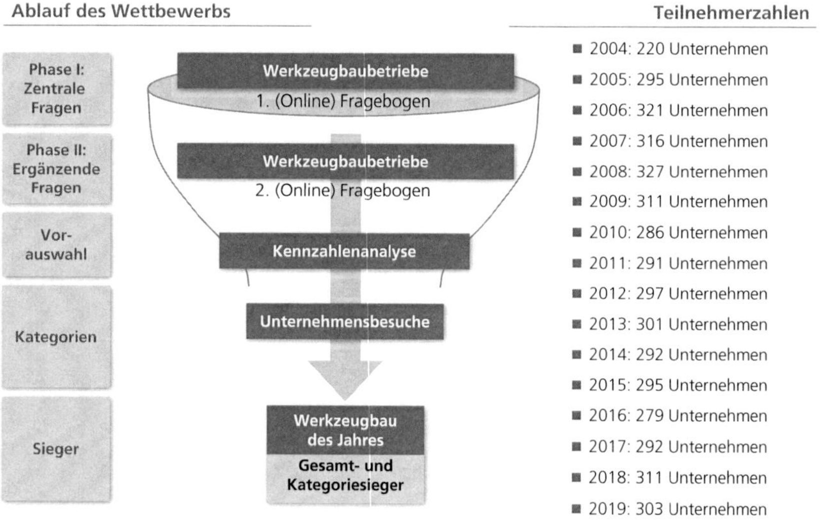

Abbildung B-2: Ablauf und Teilnehmerzahlen des Wettbewerbs „Excellence in Production"
Procedure and Attendance Figures of the Competition „Excellence in Production"

Die Teilnahme am Wettbewerb ist zunächst fragebogenbasiert. Dabei werden in der ersten Phase zentrale Fragen beantwortet und anschließend in einer zweiten Fragebogenphase um weitere relevante Fragestellungen ergänzt. Die Teilnehmerzahl liegt jedes Jahr bei rund 300 Werkzeugbaubetrieben, von denen erfahrungemäß ca. 50 – 100 die Mindestanforderungen der Bewertungskategorien Vision und Strategie, Organisation, Ressourcen, Prozesse, Kunden, Leistungsangebot und Finanzen erfüllen. Die technologische Perspektive ist in der Kategorie Ressourcen verortet, die mit 25 % in die Gesamtwertung einfließt. In der nächsten Wettbewerbsphase folgt eine detaillierte Kennzahlenanalyse, die systemseitig unterstützt die Basis für die Auswahl der zu besuchenden Werkzeugbaubetriebe ist. Anschließend werden die ausgewählten Unternehmen durch ein Team von Wissenschaftlern besucht, um die Angaben im Fragebogen zu plausibilisieren und weitere nicht kennzahlenbasierte Unternehmensdaten zu erheben. Die Ergebnisse aus den Fragebögen und den Vor-Ort-Audits werden im Anschluss einer Jury präsentiert, welche die Finalisten, Kategoriesieger und den Gesamtsieger des Wettbewerbs „Excellence in Production" bestimmt.

C Gewichtungsfaktoren des Bewertungssystems

Weighting Factors of the Evaluation System

C.1 Gewichtungsfaktoren zur Ressourcenbewertung – Maschinen

Weighting Factors for Resource Evaluation – Machines

C.1.1 Gewichtungsfaktoren Fräsmaschine

Weighting Factors Milling Machine

(Ressourcen-) Produktivität Fräsmaschine (I/II)	Gewicht. bewertungs-relevanter Aspekt	Achsanzahl	HSC-Fähigkeit	Arbeitsspindeldrehzahl	Arbeitsspindelleistung	Bearbeitungswerkzeug-messsystem	Bearbeitungswerkzeug-wechselsystem	CAM-Datenschnittstelle	Achsgeschwindigkeit (Eilgang)	Maschinenalter	NC-Fähigkeit
Rüst- und Nebenzeiten	30 %	keine	keine	keine	keine	stark	stark	deutlich	stark	keine	keine
Hauptzeiten	40 %	deutlich	mittel	stark	mittel	keine	keine	keine	gering	mittel	stark
Mannlose Nutzung	30 %	gering	keine	keine	keine	mittel	stark	deutlich	keine	mittel	stark
Gewichtungsfaktor Einflussgröße		6,5 %	3,5 %	7,0 %	3,5 %	7,8 %	10,4 %	7,8 %	7,0 %	6,1 %	12,2 %

(Ressourcen-) Produktivität Fräsmaschine (II/II)	Gewicht. bewertungs-relevanter Aspekt	Palettiersystem	Spanfördersystem	Steuerung	Werkstückwechsel-system						
Rüst- und Nebenzeiten	30 %	stark	gering	mittel	deutlich						
Hauptzeiten	40 %	keine	keine	mittel	keine						
Mannlose Nutzung	30 %	mittel	gering	deutlich	deutlich						
Gewichtungsfaktor Einflussgröße		7,8 %	2,6 %	10,0 %	7,8 %						

(Ressourcen-) Flexibilität Fräsmaschine	Gewicht. bewertungs-relevanter Aspekt	Absaugung	Achsanzahl	Arbeitsraum	Arbeitsspindeldrehzahl	Aufspanngewicht	Arbeitsraumkapselung	Kühlschmierstoffsystem	Schnellspannvorrichtung	Spindelwechsel	Steuerung
Größe	33,4 %	keine	keine	stark	keine	mittel	keine	keine	gering	keine	keine
Werkstoff	33,3 %	deutlich	keine	keine	mittel	gering	deutlich	deutlich	keine	gering	keine
Geometrie	33,3 %	keine	stark	mittel	gering	keine	keine	keine	mittel	deutlich	stark
Gewichtungsfaktor Einflussgröße		8,3 %	11,1 %	16,9 %	8,3 %	8,3 %	8,3 %	8,3 %	8,3 %	11,1 %	11,1 %

Beeinflussung: = keine (0 %) = gering (25 %) = mittel (50 %) = deutlich (75 %) = stark (100 %)

(Ressourcen-) Qualität Fräsmaschine (I/II)	Gewicht. bewertungs-relevanter Aspekt	Bearbeitungswerkzeug-messsystem	Klimatisierte Aufstellung	Kühlschmierstoffsystem	Maschinenalter	Palettiersystem	Achspositionier-genauigkeit	Prozessüberwachung	Rundlaufgenauigkeit	Schwingungsdämpfung	Satzwechselzeit
Genauigkeit	25 %	mittel	stark	gering	mittel	mittel	stark	keine	deutlich	deutlich	mittel
Oberflächengüte	25 %	gering	keine	mittel	gering	keine	stark	keine	deutlich	stark	mittel
Reproduzierbarkeit	25 %	mittel	stark	keine	gering	mittel	deutlich	keine	keine	keine	keine
Prozesssicherheit	25 %	keine	keine	mittel	keine	keine	keine	stark	keine	deutlich	keine
Gewichtungsfaktor Einflussgröße		5,9 %	9,4 %	5,9 %	4,7 %	4,7 %	12,9 %	4,7 %	7,1 %	11,8 %	4,7 %

(Ressourcen-) Qualität Fräsmaschine (II/II)	Gewicht. bewertungs-relevanter Aspekt	Temperaturkompen-sation	Wartung	Werkstückmesssystem	Arbeitsraumkapselung						
Genauigkeit	25 %	stark	mittel	mittel	keine						
Oberflächengüte	25 %	keine	keine	keine	keine						
Reproduzierbarkeit	25 %	stark	stark	mittel	gering						
Prozesssicherheit	25 %	mittel	mittel	keine	gering						
Gewichtungsfaktor Einflussgröße		11,8 %	9,4 %	4,7 %	2,3 %						

Beeinflussung: = keine (0 %) = gering (25 %) = mittel (50 %) = deutlich (75 %) = stark (100 %)

C.1.2 Gewichtungsfaktoren Drehmaschine

Weighting Factors Turning Machine

(Ressourcen-) Produktivität Drehmaschine (I/II)	Gewicht. bewertungs-relevanter Aspekt	Angetriebene Bearbeitungswerkzeuge	Arbeitsspindeldrehzahl	Arbeitsspindelleistung	Bearbeitungswerkzeug-revolver	Bearbeitungswerkzeug-messsystem	CAM-Datenschnittstelle	Gegenspindel	Maschinenalter	NC-Fähigkeit	Palettiersystem
Rüst- und Nebenzeiten	30 %	gering	keine	keine	stark	stark	mittel	mittel	keine	keine	mittel
Hauptzeiten	40 %	mittel	stark	mittel	keine	keine	keine	keine	mittel	stark	keine
Mannlose Nutzung	30 %	keine	keine	keine	stark	gering	gering	gering	mittel	stark	gering
Gewichtungsfaktor Einflussgröße		6,9 %	9,9 %	5,0 %	14,9 %	9,3 %	5,6 %	5,6 %	8,7 %	17,4 %	5,6 %

(Ressourcen-) Produktivität Drehmaschine (II/II)	Gewicht. bewertungs-relevanter Aspekt	Spanförderer	Stangenförderer	Werkstückwechsel-system							
Rüst- und Nebenzeiten	30 %	gering	gering	gering							
Hauptzeiten	40 %	keine	keine	keine							
Mannlose Nutzung	30 %	gering	gering	gering							
Gewichtungsfaktor Einflussgröße		3,7 %	3,7 %	3,7 %							

(Ressourcen-) Flexibilität Drehmaschine (I/II)	Gewicht. bewertungs-relevanter Aspekt	Absaugung	Achsanzahl	Angetriebene Bearbeitungswerkzeuge	Y-Verschiebung des Revolvers	Arbeitsraum	Aufspanngewicht	Gegenspindel	Maschinentauglichkeit Hartdrehen	Kühlschmierstoffsystem	Reitstock/Lünette
Größe	33,4 %	keine	keine	keine	keine	stark	mittel	mittel	keine	keine	mittel
Werkstoff	33,3 %	deutlich	keine	keine	keine	keine	gering	keine	stark	deutlich	keine
Geometrie	33,3 %	keine	stark	stark	gering	mittel	keine	gering	gering	keine	keine
Gewichtungsfaktor Einflussgröße		7,3 %	9,8 %	9,8 %	2,4 %	14,6 %	7,3 %	7,3 %	12,2 %	7,3 %	4,9 %

Beeinflussung: = keine (0 %) = gering (25 %) = mittel (50 %) = deutlich (75 %) = stark (100 %)

(Ressourcen-) Flexibilität Drehmaschine (II/II)	Gewicht. bewertungs-relevanter Aspekt	Schnellspannvorrichtung	Steuerung								
Größe	33,4%	gering (25 %)	keine (0 %)								
Werkstoff	33,3 %	keine (0 %)	keine (0 %)								
Geometrie	33,3 %	mittel (50 %)	stark (100 %)								
Gewichtungsfaktor Einflussgröße		7,3 %	9,8 %								

(Ressourcen-) Qualität Drehmaschine (I/II)	Gewicht. bewertungs-relevanter Aspekt	Bearbeitungswerkzeug-messsystem	Klimatisierte Aufstellung	Kühlschmierstoffsystem	Maschinenalter	Achspositionier-genauigkeit	Prozessüberwachung	Schwingungsdämpfung	Spindellagerung	Satzwechselzeit	Temperaturkompen-sation
Genauigkeit	25 %	mittel (50 %)	stark (100 %)	gering (25 %)	mittel (50 %)	stark (100 %)	keine (0 %)	deutlich (75 %)	mittel (50 %)	mittel (50 %)	deutlich (75 %)
Oberflächengüte	25 %	gering (25 %)	keine (0 %)	mittel (50 %)	gering (25 %)	mittel (50 %)	keine (0 %)	stark (100 %)	stark (100 %)	mittel (50 %)	keine (0 %)
Reproduzierbarkeit	25 %	mittel (50 %)	stark (100 %)	keine (0 %)	gering (25 %)	deutlich (75 %)	keine (0 %)	keine (0 %)	keine (0 %)	keine (0 %)	deutlich (75 %)
Prozesssicherheit	25 %	keine (0 %)	keine (0 %)	mittel (50 %)	keine (0 %)	keine (0 %)	stark (100 %)	deutlich (75 %)	keine (0 %)	keine (0 %)	mittel (50 %)
Gewichtungsfaktor Einflussgröße		6,5 %	10,4 %	6,5 %	5,2 %	11,6 %	5,2 %	13,0 %	7,8 %	5,2 %	10,4 %

(Ressourcen-) Qualität Drehmaschine (II/II)	Gewicht. bewertungs-relevanter Aspekt	Wartung	Arbeitsraumkapselung	Werkstückwechsel-system							
Genauigkeit	25 %	mittel (50 %)	keine (0 %)	mittel (50 %)							
Oberflächengüte	25 %	keine (0 %)	keine (0 %)	keine (0 %)							
Reproduzierbarkeit	25 %	stark (100 %)	gering (25 %)	mittel (50 %)							
Prozesssicherheit	25 %	mittel (50 %)	gering (25 %)	keine (0 %)							
Gewichtungsfaktor Einflussgröße		10,4 %	2,6 %	5,2 %							

Beeinflussung: = keine (0 %) = gering (25 %) = mittel (50 %) = deutlich (75 %) = stark (100 %)

C.1.3 Gewichtungsfaktoren Dreh-Fräszentrum

Weighting Factors Turning-Milling Centre

(Ressourcen-) Produktivität Dreh-Fräszentrum (I/II)	Gewicht. bewertungs-relevanter Aspekt	Angetriebene Bearbeitungswerkzeuge	Arbeitsspindeldrehzahl	Arbeitsspindelleistung	Bearbeitungswerkzeug-revolver	Bearbeitungswerkzeug-wechselsystem	Bearbeitungswerkzeug-messsystem	CAM-Datenschnittstelle	Frässpindeldrehzahl	Frässpindelleistung	Schwenkbereich Frässpindel
Rüst- und Nebenzeiten	30 %	gering	keine	keine	stark	stark	stark	deutlich	keine	keine	keine
Hauptzeiten	40 %	mittel	stark	mittel	keine	keine	keine	keine	stark	mittel	gering
Mannlose Nutzung	30 %	keine	keine	keine	stark	stark	gering	deutlich	keine	keine	keine
Gewichtungsfaktor Einflussgröße		5,0 %	7,2 %	3,6 %	10,8 %	10,8 %	6,8 %	8,1 %	7,2 %	3,6 %	1,8 %

(Ressourcen-) Produktivität Dreh-Fräszentrum (II/II)	Gewicht. bewertungs-relevanter Aspekt	Gegenspindel	Maschinenalter	NC-Fähigkeit	Palettiersystem	Spanförderer	Stangenförderer	Werkstückwechsel-system			
Rüst- und Nebenzeiten	30 %	mittel	keine	keine	mittel	gering	gering	gering			
Hauptzeiten	40 %	keine	mittel	stark	keine	keine	keine	keine			
Mannlose Nutzung	30 %	gering	mittel	stark	gering	gering	gering	gering			
Gewichtungsfaktor Einflussgröße		4,1 %	6,3 %	12,5 %	4,1 %	2,7 %	2,7 %	2,7 %			

(Ressourcen-) Flexibilität Dreh-Fräszentrum (I/II)	Gewicht. bewertungs-relevanter Aspekt	Absaugung	Achsanzahl	Angetriebene Bearbeitungswerkzeuge	Arbeitsraum	Aufspanngewicht	Schwenkbereich Frässpindel	Gegenspindel	Maschinentauglichkeit Hartdrehen	Kühlschmierstoffsystem	Reitstock/Lünette
Größe	33,4 %	keine	keine	keine	stark	mittel	keine	mittel	keine	keine	mittel
Werkstoff	33,3 %	deutlich	keine	keine	keine	gering	keine	keine	stark	deutlich	keine
Geometrie	33,3 %	keine	stark	stark	mittel	keine	mittel	gering	gering	keine	keine
Gewichtungsfaktor Einflussgröße		7,1 %	9,5 %	9,5 %	14,3 %	7,2 %	4,8 %	7,2 %	11,9 %	7,1 %	4,8 %

Beeinflussung: = keine (0 %) = gering (25 %) = mittel (50 %) = deutlich (75 %) = stark (100 %)

(Ressourcen-) Flexibilität Dreh-Fräszentrum (II/II)	Gewicht. bewertungsrelevanter Aspekt	Schnellspannvorrichtung	Steuerung								
Größe	33,4 %	gering	keine								
Werkstoff	33,3 %	keine	keine								
Geometrie	33,3 %	mittel	stark								
Gewichtungsfaktor Einflussgröße		7,1 %	9,5 %								

(Ressourcen-) Qualität Dreh-Fräszentrum (I/II)	Gewicht. bewertungsrelevanter Aspekt	Bearbeitungswerkzeugmesssystem	Klimatisierte Aufstellung	Kühlschmierstoffsystem	Maschinenalter	Achspositioniergenauigkeit	Prozessüberwachung	Schwingungsdämpfung	Spindellagerung	Satzwechselzeit	Temperaturkompensation
Genauigkeit	25 %	mittel	stark	gering	mittel	stark	keine	deutlich	mittel	mittel	deutlich
Oberflächengüte	25 %	gering	keine	mittel	gering	mittel	keine	stark	stark	mittel	keine
Reproduzierbarkeit	25 %	mittel	stark	keine	gering	deutlich	keine	keine	keine	keine	deutlich
Prozesssicherheit	25 %	keine	keine	mittel	keine	keine	stark	deutlich	keine	keine	mittel
Gewichtungsfaktor Einflussgröße		6,5 %	10,4 %	6,4 %	5,2 %	11,7 %	5,2 %	13,0 %	7,8 %	5,2 %	10,4 %

(Ressourcen-) Qualität Dreh-Fräszentrum (II/II)	Gewicht. bewertungsrelevanter Aspekt	Wartung	Werkstückmesssystem	Arbeitsraumkapselung							
Genauigkeit	25 %	mittel	mittel	keine							
Oberflächengüte	25 %	keine	keine	keine							
Reproduzierbarkeit	25 %	stark	mittel	gering							
Prozesssicherheit	25 %	mittel	keine	gering							
Gewichtungsfaktor Einflussgröße		10,4 %	5,2 %	2,6 %							

Beeinflussung: = keine (0 %) = gering (25 %) = mittel (50 %) = deutlich (75 %) = stark (100 %)

C.1.4 Gewichtungsfaktoren Fräs-Drehzentrum

Weighting Factors Milling-Turning Centre

(Ressourcen-) Produktivität Fräs-Drehzentrum (I/II)	Gewicht. bewertungs-relevanter Aspekt	Achsanzahl	HSC-Fähigkeit	Arbeitsspindeldrehzahl	Arbeitsspindelleistung	Bearbeitungswerkzeug-messsystem	Bearbeitungswerkzeug-wechselsystem	CAM-Datenschnittstelle	Achsgeschwindigkeit (Eilgang)	Drehzahl Fräsdrehtisch	Maschinenalter
Rüst- und Nebenzeiten	30 %	keine	keine	keine	keine	stark	stark	deutlich	stark	keine	keine
Hauptzeiten	40 %	deutlich	mittel	stark	mittel	keine	keine	keine	gering	deutlich	mittel
Mannlose Nutzung	30 %	gering	keine	keine	keine	mittel	stark	deutlich	keine	gering	mittel
Gewichtungsfaktor Einflussgröße		6,1 %	3,3 %	6,5 %	3,3 %	7,3 %	9,8 %	7,3 %	6,5 %	6,1 %	5,8 %

(Ressourcen-) Produktivität Fräs-Drehzentrum (II/II)	Gewicht. bewertungs-relevanter Aspekt	NC-Fähigkeit	Palettiersystem	Spanfördersystem	Steuerung	Werkstückwechsel-system					
Rüst- und Nebenzeiten	30 %	keine	stark	gering	mittel	deutlich					
Hauptzeiten	40 %	stark	keine	keine	mittel	keine					
Mannlose Nutzung	30 %	stark	mittel	gering	deutlich	deutlich					
Gewichtungsfaktor Einflussgröße		11,6 %	7,3 %	2,4 %	9,4 %	7,3 %					

(Ressourcen-) Flexibilität Fräs-Drehzentrum (I/II)	Gewicht. bewertungs-relevanter Aspekt	Absaugung	Achsanzahl	Arbeitsraum	Arbeitsspindeldrehzahl	Aufspanngewicht	Drehzahl Fräsdrehtisch	Kühlschmierstoffsystem	Schnellspannvorrichtung	Spindelwechsel	Steuerung
Größe	33,4 %	keine	keine	stark	keine	mittel	keine	keine	gering	keine	keine
Werkstoff	33,3 %	deutlich	keine	keine	mittel	gering	keine	deutlich	keine	gering	keine
Geometrie	33,3 %	keine	stark	mittel	gering	keine	mittel	keine	mittel	mittel	stark
Gewichtungsfaktor Einflussgröße		8,1 %	10,8 %	16,3 %	8,1 %	8,1 %	5,4 %	8,1 %	8,1 %	8,1 %	10,8 %

Beeinflussung: = keine (0 %) = gering (25 %) = mittel (50 %) = deutlich (75 %) = stark (100 %)

(Ressourcen-) Flexibilität Fräs-Drehzentrum (II/II)	Gewicht. bewertungs-relevanter Aspekt	Arbeitsraumkapselung									
Größe	33,4 %	keine									
Werkstoff	33,3 %	deutlich									
Geometrie	33,3 %	keine									
Gewichtungsfaktor Einflussgröße		8,1 %									

(Ressourcen-) Qualität Fräs-Drehzentrum (I/II)	Gewicht. bewertungs-relevanter Aspekt	Bearbeitungswerkzeug-messsystem	Klimatisierte Aufstellung	Kühlschmierstoffsystem	Maschinenalter	Palettiersystem	Achspositionier-genauigkeit	Prozessüberwachung	Rundlaufgenauigkeit	Schwingungsdämpfung	Satzwechselzeit
Genauigkeit	25 %	mittel	stark	gering	mittel	mittel	stark	keine	deutlich	deutlich	mittel
Oberflächengüte	25 %	gering	keine	mittel	gering	keine	stark	keine	deutlich	stark	mittel
Reproduzierbarkeit	25 %	mittel	stark	keine	gering	mittel	deutlich	keine	keine	keine	keine
Prozesssicherheit	25 %	keine	keine	mittel	keine	keine	keine	stark	keine	deutlich	keine
Gewichtungsfaktor Einflussgröße		5,9 %	9,4 %	5,9 %	4,7 %	4,7 %	12,8 %	4,7 %	7,1 %	11,8 %	4,7 %

(Ressourcen-) Qualität Fräs-Drehzentrum (II/II)	Gewicht. bewertungs-relevanter Aspekt	Temperaturkompen-sation	Wartung	Werkstückmesssystem	Arbeitsraumkapselung						
Genauigkeit	25 %	stark	mittel	mittel	keine						
Oberflächengüte	25 %	keine	keine	keine	keine						
Reproduzierbarkeit	25 %	stark	stark	mittel	gering						
Prozesssicherheit	25 %	mittel	mittel	keine	gering						
Gewichtungsfaktor Einflussgröße		11,8 %	9,4 %	4,7 %	2,4 %						

Beeinflussung: = keine (0 %) = gering (25 %) = mittel (50 %) = deutlich (75 %) = stark (100 %)

C.1.5 Gewichtungsfaktoren Flach-/ Profilschleifmaschine

Weighting Factors Flat/ Profile Grinding Machine

(Ressourcen-) Produktivität Flach-/Profilschleif-maschine (I/II)	Gewicht. bewertungs-relevanter Aspekt	Abrichteinheit	Achsgeschwindigkeit (Eilgang)	Arbeitsspindeldrehzahl	Arbeitsspindelleistung	Bearbeitungswerkzeug-messsystem	Bearbeitungswerkzeug-wechselsystem	CAM-Datenschnittstelle	Maschinenalter	NC-Fähigkeit	Palettiersystem
Rüst- und Nebenzeiten	30 %	deutlich	gering	keine	keine	mittel	deutlich	mittel	keine	keine	stark
Hauptzeiten	40 %	keine	deutlich	stark	mittel	keine	keine	keine	mittel	stark	keine
Mannlose Nutzung	30 %	mittel	keine	keine	keine	gering	gering	gering	mittel	mittel	mittel
Gewichtungsfaktor Einflussgröße		9,7 %	9,7 %	10,3 %	5,2 %	5,8 %	7,7 %	5,8 %	9,0 %	14,2 %	11,6 %

(Ressourcen-) Produktivität Flach-/Profilschleif-maschine (II/II)	Gewicht. bewertungs-relevanter Aspekt	Werkstückwechsel-system	Schleifscheiben-dimension								
Rüst- und Nebenzeiten	30 %	mittel	keine								
Hauptzeiten	40 %	keine	mittel								
Mannlose Nutzung	30 %	mittel	keine								
Gewichtungsfaktor Einflussgröße		5,8 %	5,2 %								

(Ressourcen-) Flexibilität Flach-/Profilschleif-maschine	Gewicht. bewertungs-relevanter Aspekt	Achsanzahl	Arbeitsraum	Aufspanngewicht	Kühlschmierstoffsystem	Schnellspannvorrichtung	Steuerung				
Größe	33,4 %	keine	stark	mittel	keine	gering	keine				
Werkstoff	33,3 %	keine	keine	gering	deutlich	keine	keine				
Geometrie	33,3 %	stark	mittel	keine	keine	mittel	stark				
Gewichtungsfaktor Einflussgröße		17,4 %	26,1 %	13,1 %	13,0 %	13,0 %	17,4 %				

Beeinflussung: keine (0 %) ; gering (25 %) ; mittel (50 %) ; deutlich (75 %) ; stark (100 %)

(Ressourcen-) Qualität Flach/Profilschleif-maschine (I/II)	Gewicht. bewertungs-relevanter Aspekt	Auswuchteinheit	Bearbeitungswerkzeug-messsystem	Klimatisierte Aufstellung	Kühlschmierstoffsystem	Maschinenalter	Achspositionier-genauigkeit	Prozessüberwachung	Schwingungsdämpfung	Satzwechselzeit	Temperaturkompen-sation
Genauigkeit	25 %	mittel	mittel	stark	gering	mittel	stark	keine	deutlich	mittel	stark
Oberflächengüte	25 %	gering	gering	keine	mittel	gering	mittel	keine	stark	mittel	keine
Reproduzierbarkeit	25 %	mittel	mittel	stark	keine	gering	deutlich	keine	keine	keine	stark
Prozesssicherheit	25 %	gering	keine	keine	mittel	keine	keine	stark	deutlich	keine	mittel
Gewichtungsfaktor Einflussgröße		7,5 %	6,3 %	10,1 %	6,3 %	5,1 %	11,4 %	5,1 %	12,7 %	5,1 %	12,7 %

(Ressourcen-) Qualität Flach-/Profilschleif-maschine (II/II)	Gewicht. bewertungs-relevanter Aspekt	Wartung	Werkstückmesssystem	Arbeitsraumkapselung							
Genauigkeit	25 %	mittel	mittel	keine							
Oberflächengüte	25 %	keine	keine	keine							
Reproduzierbarkeit	25 %	stark	mittel	gering							
Prozesssicherheit	25 %	mittel	keine	gering							
Gewichtungsfaktor Einflussgröße		10,1 %	5,1 %	2,5 %							

Beeinflussung: keine = keine (0 %) gering = gering (25 %) mittel = mittel (50 %) deutlich = deutlich (75 %) stark = stark (100 %)

C.1.6 Gewichtungsfaktoren Koordinatenschleifmaschine

Weighting Factors Coordinate Grinding Machine

(Ressourcen-) Produktivität Koordinatenschleif-maschine (I/II)	Gewicht. bewertungs-relevanter Aspekt	Abrichteinheit	Achsgeschwindigkeit (Eilgang)	Arbeitsspindeldrehzahl	Arbeitsspindelleistung	Bearbeitungswerkzeug-messsystem	Bearbeitungswerkzeug-wechselsystem	CAM-Datenschnittstelle	Maschinenalter	NC-Fähigkeit	Palettiersystem
Rüst- und Nebenzeiten	30%	deutlich	stark	keine	keine	stark	stark	deutlich	keine	keine	stark
Hauptzeiten	40%	keine	gering	stark	mittel	keine	keine	keine	mittel	stark	keine
Mannlose Nutzung	30%	mittel	keine	keine	keine	mittel	stark	deutlich	mittel	stark	mittel
Gewichtungsfaktor Einflussgröße		7,8 %	8,3 %	8,3 %	4,2 %	9,3 %	12,4 %	9,3 %	7,3 %	14,5 %	9,3 %

(Ressourcen-) Produktivität Koordinatenschleif-maschine (II/II)	Gewicht. bewertungs-relevanter Aspekt	Werkstückwechsel-system
Rüst- und Nebenzeiten	30 %	deutlich
Hauptzeiten	40 %	keine
Mannlose Nutzung	30 %	deutlich
Gewichtungsfaktor Einflussgröße		9,3 %

(Ressourcen-) Flexibilität Koordinatenschleif-maschine	Gewicht. bewertungs-relevanter Aspekt	Achsanzahl	Arbeitsraum	Aufspanngewicht	Kühlschmierstoffsystem	Schnellspannvorrichtung	Steuerung
Größe	33,4 %	keine	stark	mittel	keine	gering	keine
Werkstoff	33,3 %	keine	keine	gering	deutlich	keine	keine
Geometrie	33,3 %	stark	mittel	keine	keine	mittel	stark
Gewichtungsfaktor Einflussgröße		17,4 %	26,1 %	13,1 %	13,0 %	13,0 %	17,4 %

Beeinflussung: = keine (0 %) = gering (25 %) = mittel (50 %) = deutlich (75 %) = stark (100 %)

(Ressourcen-) Qualität Koordinatenschleifmaschine (I/II)	Gewicht. bewertungsrelevanter Aspekt	Bearbeitungswerkzeugmesssystem	Klimatisierte Aufstellung	Kühlschmierstoffsystem	Maschinenalter	Achspositioniergenauigkeit	Prozessüberwachung	Schwingungsdämpfung	Satzwechselzeit	Temperaturkompensation	Wartung
Genauigkeit	25 %	gering	stark	gering	mittel	stark	keine	deutlich	mittel	stark	mittel
Oberflächengüte	25 %	mittel	keine	mittel	gering	stark	keine	stark	mittel	keine	keine
Reproduzierbarkeit	25 %	mittel	stark	keine	gering	deutlich	keine	keine	keine	stark	stark
Prozesssicherheit	25 %	keine	keine	mittel	keine	keine	stark	deutlich	keine	mittel	mittel
Gewichtungsfaktor Einflussgröße		6,7 %	10,7 %	6,7 %	5,3 %	14,7 %	5,3 %	13,3 %	5,3 %	13,3 %	10,7 %

(Ressourcen-) Qualität Koordinatenschleifmaschine (II/II)	Gewicht. bewertungsrelevanter Aspekt	Werkstückmesssystem	Arbeitsraumkapselung								
Genauigkeit	25 %	mittel	keine								
Oberflächengüte	25 %	keine	keine								
Reproduzierbarkeit	25 %	mittel	gering								
Prozesssicherheit	25 %	keine	gering								
Gewichtungsfaktor Einflussgröße		5,3 %	2,7 %								

Beeinflussung: = keine (0 %) = gering (25 %) = mittel (50 %) = deutlich (75 %) = stark (100 %)

C.1.7 Gewichtungsfaktoren Rundschleifmaschine

Weighting Factors Cylindrical Grinding Machine

(Ressourcen-) Produktivität Rundschleifmaschine (I/II)	Gewicht. bewertungsrelevanter Aspekt	Abrichteinheit	Arbeitsspindeldrehzahl innen / außen	Arbeitsspindelleistung	Werkstückspindeldrehzahl	Bearbeitungswerkzeugmesssystem	Bearbeitungswerkzeugwechselsystem	CAM-Datenschnittstelle	Maschinenalter	NC-Fähigkeit	Palettiersystem
Rüst- und Nebenzeiten	30 %	deutlich	keine	keine	keine	mittel	deutlich	mittel	keine	keine	stark
Hauptzeiten	40 %	keine	stark	mittel	stark	keine	keine	keine	mittel	stark	keine
Mannlose Nutzung	30 %	mittel	keine	keine	keine	gering	gering	gering	mittel	mittel	mittel
Gewichtungsfaktor Einflussgröße		9,8 %	10,5 %	5,2 %	10,5 %	5,9 %	7,8 %	5,9 %	9,2 %	14,3 %	11,8 %

(Ressourcen-) Produktivität Rundschleifmaschine (II/II)	Gewicht. bewertungsrelevanter Aspekt	Werkstückwechselsystem	Schleifscheibendimensionen								
Rüst- und Nebenzeiten	30 %	gering	keine								
Hauptzeiten	40 %	keine	mittel								
Mannlose Nutzung	30 %	gering	keine								
Gewichtungsfaktor Einflussgröße		3,9 %	5,2 %								

(Ressourcen-) Flexibilität Rundschleifmaschine	Gewicht. bewertungsrelevanter Aspekt	Achsanzahl	Arbeitsraum	Aufspanngewicht	Kühlschmierstoffsystem	Schnellspannvorrichtung	Steuerung	Schleifscheibenschwenkbereich	Innen- und Außenrundschleifen		
Größe	33,4 %	keine	stark	mittel	keine	gering	keine	gering	gering		
Werkstoff	33,3 %	keine	keine	gering	deutlich	keine	keine	keine	keine		
Geometrie	33,3 %	stark	mittel	keine	keine	mittel	stark	mittel	stark		
Gewichtungsfaktor Einflussgröße		12,9 %	19,4 %	9,7 %	9,7 %	9,7 %	12,9 %	9,7 %	16,0 %		

Beeinflussung: = keine (0 %) = gering (25 %) = mittel (50 %) = deutlich (75 %) = stark (100 %)

(Ressourcen-) Qualität Rundschleifmaschine (I/II)	Gewicht. bewertungsrelevanter Aspekt	Auswuchteinheit	Bearbeitungswerkzeugmesssystem	Klimatisierte Aufstellung	Kühlschmierstoffsystem	Maschinenalter	Achspositioniergenauigkeit	Prozessüberwachung	Schwingungsdämpfung	Satzwechselzeit	Temperaturkompensation
Genauigkeit	25 %	mittel	mittel	stark	gering	mittel	stark	keine	deutlich	mittel	stark
Oberflächengüte	25 %	gering	gering	keine	mittel	gering	stark	keine	stark	mittel	keine
Reproduzierbarkeit	25 %	mittel	mittel	stark	keine	gering	deutlich	keine	keine	keine	stark
Prozesssicherheit	25 %	gering	keine	keine	mittel	keine	keine	stark	deutlich	keine	mittel
Gewichtungsfaktor Einflussgröße		7,4 %	6,2 %	9,9 %	6,2 %	4,9 %	13,6 %	4,9 %	12,3 %	4,9 %	12,3 %

(Ressourcen-) Qualität Rundschleifmaschine (II/II)	Gewicht. bewertungsrelevanter Aspekt	Wartung	Werkstückmesssystem	Arbeitsraumkapselung							
Genauigkeit	25 %	mittel	mittel	keine							
Oberflächengüte	25 %	keine	keine	keine							
Reproduzierbarkeit	25 %	stark	mittel	gering							
Prozesssicherheit	25 %	mittel	keine	gering							
Gewichtungsfaktor Einflussgröße		9,9 %	4,9 %	2,6 %							

Beeinflussung: = keine (0 %) = gering (25 %) = mittel (50 %) = deutlich (75 %) = stark (100 %)

C.1.8 Gewichtungsfaktoren Senkerodiermaschine

Weighting Factors S-EDM Machine

(Ressourcen-) Produktivität Senkerodiermaschine	Gewicht. bewertungs-relevanter Aspekt	Abtragrate	C-Achse	CAM-Datenschnittstelle	Dielektrikum	Elektrodenwechsel-system	Elektrodenwerkstoff	Generatorupdate	Maschinenalter	Palettiersystem	Werkstückwechsel-system
Rüst- und Nebenzeiten	30 %	keine	gering	deutlich	keine	stark	keine	keine	keine	stark	deutlich
Hauptzeiten	40 %	stark	gering	keine	deutlich	keine	stark	stark	mittel	keine	keine
Mannlose Nutzung	30 %	gering	keine	deutlich	keine	stark	keine	keine	mittel	mittel	deutlich
Gewichtungsfaktor Einflussgröße		11,7 %	4,4 %	11,1 %	7,4 %	14,8 %	9,9 %	9,9 %	8,6 %	11,1 %	11,1 %

(Ressourcen-) Flexibilität Senkerodiermaschine	Gewicht. bewertungs-relevanter Aspekt	Achsanzahl	Arbeitsraum	Aufspanngewicht	Elektrodenwerkstoff	Generatorupdate	Schnellspannvor-richtung	C-Achse	Steuerung		
Größe	33,4 %	keine	stark	mittel	keine	keine	gering	keine	keine		
Werkstoff	33,3 %	keine	keine	gering	mittel	mittel	keine	keine	keine		
Geometrie	33,3 %	stark	mittel	keine	mittel	gering	mittel	deutlich	stark		
Gewichtungsfaktor Einflussgröße		13,3 %	20,1 %	10,0 %	13,3 %	10,0 %	10,0 %	10,0 %	13,3 %		

(Ressourcen-) Qualität Senkerodiermaschine (I/II)	Gewicht. bewertungs-relevanter Aspekt	Filtration und Deionisierung	Klimatisierte Aufstellung	Maschinenalter	Minimale Rauheit	Achspositionier-genauigkeit	Schwingungsdämpfung	Temperaturkompen-sation	Wartung	Werkstückmesssystem	Arbeitsraumkapselung
Genauigkeit	25 %	deutlich	stark	mittel	keine	stark	deutlich	stark	mittel	mittel	keine
Oberflächengüte	25 %	mittel	keine	gering	stark	stark	stark	keine	keine	keine	keine
Reproduzierbarkeit	25 %	gering	stark	gering	keine	deutlich	keine	stark	stark	mittel	gering
Prozesssicherheit	25 %	mittel	keine	keine	keine	keine	deutlich	mittel	mittel	keine	gering
Gewichtungsfaktor Einflussgröße		11,0 %	11,0 %	5,5 %	5,5 %	15,1 %	13,7 %	13,7 %	11,0 %	5,5 %	2,5 %

Beeinflussung: = keine (0 %) = gering (25 %) = mittel (50 %) = deutlich (75 %) = stark (100 %)

(Ressourcen-) Qualität Senkerodiermaschine (II/II)	Gewicht. bewertungsrelevanter Aspekt	Prozessüberwachung									
Genauigkeit	25 %	keine									
Oberflächengüte	25 %	keine									
Reproduzierbarkeit	25 %	keine									
Prozesssicherheit	25 %	stark									
Gewichtungsfaktor Einflussgröße		5,5 %									

Beeinflussung: = keine (0 %) = gering (25 %) = mittel (50 %) = deutlich (75 %) = stark (100 %)

C.1.9 Gewichtungsfaktoren Drahterodiermaschine

Weighting Factors W-EDM Machine

(Ressourcen-) Produktivität Drahterodiermaschine	Gewicht. bewertungsrelevanter Aspekt	Automatische Drahteinfädelung	CAM-Datenschnittstelle	Zweidrahtsystem	Automatische Drahtentsorgung	Generatorupdate	Maschinenalter	Palettiersystem	Schnittrate	Werkstückwechselsystem	
Rüst- und Nebenzeiten	30 %	stark	deutlich	deutlich	gering	keine	keine	stark	keine	deutlich	
Hauptzeiten	40 %	keine	keine	keine	keine	stark	mittel	keine	stark	keine	
Mannlose Nutzung	30 %	stark	deutlich	gering	gering	keine	mittel	mittel	gering	deutlich	
Gewichtungsfaktor Einflussgröße		16,6 %	12,4 %	8,3 %	4,1 %	11,0 %	9,7 %	12,4 %	13,1 %	12,4 %	

(Ressourcen-) Flexibilität Drahterodiermaschine (I/II)	Gewicht. bewertungsrelevanter Aspekt	Achsanzahl	Arbeitsraum	Aufspanngewicht	Zweidrahtsystem	Generatorupdate	Maximaler Konizitätswinkel	Maximale Schnitthöhe	Minimaler Drahtdurchmesser	Schnellspannvorrichtung	Drahtwerkstoff
Größe	33,4 %	keine	stark	mittel	keine	keine	keine	stark	keine	gering	keine
Werkstoff	33,3 %	keine	keine	gering	gering	mittel	keine	keine	keine	keine	mittel
Geometrie	33,3 %	stark	mittel	keine	gering	gering	stark	mittel	stark	mittel	keine
Gewichtungsfaktor Einflussgröße		9,7 %	14,7 %	7,3 %	4,9 %	7,3 %	9,7 %	14,7 %	9,7 %	7,3 %	4,9 %

Beeinflussung: = keine (0 %) = gering (25 %) = mittel (50 %) = deutlich (75 %) = stark (100 %)

(Ressourcen-) Flexibilität Drahterodiermaschine (II/II)	Gewicht. bewertungsrelevanter Aspekt	Steuerung									
Größe	33,4 %	keine									
Werkstoff	33,3 %	keine									
Geometrie	33,3 %	stark									
Gewichtungsfaktor Einflussgröße		9,8 %									

(Ressourcen-) Qualität Drahterodiermaschine (I/II)	Gewicht. bewertungsrelevanter Aspekt	Dielektrikum	Geschlossene Drahtdurchführung	Filtration und Deionisierung	Klimatisierte Aufstellung	Maschinenalter	Minimaler Drahtdurchmesser	Minimale Rauheit	Achspositioniergenauigkeit	Schwingungsdämpfung	Temperaturkompensation
Genauigkeit	25 %	deutlich	gering	deutlich	stark	mittel	stark	keine	stark	deutlich	stark
Oberflächengüte	25 %	deutlich	keine	mittel	keine	gering	mittel	stark	stark	stark	keine
Reproduzierbarkeit	25 %	keine	mittel	gering	stark	gering	keine	keine	deutlich	keine	stark
Prozesssicherheit	25 %	gering	keine	mittel	keine	keine	keine	keine	keine	deutlich	mittel
Gewichtungsfaktor Einflussgröße		8,2 %	3,5 %	9,4 %	9,4 %	4,7 %	7,1 %	4,7 %	12,9 %	11,8 %	11,8 %

(Ressourcen-) Qualität Drahterodiermaschine (II/II)	Gewicht. bewertungsrelevanter Aspekt	Wartung	Arbeitsraumkapselung	Prozessüberwachung							
Genauigkeit	25 %	mittel	keine	keine							
Oberflächengüte	25 %	keine	keine	keine							
Reproduzierbarkeit	25 %	stark	gering	keine							
Prozesssicherheit	25 %	mittel	gering	stark							
Gewichtungsfaktor Einflussgröße		9,4 %	2,4 %	4,7 %							

Beeinflussung: = keine (0 %) = gering (25 %) = mittel (50 %) = deutlich (75 %) = stark (100 %)

C.2 Gewichtungsfaktoren zur Ressourcenbewertung – Handlingsystem

Weighting Factors for Resource Evaluation – Handling System

(Ressourcen-) Produktivität Handlingsystem	Gewicht. bewertungs-relevanter Aspekt	Maximale Palettengröße	Maximales Transfergewicht	Greiferart	C-Rotationsbereich	Achsanzahl	Maximale Anzahl verketteter Maschinen	Greiferwechsel
Rüst- und Nebenzeiten	30 %	deutlich	mittel	mittel	mittel	mittel	mittel	mittel
Hauptzeiten	40 %	deutlich	gering	gering	mittel	gering	gering	gering
Mannlose Nutzung	30 %	mittel	gering	mittel	keine	gering	mittel	mittel
Gewichtungsfaktor Einflussgröße		23,5 %	11,3 %	13,9 %	12,2 %	11,3 %	13,9 %	13,9 %

(Ressourcen-) Flexibilität Handlingsystem	Gewicht. bewertungs-relevanter Aspekt	Maximale Palettengröße	Maximales Transfergewicht	Technologiediversität	Greiferart	Greiferwechsel	Spannsystem	Erweiterbarkeit	Achsanzahl
Größe	30 %	stark	deutlich	gering	mittel	keine	deutlich	mittel	keine
Werkstoff	10 %	gering	mittel	mittel	keine	keine	gering	keine	keine
Geometrie	20 %	mittel	keine	gering	mittel	keine	deutlich	gering	gering
Skalierbarkeit	40 %	deutlich	keine	stark	gering	mittel	deutlich	stark	mittel
Gewichtungsfaktor Einflussgröße		19,7 %	7,5 %	15,6 %	9,5 %	5,5 %	19,0 %	16,3 %	6,9 %

(Ressourcen-) Qualität Handlingsystem	Gewicht. bewertungs-relevanter Aspekt	Positioniergenauigkeit	Anlagenalter	Wartung	Identifikationssystem
Genauigkeit	20 %	deutlich	mittel	mittel	gering
Reproduzierbarkeit	40 %	stark	mittel	stark	mittel
Prozesssicherheit	40 %	mittel	mittel	mittel	deutlich
Gewichtungsfaktor Einflussgröße		30,0 %	20,0 %	28,0 %	22,0 %

Beeinflussung: = keine (0 %) = gering (25 %) = mittel (50 %) = deutlich (75 %) = stark (100 %)

C.3 Gewichtungsfaktoren zur Ressourcenbewertung – Peripherie

Weighting Factors for Resource Evaluation – Periphery

C.3.1 Gewichtungsfaktoren Beladestation

Weighting Factors Loading Station

(Ressourcen-) Produktivität Beladestation	Gewicht. bewertungs-relevanter Aspekt	Maximale Palettengröße	Maximales Beladegewicht	Beladung ohne Stopp	Kranbeladung möglich	Identifikationssystem
Rüst- und Nebenzeiten	35 %	stark	stark	gering	stark	deutlich
Hauptzeiten	25 %	keine	keine	stark	keine	keine
Mannlose Nutzung	40 %	deutlich	deutlich	keine	keine	stark
Gewichtungsfaktor Einflussgröße		24,5 %	24,5 %	12,8 %	13,2 %	25,0 %

(Ressourcen-) Flexibilität Beladestation	Gewicht. bewertungs-relevanter Aspekt	Spannsystem	Werkzeugintegration	Werkstückintegration
Größe	30 %	mittel	gering	gering
Werkstoff	10 %	gering	keine	keine
Geometrie	20 %	stark	deutlich	deutlich
Skalierbarkeit	40 %	keine	mittel	mittel
Gewichtungsfaktor Einflussgröße		30,6 %	34,7 %	34,7 %

(Ressourcen-) Qualität Beladestation	Gewicht. bewertungs-relevanter Aspekt	Prozessüberwachung	Identifikationssystem	Wartungsstrategie	Ferndiagnose
Genauigkeit	20 %	mittel	deutlich	mittel	gering
Reproduzierbarkeit	40 %	gering	mittel	gering	keine
Prozesssicherheit	40 %	stark	deutlich	deutlich	mittel
Gewichtungsfaktor Einflussgröße		30,0 %	32,5 %	25,0 %	12,5 %

Beeinflussung: = keine (0 %) = gering (25 %) = mittel (50 %) = deutlich (75 %) = stark (100 %)

C.3.2 Gewichtungsfaktoren Magazin

Weighting Factors Magazine

(Ressourcen-) Produktivität Magazin	Gewicht. bewertungs-relevanter Aspekt	Maximale Palettengröße	Maximales Beladegewicht	Werkstückplätze	Fertigungsmittelplätze	Bauart	Ebenenskalierbarkeit	Doppelseitige Beladung	Identifikationssystem		
Rüst- und Nebenzeiten	35 %	deutlich	deutlich	deutlich	deutlich	mittel	mittel	deutlich	deutlich		
Hauptzeiten	25 %	mittel	gering	deutlich	deutlich	keine	keine	keine	keine		
Mannlose Nutzung	40 %	mittel	mittel	stark	stark	gering	gering	mittel	stark		
Gewichtungsfaktor Einflussgröße		13,1 %	11,7 %	18,9 %	18,9 %	6,1 %	6,1 %	10,3 %	14,9 %		

(Ressourcen-) Flexibilität Magazin	Gewicht. bewertungs-relevanter Aspekt	Bauart	Werkzeugintegration	Werkstückintegration	Spannsystem-Aufnahmen	Beladung über Magazinhöhe	Ebenenskalierbarkeit	Integration Handlingsystem	Kranbeladung möglich	Steuerungsschnittstelle	
Größe	30 %	deutlich	mittel	mittel	gering	stark	deutlich	gering	stark	keine	
Werkstoff	10 %	keine	keine	keine	gering	keine	keine	keine	keine	keine	
Geometrie	20 %	mittel	mittel	mittel	mittel	mittel	gering	mittel	gering	keine	
Skalierbarkeit	40 %	stark	deutlich	deutlich	deutlich	deutlich	stark	deutlich	mittel	mittel	
Gewichtungsfaktor Einflussgröße		14,7 %	11,2 %	11,2 %	10,1 %	14,2 %	13,7 %	9,6 %	11,2 %	4,1 %	

(Ressourcen-) Qualität Magazin	Gewicht. bewertungs-relevanter Aspekt	Zustandsvisualisierung	Steuerungsschnittstelle	Abfluss / Abtropfwanne	Trocknung	Temperaturkontrolle	Wartungsstrategie	Ferndiagnose	Identifikationssystem		
Genauigkeit	20 %	gering	gering	mittel	mittel	mittel	mittel	gering	deutlich		
Reproduzierbarkeit	40 %	gering	mittel	gering	gering	gering	keine	keine	mittel		
Prozesssicherheit	40 %	deutlich	mittel	mittel	mittel	mittel	deutlich	mittel	deutlich		
Gewichtungsfaktor Einflussgröße		13,2 %	13,2 %	11,8 %	11,8 %	11,8 %	11,8 %	7,3 %	19,1 %		

Beeinflussung: = keine (0 %) = gering (25 %) = mittel (50 %) = deutlich (75 %) = stark (100 %)

C.3.3 Gewichtungsfaktoren Werkzeugspannsystem

Weighting Factors Tool Clamping System

C.3.3.1 Gewichtungsfaktoren Elektrodenspannsystem

Weighting Factors Electrode Holder

(Ressourcen-) Produktivität Elektroden-Spannsystem	Gewicht. bewertungs-relevanter Aspekt	Spannart Elektroden	Spannkraft	Systemdurchgängigkeit	Identifikationssystem						
Rüst- und Nebenzeiten	35 %	deutlich	mittel	stark	mittel						
Hauptzeiten	25 %	gering	gering	gering	keine						
Mannlose Nutzung	40 %	mittel	gering	mittel	deutlich						
Gewichtungsfaktor Einflussgröße		26,9 %	17,3 %	31,4 %	24,4 %						

(Ressourcen-) Flexibilität Elektroden-Spannsystem	Gewicht. bewertungs-relevanter Aspekt	Aufbauhöhe Elektrodenhalter	Maximales Elektrodengewicht	Spannart Elektroden	Spannart Elektrodenhalter						
Größe	30 %	mittel	deutlich	deutlich	mittel						
Werkstoff	10 %	keine	gering	gering	keine						
Geometrie	20 %	gering	keine	mittel	mittel						
Skalierbarkeit	40 %	mittel	deutlich	deutlich	deutlich						
Gewichtungsfaktor Einflussgröße		18,6 %	25,6 %	30,2 %	25,6 %						

(Ressourcen-) Qualität Elektroden-Spannsystem	Gewicht. bewertungs-relevanter Aspekt	Identifikationssystem	Wiederholgenauigkeit	Wartung Spannzyklen	Vibrationsdämpfung	Gehärtete Referenzflächen	Systemdurchgängigkeit				
Genauigkeit	20 %	mittel	deutlich	mittel	stark	keine	deutlich				
Reproduzierbarkeit	40 %	gering	stark	mittel	deutlich	deutlich	deutlich				
Prozesssicherheit	40 %	deutlich	mittel	gering	mittel	mittel	mittel				
Gewichtungsfaktor Einflussgröße		14,3 %	21,4 %	11,4 %	20,0 %	14,3 %	18,6 %				

Beeinflussung: = keine (0 %) = gering (25 %) = mittel (50 %) = deutlich (75 %) = stark (100 %)

C.3.3.2 Gewichtungsfaktoren Fräswerkzeugspannsystem

Weighting Factors Milling Tool Clamping System

(Ressourcen-) Produktivität Fräswerkzeug-Spannsystem	Gewicht. bewertungs-relevanter Aspekt	Spannart Fräser	Maximale Drehzahl	Maximales Drehmoment	Werkzeugwechsel	Maschinenschnittstellen	Identifikationssystem	Kühlschmierstoffzufuhr			
Rüst- und Nebenzeiten	35 %	deutlich (75 %)	keine (0 %)	keine (0 %)	stark (100 %)	deutlich (75 %)	mittel (50 %)	keine (0 %)			
Hauptzeiten	25 %	mittel (50 %)	deutlich (75 %)	deutlich (75 %)	keine (0 %)	gering (25 %)	keine (0 %)	mittel (50 %)			
Mannlose Nutzung	40 %	mittel (50 %)	keine (0 %)	keine (0 %)	deutlich (75 %)	gering (25 %)	deutlich (75 %)	keine (0 %)			
Gewichtungsfaktor Einflussgröße		22,3 %	7,1 %	7,1 %	24,6 %	16,2 %	18,0 %	4,7 %			

(Ressourcen-) Flexibilität Fräswerkzeug-Spannsystem	Gewicht. bewertungs-relevanter Aspekt	Maximaler Fräserdurchmesser	Spannart Fräser	Werkzeugwechsel							
Größe	30 %	keine (0 %)	keine (0 %)	keine (0 %)							
Werkstoff	10 %	keine (0 %)	keine (0 %)	keine (0 %)							
Geometrie	20 %	deutlich (75 %)	gering (25 %)	mittel (50 %)							
Skalierbarkeit	40 %	mittel (50 %)	mittel (50 %)	deutlich (75 %)							
Gewichtungsfaktor Einflussgröße		35,0 %	25,0 %	40,0 %							

(Ressourcen-) Qualität Fräswerkzeug-Spannsystem	Gewicht. bewertungs-relevanter Aspekt	Identifikationssystem	Rundlaufgenauigkeit	Kühlschmierstoffzufuhr	Wuchtgüte						
Genauigkeit	20 %	mittel (50 %)	stark (100 %)	deutlich (75 %)	gering (25 %)						
Reproduzierbarkeit	40 %	mittel (50 %)	deutlich (75 %)	gering (25 %)	mittel (50 %)						
Prozesssicherheit	40 %	deutlich (75 %)	mittel (50 %)	mittel (50 %)	gering (25 %)						
Gewichtungsfaktor Einflussgröße		28,6 %	33,3 %	21,4 %	16,7 %						

Beeinflussung: = keine (0 %) = gering (25 %) = mittel (50 %) = deutlich (75 %) = stark (100 %)

C.3.4 Gewichtungsfaktoren Werkstückspannsystem

Weighting Factors Workpiece Clamping System

C.3.4.1 Gewichtungsfaktoren Palettenaufnahme

Weighting Factors Pallet Pick-up

(Ressourcen-) Produktivität Palettenaufnahme	Gewicht. bewertungs-relevanter Aspekt	Spannart	Anschlüsse	Spannkraft	Aufbaumodule für 5-Achs-Bearbeitung						
Rüst- und Nebenzeiten	35 %	deutlich	gering	mittel	gering						
Hauptzeiten	25 %	gering	keine	gering	gering						
Mannlose Nutzung	40 %	mittel	gering	mittel	keine						
Gewichtungsfaktor Einflussgröße		40,4 %	14,4 %	33,7 %	11,5 %						

(Ressourcen-) Flexibilität Palettenaufnahme	Gewicht. bewertungs-relevanter Aspekt	Maximales Beladegewicht	Aufbauhöhe	Aufbaumodule für 5-Achs-Bearbeitung	Zusätzliche Drehachse	Spannart					
Größe	30 %	deutlich	deutlich	keine	keine	gering					
Werkstoff	10 %	gering	keine	keine	keine	keine					
Geometrie	20 %	gering	mittel	deutlich	deutlich	mittel					
Skalierbarkeit	40 %	mittel	mittel	gering	gering	deutlich					
Gewichtungsfaktor Einflussgröße		25,0 %	26,2 %	12,5 %	12,5 %	23,8 %					

(Ressourcen-) Qualität Palettenaufnahme	Gewicht. bewertungs-relevanter Aspekt	Wiederholgenauigkeit	Thermosymmetrie	Wartung Spannzyklen	Vibrationsdämpfung	Verschlussstopfen	Lage Spann-mechanismus	Gehärtete Referenzflächen			
Genauigkeit	20 %	deutlich	mittel	mittel	stark	keine	gering	keine			
Reproduzierbarkeit	40 %	stark	deutlich	mittel	deutlich	gering	mittel	deutlich			
Prozesssicherheit	40 %	mittel	gering	gering	mittel	gering	keine	mittel			
Gewichtungsfaktor Einflussgröße		22,7 %	15,2 %	12,1 %	21,2 %	6,0 %	7,6 %	15,2 %			

Beeinflussung: = keine (0 %) = gering (25 %) = mittel (50 %) = deutlich (75 %) = stark (100 %)

C.3.4.2 Gewichtungsfaktoren Werkstückträger (Palette)

Weighting Factors Workpiece Holder (Pallet)

(Ressourcen-) Produktivität Werkstückträger (Palette)	Gewicht. bewertungs-relevanter Aspekt	Palettengröße	Maximales Beladegewicht	Durchgängigkeit Palette	Schnittstelle Palettenaufnahme	Mehrfachpalettierung	Identifikationssystem				
Rüst- und Nebenzeiten	35 %	mittel	mittel	deutlich	mittel	mittel	mittel				
Hauptzeiten	25 %	keine	gering	gering	keine	mittel	keine				
Mannlose Nutzung	40 %	gering	gering	deutlich	mittel	gering	deutlich				
Gewichtungsfaktor Einflussgröße		11,1 %	13,5 %	25,1 %	15,1 %	16,1 %	19,1 %				

(Ressourcen-) Flexibilität Werkstückträger (Palette)	Gewicht. bewertungs-relevanter Aspekt	Palettengröße	Palettenhöhe	Schnittstelle Palettenaufnahme	Eigengewicht Palette						
Größe	30 %	deutlich	mittel	keine	mittel						
Werkstoff	10 %	keine	keine	keine	gering						
Geometrie	20 %	gering	gering	keine	keine						
Skalierbarkeit	40 %	deutlich	gering	mittel	deutlich						
Gewichtungsfaktor Einflussgröße		37,1 %	19,4 %	12,9 %	30,6 %						

(Ressourcen-) Qualität Werkstückträger (Palette)	Gewicht. bewertungs-relevanter Aspekt	Identifikationssystem	Thermosymmetrie	Verschlussstopfen	Ebenheit Palette	Gehärtete Referenzflächen					
Genauigkeit	20 %	mittel	mittel	keine	mittel	keine					
Reproduzierbarkeit	40 %	mittel	deutlich	gering	keine	deutlich					
Prozesssicherheit	40 %	deutlich	gering	gering	keine	mittel					
Gewichtungsfaktor Einflussgröße		31,6 %	26,3 %	10,5 %	5,3 %	26,3 %					

Beeinflussung: = keine (0 %) = gering (25 %) = mittel (50 %) = deutlich (75 %) = stark (100 %)

C.3.4.3 Gewichtungsfaktoren Spannrahmen Drahterodieren

Weighting Factors Clamping Frame W-EDM

(Ressourcen-) Produktivität Spannrahmen-Drahterodieren	Gewicht. bewertungs-relevanter Aspekt	Maximale Anzahl Aufspannungen	Spannkraft	NPS-Schnittstelle	Identifikationssystem	Maximaler Aufspannbereich					
Rüst- und Nebenzeiten	35 %	gering	mittel	mittel	mittel	mittel					
Hauptzeiten	25 %	deutlich	gering	keine	keine	keine					
Mannlose Nutzung	40 %	mittel	gering	stark	deutlich	gering					
Gewichtungsfaktor Einflussgröße		22,2 %	15,8 %	26,9 %	22,2 %	12,9 %					

(Ressourcen-) Flexibilität Spannrahmen-Drahterodieren	Gewicht. bewertungs-relevanter Aspekt	Maximaler Aufspannbereich	Maximales Beladegewicht	Zusätzliche Drehachse	Maximale Aufbauhöhe						
Größe	30 %	stark	mittel	gering	mittel						
Werkstoff	10 %	keine	mittel	keine	keine						
Geometrie	20 %	gering	keine	stark	gering						
Skalierbarkeit	40 %	stark	deutlich	deutlich	deutlich						
Gewichtungsfaktor Einflussgröße		32,3 %	21,5 %	24,7 %	21,5 %						

(Ressourcen-) Qualität Spannrahmen-Drahterodieren	Gewicht. bewertungs-relevanter Aspekt	Identifikationssystem	Wiederholgenauigkeit	Anzahl Aufspannpunkte							
Genauigkeit	20 %	mittel	deutlich	mittel							
Reproduzierbarkeit	40 %	mittel	stark	gering							
Prozesssicherheit	40 %	deutlich	mittel	deutlich							
Gewichtungsfaktor Einflussgröße		32,4 %	40,6 %	27,0 %							

Beeinflussung: = keine (0 %) = gering (25 %) = mittel (50 %) = deutlich (75 %) = stark (100 %)

C.3.5 Gewichtungsfaktoren Waschstation

Weighting Factors Cleaning Station

(Ressourcen-) Produktivität Waschstation	Gewicht. bewertungs-relevanter Aspekt	Maximale Palettengröße	Maximale Beladegewicht	Waschmedium wiederverwendbar	Größe Schmutztank						
Rüst- und Nebenzeiten	35 %	deutlich	mittel	deutlich	mittel						
Hauptzeiten	25 %	keine	keine	gering	gering						
Mannlose Nutzung	40 %	gering	mittel	mittel	mittel						
Gewichtungsfaktor Einflussgröße		21,3 %	22,1 %	30,9 %	25,7 %						

(Ressourcen-) Flexibilität Waschstation	Gewicht. bewertungs-relevanter Aspekt	Spannsystem	Übergabestation einsetzbar	Maximale Palettengröße	Maximales Beladegewicht						
Größe	30 %	mittel	gering	deutlich	mittel						
Werkstoff	10 %	gering	keine	keine	gering						
Geometrie	20 %	mittel	keine	gering	keine						
Skalierbarkeit	40 %	gering	stark	deutlich	deutlich						
Gewichtungsfaktor Einflussgröße		19,7 %	25,0 %	30,3 %	25,0 %						

(Ressourcen-) Qualität Waschstation	Gewicht. bewertungs-relevanter Aspekt	Identifikationssystem	Aufspannplatte schwenkbar	Trocknung	Ferndiagnose	Wartungsstrategie	Ultraschallreinigung	Konservierung			
Genauigkeit	20 %	gering	deutlich	deutlich	gering	mittel	gering	mittel			
Reproduzierbarkeit	40 %	mittel	keine	mittel	keine	keine	gering	gering			
Prozesssicherheit	40 %	mittel	mittel	mittel	mittel	deutlich	gering	mittel			
Gewichtungsfaktor Einflussgröße		17,0 %	13,2 %	20,8 %	9,4 %	15,1 %	9,4 %	15,1 %			

Beeinflussung: = keine (0 %) = gering (25 %) = mittel (50 %) = deutlich (75 %) = stark (100 %)

C.3.6 Gewichtungsfaktoren Messstation

Weighting Factors Measuring Station

(Ressourcen-) Produktivität Messstation	Gewicht. bewertungs-relevanter Aspekt	Maximale Palettengröße	Maximales Beladegewicht	Spannsystem	Maximale Achs-verfahrgeschwindigkeit	Maximale Achsbeschleunigung	Maximale Scanning-Geschwindigkeit				
Rüst- und Nebenzeiten	35 %	deutlich	mittel	stark	keine	keine	keine				
Hauptzeiten	25 %	keine	keine	keine	stark	stark	stark				
Mannlose Nutzung	40 %	gering	mittel	mittel	gering	gering	gering				
Gewichtungsfaktor Einflussgröße		15,5 %	16,0 %	23,5 %	15,0 %	15,0 %	15,0 %				

(Ressourcen-) Flexibilität Messstation	Gewicht. bewertungs-relevanter Aspekt	Spannsystem	Maximale Palettengröße	Maximales Beladegewicht	Temperaturbereich	Austauschbarkeit Sensor	Mehrachsiges Messen	Arbeitsraum			
Größe	30 %	deutlich	stark	stark	keine	gering	gering	stark			
Werkstoff	10 %	gering	keine	keine	mittel	keine	keine	keine			
Geometrie	20 %	deutlich	gering	gering	keine	mittel	stark	mittel			
Skalierbarkeit	40 %	deutlich	stark	deutlich	mittel	deutlich	gering	mittel			
Gewichtungsfaktor Einflussgröße		18,4 %	19,7 %	17,1 %	6,6 %	12,5 %	9,9 %	15,8 %			

(Ressourcen-) Qualität Messstation	Gewicht. bewertungs-relevanter Aspekt	Schwingungsdämpfung	Messgenauigkeit	Identifikationssystem	Temperaturkontrolle	Ferndiagnose	Wartungsstrategie	Dynamikkontrolle	Klimatisierte Aufstellung	Rauheitsmessung	
Genauigkeit	20 %	deutlich	stark	gering	deutlich	gering	mittel	keine	deutlich	mittel	
Reproduzierbarkeit	40 %	mittel	deutlich	mittel	deutlich	keine	keine	gering	deutlich	gering	
Prozesssicherheit	40 %	stark	mittel	mittel	mittel	mittel	deutlich	gering	mittel	gering	
Gewichtungsfaktor Einflussgröße		17,2 %	16,1 %	10,3 %	15,0 %	5,7 %	9,2 %	4,6 %	15,0 %	6,9 %	

Beeinflussung: = keine (0 %) = gering (25 %) = mittel (50 %) = deutlich (75 %) = stark (100 %)

C.4 Gewichtungsfaktoren zur Netzwerkbewertung

Weighting Factors for Network Evaluation

C.4.1 Gewichtungsfaktoren Jobmanagementsystem

Weighting Factors Job Management System

(Netzwerk-) Produktivität Jobmanagement	Gewicht. bewertungs-relevanter Aspekt	Reportfunktion	Maximale Maschinenanzahl	Automatisierte Abläufe	Jobüberwachung						
Produktionsplanung	50 %	gering	mittel	deutlich	stark						
Fertigungszeiten	50 %	deutlich	gering	mittel	stark						
Gewichtungsfaktor Einflussgröße		20,0 %	15,0 %	25,0 %	40,0 %						

(Netzwerk-) Flexibilität Jobmanagement	Gewicht. bewertungs-relevanter Aspekt	Priorisierung der Jobs	Reaktionszeit	PPS-Anbindung	ERP-Anbindung						
Aufgabenspektrum	50 %	mittel	keine	gering	gering						
Termintreue	25 %	deutlich	deutlich	gering	gering						
Auftragsanforderung	25 %	gering	mittel	stark	stark						
Gewichtungsfaktor Einflussgröße		29,7 %	18,5 %	25,9 %	25,9 %						

(Netzwerk-) Qualität Jobmanagement	Gewicht. bewertungs-relevanter Aspekt	Ressourcenplaner	Prognosefunktion	Fehlermeldefunktion							
Funktion	40 %	stark	keine	mittel							
Fehleranfälligkeit	30 %	keine	stark	keine							
Anwendbarkeit	30 %	keine	mittel	gering							
Gewichtungsfaktor Einflussgröße		35,6 %	40,0 %	24,4 %							

Beeinflussung: = keine (0 %) = gering (25 %) = mittel (50 %) = deutlich (75 %) = stark (100 %)

C.4.2 Gewichtungsfaktoren Netzwerkumgebung und Datenweitergabe

Weighting Factors Network Environment and Data Transfer

(Netzwerk-) Produktivität Netzwerk-umgebung und Datenweitergabe	Gewicht. bewertungs-relevanter Aspekt	Übertragungs-geschwindigkeit	Echtzeitfähigkeit	Standardisierte Joberstellung	Einsatz (Ethernet-)Switches	Skalierbarkeit der Netzwerkressourcen					
Kommunikationsdauer	20 %	stark	mittel	gering	gering	mittel					
Horizontale Vernetzung	40 %	mittel	deutlich	mittel	gering	gering					
Vertikale Vernetzung	40 %	gering	gering	deutlich	gering	mittel					
Gewichtungsfaktor Einflussgröße		22,7 %	22,7 %	25,0 %	11,4 %	18,2 %					

(Netzwerk-) Flexibilität Netzwerk-umgebung und Datenweitergabe	Gewicht. bewertungs-relevanter Aspekt	Einsatz Feldbussysteme	Einsatz (Ethernet-)Switches	Einsatz Protokolle	Datenbereitstellung	Echtzeitfähigkeit					
Verfügbarkeit	60 %	deutlich	mittel	keine	deutlich	stark					
Modularität	40 %	deutlich	mittel	gering	gering	keine					
Gewichtungsfaktor Einflussgröße		30,0 %	20,0 %	4,0 %	22,0 %	24,0 %					

(Netzwerk-) Qualität Netzwerk-umgebung und Datenweitergabe	Gewicht. bewertungs-relevanter Aspekt	Fehleranfälligkeit	Absicherung bei Störung	Überwachungskonzept	Skalierbarkeit der Netzwerkressourcen	Zentraler Server	Diagnosefunktion				
Ausfallwahrscheinlichkeit	50 %	stark	deutlich	mittel	keine	mittel	gering				
Einsatzspektrum	50 %	keine	gering	gering	mittel	gering	gering				
Gewichtungsfaktor Einflussgröße		22,2 %	22,2 %	16,7 %	11, 1%	16,7 %	11,1 %				

Beeinflussung: = keine (0 %) = gering (25 %) = mittel (50 %) = deutlich (75 %) = stark (100 %)

C.5 Gewichtungsfaktoren zur Prozessbewertung

Weighting Factors for Process Evaluation

C.5.1 Gewichtungsfaktoren Fräsen

Weighting Factors Milling

(Prozess-) Produktivität Fräsen (I/II)	Gewicht. bewertungs-relevanter Aspekt	Spindelstunden/ Maschinenlaufzeit	Anzahl Maschinen pro Bediener	Rüst- und Nebenzeitanteile	Programmierzeitanteile	Güte der CAM-Programmierung	Grad der Werkstück-standardisierung	Prozessbeherrschung	Ausfallrate	Anzahl Bearbeitungs-werkzeugwechsel	Anzahl Umspannvorgänge
Kapazitätsauslastung	40 %	stark (100 %)	gering (25 %)	deutlich (75 %)	deutlich (75 %)	gering (25 %)	mittel (50 %)	deutlich (75 %)	deutlich (75 %)	deutlich (75 %)	gering (25 %)
Ressourceneinsatz	20 %	deutlich (75 %)	mittel (50 %)	stark (100 %)	stark (100 %)	keine (0 %)	mittel (50 %)	mittel (50 %)	mittel (50 %)	keine (0 %)	deutlich (75 %)
Mannlose Laufzeit	40 %	deutlich (75 %)	stark (100 %)	mittel (50 %)	mittel (50 %)	deutlich (75 %)	mittel (50 %)	stark (100 %)	stark (100 %)	mittel (50 %)	deutlich (75 %)
Gewichtungsfaktor Einflussgröße		11,7 %	8,2 %	9,7 %	9,7 %	5,5 %	6,9 %	11,0 %	11,0 %	6,9 %	7,6 %

(Prozess-) Produktivität Fräsen (II/II)	Gewicht. bewertungs-relevanter Aspekt	Bearbeitungsstrategie	Achskonfiguration der Bearbeitung								
Kapazitätsauslastung	40 %	deutlich (75 %)	gering (25 %)								
Ressourceneinsatz	20 %	gering (25 %)	mittel (50 %)								
Mannlose Laufzeit	40 %	deutlich (75 %)	keine (0 %)								
Gewichtungsfaktor Einflussgröße		9,0 %	2,8 %								

(Prozess-) Flexibilität Fräsen	Gewicht. bewertungs-relevanter Aspekt	Rüst- und Nebenzeitanteile	Programmierzeitanteile	Grad der Werkstück-standardisierung	Prozessbeherrschung	Bearbeitungswerkzeug-wechsel	Anzahl Umspannvorgänge				
Verfügbarkeit	40 %	deutlich (75 %)	deutlich (75 %)	mittel (50 %)	gering (25 %)	mittel (50 %)	mittel (50 %)				
Fähigkeit	60 %	keine (0 %)	keine (0 %)	mittel (50 %)	stark (100 %)	gering (25 %)	keine (0 %)				
Gewichtungsfaktor Einflussgröße		12,8 %	12,8 %	21,2 %	29,8 %	14,9 %	8,5 %				

Beeinflussung: = keine (0 %) = gering (25 %) = mittel (50 %) = deutlich (75 %) = stark (100 %)

(Prozess-) Qualität Fräsen	Gewicht. bewertungs-relevanter Aspekt	Ausfallrate	Prozessbeherrschung	Prozessreife	Prozessüberwachung	Grad der Werkstück-standardisierung					
Bauteilqualität	70 %	mittel	deutlich	deutlich	stark	gering					
Prozesssicherheit	30 %	deutlich	mittel	mittel	deutlich	deutlich					
Gewichtungsfaktor Einflussgröße		17,7 %	20,8 %	20,8 %	28,5 %	12,2 %					

Beeinflussung: = keine (0 %) = gering (25 %) = mittel (50 %) = deutlich (75 %) = stark (100 %)

C.5.2 Gewichtungsfaktoren Drehen

Weighting Factors Turning

(Prozess-) Produktivität Drehen (I/II)	Gewicht. bewertungs-relevanter Aspekt	Spindelstunden/ Maschinenlaufzeit	Anzahl Maschinen pro Bediener	Rüst- und Nebenzeitanteile	Programmierzeitanteile	Güte der CAM-Programmierung	Grad der Werkstück-standardisierung	Prozessbeherrschung	Ausfallrate	Anzahl Bearbeitungs-werkzeugwechsel	Anzahl Umspannvorgänge
Kapazitätsauslastung	40 %	stark	gering	deutlich	deutlich	gering	mittel	deutlich	deutlich	deutlich	gering
Ressourceneinsatz	20 %	deutlich	mittel	stark	stark	keine	mittel	mittel	mittel	keine	deutlich
Mannlose Laufzeit	40 %	deutlich	stark	mittel	mittel	deutlich	mittel	stark	stark	mittel	deutlich
Gewichtungsfaktor Einflussgröße		12,1 %	8,5 %	9,9 %	9,9 %	5,7 %	7,1 %	11,3 %	11,3 %	7,1 %	7,9 %

(Prozess-) Produktivität Drehen (II/II)	Gewicht. bewertungs-relevanter Aspekt	Bearbeitungsstrategie									
Kapazitätsauslastung	40 %	deutlich									
Ressourceneinsatz	20 %	gering									
Mannlose Laufzeit	40 %	deutlich									
Gewichtungsfaktor Einflussgröße		9,2 %									

Beeinflussung: = keine (0 %) = gering (25 %) = mittel (50 %) = deutlich (75 %) = stark (100 %)

(Prozess-) Flexibilität Drehen	Gewicht. bewertungs-relevanter Aspekt	Rüst- und Nebenzeitanteile	Programmierzeitanteile	Grad der Werkstück-standardisierung	Prozessbeherrschung	Anzahl Bearbeitungs-werkzeugwechsel	Anzahl Umspannvorgänge				
Verfügbarkeit	60 %	deutlich	deutlich	mittel	gering	mittel	mittel				
Fähigkeit	40 %	keine	keine	mittel	stark	gering	keine				
Gewichtungsfaktor Einflussgröße		12,8 %	12,8 %	21,2 %	29,8 %	14,9 %	8,5 %				

(Prozess-) Qualität Drehen	Gewicht. bewertungs-relevanter Aspekt	Ausfallrate	Prozessbeherrschung	Prozessreife	Prozessüberwachung	Grad der Werkstück-standardisierung					
Bauteilqualität	70 %	mittel	deutlich	deutlich	stark	gering					
Prozesssicherheit	30 %	deutlich	deutlich	mittel	deutlich	deutlich					
Gewichtungsfaktor Einflussgröße		17,7 %	20,8 %	20,8 %	28,5 %	12,2 %					

Beeinflussung: keine = keine (0 %) gering = gering (25 %) mittel = mittel (50 %) deutlich = deutlich (75 %) stark = stark (100 %)

C.5.3 Gewichtungsfaktoren Dreh-Fräsen

Weighting Factors Turning-Milling

(Prozess-) Produktivität Dreh-Fräsen (I/II)	Gewicht. bewertungs-relevanter Aspekt	Spindelstunden/ Maschinenlaufzeit	Anzahl Maschinen pro Bediener	Rüst- und Nebenzeitanteile	Programmierzeitanteile	Güte der CAM-Programmierung	Grad der Werkstück-standardisierung	Prozessbeherrschung	Ausfallrate	Anzahl Bearbeitungs-werkzeugwechsel	Anzahl Umspannvorgänge
Kapazitätsauslastung	40 %	stark	gering	deutlich	deutlich	gering	mittel	deutlich	deutlich	deutlich	gering
Ressourceneinsatz	20 %	deutlich	mittel	stark	stark	keine	mittel	mittel	mittel	keine	deutlich
Mannlose Laufzeit	40 %	deutlich	stark	mittel	mittel	deutlich	mittel	stark	stark	mittel	deutlich
Gewichtungsfaktor Einflussgröße		12,1 %	8,5 %	9,9 %	9,9 %	5,7 %	7,1 %	11,3 %	11,3 %	7,1 %	7,9 %

Beeinflussung: keine = keine (0 %) gering = gering (25 %) mittel = mittel (50 %) deutlich = deutlich (75 %) stark = stark (100 %)

(Prozess-) Produktivität Dreh-Fräsen (II/II)	Gewicht. bewertungs-relevanter Aspekt	Bearbeitungsstrategie									
Kapazitätsauslastung	40 %	deutlich									
Ressourceneinsatz	20 %	gering									
Mannlose Laufzeit	40 %	deutlich									
Gewichtungsfaktor Einflussgröße		9,2 %									

(Prozess-) Flexibilität Dreh-Fräsen	Gewicht. bewertungs-relevanter Aspekt	Rüst- und Nebenzeitanteil	Programmierzeitanteil	Grad der Werkstück-standardisierung	Prozessbeherrschung	Anzahl Bearbeitungs-werkzeugwechsel	Anzahl Umspannvorgänge				
Verfügbarkeit	60 %	deutlich	deutlich	mittel	gering	mittel	mittel				
Fähigkeit	40 %	keine	keine	mittel	stark	gering	keine				
Gewichtungsfaktor Einflussgröße		12,8 %	12,8 %	21,2 %	29,8 %	14,9 %	8,5 %				

(Prozess-) Qualität Dreh-Fräsen	Gewicht. bewertungs-relevanter Aspekt	Ausfallrate	Prozessbeherrschung	Prozessreife	Prozessüberwachung	Grad der Werkstück-standardisierung					
Bauteilqualität	70 %	mittel	deutlich	deutlich	stark	gering					
Prozesssicherheit	30 %	deutlich	mittel	mittel	deutlich	deutlich					
Gewichtungsfaktor Einflussgröße		17,7 %	20,8 %	20,8 %	28,5 %	12,2 %					

Beeinflussung: = keine (0 %) = gering (25 %) = mittel (50 %) = deutlich (75 %) = stark (100 %)

C.5.4 Gewichtungsfaktoren Fräs-Drehen

Weighting Factors Milling-Turning

(Prozess-) Produktivität Fräs-Drehen (I/II)	Gewicht. bewertungs-relevanter Aspekt	Spindelstunden/ Maschinenlaufzeit	Anzahl Maschinen pro Bediener	Rüst- und Nebenzeitanteile	Programmierzeitanteile	Güte der CAM-Programmierung	Grad der Werkstück-standardisierung	Prozessbeherrschung	Ausfallrate	Anzahl Bearbeitungs-werkzeugwechsel	Anzahl Umspannvorgänge
Kapazitätsauslastung	40 %	stark	gering	deutlich	deutlich	gering	mittel	deutlich	deutlich	deutlich	gering
Ressourceneinsatz	20 %	deutlich	mittel	stark	stark	keine	mittel	mittel	mittel	keine	deutlich
Mannlose Laufzeit	40 %	deutlich	stark	mittel	mittel	deutlich	mittel	stark	stark	mittel	deutlich
Gewichtungsfaktor Einflussgröße		11,7 %	8,2 %	9,7 %	9,7 %	5,5 %	6,9 %	11,0 %	11,0 %	6,9 %	7,6 %

(Prozess-) Produktivität Fräs-Drehen (II/II)	Gewicht. bewertungs-relevanter Aspekt	Bearbeitungsstrategie	Achskonfiguration der Bearbeitung
Kapazitätenauslastung	40 %	deutlich	gering
Ressourceneinsatz	20 %	gering	mittel
Mannlose Laufzeit	40 %	deutlich	keine
Gewichtungsfaktor Einflussgröße		9,0 %	2,8 %

(Prozess-) Flexibilität Fräs-Drehen	Gewicht. bewertungs-relevanter Aspekt	Rüst- und Nebenzeitanteile	Programmierzeitanteile	Grad der Werkstück-standardisierung	Prozessbeherrschung	Anzahl Bearbeitungs-werkzeugwechsel	Anzahl Umspannvorgänge
Verfügbarkeit	40 %	deutlich	deutlich	mittel	gering	mittel	mittel
Fähigkeit	60 %	keine	keine	mittel	stark	gering	keine
Gewichtungsfaktor Einflussgröße		12,8 %	12,8 %	21,2 %	29,8 %	14,9 %	8,5 %

Beeinflussung: = keine (0 %) = gering (25 %) = mittel (50 %) = deutlich (75 %) = stark (100 %)

(Prozess-) Qualität Fräs-Drehen	Gewicht. bewertungs-relevanter Aspekt	Ausfallrate	Prozessbeherrschung	Prozessreife	Prozessüberwachung	Grad der Werkstück-standardisierung					
Bauteilqualität	70 %	mittel	deutlich	deutlich	stark	gering					
Prozesssicherheit	30 %	deutlich	mittel	mittel	deutlich	deutlich					
Gewichtungsfaktor Einflussgröße		17,7 %	20,8 %	20,8 %	28,5 %	12, 2%					

Beeinflussung: = keine (0 %) = gering (25 %) = mittel (50 %) = deutlich (75 %) = stark (100 %)

C.5.5 Gewichtungsfaktoren Flach-/Profilschleifen

Weighting Factors Flat/ Profile Grinding

(Prozess-) Produktivität Flach-/Profil-schleifen	Gewicht. bewertungs-relevanter Aspekt	Spindelstunden/ Maschinenlaufzeit	Anzahl Maschinen pro Bediener	Rüst- und Nebenzeitanteile	Programmierzeitanteile	Güte der CAM-Programmierung	Grad der Werkstück-standardisierung	Prozessbeherrschung	Ausfallrate	Anzahl Bearbeitungs-werkzeugwechsel	Anzahl Umspannvorgänge
Kapazitätsauslastung	40 %	stark	gering	deutlich	deutlich	gering	mittel	deutlich	deutlich	deutlich	gering
Ressourceneinsatz	20 %	deutlich	mittel	stark	stark	keine	mittel	mittel	mittel	keine	deutlich
Mannlose Laufzeit	40 %	deutlich	stark	mittel	mittel	deutlich	mittel	stark	stark	mittel	deutlich
Gewichtungsfaktor Einflussgröße		13,3 %	9,4 %	10,9 %	10,9 %	6,3 %	7,8 %	12,5 %	12,5 %	7,8 %	8,6 %

(Prozess-) Flexibilität Flach-/Profil-schleifen	Gewicht. bewertungs-relevanter Aspekt	Rüst- und Nebenzeitanteile	Programmierzeitanteile	Grad der Werkstück-standardisierung	Prozessbeherrschung	Anzahl Bearbeitungs-werkzeugwechsel	Anzahl Umspannvorgänge				
Verfügbarkeit	40 %	deutlich	deutlich	mittel	gering	mittel	mittel				
Fähigkeit	60 %	keine	keine	mittel	stark	gering	keine				
Gewichtungsfaktor Einflussgröße		12,8 %	12,8 %	21,2 %	29,8 %	14,9 %	8,5 %				

Beeinflussung: = keine (0 %) = gering (25 %) = mittel (50 %) = deutlich (75 %) = stark (100 %)

(Prozess-) Qualität Flach-/Profil-schleifen	Gewicht. bewertungs-relevanter Aspekt	Ausfallrate	Prozessbeherrschung	Prozessreife	Prozessüberwachung	Grad der Werkstück-standardisierung					
Bauteilqualität	70 %	mittel	deutlich	deutlich	stark	gering					
Prozesssicherheit	30 %	deutlich	mittel	mittel	deutlich	deutlich					
Gewichtungsfaktor Einflussgröße		17,7 %	20,8 %	20,8 %	28,5 %	12,2 %					

Beeinflussung: = keine (0 %) = gering (25 %) = mittel (50 %) = deutlich (75 %) = stark (100 %)

C.5.6 Gewichtungsfaktoren Koordinatenschleifen

Weighting Factors Coordinate Grinding

(Prozess-) Produktivität Koordinaten-schleifen (I/II)	Gewicht. bewertungs-relevanter Aspekt	Spindelstunden/ Maschinenlaufzeit	Anzahl Maschinen pro Bediener	Rüst- und Nebenzeitanteil	Programmierzeitanteil	Güte der CAM-Programmierung	Grad der Werkstück-standardisierung	Prozessbeherrschung	Ausfallrate	Anzahl Bearbeitungs-werkzeugwechsel	Anzahl Umspannvorgänge
Kapazitätsauslastung	40 %	stark	gering	deutlich	deutlich	gering	mittel	deutlich	deutlich	deutlich	gering
Ressourceneinsatz	20 %	deutlich	mittel	stark	stark	keine	mittel	mittel	mittel	keine	deutlich
Mannlose Laufzeit	40 %	deutlich	stark	mittel	mittel	deutlich	mittel	stark	stark	mittel	deutlich
Gewichtungsfaktor Einflussgröße		12,9 %	9,1 %	10,6 %	10,6 %	6,1 %	7,6 %	12,1 %	12,1 %	7,6 %	8,3 %

(Prozess-) Produktivität Koordinaten-schleifen (II/II)	Gewicht. bewertungs-relevanter Aspekt	Achskonfiguration der Bearbeitung									
Kapazitätsauslastung	40 %	gering									
Ressourceneinsatz	20 %	mittel									
Mannlose Laufzeit	40 %	keine									
Gewichtungsfaktor Einflussgröße		3,0 %									

Beeinflussung: = keine (0 %) = gering (25 %) = mittel (50 %) = deutlich (75 %) = stark (100 %)

(Prozess-) Flexibilität Koordinatenschleifen	Gewicht. bewertungsrelevanter Aspekt	Rüst- und Nebenzeitanteil	Programmierzeitanteil	Grad der Werkstückstandardisierung	Prozessbeherrschung	Bearbeitungswerkzeugwechsel	Anzahl Umspannvorgänge				
Verfügbarkeit	40 %	deutlich	deutlich	mittel	gering	mittel	mittel				
Fähigkeit	60 %	keine	keine	mittel	stark	gering	keine				
Gewichtungsfaktor Einflussgröße		12,8 %	12,8 %	21,2 %	29,8 %	14,9 %	8,5 %				

(Prozess-) Qualität Koordinatenschleifen	Gewicht. bewertungsrelevanter Aspekt	Ausfallrate	Prozessbeherrschung	Prozessreife	Prozessüberwachung	Grad der Werkstückstandardisierung					
Bauteilqualität	70 %	mittel	deutlich	deutlich	stark	gering					
Prozesssicherheit	30 %	deutlich	mittel	mittel	deutlich	deutlich					
Gewichtungsfaktor Einflussgröße		17,7 %	20,8 %	20,8 %	28,5 %	12,2 %					

Beeinflussung: = keine (0 %) = gering (25 %) = mittel (50 %) = deutlich (75 %) = stark (100 %)

C.5.7 Gewichtungsfaktoren Rundschleifen

Weighting Factors Cylindrical Grinding

(Prozess-) Produktivität Rundschleifen	Gewicht. bewertungsrelevanter Aspekt	Spindelstunden/ Maschinenlaufzeit	Anzahl Maschinen pro Bediener	Rüst- und Nebenzeitanteil	Programmierzeitanteil	Güte der CAM-Programmierung	Grad der Werkstückstandardisierung	Prozessbeherrschung	Ausfallrate	Anzahl Bearbeitungswerkzeugwechsel	Anzahl Umspannvorgänge
Kapazitätsauslastung	40 %	stark	gering	deutlich	deutlich	gering	mittel	deutlich	deutlich	deutlich	gering
Ressourceneinsatz	20 %	deutlich	mittel	stark	stark	keine	mittel	mittel	mittel	keine	deutlich
Mannlose Laufzeit	40 %	deutlich	stark	mittel	mittel	deutlich	mittel	stark	stark	mittel	deutlich
Gewichtungsfaktor Einflussgröße		13,3 %	9,4 %	10,9 %	10,9 %	6,3 %	7,8 %	12,5 %	12,5 %	7,8 %	8,6 %

Beeinflussung: = keine (0 %) = gering (25 %) = mittel (50 %) = deutlich (75 %) = stark (100 %)

(Prozess-) Flexibilität Rundschleifen	Gewicht. bewertungsrelevanter Aspekt	Rüst- und Nebenzeitanteil	Programmierzeitanteil	Grad der Werkstückstandardisierung	Prozessbeherrschung	Anzahl Bearbeitungswerkzeugwechsel	Anzahl Umspannvorgänge				
Verfügbarkeit	40 %	deutlich	deutlich	mittel	gering	mittel	mittel				
Fähigkeit	60 %	keine	keine	mittel	stark	gering	keine				
Gewichtungsfaktor Einflussgröße		12,8 %	12,8 %	21,2 %	29,8 %	14,9 %	8,5 %				

(Prozess-) Qualität Rundschleifen	Gewicht. bewertungsrelevanter Aspekt	Ausfallrate	Prozessbeherrschung	Prozessreife	Prozessüberwachung	Grad der Werkstückstandardisierung					
Bauteilqualität	70 %	mittel	deutlich	deutlich	stark	gering					
Prozesssicherheit	30 %	deutlich	mittel	mittel	deutlich	deutlich					
Gewichtungsfaktor Einflussgröße		17,7 %	20,8 %	20,8 %	28,5 %	12,2 %					

Beeinflussung: = keine (0 %) = gering (25 %) = mittel (50 %) = deutlich (75 %) = stark (100 %)

C.5.8 Gewichtungsfaktoren Senkerodieren

Weighting Factors S-EDM

(Prozess-) Produktivität Senkerodieren (I/II)	Gewicht. bewertungsrelevanter Aspekt	Generatorstunden/ Maschinenlaufzeit	Anzahl Maschinen pro Bediener	Rüst- und Nebenzeitanteil	Programmierzeitanteil	Güte der CAM-Programmierung	Grad der Werkstückstandardisierung	Prozessbeherrschung	Ausfallrate	Anzahl Bearbeitungswerkzeugwechsel	Anzahl Umspannvorgänge
Kapazitätsauslastung	40 %	stark	gering	deutlich	deutlich	gering	mittel	deutlich	deutlich	deutlich	gering
Ressourceneinsatz	20 %	deutlich	mittel	stark	stark	keine	mittel	mittel	mittel	keine	deutlich
Mannlose Laufzeit	40 %	deutlich	stark	mittel	mittel	deutlich	mittel	stark	stark	mittel	deutlich
Gewichtungsfaktor Einflussgröße		11,3 %	7,9 %	9,3 %	9,3 %	5,3 %	6,6 %	10,6 %	10,6 %	6,6 %	7,3 %

Beeinflussung: = keine (0 %) = gering (25 %) = mittel (50 %) = deutlich (75 %) = stark (100 %)

(Prozess-) Produktivität Senkerodieren (II/II)	Gewicht. bewertungs-relevanter Aspekt	Bearbeitungsstrategie	Elektrodenwerkstoff								
Kapazitätsauslastung	40 %	deutlich	deutlich								
Ressourceneinsatz	20 %	gering	stark								
Mannlose Laufzeit	40 %	deutlich	keine								
Gewichtungsfaktor Einflussgröße		8,6 %	6,6 %								

(Prozess-) Flexibilität Senkerodieren	Gewicht. bewertungs-relevanter Aspekt	Rüst- und Nebenzeitanteil	Programmierzeitanteil	Grad der Werkstück-standardisierung	Prozessbeherrschung	Anzahl Bearbeitungs-werkzeugwechsel	Anzahl Umspannvorgänge				
Verfügbarkeit	40 %	deutlich	deutlich	mittel	gering	mittel	mittel				
Fähigkeit	60 %	keine	keine	mittel	stark	gering	keine				
Gewichtungsfaktor Einflussgröße		12,8 %	12,8 %	21,2 %	29,8 %	14,9 %	8,5 %				

(Prozess-) Qualität Senkerodieren	Gewicht. bewertungs-relevanter Aspekt	Ausfallrate	Prozessbeherrschung	Prozessreife	Prozessüberwachung	Grad der Werkstück-standardisierung					
Bauteilqualität	70 %	mittel	deutlich	deutlich	stark	gering					
Prozesssicherheit	30 %	deutlich	mittel	mittel	deutlich	deutlich					
Gewichtungsfaktor Einflussgröße		17,7 %	20,8 %	20,8 %	28,5 %	12,2 %					

Beeinflussung: = keine (0 %) = gering (25 %) = mittel (50 %) = deutlich (75 %) = stark (100 %)

C.5.9 Gewichtungsfaktoren Drahterodieren

Weighting Factors W-EDM

(Prozess-) Produktivität Drahterodieren (I/II)	Gewicht. bewertungs-relevanter Aspekt	Generatorstunden/ Maschinenlaufzeit	Anzahl Maschinen pro Bediener	Rüst- und Nebenzeitanteil	Programmierzeitanteil	Güte der CAM-Programmierung	Grad der Werkstück-standardisierung	Prozessbeherrschung	Ausfallrate	Anzahl Bearbeitungs-werkzeugwechsel	Anzahl Umspannvorgänge
Kapazitätsauslastung	40 %	stark	gering	deutlich	deutlich	gering	mittel	deutlich	deutlich	deutlich	gering
Ressourceneinsatz	20 %	deutlich	mittel	stark	stark	keine	mittel	mittel	mittel	keine	deutlich
Mannlose Laufzeit	40 %	deutlich	stark	mittel	mittel	deutlich	mittel	stark	stark	mittel	deutlich
Gewichtungsfaktor Einflussgröße		11,6 %	8,2 %	9,6 %	9,6 %	5,5 %	6,8 %	11,0 %	11,0 %	6,8 %	7,6 %

(Prozess-) Produktivität Drahterodieren (II/II)	Gewicht. bewertungs-relevanter Aspekt	Bearbeitungsstrategie	Drahtwerkstoff
Kapazitätenauslastung	40 %	deutlich	gering
Ressourceneinsatz	20 %	gering	deutlich
Mannlose Laufzeit	40 %	deutlich	keine
Gewichtungsfaktor Einflussgröße		8,9 %	3,4 %

(Prozess-) Flexibilität Drahterodieren	Gewicht. bewertungs-relevanter Aspekt	Rüst- und Nebenzeitanteil	Programmierzeitanteil	Grad der Werkstück-standardisierung	Prozessbeherrschung	Anzahl Bearbeitungs-werkzeugwechsel	Anzahl Umspannvorgänge
Verfügbarkeit	40 %	deutlich	deutlich	mittel	gering	mittel	mittel
Fähigkeit	60 %	keine	keine	mittel	stark	gering	keine
Gewichtungsfaktor Einflussgröße		12,8 %	12,8 %	21,2 %	29,8 %	14,9 %	8,5 %

Beeinflussung: = keine (0 %) = gering (25 %) = mittel (50 %) = deutlich (75 %) = stark (100 %)

(Prozess-) Qualität Drahterodieren	Gewicht. bewertungs-relevanter Aspekt	Ausfallrate	Prozessbeherrschung	Prozessreife	Prozessüberwachung	Grad der Werkstück-standardisierung	Bearbeitungsstrategie				
Bauteilqualität	70 %	mittel (50 %)	deutlich (75 %)	deutlich (75 %)	stark (100 %)	gering (25 %)	deutlich (75 %)				
Prozesssicherheit	30 %	deutlich (75 %)	mittel (50 %)	mittel (50 %)	deutlich (75 %)	deutlich (75 %)	gering (25 %)				
Gewichtungsfaktor Einflussgröße		14,9 %	17,5 %	17,5 %	24,0 %	10,4 %	15,7 %				

Beeinflussung: = keine (0 %) = gering (25 %) = mittel (50 %) = deutlich (75 %) = stark (100 %)

D Bewertungsformeln der Leistungsfähigkeiten

Evaluation Formulas of the Capabilities

Nachfolgend sind die dem Kennzahlensystem zugrunde liegenden Bewertungsformeln dargestellt. Der relevante Definitionsbereich der Formeln liegt im Bereich zwischen 0 und 10, da das Kennzahlensystem auf diesen Bereich normiert ist. Alle Bewertungsformeln geben dabei einen einheitenlosen Punktewert aus. Die Gewichtung der Einflussgrößen findet entsprechend den in Anhang C ermittelten Gewichtungsfaktoren statt. Binäre Variablen sind mit dem Index „1/0" gekennzeichnet. Dabei kennzeichnet der Wert „1" das Vorhandensein der geforderten Eigenschaften und der Wert „0" das Fehlen der Merkmalsausprägung. Bei diskreten Einflussgrößen, deren Ausprägung von „sehr gering" bis „sehr hoch" abgestuft ist, wird die jeweilige Ausprägung durch einen Index von „1" bis „5" dargestellt. Alle anderen Variablen werden entweder durch diskrete oder reelle Zahlen repräsentiert. Die Indizes „P", „F" und „Q" dienen zur Differenzierung, falls eine Einflussgröße in mehr als eine der drei Zielgrößen Produktivität, Flexibilität oder Qualität eingeht. Diese Möglichkeit der Differenzierung wird jedoch nur genutzt, wenn sich die Formeln zur Bewertung zwischen den Zielgrößen unterscheiden. Die Definitionsbereiche der selektiven (diskreten) Zusammenhänge sowie der mathematischen Funktionen werden im Anschluss an die Leistungsfähigkeitsbestimmung pro Kapitel dargestellt.

Leistungsfähigkeit verkettetes Fertigungssystem:

$$L_{VFS} = w_{L,VFS,1} \cdot L_R + w_{L,VFS,2} \cdot L_N + w_{L,VFS,3} \cdot L_{PR}$$

Leistungsfähigkeit Ressourcen:

$$L_R = w_{L,R,1} \cdot L_M + w_{L,R,2} \cdot L_H + w_{L,R,3} \cdot L_{PE}$$

D.1 Ressourcenbewertung – Maschinen

Resource Evaluation – Machines

(Ressourcen-)Leistungsfähigkeit Maschinen:

$$L_M = w_{L,M,1} \cdot L_{M,FB} + w_{L,M,2} \cdot L_{M,DR} + w_{L,M,3} \cdot L_{M,DF} + w_{L,M,4} \cdot L_{M,FD} + w_{L,M,5} \cdot L_{M,FSC} + w_{L,M,6} \cdot L_{M,KSC} + w_{L.M,7} \cdot L_{M,RSC} + w_{L,M,8} \cdot L_{M,SE} + w_{L,M,9} \cdot L_{M,DE}$$

D.1.1 Ressourcenbewertung Fräsmaschine

Resource Evaluation Milling Machine

(Ressourcen-)Produktivität Fräsmaschine:

$$P_{M,FB} = w_{P,M,FB,1} \cdot AA_{FB} + w_{P,M,FB,2} \cdot 10 \cdot HSC_{FB,1/0} + w_{P,M,FB,3} \cdot ASD_{FB} + w_{P,M,FB,4} \cdot ASL_{FB} + w_{P,M,FB,5} \cdot 10 \cdot BM_{FB,1/0} + w_{P,M,FB,6} \cdot BW_{FB,1/0} \cdot BWP_{FB} + w_{P,M,FB,7} \cdot 10 \cdot CM_{FB,1/0} + w_{P,M,FB,8} \cdot EG_{FB} + w_{P,M,FB,9} \cdot MA_{FB} + w_{P,M,FB,10} \cdot 10 \cdot NC_{FB,1/0} + w_{P,M,FB,11} \cdot 10 \cdot PA_{FB,1/0} + w_{P,M,FB,12} \cdot 10 \cdot SPF_{FB,1/0} + w_{P,M,FB,13} \cdot ST_{FB} + w_{P,M,FB,14} \cdot WW_{FB,1/0} \cdot WWP_{FB}$$

(Ressourcen-)Flexibilität Fräsmaschine:

$$F_{M,FB} = w_{F,M,FB,1} \cdot 10 \cdot AB_{FB,1/0} + w_{F,M,FB,2} \cdot AA_{FB} + w_{F,M,FB,3} \cdot AR_{FB} + w_{F,M,FB,4} \cdot ASD_{FB} + w_{F,M,FB,5} \cdot GM_{FB} + w_{F,M,FB,6} \cdot 10 \cdot AK_{FB,1/0} + w_{F,M,FB,7} \cdot KS_{FB} + w_{F,M,FB,8} \cdot 10 \cdot SPV_{FB,1/0} + w_{F,M,FB,9} \cdot SW_{FB} + w_{F,M,FB,10} \cdot ST_{FB}$$

(Ressourcen-)Qualität Fräsmaschine:

$$Q_{M,FB} = w_{Q,M,FB,1} \cdot 10 \cdot BM_{FB,1/0} + w_{Q,M,FB,2} \cdot 10 \cdot KA_{FB,1/0} + w_{Q,M,FB,3} \cdot KS_{FB} + w_{Q,M,FB,4} \cdot MA_{FB} + w_{Q,M,FB,5} \cdot 10 \cdot PA_{FB,1/0} + w_{Q,M,FB,6} \cdot PG_{FB} + w_{Q,M,FB,7} \cdot 10 \cdot PZÜ_{FB,1/0} + w_{Q,M,FB,8} \cdot RD_{FB} + w_{Q,M,FB,9} \cdot 10 \cdot SD_{FB,1/0} + w_{Q,M,FB,10} \cdot SWZ_{FB} + w_{Q,M,FB,11} \cdot 10 \cdot TMK_{FB,1/0} + w_{Q,M,FB,12} \cdot WA_{FB} + w_{Q,M,FB,13} \cdot 10 \cdot WM_{FB,1/0} + w_{Q,M,FB,14} \cdot 10 \cdot AK_{FB,1/0}$$

(Ressourcen-)Leistungsfähigkeit Fräsmaschine:

$$L_{M,FB} = \sqrt{\frac{P_{M,FB}^2 + F_{M,FB}^2 + Q_{M,FB}^2}{3}}$$

Mathematische Zusammenhänge

Kennzahl	Mathematische Funktionen
AR_{FB}	$AR_{FB} = \frac{1}{3} \cdot (AR_{FB,x} + AR_{FB,y} + AR_{FB,z})$ $= \frac{1}{3} \cdot ((1{,}7579 \cdot ln(x_{AR,FB,x}) - 5{,}2934) + (2{,}1695 \cdot ln(x_{AR,FB,y}) - 8{,}2472) + (4{,}2113 \cdot ln(x_{AR,FB,z}) - 21{,}0919))$
	Definitionsbereich $AR_{FB,x}$: $[x_{AR,FB,x}] = mm$ $D_f = \mathbb{R}^+ \rightarrow D_{f\|AR_{FB,x}} := \begin{cases} 0 & \text{wenn } x_{AR,FB,x} \leq 20{,}3119 \\ AR_{FB,x} & \text{wenn } 20{,}3119 < x_{AR,FB,x} \leq 6.001{,}7954 \\ 10 & \text{wenn } x_{AR,FB,x} > 6.001{,}7954 \end{cases}$ Definitionsbereich $AR_{FB,y}$: $[x_{AR,FB,y}] = mm$ $D_f = \mathbb{R}^+ \rightarrow D_{f\|AR_{FB,y}} := \begin{cases} 0 & \text{wenn } x_{AR,FB,y} \leq 44{,}7651 \\ AR_{FB,y} & \text{wenn } 44{,}7651 < x_{AR,FB,y} \leq 4.405{,}292 \\ 10 & \text{wenn } x_{AR,FB,y} > 4.405{,}292 \end{cases}$ Definitionsbereich $AR_{FB,z}$: $[x_{AR,FB,z}] = mm$ $D_f = \mathbb{R}^+ \rightarrow D_{f\|AR_{FB,z}} := \begin{cases} 0 & \text{wenn } x_{AR,FB,z} \leq 149{,}6667 \\ AR_{FB,z} & \text{wenn } 149{,}6667 < x_{AR,FB,z} \leq 1.608{,}3589 \\ 10 & \text{wenn } x_{AR,FB,z} > 1.608{,}3589 \end{cases}$
ASD_{FB}	$ASD_{FB} = 3{,}3249 \cdot ln(x_{ASD,FB}) - 27{,}93$
	Definitionsbereich ASD_{FB}: $[x_{ASD,FB}] = 1/min$ $D_f = \mathbb{R}^+ \rightarrow D_{f\|ASD_{FB}} := \begin{cases} 0 & \text{wenn } x_{ASD,FB} \leq 4.448{,}1904 \\ ASD_{FB} & \text{wenn } 4.448{,}1904 < x_{ASD,FB} \leq 90.026{,}7287 \\ 10 & \text{wenn } x_{ASD,FB} > 90.026{,}7287 \end{cases}$
ASL_{FB}	$ASL_{FB} = 5{,}5442 \cdot 10^{-5} \cdot x_{ASL,FB}{}^3 - 7{,}4869 \cdot 10^{-3} \cdot x_{ASL,FB}{}^2 + 0{,}4349 \cdot x_{ASL,FB} - 2{,}8831$
	Definitionsbereich ASL_{FB}: $[x_{ASL,FB}] = kW$ $D_f = \mathbb{R}^+ \rightarrow D_{f\|ASL_{FB}} := \begin{cases} 0 & \text{wenn } x_{ASL,FB} \leq 7{,}5576 \\ ASL_{FB} & \text{wenn } 7{,}5576 < x_{ASL,FB} \leq 70{,}5359 \\ 10 & \text{wenn } x_{ASL,FB} > 70{,}5359 \end{cases}$

BWP_{FB}	$BWP_{FB} = 2{,}076 \cdot ln\,(x_{BWP,FB}) - 3{,}1186$
	Definitionsbereich BWP_{FB}: $[x_{BWP,FB}] = Anzahl$ $D_f = \mathbb{R}^+ \rightarrow D_{f\mid BWP_{FB}} := \begin{cases} 0 & \text{wenn} \quad x_{BWP,FB} \leq 4{,}4916 \\ BWP_{FB} & \text{wenn} \quad 4{,}4916 < x_{BWP,FB} \leq 555{,}1129 \\ 10 & \text{wenn} \quad x_{BWP,FB} > 555{,}1129 \end{cases}$
EG_{FB}	$EG_{FB} = \frac{1}{3} \cdot (EG_{FB,x} + EG_{FB,y} + EG_{FB,z})$ $= \frac{1}{3} \cdot ((5{,}1859 \cdot ln(x_{EG,FB,x}) - 15{,}039) + (5{,}1859 \cdot ln(x_{EG,FB,y}) - 15{,}039)$ $+ (5{,}1859 \cdot ln(x_{EG,FB,z}) - 15{,}039))$
	Definitionsbereich $EG_{FB,x}$: $[x_{EG,FB,x}] = m/min$ $D_f = \mathbb{R}^+ \rightarrow D_{f\mid EG_{FB,x}} := \begin{cases} 0 & \text{wenn} \quad x_{EG,FB,x} \leq 18{,}1738 \\ EG_{FB,x} & \text{wenn} \quad 18{,}1738 < x_{EG,FB,x} \leq 124{,}9963 \\ 10 & \text{wenn} \quad x_{EG,FB,x} > 124{,}9963 \end{cases}$ Definitionsbereich $EG_{FB,y}$: $[x_{EG,FB,y}] = m/min$ $D_f = \mathbb{R}^+ \rightarrow D_{f\mid EG_{FB,y}} := \begin{cases} 0 & \text{wenn} \quad x_{EG,FB,y} \leq 18{,}1738 \\ EG_{FB,y} & \text{wenn} \quad 18{,}1738 < x_{EG,FB,y} \leq 124{,}9963 \\ 10 & \text{wenn} \quad x_{EG,FB,y} > 124{,}9963 \end{cases}$ Definitionsbereich $EG_{FB,z}$: $[x_{EG,FB,z}] = m/min$ $D_f = \mathbb{R}^+ \rightarrow D_{f\mid EG_{FB,z}} := \begin{cases} 0 & \text{wenn} \quad x_{EG,FB,z} \leq 18{,}1738 \\ EG_{FB,z} & \text{wenn} \quad 18{,}1738 < x_{EG,FB,z} \leq 124{,}9963 \\ 10 & \text{wenn} \quad x_{EG,FB,z} > 124{,}9963 \end{cases}$
GM_{FB}	$GM_{FB} = 1{,}191 \cdot ln\,(x_{GM,FB}) - 2{,}6201$
	Definitionsbereich GM_{FB}: $[x_{GM,FB}] = kg$ $D_f = \mathbb{R}^+ \rightarrow D_{f\mid GM_{FB}} := \begin{cases} 0 & \text{wenn} \quad x_{GM,FB} \leq 9{,}0243 \\ GM_{FB} & \text{wenn} \quad 9{,}0243 < x_{GM,FB} \leq 39.983{,}4806 \\ 10 & \text{wenn} \quad x_{GM,FB} > 39.983{,}4806 \end{cases}$

MA_{FB}	$MA_{FB} = 0{,}5 \cdot (20 - x_{MA,FB})$
	Definitionsbereich MA_{FB}: $[x_{MA,FB}] = Jahre$ $D_f = \mathbb{R}^+ \rightarrow D_{f\|MA_{FB}} := \begin{cases} 0 & \text{wenn} \quad x_{MA} > 20 \\ MA_{FB} & \text{wenn } 0 < x_{MA} \leq 20 \\ 10 & \text{wenn} \quad x_{MA} \leq 20 \end{cases}$
PG_{FB}	$PG_{FB} = -2{,}5147 \cdot ln(x_{PG,FB}) + 11{,}0196$
	Definitionsbereich PG_{FB}: $[x_{PG,FB}] = \mu m$ $D_f = \mathbb{R}^+ \rightarrow D_{f\|PG_{FB}} := \begin{cases} 0 & \text{wenn} \quad x_{PG,FB} > 80{,}0037 \\ PG_{FB} & \text{wenn } 1{,}5 < x_{PG,FB} \leq 80{,}0037 \\ 10 & \text{wenn} \quad x_{PG,FB} \leq 1{,}5 \end{cases}$
RD_{FB}	$RD_{FB} = -2{,}5147 \cdot ln(x_{RD,FB}) + 11{,}0196$
	Definitionsbereich RD_{FB}: $[x_{RD,FB}] = \mu m$ $D_f = \mathbb{R}^+ \rightarrow D_{f\|RD_{FB}} := \begin{cases} 0 & \text{wenn} \quad x_{RD,FB} > 80{,}0037 \\ RD_{FB} & \text{wenn } 1{,}5 < x_{RD,FB} \leq 80{,}0037 \\ 10 & \text{wenn} \quad x_{RD,FB} \leq 1{,}5 \end{cases}$
SWZ_{FB}	$SWZ_{FB} = -2{,}436 \cdot ln(x_{SWZ,FB}) + 4{,}3861$
	Definitionsbereich SWZ_{FB}: $[x_{SWZ,FB}] = ms$ $D_f = \mathbb{R}^+ \rightarrow D_{f\|SWZ_{FB}} := \begin{cases} 0 & \text{wenn} \quad x_{SWZ,FB} > 6{,}0528 \\ SWZ_{FB} & \text{wenn } 0{,}0998 < x_{SWZ,FB} \leq 6{,}0528 \\ 10 & \text{wenn} \quad x_{SWZ,FB} \leq 0{,}0998 \end{cases}$
WWP_{FB}	$WWP_{FB} = 4{,}5289 \cdot ln(x_{WWP,FB}) - 2{,}2644$
	Definitionsbereich WWP_{FB}: $[x_{WWP,FB}] = Anzahl$ $D_f = \mathbb{R}^+ \rightarrow D_{f\|WWP_{FB}} := \begin{cases} 0 & \text{wenn} \quad x_{WWP,FB} \leq 1{,}6487 \\ WWP_{FB} & \text{wenn } 1{,}6487 < x_{WWP,FB} \leq 14{,}9997 \\ 10 & \text{wenn} \quad x_{WWP,FB} > 14{,}9997 \end{cases}$

Selektive Zusammenhänge

Kennzahl	Selektive Funktionen
AA_{FB}	$AA_{FB} = MAX(10 \cdot AF_{FB,1/0}; 5 \cdot AV_{FB,1/0}; 2 \cdot AD_{FB,1/0})$
KS_{FB}	$KS_{FB} = 2 \cdot DL_{FB,1/0} + 2 \cdot HD_{FB,1/0} + 2{,}5 \cdot WZI_{FB,1/0} + 2{,}5 \cdot MM_{FB,1/0} + 1 \cdot ÜF_{FB,1/0}$
ST_{FB}	$ST_{FB} = 0{,}5 \cdot (\, MAX(10 \cdot NW_{FB,1/0}; 6 \cdot OP_{FB,1/0}; 3 \cdot DT_{FB,1/0}) + MAX(10 \cdot KF_{FB,1/0}; 5 \cdot KD_{FB,1/0})\,)$
SW_{FB}	$SW_{FB} = MAX(10 \cdot ASW_{FB,1/0}; 5 \cdot MSW_{FB,1/0})$
WA_{FB}	$WA_{FB} = MAX(5 \cdot WPE_{FB,1/0}; 4 \cdot WPV_{FB,1/0}; 2 \cdot WPR_{FB,1/0}; 0 \cdot WPK_{FB,1/0}) + MAX(5 \cdot WAH_{FB,1/0}; 4 \cdot WAJ_{FB,1/0}; 3 \cdot WAZ_{FB,1/0}; 2 \cdot WAD_{FB,1/0}; 1 \cdot WAB_{FB,1/0})$

Kennzahlenverzeichnis

Kennzahl	Bezeichnung	Kennzahl	Bezeichnung
AA_{FB}	Achsanzahl	$CM_{FB,1/0}$	CAM-Datenschnittstelle
$AB_{FB,1/0}$	Absaugung	$DL_{FB,1/0}$	Druckluft
$AD_{FB,1/0}$	Dreiachsig	$DT_{FB,1/0}$	Datenzufuhr über Datenträger
$AF_{FB,1/0}$	Fünfachsig	EG_{FB}	Achsgeschwindigkeit (Eilgang)
$AK_{FB,1/0}$	Arbeitsraumkapselung	$F_{M,FB}$	Flexibilität
AR_{FB}	Arbeitsraum	GM_{FB}	Aufspanngewicht
ASD_{FB}	Arbeitsspindeldrehzahl	$HD_{FB,1/0}$	Hochdruckkühlung
ASL_{FB}	Arbeitsspindelleistung	$HSC_{FB,1/0}$	HSC-Fähigkeit
$ASW_{FB,1/0}$	Automatischer Spindelwechsel	$KA_{FB,1/0}$	Klimatisierte Aufstellung
$AV_{FB,1/0}$	Vierachsig	$KD_{FB,1/0}$	Dreiachsige Koordinatentransformation
$BM_{FB,1/0}$	Bearbeitungswerkzeugmesssystem	$KF_{FB,1/0}$	Fünfachsige Koordinatentransformation
$BW_{FB,1/0}$	Bearbeitungswerkzeugwechselsystem	KS_{FB}	Kühlschmierstoffsystem
BWP_{FB}	Platzanzahl Bearbeitungswerkzeugwechselsystem	$L_{M,FB}$	Leistungsfähigkeit

MA_{FB}	Maschinenalter	SWZ_{FB}	Satzwechselzeit
$MM_{FB,1/0}$	Minimalmengenschmierung	$TMK_{FB,1/0}$	Temperaturkompensation
$MSW_{FB,1/0}$	Manueller Spindelwechsel	$ÜF_{FB,1/0}$	Überflutungskühlung
$NC_{FB,1/0}$	NC-Fähigkeit	WA_{FB}	Wartung
$NW_{FB,1/0}$	Datenzufuhr via Netzwerk-anbindung	$WAB_{FB,1/0}$	Wartung bei Bedarf
$OP_{FB,1/0}$	Datenzufuhr via Online-Program-mierung	$WAD_{FB,1/0}$	Dreijährliche Wartung
$P_{M,FB}$	Produktivität	$WAH_{FB,1/0}$	Wartung halbjährlich
$PA_{FB,1/0}$	Palettiersystem	$WAJ_{FB,1/0}$	Wartung jährlich
PG_{FB}	Achspositioniergenauigkeit	$WAZ_{FB,1/0}$	Zweijährliche Wartung
$PZÜ_{FB,1/0}$	Prozessüberwachung	$WM_{FB,1/0}$	Werkstückmesssystem
$Q_{M,FB}$	Qualität	$WPK_{FB,1/0}$	Kein Wartungsplan
RD_{FB}	Rundlaufgenauigkeit	$WPR_{FB,1/0}$	Wartungsplan im Rückstand
$SD_{FB,1/0}$	Schwingungsdämpfung	$WPV_{FB,1/0}$	Wartungsvertrag
$SPF_{FB,1/0}$	Spanfördersystem	$WPE_{FB,1/0}$	Wartungsplan eingehalten
$SPV_{FB,1/0}$	Schnellspannvorrichtung	$WW_{FB,1/0}$	Werkstückwechselsystem
ST_{FB}	Steuerung	WWP_{FB}	Platzanzahl Werkstückwechsel-system
SW_{FB}	Spindelwechsel	$WZI_{FB,1/0}$	Bearbeitungswerkzeuginnenküh-lung

D.1.2 Ressourcenbewertung Drehmaschine

Resource Evaluation Turning Machine

(Ressourcen-)Produktivität Drehmaschine:

$$P_{M,DR} = w_{P,M,DR,1} \cdot 10 \cdot ABW_{DR,1/0} + w_{P,M,DR,2} \cdot ASD_{DR} + w_{P,M,DR,3} \cdot ASL_{DR} + w_{P,M,DR,4} \cdot BWR_{DR,1/0} \cdot BWRP_{DR} + w_{P,M,DR,5} \cdot 10 \cdot BM_{DR,1/0} + w_{P,M,DR,6} \cdot 10 \cdot CM_{DR,1/0} + w_{P,M,DR,7} \cdot 10 \cdot GS_{DR,1/0} + w_{P,M,DR,8} \cdot MA_{DR} + w_{P,M,DR,9} \cdot 10 \cdot NC_{DR,1/0} + w_{P,M,DR,10} \cdot 10 \cdot PA_{DR,1/0} + w_{P,M,DR,11} \cdot 10 \cdot SPF_{DR,1/0} + w_{P,M,DR,12} \cdot 10 \cdot STF_{DR,1/0} + w_{P,M,DR,13} \cdot WW_{DR,1/0} \cdot WWP_{DR}$$

(Ressourcen-)Flexibilität Drehmaschine:

$$F_{M,DR} = w_{F,M,DR,1} \cdot 10 \cdot AB_{DR,1/0} + w_{F,M,DR,2} \cdot AA_{DR} + w_{F,M,DR,3} \cdot 10 \cdot ABW_{DR,1/0} + w_{F,M,DR,4} \cdot 10 \cdot RV_{DR,1/0} + w_{F,M,DR,5} \cdot AR_{DR} + w_{F,M,DR,6} \cdot GM_{DR} + w_{F,M,DR,7} \cdot 10 \cdot GS_{DR,1/0} + w_{F,M,DR,8} \cdot 10 \cdot HT_{DR,1/0} + w_{F,M,DR,9} \cdot KS_{DR} + w_{F,M,DR,10} \cdot 10 \cdot RL_{DR,1/0} + w_{F,M,DR,11} \cdot 10 \cdot SPV_{DR,1/0} + w_{F,M,DR,12} \cdot ST_{DR}$$

(Ressourcen-)Qualität Drehmaschine:

$$Q_{M,DR} = w_{Q,M,DR,1} \cdot 10 \cdot BM_{DR,1/0} + w_{Q,M,DR,2} \cdot 10 \cdot KA_{DR,1/0} + w_{Q,M,DR,3} \cdot KS_{DR} + w_{Q,M,DR,4} \cdot MA_{DR} + w_{Q,M,DR,5} \cdot PG_{DR} + w_{Q,M,DR,6} \cdot 10 \cdot PZÜ_{DR,1/0} + w_{Q,M,DR,7} \cdot 10 \cdot SD_{DR,1/0} + w_{Q,M,DR,8} \cdot SL_{DR} + w_{Q,M,DR,9} \cdot SWZ_{DR} + w_{Q,M,DR,10} \cdot 10 \cdot TMK_{DR,1/0} + w_{Q,M,DR,11} \cdot WA_{DR} + w_{Q,M,DR,12} \cdot 10 \cdot WM_{DR,1/0} + w_{Q,M,DR,13} \cdot 10 \cdot AK_{DR,1/0}$$

(Ressourcen-)Leistungsfähigkeit Drehmaschine:

$$L_{M,DR} = \sqrt{\frac{P_{M,DR}^2 + F_{M,DR}^2 + Q_{M,DR}^2}{3}}$$

Mathematische Zusammenhänge

Kennzahl	Mathematische Funktionen
AR_{DR}	$AR_{DR} = \frac{1}{3} \cdot (AR_{DR,x} + AR_{DR,y} + AR_{DR,z}) = \frac{1}{3} \cdot ((3{,}6487 \cdot ln(x_{AR,DR,x}) - 18{,}244) + (3{,}6487 \cdot ln(x_{AR,DR,y}) - 18{,}244) + (2{,}1279 \cdot ln(x_{AR,DR,z}) - 8{,}5115))$
	Definitionsbereich $AR_{DR,x}$: $[x_{AR,DR,x}] = mm$ $D_f = \mathbb{R}^+ \to D_{f\mid AR_{DR,x}} := \begin{cases} 0 & \text{wenn } x_{AR,DR,x} \leq 148{,}4335 \\ AR_{DR,x} & \text{wenn } 148{,}4335 < x_{AR,DR,x} \leq 2.300{,}4021 \\ 10 & \text{wenn } x_{AR,DR,x} > 2.300{,}4021 \end{cases}$ Definitionsbereich $AR_{DR,y}$: $[x_{AR,DR,y}] = mm$ $D_f = \mathbb{R}^+ \to D_{f\mid AR_{DR,y}} := \begin{cases} 0 & \text{wenn } x_{AR,DR,y} \leq 148{,}4335 \\ AR_{DR,y} & \text{wenn } 148{,}4335 < x_{AR,DR,y} \leq 2.300{,}4021 \\ 10 & \text{wenn } x_{AR,DR,y} > 2.300{,}4021 \end{cases}$ Definitionsbereich $AR_{DR,z}$: $[x_{AR,DR,z}] = mm$ $D_f = \mathbb{R}^+ \to D_{f\mid AR_{DR,z}} := \begin{cases} 0 & \text{wenn } x_{AR,DR,z} \leq 54{,}5956 \\ AR_{DR,z} & \text{wenn } 54{,}5956 < x_{AR,DR,z} \leq 5.999{,}4433 \\ 10 & \text{wenn } x_{AR,DR,z} > 5.999{,}4433 \end{cases}$
ASD_{DR}	$ASD_{DR} = 5{,}4349 \cdot ln(x_{ASD,DR}) - 40{,}327$

	Definitionsbereich ASD_{DR}: $[x_{ASD,DR}] = 1/min$ $D_f = \mathbb{R}^+ \rightarrow D_{f\|ASD_{DR}} := \begin{cases} 0 & \text{wenn} \quad x_{ASD,DR} \leq 1.669{,}0464 \\ ASD_{DR} & \text{wenn } 1.669{,}0464 < x_{ASD,DR} \leq 10.508{,}7969 \\ 10 & \text{wenn} \quad x_{ASD,DR} > 10.508{,}7969 \end{cases}$
ASL_{DR}	$ASL_{DR} = 1{,}8173 \cdot 10^{-4} \cdot x_{ASL,DR}{}^3 - 1{,}3717 \cdot 10^{-2} \cdot x_{ASL,DR}{}^2 + 0{,}6292 \cdot x_{ASL,DR} - 2{,}98$
	Definitionsbereich ASL_{DR}: $[x_{ASL,DR}] = kW$ $D_f = \mathbb{R}^+ \rightarrow D_{f\|ASL_{DR}} := \begin{cases} 0 & \text{wenn} \quad x_{ASL,DR} \leq 4{,}7544 \\ ASL_{DR} & \text{wenn } 4{,}7544 < x_{ASL,DR} \leq 19{,}3525 \\ 10 & \text{wenn} \quad x_{ASL,DR} > 19{,}3525 \end{cases}$
$BWRP_{DR}$	$BWRP_{DR} = 0{,}5 \cdot x_{BWRP,DR}$
	Definitionsbereich $BWRP_{DR}$: $[x_{BWPR,DR}] = Anzahl$ $D_f = \mathbb{R}^+ \rightarrow D_{f\|BWRP_{DR}} := \begin{cases} 0 & \text{wenn} \quad x_{BWRP,DR} \leq 0 \\ BWRP_{DR} & \text{wenn } 0 < x_{BWRP,DR} \leq 20 \\ 10 & \text{wenn} \quad x_{BWRP,DR} > 20 \end{cases}$
GM_{DR}	$GM_{DR} = 3{,}215 \cdot ln(x_{GM,DR}) - 14{,}371$
	Definitionsbereich GM_{DR}: $[x_{GM,DR}] = kg$ $D_f = \mathbb{R}^+ \rightarrow D_{f\|GM_{DR}} := \begin{cases} 0 & \text{wenn} \quad x_{GM,DR} \leq 87{,}3554 \\ GM_{DR} & \text{wenn } 87{,}3554 < x_{GM,DR} \leq 1.959{,}4211 \\ 10 & \text{wenn} \quad x_{GM,DR} > 1.959{,}4211 \end{cases}$
MA_{DR}	$MA_{DR} = 0{,}5 \cdot (20 - x_{MA,DR})$
	Definitionsbereich MA_{DR}: $[x_{MA,DR}] = Jahre$ $D_f = \mathbb{R}^+ \rightarrow D_{f\|MA_{DR}} := \begin{cases} 0 & \text{wenn} \quad x_{MA,DR} > 20 \\ MA_{DR} & \text{wenn } 0 < x_{MA,DR} \leq 20 \\ 10 & \text{wenn} \quad x_{MA,DR} \leq 0 \end{cases}$
PG_{DR}	$PG_{DR} = -2{,}5147 \cdot ln(x_{PG,DR}) + 11{,}0196$
	Definitionsbereich PG_{DR}: $[x_{PG,DR}] = \mu m$ $D_f = \mathbb{R}^+ \rightarrow D_{f\|PG_{DR}} := \begin{cases} 0 & \text{wenn} \quad x_{PG,DR} > 80{,}0037 \\ PG_{DR} & \text{wenn } 1{,}5 < x_{PG,DR} \leq 80{,}0037 \\ 10 & \text{wenn} \quad x_{PG,DR} \leq 1{,}5 \end{cases}$

SWZ_{DR}	$SWZ_{DR} = -2{,}436 \cdot ln(x_{SWZ,DR}) + 4{,}3861$
	Definitionsbereich SWZ_{DR}: $[x_{SWZ,DR}] = ms$ $D_f = \mathbb{R}^+ \rightarrow D_{f\mid SWZ_{DR}} := \begin{cases} 0 & \text{wenn} \quad x_{SWZ,DR} > 6{,}0529 \\ SWZ_{DR} & \text{wenn} \quad 0{,}0998 < x_{SWZ,DR} \leq 6{,}0529 \\ 10 & \text{wenn} \quad x_{SWZ,DR} \leq 0{,}0998 \end{cases}$
WWP_{DR}	$WWP_{DR} = 4{,}5289 \cdot ln(x_{WWP,DR}) - 2{,}2644$
	Definitionsbereich WWP_{DR}: $[x_{WWP,DR}] = Anzahl$ $D_f = \mathbb{R}^+ \rightarrow D_{f\mid WWP_{DR}} := \begin{cases} 0 & \text{wenn} \quad x_{WWP,DR} \leq 1{,}6487 \\ WWP_{DR} & \text{wenn} \quad 1{,}6487 < x_{WWP,DR} \leq 14{,}9997 \\ 10 & \text{wenn} \quad x_{WWP,DR} > 14{,}9997 \end{cases}$

Selektive Zusammenhänge

Kennzahl	Selektive Funktionen
AA_{DR}	$AA_{DR} = MAX(10 \cdot AF_{DR,1/0}; 8 \cdot AV_{DR,1/0}; 5 \cdot AD_{DR,1/0}; 2 \cdot AZ_{DR,1/0})$
KS_{DR}	$KS_{DR} = 2 \cdot DL_{DR,1/0} + 2 \cdot HD_{DR,1/0} + 2{,}5 \cdot WZI_{DR,1/0} + 2{,}5 \cdot MM_{DR,1/0} + 1 \cdot ÜF_{DR,1/0}$
SL_{DR}	$SL_{DR} = MAX(10 \cdot HL_{DR,1/0}; 5 \cdot WL_{DR,1/0})$
ST_{DR}	$ST_{DR} = 0{,}5 \cdot MAX(10 \cdot CS_{DR,1/0}; 5 \cdot ZS_{DR,1/0}) + 0{,}5 \cdot MAX(10 \cdot NW_{DR,1/0}; 6 \cdot OP_{DR,1/0}; 3 \cdot DT_{DR,1/0})$
WA_{DR}	$WA_{DR} = MAX(5 \cdot WPE_{DR,1/0}; 4 \cdot WPV_{DR,1/0}; 2 \cdot WPR_{DR,1/0}; 0 \cdot WPK_{DR,1/0}) + MAX(5 \cdot WAH_{DR,1/0}; 4 \cdot WAJ_{DR,1/0}; 3 \cdot WAZ_{DR,1/0}; 2 \cdot WAD_{DR,1/0}; 1 \cdot WAB_{DR,1/0})$

Kennzahlenverzeichnis

Kennzahl	Bezeichnung	Kennzahl	Bezeichnung
AA_{DR}	Achsanzahl	$AF_{DR,1/0}$	Fünfachsig
$AB_{DR,1/0}$	Absaugung	$AK_{DR,1/0}$	Arbeitsraumkapselung
$ABW_{DR,1/0}$	Angetriebene Bearbeitungswerkzeuge	AR_{DR}	Arbeitsraum
$AD_{DR,1/0}$	Dreiachsig	ASD_{DR}	Arbeitsspindeldrehzahl

ASL_{DR}	Arbeitsspindelleistung	$Q_{M,DR}$	Qualität
$AV_{DR,1/0}$	Vierachsig	$RL_{DR,1/0}$	Reitstock / Lünette
$AZ_{DR,1/0}$	Zweiachsig	$RV_{DR,1/0}$	y-Verschiebung des Revolvers
$BM_{DR,1/0}$	Bearbeitungswerkzeug-messsystem	$SD_{DR,1/0}$	Schwingungsdämpfung
$BWR_{DR,1/0}$	Bearbeitungswerkzeugrevolver	SL_{DR}	Spindellagerung
$BWRP_{DR}$	Platzanzahl Bearbeitungswerk-zeugrevolver	$SPF_{DR,1/0}$	Spanfördersystem
$CM_{DR,1/0}$	CAM-Datenschnittstelle	$SPV_{DR,1/0}$	Schnellspannvorrichtung
$CS_{DR,1/0}$	CNC-Steuerung	ST_{DR}	Steuerung
$DL_{DR,1/0}$	Druckluft	$STF_{DR,1/0}$	Stangenförderer
$DT_{DR,1/0}$	Datenzufuhr über Datenträger	SWZ_{DR}	Satzwechselzeit
$F_{M,DR}$	Flexibilität	$TMK_{DR,1/0}$	Temperaturkompensation
GM_{DR}	Aufspanngewicht	$ÜF_{DR,1/0}$	Überflutungskühlung
$GS_{DR,1/0}$	Gegenspindel	WA_{DR}	Wartung
$HD_{DR,1/0}$	Hochdruckkühlung	$WAB_{DR,1/0}$	Wartung bei Bedarf
$HL_{DR,1/0}$	Hydrostatische Spindellagerung	$WAD_{DR,1/0}$	Dreijährliche Wartung
$HT_{DR,1/0}$	Maschinentauglichkeit Hartdrehen	$WAH_{DR,1/0}$	Wartung halbjährlich
$KA_{DR,1/0}$	Klimatisierte Aufstellung	$WAJ_{DR,1/0}$	Wartung jährlich
KS_{DR}	Kühlschmierstoffsystem	$WAZ_{DR,1/0}$	Zweijährliche Wartung
$L_{M,DR}$	Leistungsfähigkeit	$WL_{DR,1/0}$	Wälzlagerung der Spindel
MA_{DR}	Maschinenalter	$WM_{DR,1/0}$	Werkstückmesssystem
$MM_{DR,1/0}$	Minimalmengenschmierung	$WPK_{DR,1/0}$	Kein Wartungsplan
$NC_{DR,1/0}$	NC-Fähigkeit	$WPR_{DR,1/0}$	Wartungsplan im Rückstand
$NW_{DR,1/0}$	Datenzufuhr via Netzwerk-anbindung	$WPV_{DR,1/0}$	Wartungsvertrag
$OP_{DR,1/0}$	Datenzufuhr via Online-Programmierung	$WPE_{DR,1/0}$	Wartungsplan eingehalten
$P_{M,DR}$	Produktivität	$WW_{DR,1/0}$	Werkstückwechselsystem
$PA_{DR,1/0}$	Palettiersystem	WWP_{DR}	Platzanzahl Werkstück-wechselsystem
PG_{DR}	Achspositioniergenauigkeit	$WZI_{DR,1/0}$	Bearbeitungswerkzeug-innenkühlung
$PZÜ_{DR,1/0}$	Prozessüberwachung	$ZS_{DR,1/0}$	Zyklische Steuerung

D.1.3 Ressourcenbewertung Dreh-Fräszentrum

Resource Evaluation Turning-Milling Centre

(Ressourcen-)Produktivität Dreh-Fräszentrum:

$$\begin{aligned} P_{M,DF} = {} & w_{P,M,DF,1} \cdot 10 \cdot ABW_{DF,1/0} + w_{P,M,DF,2} \cdot ASD_{DF} + w_{P,M,DF,3} \cdot ASL_{DF} + w_{P,M,DF,4} \\ & \cdot BWR_{DF,1/0} \cdot BWRP_{DF} + w_{P,M,DF,5} \cdot BW_{DF,1/0} \cdot BWP_{DF} + w_{P,M,DF,6} \cdot 10 \cdot BM_{DF,1/0} \\ & + w_{P,M,DF,7} \cdot 10 \cdot CM_{DF,1/0} + w_{P,M,DF,8} \cdot FSD_{DF} + w_{P,M,DF,9} \cdot FSL_{DF} + w_{P,M,DF,10} \\ & \cdot FSS_{DF} + w_{P,M,DF,11} \cdot 10 \cdot GS_{DF,1/0} + w_{P,M,DF,12} \cdot MA_{DF} + w_{P,M,DF,13} \cdot 10 \cdot NC_{DF,1/0} \\ & + w_{P,M,DF,14} \cdot 10 \cdot PA_{DF,1/0} + w_{P,M,DF,15} \cdot 10 \cdot SPF_{DF,1/0} + w_{P,M,DF,16} \cdot 10 \\ & \cdot STF_{DF,1/0} + w_{P,M,DF,17} \cdot WW_{DF,1/0} \cdot WWP_{DF} \end{aligned}$$

(Ressourcen-)Flexibilität Dreh-Fräszentrum:

$$\begin{aligned} F_{M,DF} = {} & w_{F,M,DF,1} \cdot 10 \cdot AB_{DF,1/0} + w_{F,M,DF,2} \cdot AA_{DF} + w_{F,M,DF,3} \cdot 10 \cdot ABW_{DF,1/0} + w_{F,M,DF,4} \\ & \cdot AR_{DF} + w_{F,M,DF,5} \cdot GM_{DF} + w_{F,M,DF,6} \cdot FSS_{DF} + w_{F,M,DF,7} \cdot 10 \cdot GS_{DF,1/0} \\ & + w_{F,M,DF,8} \cdot 10 \cdot HT_{DF,1/0} + w_{F,M,DF,9} \cdot KS_{DF} + w_{F,M,DF,10} \cdot 10 \cdot RL_{DF,1/0} \\ & + w_{F,M,DF,11} \cdot 10 \cdot SPV_{DF,1/0} + w_{F,M,DF,12} \cdot ST_{DF} \end{aligned}$$

(Ressourcen-)Qualität Dreh-Fräszentrum:

$$\begin{aligned} Q_{M,DF} = {} & w_{Q,M,DF,1} \cdot 10 \cdot BM_{DF,1/0} + w_{Q,M,DF,2} \cdot 10 \cdot KA_{DF,1/0} + w_{Q,M,DF,3} \cdot KS_{DF} + w_{Q,M,DF,4} \\ & \cdot MA_{DF} + w_{Q,M,DF,5} \cdot PG_{DF} + w_{Q,M,DF,6} \cdot 10 \cdot PZÜ_{DF,1/0} + w_{Q,M,DF,7} \cdot 10 \cdot SD_{DF,1/0} \\ & + w_{Q,M,DF,8} \cdot SL_{DF,1/0} + w_{Q,M,DF,9} \cdot SWZ_{DF} + w_{Q,M,DF,10} \cdot 10 \cdot TMK_{DF,1/0} \\ & + w_{Q,M,DF,11} \cdot WA_{DF} + w_{Q,M,DF,12} \cdot 10 \cdot WM_{DF,1/0} + w_{Q,M,DF,13} \cdot 10 \cdot AK_{DF,1/0} \end{aligned}$$

(Ressourcen-)Leistungsfähigkeit Dreh-Fräszentrum:

$$L_{M,DF} = \sqrt{\frac{P_{M,DF}^2 + F_{M,DF}^2 + Q_{M,DF}^2}{3}}$$

Mathematische Zusammenhänge

Kennzahl	Mathematische Funktionen
AR_{DF}	$AR_{DF} = \frac{1}{3} \cdot (AR_{DF,x} + AR_{DF,y} + AR_{DF,z})$ $= \frac{1}{3} \cdot ((3{,}6487 \cdot ln(x_{AR,DF,x}) - 18{,}244) + (3{,}6487 \cdot ln(x_{AR,DF,y}) - 18{,}244) + (2{,}1279 \cdot ln(x_{AR,DF,z}) - 8{,}5115))$

	Definitionsbereich $AR_{DF,x}$: $[x_{AR,DF,x}] = mm$ $$D_f = \mathbb{R}^+ \rightarrow D_{f\mid AR_{DF,x}} := \begin{cases} 0 & \text{wenn} \quad x_{AR,DF,x} \leq 148{,}4335 \\ AR_{DF,x} & \text{wenn} \quad 148{,}4335 < x_{AR,DF,x} \leq 2.300{,}4021 \\ 10 & \text{wenn} \quad x_{AR,DF,x} > 2.300{,}4021 \end{cases}$$ Definitionsbereich $AR_{DF,y}$: $[x_{AR,DF,y}] = mm$ $$D_f = \mathbb{R}^+ \rightarrow D_{f\mid AR_{DF,y}} := \begin{cases} 0 & \text{wenn} \quad x_{AR,DF,y} \leq 148{,}4335 \\ AR_{DF,y} & \text{wenn} \quad 148{,}4335 < x_{AR,DF,y} \leq 2.300{,}4021 \\ 10 & \text{wenn} \quad x_{AR,DF,y} > 2.300{,}4021 \end{cases}$$ Definitionsbereich $AR_{DF,z}$: $[x_{AR,DF,z}] = mm$ $$D_f = \mathbb{R}^+ \rightarrow D_{f\mid AR_{DF,z}} := \begin{cases} 0 & \text{wenn} \quad x_{AR,DF,z} \leq 54{,}5956 \\ AR_{DF,z} & \text{wenn} \quad 54{,}5956 < x_{AR,DF,z} \leq 5.999{,}4433 \\ 10 & \text{wenn} \quad x_{AR,DF,z} > 5.999{,}4433 \end{cases}$$
ASD_{DF}	$ASD_{DF} = 5{,}4349 \cdot ln(x_{ASD,DF}) - 40{,}327$
	Definitionsbereich ASD_{DF}: $[x_{ASD,DF}] = 1/min$ $$D_f = \mathbb{R}^+ \rightarrow D_{f\mid ASD_{DF}} := \begin{cases} 0 & \text{wenn} \quad x_{ASD,DF} \leq 1.669{,}0464 \\ ASD_{DF} & \text{wenn} \quad 1.669{,}0464 < x_{ASD,DF} \leq 10.508{,}7969 \\ 10 & \text{wenn} \quad x_{ASD,DF} > 10.508{,}7969 \end{cases}$$
ASL_{DF}	$ASL_{DF} = 1{,}8173 \cdot 10^{-4} \cdot x_{ASL,DF}{}^3 - 1{,}3717 \cdot 10^{-2} \cdot x_{ASL,DF}{}^2 + 0{,}6292 \cdot x_{ASL,DF} - 2{,}98$
	Definitionsbereich ASL_{DF}: $[x_{ASL,DF}] = kW$ $$D_f = \mathbb{R}^+ \rightarrow D_{f\mid ASL_{DF}} := \begin{cases} 0 & \text{wenn} \quad x_{ASL,DF} \leq 4{,}7544 \\ ASL_{DF} & \text{wenn} \quad 4{,}7544 < x_{ASL,DF} \leq 19{,}3525 \\ 10 & \text{wenn} \quad x_{ASL,DF} > 19{,}3525 \end{cases}$$
BWP_{DF}	$BWP_{DF} = 2{,}076 \cdot ln(x_{BWP,DF}) - 3{,}1186$
	Definitionsbereich BWP_{DF}: $[x_{BWP,DF}] = Anzahl$ $$D_f = \mathbb{R}^+ \rightarrow D_{f\mid BWP_{DF}} := \begin{cases} 0 & \text{wenn} \quad x_{BWP,DF} \leq 4{,}4916 \\ BWP_{DF} & \text{wenn} \quad 4{,}4916 < x_{BWP,DF} \leq 555{,}1129 \\ 10 & \text{wenn} \quad x_{BWP,DF} > 555{,}1129 \end{cases}$$

$BWRP_{DF}$	$BWRP_{DF} = 0{,}5 \cdot x_{BWRP,DF}$
	Definitionsbereich $BWRP_{DF}$: $[x_{BWRP,DF}] = Anzahl$ $D_f = \mathbb{R}^+ \rightarrow D_{f\|BWRP_{DF}} := \begin{cases} 0 & \text{wenn} \quad x_{BWRP,DF} \leq 0 \\ BWRP_{DF} & \text{wenn} \quad 0 < x_{BWRP,DF} \leq 20 \\ 10 & \text{wenn} \quad x_{BWRP,DF} > 20 \end{cases}$
FSD_{DF}	$FSD_{DF} = 0{,}0004 \cdot x_{FSD,DF}$
	Definitionsbereich FSD_{DF}: $[x_{FSD,DF}] = 1/min$ $D_f = \mathbb{R}^+ \rightarrow D_{f\|FSD_{DF}} := \begin{cases} 0 & \text{wenn} \quad x_{FSD,DF} \leq 0 \\ FSD_{DF} & \text{wenn} \quad 0 < x_{FSD,DF} \leq 25.000 \\ 10 & \text{wenn} \quad x_{FSD,DF} > 25.000 \end{cases}$
FSL_{DF}	$FSL_{DF} = 5{,}0805 \cdot ln(x_{FSL,DF}) - 8{,}5029$
	Definitionsbereich FSL_{DF}: $[x_{FSL,DF}] = kW$ $D_f = \mathbb{R}^+ \rightarrow D_{f\|FSL_{DF}} := \begin{cases} 0 & \text{wenn} \quad x_{FSL,DF} \leq 5{,}3315 \\ FSL_{DF} & \text{wenn} \quad 5{,}3315 < x_{FSL,DF} \leq 38{,}116 \\ 10 & \text{wenn} \quad x_{FSL,DF} > 38{,}166 \end{cases}$
FSS_{DF}	$FSS_{DF} = 0{,}2 \cdot x_{FSS,DF} - 39$
	Definitionsbereich FSS_{DF}: $[x_{FSS,DF}] = °$ $D_f = \mathbb{R}^+ \rightarrow D_{f\|FSS_{DF}} := \begin{cases} 0 & \text{wenn} \quad x_{FSS,DF} \leq 195 \\ FSS_{DF} & \text{wenn} \quad 195 < x_{FSS,DF} \leq 245 \\ 10 & \text{wenn} \quad x_{FSS,DF} > 245 \end{cases}$
GM_{DF}	$GM_{DF} = 3{,}215 \cdot ln(x_{GM,DF}) - 14{,}371$
	Definitionsbereich GM_{DF}: $[x_{GM,DF}] = kg$ $D_f = \mathbb{R}^+ \rightarrow D_{f\|GM_{DF}} := \begin{cases} 0 & \text{wenn} \quad x_{GM,DF} \leq 87{,}3554 \\ GM_{DF} & \text{wenn} \quad 87{,}3554 < x_{GM,DF} \leq 1.959{,}4211 \\ 10 & \text{wenn} \quad x_{GM,DF} > 1.959{,}4211 \end{cases}$
MA_{DF}	$MA_{DF} = 0{,}5 \cdot (20 - x_{MA,DF})$
	Definitionsbereich MA_{DF}: $[x_{MA,DF}] = Jahre$ $D_f = \mathbb{R}^+ \rightarrow D_{f\|MA_{DF}} := \begin{cases} 0 & \text{wenn} \quad x_{MA,DF} > 20 \\ MA_{DF} & \text{wenn} \quad 0 < x_{MA,DF} \leq 20 \\ 10 & \text{wenn} \quad x_{MA,DF} \leq 0 \end{cases}$

PG_{DF}	$PG_{DF} = -2{,}5147 \cdot ln(x_{PG,DF}) + 11{,}0196$
	Definitionsbereich PG_{DF}: $[x_{PG,DF}] = \mu m$ $D_f = \mathbb{R}^+ \rightarrow D_{f\mid PG_{DF}} := \begin{cases} 0 & \text{wenn} \quad x_{PG,DF} > 80{,}0037 \\ PG_{DF} & \text{wenn } 1{,}5 < x_{PG,DF} \leq 80{,}0037 \\ 10 & \text{wenn} \quad x_{PG,DF} \leq 1{,}5 \end{cases}$
SWZ_{DF}	$SWZ_{DF} = -2{,}436 \cdot ln(x_{SWZ,DF}) + 4{,}3861$
	Definitionsbereich SWZ_{DF}: $[x_{SWZ,DF}] = ms$ $D_f = \mathbb{R}^+ \rightarrow D_{f\mid SWZ_{DF}} := \begin{cases} 0 & \text{wenn} \quad x_{SWZ,DF} > 6{,}0529 \\ SWZ_{DF} & \text{wenn } 0{,}0998 < x_{SWZ,DF} \leq 6{,}0529 \\ 10 & \text{wenn} \quad x_{SWZ,DF} \leq 0{,}0998 \end{cases}$
WWP_{DF}	$WWP_{DF} = 4{,}5289 \cdot ln(x_{WWP,DF}) - 2{,}2644$
	Definitionsbereich WWP_{DF}: $[x_{WWP,DF}] = Anzahl$ $D_f = \mathbb{R}^+ \rightarrow D_{f\mid WWP_{DF}} := \begin{cases} 0 & \text{wenn} \quad x_{WWP,DF} \leq 1{,}6487 \\ WWP_{DF} & \text{wenn } 1{,}6487 < x_{WWP,DF} \leq 14{,}9997 \\ 10 & \text{wenn} \quad x_{WWP,DF} > 14{,}9997 \end{cases}$

Selektive Zusammenhänge

Kennzahl	Selektive Funktionen
AA_{DF}	$AA_{DF} = MAX(10 \cdot AS_{DF,1/0}; 9 \cdot ASE_{DF,1/0}; 8 \cdot AF_{DF,1/0}; 7 \cdot AV_{DF,1/0}; 4 \cdot AD_{DF,1/0}; 2 \cdot AZ_{DF,1/0})$
KS_{DF}	$KS_{DF} = 2 \cdot DL_{DF,1/0} + 2 \cdot HD_{DF,1/0} + 2{,}5 \cdot WZI_{DF,1/0} + 2{,}5 \cdot MM_{DF,1/0} + 1 \cdot \ddot{U}F_{DF,1/0}$
SL_{DF}	$SL_{DF} = MAX(10 \cdot HL_{DF,1/0}; 5 \cdot WL_{DF,1/0})$
ST_{DF}	$ST_{DF} = MAX(10 \cdot CS_{DF,1/0}; 5 \cdot ZS_{DF,1/0}) + 0{,}5 \cdot MAX(10 \cdot NW_{DF,1/0}; 6 \cdot OP_{DF,1/0}; 3 \cdot DT_{DF,1/0})$
WA_{DF}	$WA_{DF} = MAX(5 \cdot WPE_{DF,1/0}; 4 \cdot WPV_{DF,1/0}; 2 \cdot WPR_{DF,1/0}; 0 \cdot WPK_{DF,1/0}) + MAX(5 \cdot WAH_{DF,1/0}; 4 \cdot WAJ_{DF,1/0}; 3 \cdot WAZ_{DF,1/0}; 2 \cdot WAD_{DF,1/0}; 1 \cdot WAB_{DF,1/0})$

Kennzahlenverzeichnis

Kennzahl	Bezeichnung	Kennzahl	Bezeichnung
AA_{DF}	Achsanzahl	$HD_{DF,1/0}$	Hochdruckkühlung
$AB_{DF,1/0}$	Absaugung	$HL_{DF,1/0}$	Hydrostatische Spindellagerung
$ABW_{DF,1/0}$	Angetriebene Bearbeitungswerkzeuge	$HT_{DF,1/0}$	Maschinentauglichkeit Hartdrehen
$AD_{DF,1/0}$	Dreiachsig	$KA_{DF,1/0}$	Klimatisierte Aufstellung
$AF_{DF,1/0}$	Fünfachsig	KS_{DF}	Kühlschmierstoffsystem
$AK_{DF,1/0}$	Arbeitsraumkapselung	$L_{M,DF}$	Leistungsfähigkeit
AR_{DF}	Arbeitsraum	MA_{DF}	Maschinenalter
$AS_{DF,1/0}$	Siebenachsig	$MM_{DF,1/0}$	Minimalmengenschmierung
ASD_{DF}	Arbeitsspindeldrehzahl	$NC_{DF,1/0}$	NC-Fähigkeit
$ASE_{DF,1/0}$	Sechsachsig	$NW_{DF,1/0}$	Datenzufuhr via Netzwerkanbindung
ASL_{DF}	Arbeitsspindelleistung	$OP_{DF,1/0}$	Datenzufuhr via Online-Programmierung
$AV_{DF,1/0}$	Vierachsig	$P_{M,DF}$	Produktivität
$AZ_{DF,1/0}$	Zweiachsig	$PA_{DF,1/0}$	Palettiersystem
$BM_{DF,1/0}$	Bearbeitungswerkzeugmesssystem	PG_{DF}	Achspositioniergenauigkeit
$BW_{DF,1/0}$	Bearbeitungswerkzeugwechselsystem	$PZÜ_{DF,1/0}$	Prozessüberwachung
BWP_{DF}	Platzanzahl Bearbeitungswerkzeugwechselsystem	$Q_{M,DF}$	Qualität
$BWR_{DF,1/0}$	Bearbeitungswerkzeugrevolver	$RL_{DF,1/0}$	Reitstock / Lünette
$BWRP_{DF}$	Platzanzahl Bearbeitungswerkzeugrevolver	$SD_{DF,1/0}$	Schwingungsdämpfung
$CM_{DF,1/0}$	CAM-Datenschnittstelle	SL_{DF}	Spindellagerung
$CS_{DF,1/0}$	CNC-Steuerung	$SPF_{DF,1/0}$	Spanfördersystem
$DL_{DF,1/0}$	Druckluft	$SPV_{DF,1/0}$	Schnellspannvorrichtung
$DT_{DF,1/0}$	Datenzufuhr über Datenträger	ST_{DF}	Steuerung
$F_{M,DF}$	Flexibilität	$STF_{DF,1/0}$	Stangenförderer
FSD_{DF}	Frässpindeldrehzahl	SWZ_{DF}	Satzwechselzeit
FSL_{DF}	Frässpindelleistung	$TMK_{DF,1/0}$	Temperaturkompensation
FSS_{DF}	Schwenkbereich Frässpindel	$ÜF_{DF,1/0}$	Überflutungskühlung
GM_{DF}	Aufspanngewicht	WA_{DF}	Wartung
$GS_{DF,1/0}$	Gegenspindel	$WAB_{DF,1/0}$	Wartung bei Bedarf

$WAD_{DF,1/0}$	Dreijährliche Wartung	$WPK_{DF,1/0}$	Kein Wartungsplan
$WAH_{DF,1/0}$	Wartung halbjährlich	$WPR_{DF,1/0}$	Wartungsplan im Rückstand
$WAJ_{DF,1/0}$	Wartung jährlich	$WPV_{DF,1/0}$	Wartungsvertrag
$WAZ_{DF,1/0}$	Zweijährliche Wartung	$WW_{DF,1/0}$	Werkstückwechselsystem
$WPE_{DF,1/0}$	Wartungsplan eingehalten	WWP_{DF}	Platzanzahl Werkstückwechselsystem
$WL_{DF,1/0}$	Wälzlagerung der Spindel	$WZI_{DF,1/0}$	Bearbeitungswerkzeuginnenkühlung
$WM_{DF,1/0}$	Werkstückmesssystem	$ZS_{DF,1/0}$	Zyklische Steuerung

D.1.4 Ressourcenbewertung Fräs-Drehzentrum

Resource Evaluation Milling-Turning Centre

(Ressourcen-)Produktivität Fräs-Drehen:

$$P_{M,FD} = w_{P,M,FD,1} \cdot AA_{FD} + w_{P,M,FD,2} \cdot 10 \cdot HSC_{FD,1/0} + w_{P,M,FD,3} \cdot ASD_{FD} + w_{P,M,FD,4} \cdot ASL_{FD} + w_{P,M,FD,5} \cdot 10 \cdot BM_{FD,1/0} + w_{P,M,FD,6} \cdot BW_{FD,1/0} \cdot BWP_{FD} + w_{P,M,FD,7} \cdot 10 \cdot CM_{FD,1/0} + w_{P,M,FD,8} \cdot EG_{FD} + w_{P,M,FD,9} \cdot FDT_{FD} + w_{P,M,FD,10} \cdot MA_{FD} + w_{P,M,FD,11} \cdot 10 \cdot NC_{FD,1/0} + w_{P,M,FD,12} \cdot 10 \cdot PA_{FD,1/0} + w_{P,M,FD,13} \cdot 10 \cdot SPF_{FD,1/0} + w_{P,M,FD,14} \cdot ST_{FD} + w_{P,M,FD,15} \cdot WW_{FD,1/0} \cdot WWP_{FD}$$

(Ressourcen-)Flexibilität Fräs-Drehzentrum:

$$F_{M,FD} = w_{F,M,FD,1} \cdot 10 \cdot AB_{FD,1/0} + w_{F,M,FD,2} \cdot AA_{FD} + w_{F,M,FD,3} \cdot AR_{FD} + w_{F,M,FD,4} \cdot ASD_{FD} + w_{F,M,FD,5} \cdot GM_{FD} + w_{F,M,FD,6} \cdot FDT_{FD} + w_{F,M,FD,7} \cdot 10 \cdot AK_{FD,1/0} + w_{F,M,FD,8} \cdot KS_{FD} + w_{F,M,FD,9} \cdot 10 \cdot SPV_{FD,1/0} + w_{F,M,FD,10} \cdot SW_{FD} + w_{F,M,FD,11} \cdot ST_{FD}$$

(Ressourcen-)Qualität Fräs-Drehzentrum:

$$Q_{M,FD} = w_{Q,M,FD,1} \cdot 10 \cdot BM_{FD,1/0} + w_{Q,M,FD,2} \cdot 10 \cdot KA_{FD,1/0} + w_{Q,M,FD,3} \cdot KS_{FD} + w_{Q,M,FD,4} \cdot MA_{FD} + w_{Q,M,FD,5} \cdot 10 \cdot PA_{FD,1/0} + w_{Q,M,FD,6} \cdot PG_{FD} + w_{Q,M,FD,7} \cdot 10 \cdot PZÜ_{FD,1/0} + w_{Q,M,FD,8} \cdot RD_{FD} + w_{Q,M,FD,9} \cdot 10 \cdot SD_{FD,1/0} + w_{Q,M,FD,10} \cdot SWZ_{FD} + w_{Q,M,FD,11} \cdot 10 \cdot TMK_{FD,1/0} + w_{Q,M,FD,12} \cdot WA_{FD} + w_{Q,M,FD,13} \cdot 10 \cdot WM_{FD,1/0} + w_{Q,M,FD,14} \cdot 10 \cdot AK_{FD,1/0}$$

(Ressourcen-)Leistungsfähigkeit Fräs-Drehzentrum:

$$L_{M,FD} = \sqrt{\frac{P_{M,FD}^2 + F_{M,FD}^2 + Q_{M,FD}^2}{3}}$$

Mathematische Zusammenhänge

Kennzahl	Mathematische Funktionen
AR_{FD}	$AR_{FD} = \frac{1}{3} \cdot (AR_{FD,x} + AR_{FD,y} + AR_{FD,z})$ $= \frac{1}{3} \cdot ((1{,}7579 \cdot ln(x_{AR,FD,x}) - 5{,}2934) + (2{,}1695 \cdot ln(x_{AR,FD,y}) - 8{,}2472) + (4{,}2113 \cdot ln(x_{AR,FD,z}) - 21{,}0919))$
	Definitionsbereich $AR_{FD,x}$: $[x_{AR,FD,x}] = mm$ $D_f = \mathbb{R}^+ \rightarrow D_{f\|AR_{FD,x}} := \begin{cases} 0 & \text{wenn } x_{AR,FD,x} \leq 20{,}3119 \\ AR_{FD,x} & \text{wenn } 20{,}3119 < x_{AR,FD,x} \leq 6.001{,}7954 \\ 10 & \text{wenn } x_{AR,FD,x} > 6.001{,}7954 \end{cases}$ Definitionsbereich $AR_{FD,y}$: $[x_{AR,FD,y}] = mm$ $D_f = \mathbb{R}^+ \rightarrow D_{f\|AR_{FD,y}} := \begin{cases} 0 & \text{wenn } x_{AR,FD,y} \leq 44{,}7651 \\ AR_{FD,y} & \text{wenn } 44{,}7651 < x_{AR,FD,y} \leq 4.405{,}2902 \\ 10 & \text{wenn } x_{AR,FD,y} > 4.405{,}2902 \end{cases}$ Definitionsbereich $AR_{FD,z}$: $[x_{AR,FD,z}] = mm$ $D_f = \mathbb{R}^+ \rightarrow D_{f\|AR_{FD,z}} := \begin{cases} 0 & \text{wenn } x_{AR,FD,z} \leq 149{,}6667 \\ AR_{FD,z} & \text{wenn } 149{,}6667 < x_{AR,FD,z} \leq 1.608{,}3589 \\ 10 & \text{wenn } x_{AR,FD,z} > 1.608{,}3589 \end{cases}$
ASD_{FD}	$ASD_{FD} = 3{,}2109 \cdot ln(x_{ASD,FD}) - 24{,}403$
	Definitionsbereich ASD_{FD}: $[x_{ASD,FD}] = 1/min$ $D_f = \mathbb{R}^+ \rightarrow D_{f\|ASD_{FD}} := \begin{cases} 0 & \text{wenn } x_{ASD,FD} \leq 1.998{,}2955 \\ ASD_{FD} & \text{wenn } 1.998{,}2955 < x_{ASD,FD} \leq 45.001{,}0649 \\ 10 & \text{wenn } x_{ASD,FD} > 45.001{,}0649 \end{cases}$
ASL_{FD}	$ASL_{FD} = 5{,}5442 \cdot 10^{-5} \cdot x_{ASL,FD}{}^3 - 7{,}4869 \cdot 10^{-3} \cdot x_{ASL,FD}{}^2 + 0{,}4349 \cdot x_{ASL,FD} - 2{,}8831$
	Definitionsbereich ASL_{FD}: $[x_{ASL,FD}] = kW$ $D_f = \mathbb{R}^+ \rightarrow D_{f\|ASL_{FD}} := \begin{cases} 0 & \text{wenn } x_{ASL,FD} \leq 7{,}5576 \\ ASL_{FD} & \text{wenn } 7{,}5576 < x_{ASL,FD} \leq 70{,}5359 \\ 10 & \text{wenn } x_{ASL,FD} > 70{,}5359 \end{cases}$

BWP_{FD}	$BWP_{FD} = 2{,}076 \cdot ln(x_{BWP,FD}) - 3{,}1186$
	Definitionsbereich BWP_{FD}: $[x_{BWP,FD}] = Anzahl$ $D_f = \mathbb{R}^+ \rightarrow D_{f\vert BWP_{FD}} := \begin{cases} 0 & \text{wenn } x_{BWP,FD} \leq 4{,}4916 \\ BWP_{FD} & \text{wenn } 4{,}4916 < x_{BWP,FD} \leq 555{,}1129 \\ 10 & \text{wenn } x_{BWP,FD} > 555{,}1129 \end{cases}$
EG_{FD}	$EG_{FD} = \frac{1}{3} \cdot (EG_{FD,x} + EG_{FD,y} + EG_{FD,z})$ $= \frac{1}{3} \cdot ((5{,}1859 \cdot ln(x_{EG,FD,x}) - 15{,}039) + (5{,}1859 \cdot ln(x_{EG,FD,y}) - 15{,}039)$ $+ (5{,}1859 \cdot ln(x_{EG,FD,z}) - 15{,}039))$
	Definitionsbereich $EG_{FD,x}$: $[x_{EG,FD,x}] = m/min$ $D_f = \mathbb{R}^+ \rightarrow D_{f\vert EG_{FD,x}} := \begin{cases} 0 & \text{wenn } x_{EG,FD,x} \leq 18{,}1738 \\ EG_{FD,x} & \text{wenn } 18{,}1738 < x_{EG,FD,x} \leq 124{,}9963 \\ 10 & \text{wenn } x_{EG,FD,x} > 124{,}9963 \end{cases}$ Definitionsbereich $EG_{FD,y}$: $[x_{EG,FD,y}] = m/min$ $D_f = \mathbb{R}^+ \rightarrow D_{f\vert EG_{FD,y}} := \begin{cases} 0 & \text{wenn } x_{EG,FD,y} \leq 18{,}1738 \\ EG_{FD,y} & \text{wenn } 18{,}1738 < x_{EG,FD,y} \leq 124{,}9963 \\ 10 & \text{wenn } x_{EG,FD,y} > 124{,}9963 \end{cases}$ Definitionsbereich $EG_{FD,z}$: $[x_{EG,FD,z}] = m/min$ $D_f = \mathbb{R}^+ \rightarrow D_{f\vert EG_{FD,z}} := \begin{cases} 0 & \text{wenn } x_{EG,FD,z} \leq 18{,}1738 \\ EG_{FD,z} & \text{wenn } 18{,}1738 < x_{EG,FD,z} \leq 124{,}9963 \\ 10 & \text{wenn } x_{EG,FD,z} > 124{,}9963 \end{cases}$
FDT_{FD}	$FDT_{FD} = 2{,}4962 \cdot ln(x_{FDT,FD}) - 9{,}9866$
	Definitionsbereich FDT_{FD}: $[x_{FDT,FD}] = 1/min$ $D_f = \mathbb{R}^+ \rightarrow D_{f\vert FDT_{FD}} := \begin{cases} 0 & \text{wenn } x_{FDT,FD} \leq 54{,}6375 \\ FDT_{FD} & \text{wenn } 54{,}6375 < x_{FDT,FD} \leq 3.001{,}3286 \\ 10 & \text{wenn } x_{FDT,FD} > 3.001{,}3286 \end{cases}$

GM_{FD}	$GM_{FD} = 1{,}191 \cdot ln(x_{GM,FD}) - 2{,}6201$
	Definitionsbereich GM_{FD}: $[x_{GM,FD}] = kg$ $D_f = \mathbb{R}^+ \rightarrow D_{f\|GM_{FD}} := \begin{cases} 0 & \text{wenn } x_{GM,FD} \leq 9{,}0243 \\ GM_{FD} & \text{wenn } 9{,}0243 < x_{GM,FD} \leq 39.983{,}4805 \\ 10 & \text{wenn } x_{GM,FD} > 39.983{,}4805 \end{cases}$
MA_{FD}	$MA_{FD} = 0{,}5 \cdot (20 - x_{MA,FD})$
	Definitionsbereich MA_{FD}: $[x_{MA,FD}] = Jahre$ $D_f = \mathbb{R}^+ \rightarrow D_{f\|MA_{FD}} := \begin{cases} 0 & \text{wenn } x_{MA,FD} > 20 \\ MA_{FD} & \text{wenn } 0 < x_{MA,FD} \leq 20 \\ 10 & \text{wenn } x_{MA,FD} \leq 0 \end{cases}$
PG_{FD}	$PG_{FD} = -\ 2{,}5147 \cdot ln(x_{PG,FD}) + 11{,}0196$
	Definitionsbereich PG_{FD}: $[x_{PG,FD}] = \mu m$ $D_f = \mathbb{R}^+ \rightarrow D_{f\|PG_{FD}} := \begin{cases} 0 & \text{wenn } x_{PG,FD} > 80{,}0037 \\ PG_{FD} & \text{wenn } 1{,}5 < x_{PG,FD} \leq 80{,}0037 \\ 10 & \text{wenn } x_{PG,FD} \leq 1{,}5 \end{cases}$
RD_{FD}	$RD_{FD} = -\ 2{,}5147 \cdot ln(x_{RD,FD}) + 11{,}0196$
	Definitionsbereich RD_{FD}: $[x_{RD,FD}] = \mu m$ $D_f = \mathbb{R}^+ \rightarrow D_{f\|RD_{FD}} := \begin{cases} 0 & \text{wenn } x_{RD,FD} > 80{,}0037 \\ RD_{FD} & \text{wenn } 1{,}5 < x_{RD,FD} \leq 80{,}0037 \\ 10 & \text{wenn } x_{RD,FD} \leq 1{,}5 \end{cases}$
SWZ_{FD}	$SWZ_{FD} = -\ 2{,}436 \cdot ln(x_{SWZ,FD}) + 4{,}3861$
	Definitionsbereich SWZ_{FD}: $[x_{SWZ,FD}] = ms$ $D_f = \mathbb{R}^+ \rightarrow D_{f\|SWZ_{FD}} := \begin{cases} 0 & \text{wenn } x_{SWZ,FD} > 6{,}0529 \\ SWZ_{FD} & \text{wenn } 0{,}0998 < x_{SWZ,FD} \leq 6{,}0529 \\ 10 & \text{wenn } x_{SWZ,FD} \leq 0{,}0998 \end{cases}$
WWP_{FD}	$WWP_{FD} = 4{,}5289 \cdot ln(x_{WWP,FD}) - 2{,}2644$
	Definitionsbereich WWP_{FD}: $[x_{WWP,FD}] = Anzahl$ $D_f = \mathbb{R}^+ \rightarrow D_{f\|WWP_{FD}} := \begin{cases} 0 & \text{wenn } x_{WWP,FD} \leq 1{,}6487 \\ WWP_{FD} & \text{wenn } 1{,}6487 < x_{WWP,FD} \leq 14{,}9997 \\ 10 & \text{wenn } x_{WWP,FD} > 14{,}9997 \end{cases}$

Selektive Zusammenhänge

Kennzahl	Selektive Funktionen
AA_{FD}	$AA_{FD} = MAX(10 \cdot AF_{FD,1/0}; 5 \cdot AV_{FD,1/0}; 1 \cdot AD_{FD,1/0})$
KS_{FD}	$KS_{FD} = 2 \cdot DL_{FD,1/0} + 2 \cdot HD_{FD,1/0} + 2{,}5 \cdot WZI_{FD,1/0} + 2{,}5 \cdot MM_{FD,1/0} + 1 \cdot ÜF_{FD,1/0}$
ST_{FD}	$ST_{FD} = 0{,}5 \cdot [MAX(10 \cdot NW_{FD,1/0}; 6 \cdot OP_{FD,1/0}; 3 \cdot DT_{FD,1/0}) + MAX(10 \cdot KF_{FD,1/0}; 5 \cdot KD_{FD,1/0})]$
SW_{FD}	$SW_{FD} = MAX(10 \cdot ASW_{FD,1/0}; 5 \cdot MSW_{FD,1/0})$
WA_{FD}	$WA_{FD} = MAX(5 \cdot WPE_{FD,1/0}; 4 \cdot WPV_{FD,1/0}; 2 \cdot WPR_{FD,1/0}; 0 \cdot WPK_{FD,1/0}) + MAX(5 \cdot WAH_{FD,1/0}; 4 \cdot WAJ_{FD,1/0}; 3 \cdot WAZ_{FD,1/0}; 2 \cdot WAD_{FD,1/0}; 1 \cdot WAB_{FD,1/0})$

Kennzahlenverzeichnis

Kennzahl	Bezeichnung	Kennzahl	Bezeichnung
AA_{FD}	Achsanzahl	$DL_{FD,1/0}$	Druckluft
$AB_{FD,1/0}$	Absaugung	$DT_{FD,1/0}$	Datenzufuhr über Datenträger
$AD_{FD,1/0}$	Dreiachsig	EG_{FD}	Achsgeschwindigkeit (Eilgang)
$AF_{FD,1/0}$	Fünfachsig	$F_{M,FD}$	Flexibilität
$AK_{FD,1/0}$	Arbeitsraumkapselung	FDT_{FD}	Drehzahl Fräsdrehtisch
AR_{FD}	Arbeitsraum	GM_{FD}	Aufspanngewicht
ASD_{FD}	Arbeitsspindeldrehzahl	$HD_{FD,1/0}$	Hochdruckkühlung
ASL_{FD}	Arbeitsspindelleistung	$HSC_{FD,1/0}$	HSC-Fähigkeit
$ASW_{FD,1/0}$	Automatischer Spindelwechsel	$KA_{FD,1/0}$	Klimatisierte Aufstellung
$AV_{FD,1/0}$	Vierachsig	$KD_{FD,1/0}$	Dreiachsige Koordinaten-transformation
$BM_{FD,1/0}$	Bearbeitungswerkzeug-messsystem	$KF_{FD,1/0}$	Fünfachsige Koordinaten-transformation
$BW_{FD,1/0}$	Bearbeitungswerkzeug-wechselsystem	KS_{FD}	Kühlschmierstoffsystem
BWP_{FD}	Platzanzahl Bearbeitungswerk-zeugwechselsystem	$L_{M,FD}$	Leistungsfähigkeit
$CM_{FD,1/0}$	CAM-Datenschnittstelle	MA_{FD}	Maschinenalter

$MM_{FD,1/0}$	Minimalmengenschmierung	$TMK_{FD,1/0}$	Temperaturkompensation
$MSW_{FD,1/0}$	Manueller Spindelwechsel	$ÜF_{FD,1/0}$	Überflutungskühlung
$NC_{FD,1/0}$	NC-Fähigkeit	WA_{FD}	Wartung
$NW_{FD,1/0}$	Datenzufuhr via Netzwerkanbindung	$WAB_{FD,1/0}$	Wartung bei Bedarf
$OP_{FD,1/0}$	Datenzufuhr via Online-Programmierung	$WAD_{FD,1/0}$	Dreijährliche Wartung
$P_{M,FD}$	Produktivität	$WAH_{FD,1/0}$	Wartung halbjährlich
$PA_{FD,1/0}$	Palettiersystem	$WAJ_{FD,1/0}$	Wartung jährlich
PG_{FD}	Achspositioniergenauigkeit	$WAZ_{FD,1/0}$	Zweijährliche Wartung
$PZÜ_{FD,1/0}$	Prozessüberwachung	$WM_{FD,1/0}$	Werkstückmesssystem
$Q_{M,FD}$	Qualität	$WPK_{FD,1/0}$	Kein Wartungsplan
RD_{FD}	Rundlaufgenauigkeit	$WPR_{FD,1/0}$	Wartungsplan im Rückstand
$SD_{FD,1/0}$	Schwingungsdämpfung	$WPV_{FD,1/0}$	Wartungsvertrag
$SPF_{FD,1/0}$	Spanfördersystem	$WPE_{FD,1/0}$	Wartungsplan eingehalten
$SPV_{FD,1/0}$	Schnellspannvorrichtung	$WW_{FD,1/0}$	Werkstückwechselsystem
ST_{FD}	Steuerung	WWP_{FD}	Platzanzahl Werkstückwechselsystem
SW_{FD}	Spindelwechsel	$WZI_{FD,1/0}$	Bearbeitungswerkzeuginnenkühlung
SWZ_{FD}	Satzwechselzeit		

D.1.5 Ressourcenbewertung Flach-/ Profilschleifmaschine

Resource Evaluation Flat/ Profile Grinding Machine

(Ressourcen-)Produktivität Flach-/Profilschleifmaschine:

$$P_{M,FSC} = w_{P,M,FSC,1} \cdot 10 \cdot ABE_{FSC,1/0} + w_{P,M,FSC,2} \cdot AG_{FSC} + w_{P,M,FSC,3} \cdot ASD_{FSC} + w_{P,M,FSC,4} \cdot ASL_{FSC} + w_{P,M,FSC,5} \cdot 10 \cdot BW_{FSC,1/0} + w_{P,M,FSC,6} \cdot 10 \cdot BM_{FSC,1/0} + w_{P,M,FSC,7} \cdot 10 \cdot CM_{FSC,1/0} + w_{P,M,FSC,8} \cdot MA_{FSC} + w_{P,M,FSC,9} \cdot 10 \cdot NC_{FSC,1/0} + w_{P,M,FSC,10} \cdot 10 \cdot PA_{FSC,1/0} + w_{P,M,FSC,11} \cdot WW_{FSC,1/0} \cdot WWP_{FSC} + w_{P,M,FSC,12} \cdot SSD_{FSC}$$

(Ressourcen-)Flexibilität Flach-/Profilschleifmaschine:

$$F_{M,FSC} = w_{F,M,FSC,1} \cdot AA_{FSC} + w_{F,M,FSC,2} \cdot AR_{FSC} + w_{F,M,FSC,3} \cdot GM_{FSC} + w_{F,M,FSC,4} \cdot KS_{FSC} + w_{F,M,FSC,5} \cdot 10 \cdot SPV_{FSC,1/0} + w_{F,M,FSC,6} \cdot ST_{FSC}$$

(Ressourcen-)Qualität Flach-/Profilschleifmaschine:

$$Q_{M,FSC} = w_{Q,M,FSC,1} \cdot 10 \cdot AWE_{FSC,1/0} + w_{Q,M,FSC,2} \cdot 10 \cdot BM_{FSC,1/0} + w_{Q,M,FSC,3} \cdot 10 \cdot KA_{FSC,1/0} + w_{Q,M,FSC,4} \cdot KS_{FSC} + w_{Q,M,FSC,5} \cdot MA_{FSC} + w_{Q,M,FSC,6} \cdot PG_{FSC} + w_{Q,M,FSC,7} \cdot 10 \cdot PZÜ_{FSC,1/0} + w_{Q,M,FSC,8} \cdot 10 \cdot SD_{FSC,1/0} + w_{Q,M,FSC,9} \cdot SWZ_{FSC} + w_{Q,M,FSC,10} \cdot 10 \cdot TMK_{FSC,1/0} + w_{Q,M,FSC,11} \cdot WA_{FSC} + w_{Q,M,FSC,12} \cdot 10 \cdot WM_{FSC,1/0} + w_{Q,M,FSC,13} \cdot 10 \cdot AK_{FSC,1/0}$$

(Ressourcen-)Leistungsfähigkeit Flach-/Profilschleifmaschine:

$$L_{M,FSC} = \sqrt{\frac{P_{M,FSC}^2 + F_{M,FSC}^2 + Q_{M,FSC}^2}{3}}$$

Mathematische Zusammenhänge

Kennzahl	Mathematische Funktionen
AG_{FSC}	$AG_{FSC} = 4{,}7748 \cdot ln(x_{AG,FSC}) - 9{,}5495$
	Definitionsbereich AG_{FSC}: $[x_{AG,FSC}] = m/min$ $D_f = \mathbb{R}^+ \rightarrow D_{f\|AG_{FSC}} := \begin{cases} 0 & \text{wenn } x_{AG,FSC} \leq 7{,}3889 \\ AG_{FSC} & \text{wenn } 7{,}3889 < x_{AG,FSC} \leq 59{,}9978 \\ 10 & \text{wenn } x_{AG,FSC} > 59{,}9978 \end{cases}$
AR_{FSC}	$AR_{FSC} = \frac{1}{3} \cdot (AR_{FSC,x} + AR_{FSC,y} + AR_{FSC,z}) = \frac{1}{3} \cdot ((2{,}3288 \cdot ln(x_{AR,FSC,x}) - 9{,}3152) + (2{,}3288 \cdot ln(x_{AR,FSC,y}) - 9{,}3152) + (2{,}3288 \cdot ln(x_{AR,FSC,z}) - 9{,}3152))$
	Definitionsbereich $AR_{FSC,x}$: $[x_{AR,FSC,x}] = mm$ $D_f = \mathbb{R}^+ \rightarrow D_{f\|AR_{FSC,x}} := \begin{cases} 0 & \text{wenn } x_{AR,FSC,x} \leq 54{,}5982 \\ AR_{FSC,x} & \text{wenn } 54{,}5982 < x_{AR,FSC,x} \leq 4.000{,}0295 \\ 10 & \text{wenn } x_{AR,FSC,x} > 4.000{,}0295 \end{cases}$ Definitionsbereich $AR_{FSC,y}$: $[x_{AR,FSC,y}] = mm$ $D_f = \mathbb{R}^+ \rightarrow D_{f\|AR_{FSC,y}} := \begin{cases} 0 & \text{wenn } x_{AR,FSC,,y} \leq 54{,}5982 \\ AR_{FSC,y} & \text{wenn } 54{,}5982 < x_{AR,FSC,y} \leq 4.000{,}0295 \\ 10 & \text{wenn } x_{AR,FSC,y} > 4.000{,}0295 \end{cases}$

	Definitionsbereich $AR_{FSC,z}$: $[x_{AR,FSC,z}] = mm$ $D_f = \mathbb{R}^+ \rightarrow D_{f\|AR_{FSC,z}} := \begin{cases} 0 & \text{wenn} \quad x_{AR,FSC,z} \leq 54{,}5982 \\ AR_{FSC,z} & \text{wenn } 54{,}5982 < x_{AR,FSC,z} \leq 4.000{,}0295 \\ 10 & \text{wenn} \quad x_{AR,FSC,z} > 4.000{,}0295 \end{cases}$
ASD_{FSC}	$ASD_{FSC} = -1{,}49 \cdot 10^{-7} \cdot x_{ASD,FSC}^{\;2} + 2{,}97 \cdot 10^{-3} \cdot x_{ASD,FSC} - 2{,}439$
	Definitionsbereich ASD_{FSC}: $[x_{ASD,FSC}] = 1/min$ $D_f = \mathbb{R}^+ \rightarrow D_{f\|ASD_{FSC}} := \begin{cases} 0 & \text{wenn} \quad x_{ASD,FSC} \leq 858{,}1578 \\ ASD_{FSC} & \text{wenn } 858{,}1578 < x_{ASD,FSC} \leq 5.985{,}6436 \\ 10 & \text{wenn} \quad x_{ASD,FSC} > 5.985{,}6436 \end{cases}$
ASL_{FSC}	$ASL_{FSC} = 8{,}0012 \cdot 10^{-5} \cdot x_{ASL,FSC}^{\;3} - 9{,}4468 \cdot 10^{-3} \cdot x_{ASL,FSC}^{\;2} + 0{,}4483 \cdot x_{ASL,FSC} - 0{,}1139$
	Definitionsbereich ASL_{FSC}: $[x_{ASL,FSC}] = kW$ $D_f = \mathbb{R}^+ \rightarrow D_{f\|ASL_{FSC}} := \begin{cases} 0 & \text{wenn} \quad x_{ASL,FSC} \leq 0{,}2554 \\ ASL_{FSC} & \text{wenn } 0{,}2554 < x_{ASL,FSC} \leq 59{,}6715 \\ 10 & \text{wenn} \quad x_{ASL,FSC} > 59{,}6715 \end{cases}$
GM_{FSC}	$GM_{FSC} = 2{,}3745 \cdot ln(x_{GM,FSC}) - 8{,}0568$
	Definitionsbereich GM_{FSC}: $[x_{GM,FSC}] = kg$ $D_f = \mathbb{R}^+ \rightarrow D_{f\|GM_{FSC}} := \begin{cases} 0 & \text{wenn} \quad x_{GM,FSC} \leq 29{,}7566 \\ GM_{FSC} & \text{wenn } 29{,}7566 < x_{GM,FSC} \leq 2.007{,}136 \\ 10 & \text{wenn} \quad x_{GM,FSC} > 2.007{,}136 \end{cases}$
MA_{FSC}	$MA_{FSC} = 0{,}5 \cdot (20 - x_{MA,FSC})$
	Definitionsbereich MA_{FSC}: $[x_{MA,FSC}] = Jahre$ $D_f = \mathbb{R}^+ \rightarrow D_{f\|MA_{FSC}} := \begin{cases} 0 & \text{wenn} \quad x_{MA,FSC} > 20 \\ MA_{FSC} & \text{wenn } 0 < x_{MA,FSC} \leq 20 \\ 10 & \text{wenn} \quad x_{MA,FSC} \leq 0 \end{cases}$
PG_{FSC}	$PG_{FSC} = -2{,}282 \cdot ln(x_{PG,FSC}) + 8{,}4182$
	Definitionsbereich PG_{FSC}: $[x_{PG,FSC}] = \mu m$ $D_f = \mathbb{R}^+ \rightarrow D_{f\|PG_{FSC}} := \begin{cases} 0 & \text{wenn} \quad x_{PG,FSC} > 40{,}0031 \\ PG_{FSC} & \text{wenn } 0{,}5 < x_{PG,FSC} \leq 40{,}0031 \\ 10 & \text{wenn} \quad x_{PG,FSC} \leq 0{,}5 \end{cases}$

SSD_{FSC}	$SSD_{FSC} = 0{,}5\left(SSD_{FSC,b} + SSD_{FSC,d}\right) = 0{,}5 \cdot (2{,}3148 \cdot 10^{-6} \cdot x_{SSD,FSC,b}{}^3 - 1{,}1111 \cdot 10^{-3} \cdot x_{SSD,FSC,b}{}^2 + 0{,}2054 \cdot x_{SSD,FSC,b} - 2{,}6667) + 0{,}5 \cdot (-2{,}5 \cdot 10^{-5} \cdot x_{SSD,FSC,d}{}^2 + 0{,}0445 \cdot x_{SSD,FSC,d} - 5{,}95)$
	Definitionsbereich SSD_{FSC}: $[x_{SSD,FSC,b}] = mm, [x_{SSD,FSC,d}] = mm$ $D_f = \mathbb{R}^+ \rightarrow D_{f\mid SSD_{FSC,b}} := \begin{cases} 0 & \text{wenn } x_{SSD,FSC,b} \leq 14{,}0144 \\ SSD_{FSC,b} & \text{wenn } 14{,}0144 < x_{SSD,FSC,b} \leq 120{,}4809 \\ 10 & \text{wenn } x_{SSD,FSC,b} > 120{,}4809 \end{cases}$ $D_f = \mathbb{R}^+ \rightarrow D_{f\mid SSD_{FSC,d}} := \begin{cases} 0 & \text{wenn } x_{SSD,FSC,d} \leq 145{,}6211 \\ SSD_{FSC,d} & \text{wenn } 145{,}6211 < x_{SSD,FSC,d} \leq 497{,}4443 \\ 10 & \text{wenn } x_{SSD,FSC,d} > 497{,}4443 \end{cases}$
SWZ_{FSC}	$SWZ_{FSC} = -2{,}436 \cdot ln(x_{SWZ,FSC}) + 4{,}3861$
	Definitionsbereich SWZ_{FSC}: $[x_{SWZ,FSC}] = ms$ $D_f = \mathbb{R}^+ \rightarrow D_{f\mid SWZ_{FSC}} := \begin{cases} 0 & \text{wenn } x_{SWZ,FSC} > 6{,}0528 \\ SWZ_{FSC} & \text{wenn } 0{,}0998 < x_{SWZ,FSC} \leq 6{,}0528 \\ 10 & \text{wenn } x_{SWZ,FSC} \leq 0{,}0998 \end{cases}$
WWP_{FSC}	$WWP_{FSC} = -0{,}6136 \cdot x_{WWP,FSC}{}^2 + 5{,}9409 \cdot x_{WWP,FSC} - 4{,}3545$
	Definitionsbereich WWP_{FSC}: $[x_{WWP,FSC}] = Anzahl$ $D_f = \mathbb{R}^+ \rightarrow D_{f\mid WWP_{FSC}} := \begin{cases} 0 & \text{wenn } x_{WWP,FSC} \leq 0{,}7989 \\ WWP_{FSC} & \text{wenn } 0{,}7989 < x_{WWP,FSC} \leq 5{,}0449 \\ 10 & \text{wenn } x_{WWP,FSC} > 5{,}0449 \end{cases}$

Selektive Zusammenhänge

Kennzahl	Selektive Funktionen
AA_{FSC}	$AA_{FSC} = MAX(10 \cdot AF_{FSC,1/0}; 8 \cdot AV_{FSC,1/0}; 4 \cdot AD_{FSC,1/0}; 2 \cdot AZ_{FSC,1/0})$
KS_{FSC}	$KS_{FSC} = \frac{2}{3} \cdot (MAX(5 \cdot OL_{FSC,1/0}; 3{,}5 \cdot WO_{FSC,1/0}; 1{,}5 \cdot OW_{FSC,1/0}; 0 \cdot TR_{FSC,1/0}) + 5 \cdot SS_{FSC,1/0} + 5 \cdot HD_{FSC,1/0}))$
ST_{FSC}	$ST_{FSC} = 0{,}5 \cdot (MAX(10 \cdot CS_{FSC,1/0}; 5 \cdot ZS_{FSC,1/0}) + MAX(10 \cdot NW_{FSC,1/0}; 6 \cdot OP_{FSC,1/0}; 3 \cdot DT_{FSC,1/0}))$

WA_{FSC}	$WA_{FSC} = MAX(5 \cdot WPE_{FSC,1/0}; 4 \cdot WPV_{FSC,1/0}; 2 \cdot WPR_{FSC,1/0}; 0 \cdot WPK_{FSC,1/0}) + MAX(5 \cdot WAH_{FSC,1/0}; 4 \cdot WAJ_{FSC,1/0}; 3 \cdot WAZ_{FSC,1/0}; 2 \cdot WAD_{FSC,1/0}; 1 \cdot WAB_{FSC,1/0})$

Kennzahlenverzeichnis

Kennzahl	Bezeichnung	Kennzahl	Bezeichnung
AA_{FSC}	Achsanzahl	$NW_{FSC,1/0}$	Datenzufuhr via Netzwerk-anbindung
$ABE_{FSC,1/0}$	Abrichteinheit	$OL_{FSC,1/0}$	Ölkühlung
$AD_{FSC,1/0}$	Dreiachsig	OP_{FSC}	Datenzufuhr via Online-Programmierung
$AF_{FSC,1/0}$	Fünfachsig	$OW_{FSC,1/0}$	Öl in Wasser
AG_{FSC}	Achsverfahrgeschwindigkeit	P_{FSC}	Produktivität
$AK_{FSC,1/0}$	Arbeitsraumkapselung	$PA_{FSC,1/0}$	Palettiersystem
AR_{FSC}	Arbeitsraum	PG_{FSC}	Achspositioniergenauigkeit
ASD_{FSC}	Arbeitsspindeldrehzahl	$PZÜ_{FSC,1/0}$	Prozessüberwachung
ASL_{FSC}	Arbeitsspindelleistung	Q_{FSC}	Qualität
$AV_{FSC,1/0}$	Vierachsig	$SD_{FSC,1/0}$	Schwingungsdämpfung
$AWE_{FSC,1/0}$	Auswuchteinheit	$SPV_{FSC,1/0}$	Schnellspannvorrichtung
$AZ_{FSC,1/0}$	Zweiachsig	$SS_{FSC,1/0}$	KSS-Zufuhr über Schuhdüse / Spindel
$BM_{FSC,1/0}$	Bearbeitungswerkzeug-messsystem	SSD_{FSC}	Schleifscheibendimension
$BW_{FSC,1/0}$	Bearbeitungswerkzeug-wechselsystem	ST_{FSC}	Steuerung
$CM_{FSC,1/0}$	CAM-Datenschnittstelle	SWZ_{FSC}	Satzwechselzeit
$CS_{FSC,1/0}$	CNC-Steuerung	$TMK_{FSC,1/0}$	Temperaturkompensation
$DT_{FSC,1/0}$	Datenzufuhr via Datenträger	$TR_{FSC,1/0}$	Trocken (ohne Kühlung)
F_{FSC}	Flexibilität	WA_{FSC}	Wartung
GM_{FSC}	Aufspanngewicht	$WAB_{FSC,1/0}$	Wartung bei Bedarf
$HD_{FSC,1/0}$	Hochdruckkühlung	$WAD_{FSC,1/0}$	Dreijährliche Wartung
$KA_{FSC,1/0}$	Klimatisierte Aufstellung	$WAH_{FSC,1/0}$	Wartung halbjährlich
KS_{FSC}	Kühlschmierstoffsystem	$WAJ_{FSC,1/0}$	Wartung jährlich
L_{FSC}	Leistungsfähigkeit	$WAZ_{FSC,1/0}$	Zweijährliche Wartung
MA_{FSC}	Maschinenalter	$WM_{FSC,1/0}$	Werkstückmesssystem
$NC_{FSC,1/0}$	NC-Fähigkeit	$WO_{FSC,1/0}$	Wasser in Öl

$WPK_{FSC,1/0}$	Kein Wartungsplan	$WW_{FSC,1/0}$	Werkstückwechselsystem
$WPR_{FSC,1/0}$	Wartungsplan im Rückstand	WWP_{FSC}	Platzanzahl Werkstück-wechselsystem
$WPV_{FSC,1/0}$	Wartungsvertrag	$ZS_{FSC,1/0}$	Zyklische Steuerung
$WPE_{FSC,1/0}$	Wartungsplan eingehalten		

D.1.6 Ressourcenbewertung Koordinatenschleifmaschine

Resource Evaluation Coordinate Grinding Machine

(Ressourcen-)Produktivität Koordinatenschleifmaschine:

$$P_{M,KSC} = w_{P,M,KSC,1} \cdot 10 \cdot ABE_{KSC,1/0} + w_{P,M,KSC,2} \cdot EG_{KSC} + w_{P,M,KSC,3} \cdot ASD_{KSC} + w_{P,M,KSC,4} \cdot ASL_{KSC} + w_{P,M,KSC,5} \cdot BW_{KSC,1/0} \cdot BWP_{KSC} + w_{P,M,KSC,6} \cdot 10 \cdot BM_{KSC,1/0} + w_{P,M,KSC,7} \cdot 10 \cdot CM_{KSC,1/0} + w_{P,M,KSC,8} \cdot MA_{KSC} + w_{P,M,KSC,9} \cdot 10 \cdot NC_{KSC,1/0} + w_{P,M,KSC,10} \cdot 10 \cdot PA_{KSC,1/0} + w_{P,M,KSC,11} \cdot WW_{KSC,1/0} \cdot WWP_{KSC}$$

(Ressourcen-)Flexibilität Koordinatenschleifmaschine:

$$F_{M,KSC} = w_{F,M,KSC,1} \cdot AA_{KSC,1/0} + w_{F,M,KSC,2} \cdot AR_{KSC} + w_{F,M,KSC,3} \cdot GM_{KSC} + w_{F,M,KSC,4} \cdot KS_{KSC} + w_{F,M,KSC,5} \cdot 10 \cdot SPV_{KSC,1/0} + w_{F,M,KSC,6} \cdot ST_{KSC}$$

(Ressourcen-)Qualität Koordinatenschleifmaschine:

$$Q_{M,KSC} = w_{Q,M,KSC,1} \cdot 10 \cdot BM_{KSC,1/0} + w_{Q,M,KSC,2} \cdot 10 \cdot KA_{KSC,1/0} + w_{Q,M,KSC,3} \cdot KS_{KSC} + w_{Q,M,KSC,4} \cdot MA_{KSC} + w_{Q,M,KSC,5} \cdot PG_{KSC} + w_{Q,M,KSC,6} \cdot 10 \cdot PZÜ_{KSC,1/0} + w_{Q,M,KSC,7} \cdot 10 \cdot SD_{KSC,1/0} + w_{Q,M,KSC,8} \cdot SWZ_{KSC} + w_{Q,M,KSC,9} \cdot 10 \cdot TMK_{KSC,1/0} + w_{Q,M,KSC,10} \cdot WA_{KSC} + w_{Q,M,KSC,11} \cdot 10 \cdot WM_{KSC,1/0} + w_{Q,M,KSC,12} \cdot 10 \cdot AK_{KSC,1/0}$$

(Ressourcen-)Leistungsfähigkeit Koordinatenschleifmaschine:

$$L_{M,KSC} = \sqrt{\frac{P_{M,KSC}^2 + F_{M,KSC}^2 + Q_{M,KSC}^2}{3}}$$

Mathematische Zusammenhänge

Kennzahl	Mathematische Funktionen
AR_{KSC}	$AR_{KSC} = \frac{1}{3} \cdot (AR_{KSC,x} + AR_{KSC,y} + AR_{KSC,z}) = \frac{1}{3} \cdot ((1{,}7579 \cdot ln(x_{AR,KSC,x}) - 5{,}2934) + (2{,}1695 \cdot ln(x_{AR,KSC,y}) - 8{,}2472) + (4{,}2113 \cdot ln(x_{AR,KSC,z}) - 21{,}0919))$
	Definitionsbereich $AR_{KSC,x}$: $[x_{AR,KSC,x}] = mm$ $D_f = \mathbb{R}^+ \rightarrow D_{f\|AR_{KSC,x}} := \begin{cases} 0 & \text{wenn } x_{AR,KSC,x} \leq 20{,}3119 \\ AR_{KSC,x} & \text{wenn } 20{,}3119 < x_{AR,KSC,x} \leq 6.001{,}7954 \\ 10 & \text{wenn } x_{AR,KSC,x} > 6.001{,}7954 \end{cases}$ Definitionsbereich $AR_{KSC,y}$: $[x_{AR,KSC,y}] = mm$ $D_f = \mathbb{R}^+ \rightarrow D_{f\|AR_{KSC,y}} := \begin{cases} 0 & \text{wenn } x_{AR,KSC,y} \leq 44{,}7651 \\ AR_{KSC,y} & \text{wenn } 44{,}7651 < x_{AR,KSC,y} \leq 4.405{,}292 \\ 10 & \text{wenn } x_{AR,KSC,y} > 4.405{,}292 \end{cases}$ Definitionsbereich $AR_{KSC,z}$: $[x_{AR,KSC,z}] = mm$ $D_f = \mathbb{R}^+ \rightarrow D_{f\|AR_{KSC,z}} := \begin{cases} 0 & \text{wenn } x_{AR,KSC,z} \leq 149{,}6667 \\ AR_{KSC,z} & \text{wenn } 149{,}6667 < x_{AR,KSC,z} \leq 1.608{,}3589 \\ 10 & \text{wenn } x_{AR,KSC,z} > 1.608{,}3589 \end{cases}$
ASD_{KSC}	$ASD_{KSC} = 3{,}3249 \cdot ln(x_{ASD,KSC}) - 27{,}93$
	Definitionsbereich ASD_{KSC}: $[x_{ASD,KSC}] = 1/min$ $D_f = \mathbb{R}^+ \rightarrow D_{f\|ASD_{KSC}} := \begin{cases} 0 & \text{wenn } x_{ASD,KSC} \leq 4.448{,}1904 \\ ASD_{KSC} & \text{wenn } 4.448{,}1904 < x_{ASD,KSC} \leq 90.026{,}7287 \\ 10 & \text{wenn } x_{ASD,KSC} > 90.026{,}7287 \end{cases}$
ASL_{KSC}	$ASL_{KSC} = 3{,}794 \cdot 10^{-4} \cdot x_{ASL,KSC}{}^3 + 0{,}0237 \cdot x_{ASL,KSC}{}^2 - 0{,}0817 \cdot x_{ASL,KSC} - 0{,}0742$
	Definitionsbereich ASL_{KSC}: $[x_{ASL,KSC}] = kW$ $D_f = \mathbb{R}^+ \rightarrow D_{f\|ASL_{KSC}} := \begin{cases} 0 & \text{wenn } x_{ASL,KSC} \leq 3{,}9802 \\ ASL_{KSC} & \text{wenn } 3{,}9802 < x_{ASL,KSC} \leq 19{,}3757 \\ 10 & \text{wenn } x_{ASL,KSC} > 19{,}3757 \end{cases}$
BWP_{KSC}	$BWP_{KSC} = 2{,}5678 \cdot ln(x_{BWP,KSC}) - 0{,}5136$

	Definitionsbereich BWP_{KSC}: $[x_{BWP,KSC}] = Anzahl$ $D_f = \mathbb{R}^+ \rightarrow D_{f\mid BWP_{KSC}} := \begin{cases} 0 & \text{wenn } x_{BWP,KSC} \leq 1{,}2214 \\ BWP_{KSC} & \text{wenn } 1{,}2214 < x_{BWP,KSC} \leq 60{,}0033 \\ 10 & \text{wenn } x_{BWP,KSC} > 60{,}0033 \end{cases}$
EG_{KSC}	$EG_{KSC} = \frac{1}{3} \cdot (EG_{KSC,x} + EG_{KSC,y} + EG_{KSC,z})$ $= \frac{1}{3} \cdot ((5{,}1859 \cdot ln(x_{EG,KSC,x}) - 15{,}039) + (5{,}1859 \cdot ln(x_{EG,KSC,y}) - 15{,}039) + (5{,}1859 \cdot ln(x_{EG,KSC,z}) - 15{,}039))$
	Definitionsbereich $EG_{KSC,x}$: $[x_{EG,KSC,x}] = m/min$ $D_f = \mathbb{R}^+ \rightarrow D_{f\mid EG_{KSC,x}} := \begin{cases} 0 & \text{wenn } x_{EG,KSC,x} \leq 18{,}1738 \\ EG_{KSC,x} & \text{wenn } 18{,}1738 < x_{EG,KSC,x} \leq 124{,}9963 \\ 10 & \text{wenn } x_{EG,KSC,x} > 124{,}9963 \end{cases}$ Definitionsbereich $EG_{KSC,y}$: $[x_{EG,KSC,y}] = m/min$ $D_f = \mathbb{R}^+ \rightarrow D_{f\mid EG_{KSC,y}} := \begin{cases} 0 & \text{wenn } x_{EG,KSC,y} \leq 18{,}1738 \\ EG_{KSC,y} & \text{wenn } 18{,}1738 < x_{EG,KSC,y} \leq 124{,}9963 \\ 10 & \text{wenn } x_{EG,KSC,y} > 124{,}9963 \end{cases}$ Definitionsbereich $EG_{KSC,z}$: $[x_{EG,KSC,z}] = m/min$ $D_f = \mathbb{R}^+ \rightarrow D_{f\mid EG_{KSC,z}} := \begin{cases} 0 & \text{wenn } x_{EG,KSC,z} \leq 18{,}1738 \\ EG_{KSC,z} & \text{wenn } 18{,}1738 < x_{EG,KSC,z} \leq 124{,}9963 \\ 10 & \text{wenn } x_{EG,KSC,z} > 124{,}9963 \end{cases}$
GM_{KSC}	$GM_{KSC} = 1{,}191 \cdot ln(x_{GM,KSC}) - 2{,}6201$
	Definitionsbereich GM_{KSC}: $[x_{GM,KSC}] = kg$ $D_f = \mathbb{R}^+ \rightarrow D_{f\mid GM_{KSC}} := \begin{cases} 0 & \text{wenn } x_{GM,KSC} \leq 9{,}0243 \\ GM_{KSC} & \text{wenn } 9{,}0243 < x_{GM,KSC} \leq 39.983{,}4806 \\ 10 & \text{wenn } x_{GM,KSC} > 39.983{,}4806 \end{cases}$
MA_{KSC}	$MA_{KSC} = 0{,}5 \cdot (20 - x_{MA,KSC})$
	Definitionsbereich MA_{KSC}: $[x_{MA,KSC}] = Jahre$ $D_f = \mathbb{R}^+ \rightarrow D_{f\mid MA_{KSC}} := \begin{cases} 0 & \text{wenn } x_{MA,KSC} > 20 \\ MA_{KSC} & \text{wenn } 0 < x_{MA,KSC} \leq 20 \\ 10 & \text{wenn } x_{MA,KSC} \leq 0 \end{cases}$

PG_{KSC}	$PG_{KSC} = -\,2{,}282 \cdot ln\,(x_{PG,KSC}) + 8{,}4182$
	Definitionsbereich PG_{KSC}: $[x_{PG,KSC}] = \mu m$ $D_f = \mathbb{R}^+ \rightarrow D_{f\mid PG_{KSC}} := \begin{cases} 0 & \text{wenn } x_{PG,KSC} > 40{,}0031 \\ PG_{KSC} & \text{wenn } 0{,}5 < x_{PG,KSC} \leq 40{,}0031 \\ 10 & \text{wenn } x_{PG,KSC} \leq 0{,}5 \end{cases}$
SWZ_{KSC}	$SWZ_{KSC} = -2{,}436 \cdot ln\,(x_{SWZ,KSC}) + 4{,}3861$
	Definitionsbereich SWZ_{KSC}: $[x_{SWZ,KSC}] = ms$ $D_f = \mathbb{R}^+ \rightarrow D_{f\mid SWZ_{KSC}} := \begin{cases} 0 & \text{wenn } x_{SWZ,KSC} > 6{,}0529 \\ SWZ_{KSC} & \text{wenn } 0{,}0998 < x_{SWZ,KSC} \leq 6{,}0529 \\ 10 & \text{wenn } x_{SWZ,KSC} \leq 0{,}0998 \end{cases}$
WWP_{KSC}	$WWP_{KSC} = 4{,}5289 \cdot ln\,(x_{WWP,KSC}) - 2{,}2644$
	Definitionsbereich WWP_{KSC}: $[x_{WWP,KSC}] = Anzahl$ $D_f = \mathbb{R}^+ \rightarrow D_{f\mid WWP_{KSC}} := \begin{cases} 0 & \text{wenn } x_{WWP,KSC} \leq 1{,}6487 \\ WWP_{KSC} & \text{wenn } 1{,}6487 < x_{WWP,KSC} \leq 14{,}9997 \\ 10 & \text{wenn } x_{WWP,KSC} > 14{,}9997 \end{cases}$

Selektive Zusammenhänge

Kennzahl	Selektive Funktionen
AA_{KSC}	$AA_{KSC} = MAX(10 \cdot AF_{KSC,1/0}; 8 \cdot AV_{KSC,1/0}; 5 \cdot AD_{KSC,1/0}; 2 \cdot AZ_{KSC,1/0})$
KS_{KSC}	$KS_{KSC} = MAX(5 \cdot OL_{KSC,1/0}; 3{,}5 \cdot WO_{KSC,1/0}; 1{,}5 \cdot OW_{KSC,1/0}; 0 \cdot TR_{KSC,1/0}) + 2 \cdot HD_{KSC,1/0} + 2 \cdot MM_{KSC,1/0} + 1 \cdot \ddot{U}F_{KSC,1/0}$
ST_{KSC}	$ST_{KSC} = 0{,}5 \cdot (MAX(10 \cdot NW_{KSC,1/0}; 6 \cdot OP_{KSC,1/0}; 3 \cdot DT_{KSC,1/0}) + MAX(10 \cdot KF_{KSC,1/0}; 5 \cdot KD_{KSC,1/0}))$
WA_{KSC}	$WA_{KSC} = MAX(5 \cdot WPE_{KSC,1/0}; 4 \cdot WPV_{KSC,1/0}; 2 \cdot WPR_{KSC,1/0}; 0 \cdot WPK_{KSC,1/0}$ $+ MAX(5 \cdot WAH_{KSC,1/0}; 4 \cdot WAJ_{KSC,1/0}; 3 \cdot WAZ_{KSC,1/0};$ $\cdot WAD_{KSC,1/0}; 1 \cdot WAB_{KSC,1/0})$

Kennzahlenverzeichnis

Kennzahl	Bezeichnung	Kennzahl	Bezeichnung
AA_{KSC}	Achsanzahl	$OL_{KSC,1/0}$	Ölkühlung
$ABE_{KSC,1/0}$	Abrichteinheit	$OP_{KSC,1/0}$	Datenzufuhr via Online-Programmierung
$AD_{KSC,1/0}$	Dreiachsig	$OW_{KSC,1/0}$	Öl in Wasser
$AF_{KSC,1/0}$	Fünfachsig	$P_{M,KSC}$	Produktivität
$AK_{KSC,1/0}$	Arbeitsraumkapselung	$PA_{KSC,1/0}$	Palettiersystem
AR_{KSC}	Arbeitsraum	PG_{KSC}	Achspositioniergenauigkeit
ASD_{KSC}	Arbeitsspindeldrehzahl	$PZÜ_{KSC,1/0}$	Prozessüberwachung
ASL_{KSC}	Arbeitsspindelleistung	$Q_{M,KSC}$	Qualität
$AV_{KSC,1/0}$	Vierachsig	$SD_{KSC,1/0}$	Schwingungsdämpfung
$AZ_{KSC,1/0}$	Zweiachsig	$SPV_{KSC,1/0}$	Schnellspannvorrichtung
$BM_{KSC,1/0}$	Bearbeitungswerkzeug-messsystem	ST_{KSC}	Steuerung
$BW_{KSC,1/0}$	Bearbeitungswerkzeug-wechselsystem	$SWZ_{KSC,1/0}$	Satzwechselzeit
BWP_{KSC}	Platzanzahl Bearbeitungswerk-zeugwechselsystem	$TMK_{KSC,1/0}$	Temperaturkompensation
$CM_{KSC,1/0}$	CAM-Datenschnittstelle	$TR_{KSC,1/0}$	Trocken (ohne Kühlung)
$DT_{KSC,1/0}$	Datenzufuhr über Datenträger	$ÜF_{KSC,1/0}$	Überflutungskühlung
EG_{KSC}	Achsgeschwindigkeit (Eilgang)	WA_{KSC}	Wartung
$F_{M,KSC}$	Flexibilität	$WAB_{KSC,1/0}$	Wartung bei Bedarf
GM_{KSC}	Aufspanngewicht	$WAD_{KSC,1/0}$	Dreijährliche Wartung
$HD_{KSC,1/0}$	Hochdruckkühlung	$WAH_{KSC,1/0}$	Wartung halbjährlich
$KA_{KSC,1/0}$	Klimatisierte Aufstellung	$WAJ_{KSC,1/0}$	Wartung jährlich
$KD_{KSC,1/0}$	Dreiachsige Koordinaten-transformation	$WAZ_{KSC,1/0}$	Zweijährliche Wartung
$KF_{KSC,1/0}$	Fünfachsige Koordinaten-transformation	$WM_{KSC,1/0}$	Werkstückmesssystem
KS_{KSC}	Kühlschmierstoffsystem	$WO_{KSC,1/0}$	Wasser in Öl
$L_{M,KSC}$	Leistungsfähigkeit	$WPK_{KSC,1/0}$	Kein Wartungsplan
MA_{KSC}	Maschinenalter	$WPR_{KSC,1/0}$	Wartungsplan im Rückstand
$MM_{KSC,1/0}$	Minimalmengenschmierung	$WPV_{KSC,1/0}$	Wartungsvertrag
$NC_{KSC,1/0}$	NC-Fähigkeit	$WPE_{KSC,1/0}$	Wartungsplan eingehalten
$NW_{KSC,1/0}$	Datenzufuhr via Netzwerk-anbindung	$WW_{KSC,1/0}$	Werkstückwechselsystem

WWP_{KSC}	Platzanzahl Werkstückwechsel-system		

D.1.7 Ressourcenbewertung Rundschleifmaschine

Resource Evaluation Cylindrical Grinding Machine

(Ressourcen-)Produktivität Rundschleifen:

$$P_{M,RSC} = w_{P,M,RSC,1} \cdot 10 \cdot ABE_{RSC,1/0} + w_{P,M,RSC,2} \cdot ASD_{RSC} + w_{P,M,RSC,3} \cdot ASL_{RSC} + w_{P,M,RSC,4} \cdot WSD_{RSC} + w_{P,M,RSC,5} \cdot 10 \cdot BW_{RSC,1/0} + w_{P,M,RSC,6} \cdot 10 \cdot BM_{RSC,1/0} + w_{P,M,RSC,7} \cdot 10 \cdot CM_{RSC,1/0} + w_{P,M,RSC,8} \cdot MA_{RSC} + w_{P,M,RSC,9} \cdot 10 \cdot NC_{RSC,1/0} + w_{P,M,RSC,10} \cdot 10 \cdot PA_{RSC} + w_{P,M,RSC,11} \cdot WW_{RSC,1/0} \cdot WWP_{RSC} + w_{P,M,RSC,12} \cdot SSD_{RSC}$$

(Ressourcen-)Flexibilität Rundschleifmaschine:

$$F_{M,RSC} = w_{F,M,RSC,1} \cdot AA_{RSC} + w_{F,M,RSC,2} \cdot AR_{RSC} + w_{F,M,RSC,3} \cdot GM_{RSC} + w_{F,M,RSC,4} \cdot KS_{RSC} + w_{F,M,RSC,5} \cdot 10 \cdot SPV_{RSC,1/0} + w_{F,M,RSC,6} \cdot ST_{RSC} + w_{F,M,RSC,7} \cdot SSB_{RSC} + w_{F,M,RSC,8} \cdot IA_{RSC}$$

(Ressourcen-)Qualität Rundschleifmaschine:

$$Q_{M,RSC} = w_{Q,M,RSC,1} \cdot 10 \cdot AWE_{RSC,1/0} + w_{Q,M,RSC,2} \cdot 10 \cdot BM_{RSC,1/0} + w_{Q,M,RSC,3} \cdot 10 \cdot KA_{RSC,1/0} + w_{Q,M,RSC,4} \cdot KS_{RSC} + w_{Q,M,RSC,5} \cdot MA_{RSC} + w_{Q,M,RSC,6} \cdot PG_{RSC} + w_{Q,M,RSC,7} \cdot 10 \cdot PZÜ_{RSC,1/0} + w_{Q,M,RSC,8} \cdot 10 \cdot SD_{RSC,1/0} + w_{Q,M,RSC,9} \cdot SWZ_{RSC} + w_{Q,M,RSC,10} \cdot 10 \cdot TMK_{RSC,1/0} + w_{Q,M,RSC,11} \cdot WA_{RSC} + w_{Q,M,RSC,12} \cdot 10 \cdot WM_{RSC,1/0} + w_{Q,M,RSC,13} \cdot 10 \cdot AK_{RSC,1/0}$$

(Ressourcen-)Leistungsfähigkeit Rundschleifmaschine:

$$L_{M,RSC} = \sqrt{\frac{P_{M,RSC}^2 + F_{M,RSC}^2 + Q_{M,RSC}^2}{3}}$$

Mathematische Zusammenhänge

Kennzahl	Mathematische Funktionen
AR_{RSC}	$AR_{RSC} = \frac{1}{3} \cdot (AR_{RSC,x} + AR_{RSC,y} + AR_{RSC,z}) = \frac{1}{3} \cdot ((3{,}6487 \cdot ln(x_{AR,RSC,x}) - 18{,}244) + (3{,}6487 \cdot ln(x_{AR,RSC,y}) - 18{,}244) + (2{,}1279 \cdot ln(x_{AR,RSC,z}) - 8{,}5115))$

	Definitionsbereich $AR_{RSC,x}$: $[x_{AR,RSC,x}] = mm$ $D_f = \mathbb{R}^+ \rightarrow D_{f\mid AR_{RSC,x}} := \begin{cases} 0 & \text{wenn } x_{AR,RSC,x} \leq 148{,}4335 \\ AR_{RSC,x} & \text{wenn } 148{,}4335 < x_{AR,RSC,x} \leq 2.300{,}4021 \\ 10 & \text{wenn } x_{AR,RSC,x} > 2.300{,}4021 \end{cases}$ Definitionsbereich $AR_{RSC,y}$: $[x_{AR,RSC,y}] = mm$ $D_f = \mathbb{R}^+ \rightarrow D_{f\mid AR_{RSC,y}} := \begin{cases} 0 & \text{wenn } x_{AR,RSC,y} \leq 148{,}4335 \\ AR_{RSC,y} & \text{wenn } 148{,}4335 < x_{AR,RSC,y} \leq 2.300{,}4021 \\ 10 & \text{wenn } x_{AR,RSC,y} > 2.300{,}4021 \end{cases}$ Definitionsbereich $AR_{RSC,z}$: $[x_{AR,RSC,z}] = mm$ $D_f = \mathbb{R}^+ \rightarrow D_{f\mid AR_{RSC,z}} := \begin{cases} 0 & \text{wenn } x_{AR,RSC,z} \leq 54{,}5959 \\ AR_{RSC,z} & \text{wenn } 54{,}5959 < x_{AR,RSC,z} \leq 5.999{,}4433 \\ 10 & \text{wenn } x_{AR,RSC,z} > 5.999{,}4433 \end{cases}$
ASD_{RSC}	$ASD_{RSC} = 0{,}5(ASD_{RSC,i} + ASD_{RSC,a}) = 0{,}5 \cdot -7{,}4651 \cdot 10^{-15} \cdot x_{ASD,RSC,i}^{3} + 1{,}4596 \cdot 10^{-9} \cdot x_{ASD,RSC,i}^{2} + 9{,}0968 \cdot 10^{-6} \cdot x_{ASL,RSC,i} + 0{,}8343 + 0{,}5 \cdot -2{,}1265 \cdot 10^{-7} \cdot x_{ASD,RSC,a}^{2} + 3{,}3264 \cdot 10^{-3} \cdot x_{ASL,RSC,a} - 2{,}8387$
	Definitionsbereich ASD_{RSC}: $[x_{ASD,RSC,i}] = 1/min, [x_{ASD,RSC,a}] = 1/min$ $D_f = \mathbb{R}^+ \rightarrow D_{f\mid ASD_{RSC,i}} := \begin{cases} 0 & \text{wenn } x_{ASD,RSC,i} \leq 0 \\ ASD_{RSC,i} & \text{wenn } 0 < x_{ASD,RSC,i} \leq 118.839{,}7775 \\ 10 & \text{wenn } x_{ASD,RSC,i} > 118.839{,}7775 \end{cases}$ $D_f = \mathbb{R}^+ \rightarrow D_{f\mid ASD_{RSC,a}} := \begin{cases} 0 & \text{wenn } x_{ASD,RSC,a} \leq 905{,}8410 \\ ASD_{RSC,a} & \text{wenn } 905{,}8410 < x_{ASD,RSC,a} \leq 6.928{,}0052 \\ 10 & \text{wenn } x_{ASD,RSC,a} > 6.928{,}0052 \end{cases}$
ASL_{RSC}	$ASL_{RSC} = 3{,}2848 \cdot ln(x_{ASL,RSC}) - 0{,}9628$
	Definitionsbereich ASL_{RSC}: $[x_{ASL,RSC}] = kW$ $D_f = \mathbb{R}^+ \rightarrow D_{f\mid ASL_{RSC}} := \begin{cases} 0 & \text{wenn } x_{ASL,RSC} \leq 1{,}3406 \\ ASL_{RSC} & \text{wenn } 1{,}3406 < x_{ASL,RSC} \leq 28{,}1468 \\ 10 & \text{wenn } x_{ASL,RSC} > 28{,}1468 \end{cases}$
GM_{RSC}	$GM_{RSC} = 3{,}215 \cdot ln(x_{GM,RSC}) - 14{,}371$

	Definitionsbereich GM_{RSC}: $[x_{GM,RSC}] = kg$ $D_f = \mathbb{R}^+ \rightarrow D_{f\|GM_{RSC}} := \begin{cases} 0 & \text{wenn} \quad x_{GM,RSC} \leq 87{,}3554 \\ GM_{RSC} & \text{wenn} \quad 87{,}3554 < x_{GM,RSC} \leq 1.959{,}4211 \\ 10 & \text{wenn} \quad x_{GM,RSC} > 1.959{,}4211 \end{cases}$
MA_{RSC}	$MA_{RSC} = 0{,}5 \cdot (20 - x_{MA,RSC})$
	Definitionsbereich MA_{RSC}: $[x_{MA,RSC}] = Jahre$ $D_f = \mathbb{R}^+ \rightarrow D_{f\|MA_{RSC}} := \begin{cases} 0 & \text{wenn} \quad x_{MA,RSC} > 20 \\ MA_{RSC} & \text{wenn} \quad 0 < x_{MA,RSC} \leq 20 \\ 10 & \text{wenn} \quad x_{MA,RSC} \leq 0 \end{cases}$
PG_{RSC}	$PG_{RSC} = -2{,}282 \cdot ln(x_{PG,RSC}) + 8{,}4182$
	Definitionsbereich PG_{RSC}: $[x_{PG,RSC}] = \mu m$ $D_f = \mathbb{R}^+ \rightarrow D_{f\|PG_{RSC}} := \begin{cases} 0 & \text{wenn} \quad x_{PG,RSC} > 40{,}0031 \\ PG_{RSC} & \text{wenn} \quad 0{,}5 < x_{PG,RSC} \leq 40{,}0031 \\ 10 & \text{wenn} \quad x_{PG,RSC} \leq 0{,}5 \end{cases}$
SSB_{RSC}	$SSB_{RSC} = 1{,}132 \cdot 10^{-4} \cdot x_{SSB,RSC}^2 + 0{,}0073 \cdot x_{SSB,RSC} - 0{,}7271$
	Definitionsbereich SSB_{RSC}: $[x_{SSB,RSC}] = °$ $D_f = \mathbb{R}^+ \rightarrow D_{f\|SSB_{RSC}} := \begin{cases} 0 & \text{wenn} \quad x_{SSB,RSC} \leq 54{,}1437 \\ SSB_{RSC} & \text{wenn} \quad 54{,}1437 < x_{SSB,RSC} \leq 277{,}2752 \\ 10 & \text{wenn} \quad x_{SSB,RSC} > 277{,}2752 \end{cases}$
SSD_{RSC}	$SSD_{RSC} = 0{,}5(SSD_{RSC,b} + SSD_{RSC,d}) = 0{,}5 \cdot (2{,}3148 \cdot 10^{-6} \cdot x_{SSD,RSC,b}^3 - 1{,}1111 \cdot 10^{-3} \cdot x_{SSD,RSC,b}^2 + 0{,}2054 \cdot x_{SSD,RSC,b} - 2{,}6667) + 0{,}5 \cdot (-2{,}5 \cdot 10^{-5} \cdot x_{SSD,RSC,d}^2 - 0{,}0445 \cdot x_{SSD,RSC,d} - 5{,}95)$
	Definitionsbereich SSD_{RSC}: $[x_{SSD,RSC,b}] = mm$, $[x_{SSD,RSC,d}] = mm$ $D_f = \mathbb{R}^+ \rightarrow D_{f\|SSD_{RSC,b}} := \begin{cases} 0 & \text{wenn} \quad x_{SSD,RSC,b} \leq 14{,}0144 \\ SSD_{RSC,b} & \text{wenn} \quad 14{,}0144 < x_{SSD,RSC,b} \leq 120{,}4809 \\ 10 & \text{wenn} \quad x_{SSD,RSC,b} > 120{,}4809 \end{cases}$ $D_f = \mathbb{R}^+ \rightarrow D_{f\|SSD_{RSC,d}} := \begin{cases} 0 & \text{wenn} \quad x_{SSD,RSC,d} \leq 145{,}6211 \\ SSD_{RSC,d} & \text{wenn} \quad 145{,}6211 < x_{SSD,RSC,d} \leq 497{,}4443 \\ 10 & \text{wenn} \quad x_{SSD,RSC,d} > 497{,}4443 \end{cases}$
SWZ_{RSC}	$SWZ_{RSC} = -2{,}436 \cdot ln(x_{SWZ,RSC}) + 4{,}3861$

	Definitionsbereich SWZ_{RSC}: $[x_{SWZ,RSC}] = ms$ $D_f = \mathbb{R}^+ \to D_{f\mid SWZ_{RSC}} := \begin{cases} 0 & \text{wenn} \quad x_{SWZ,RSC} > 6{,}0529 \\ SWZ_{RSC} & \text{wenn } 0{,}0998 < x_{SWZ,RSC} \leq 6{,}0529 \\ 10 & \text{wenn} \quad x_{SWZ,RSC} \leq 0{,}0998 \end{cases}$
WSD_{RSC}	$WSD_{RSC} = 5{,}4349 \cdot ln(x_{WSD,RSC}) - 40{,}327$
	Definitionsbereich WSD_{RSC}: $[x_{WSD,RSC}] = 1/min$ $D_f = \mathbb{R}^+ \to D_{f\mid WSD_{RSC}} := \begin{cases} 0 & \text{wenn} \quad x_{WSD,RSC} \leq 1.669{,}0464 \\ WSD_{RSC} & \text{wenn } 1.669{,}0464 < x_{WSD,RSC} \leq 10.508{,}7969 \\ 10 & \text{wenn} \quad x_{WSD,RSC} > 10.508{,}7969 \end{cases}$
WWP_{RSC}	$WWP_{RSC} = -0{,}6136 \cdot x_{WWP,RSC}^2 + 5{,}9409 \cdot x_{WWP,RSC} - 4{,}3545$
	Definitionsbereich WWP_{RSC}: $[x_{WWP,RSC}] = Anzahl$ $D_f = \mathbb{R}^+ \to D_{f\mid WWP_{RSC}} := \begin{cases} 0 & \text{wenn} \quad x_{WWP,RSC} \leq 0{,}7989 \\ WWP_{RSC} & \text{wenn } 0{,}7989 < x_{WWP,RSC} \leq 5{,}0449 \\ 10 & \text{wenn} \quad x_{WWP,RSC} > 5{,}0449 \end{cases}$

Selektive Zusammenhänge

Kennzahl	Selektive Funktionen
AA_{RSC}	$AA_{RSC} = MAX(10 \cdot AD_{RSC,1/0}; 2 \cdot AZ_{RSC,1/0})$
IA_{RSC}	$IA_{RSC} = 5 \cdot ARS_{RSC,1/0} + 5 \cdot IRS_{RSC,1/0}$
KS_{RSC}	$KS_{RSC} = \frac{2}{3} \cdot [MAX(5 \cdot OL_{RSC,1/0}; 3{,}5 \cdot WO_{RSC,1/0}; 1{,}5 \cdot OW_{RSC,1/0}; 0 \cdot TR_{RSC,1/0}) + 5 \cdot SS_{RSC,1/0} + 5 \cdot HD_{RSC,1/0})]$
ST_{RSC}	$ST_{RSC} = 0{,}5 \cdot (MAX(10 \cdot NW_{RSC,1/0}; 6 \cdot OP_{RSC,1/0}; 3 \cdot DT_{RSC,1/0}) + MAX(10 \cdot CS_{RSC,1/0}; 5 \cdot ZS_{RSC,1/0}))$
WA_{RSC}	$WA_{RSC} = MAX(5 \cdot WPE_{RSC,1/0}; 4 \cdot WPV_{RSC,1/0}; 2 \cdot WPR_{RSC,1/0}; 0 \cdot WPK_{RSC,1/0}) + MAX(5 \cdot WAH_{RSC,1/0}; 4 \cdot WAJ_{RSC,1/0}; 3 \cdot WAZ_{RSC,1/0}; 2 \cdot WAD_{RSC,1/0}; 1 \cdot WAB_{RSC,1/0})$

Kennzahlenverzeichnis

Kennzahl	Bezeichnung	Kennzahl	Bezeichnung
AA_{RSC}	Achsanzahl	PG_{RSC}	Achspositioniergenauigkeit
$ABE_{RSC,1/0}$	Abrichteinheit	$P_{M,RSC}$	Produktivität
$AD_{RSC,1/0}$	Dreiachsig	$PZÜ_{RSC,1/0}$	Prozessüberwachung
$AK_{RSC,1/0}$	Arbeitsraumkapselung	$Q_{M,RSC}$	Qualität
AR_{RSC}	Arbeitsraum	$SD_{RSC,1/0}$	Schwingungsdämpfung
$ARS_{RSC,1/0}$	Außenrundschleifen	$SPV_{RSC,1/0}$	Schnellspannvorrichtung
ASD_{RSC}	Arbeitsspindeldrehzahl	SSB_{RSC}	Schleifscheibenschwenkbereich
ASL_{RSC}	Arbeitsspindelleistung	SSD_{RSC}	Schleifscheibendimension
$AWE_{RSC,1/0}$	Auswuchteinheit	$SS_{RSC,1/0}$	KSS-Zufuhr Schuhdüse / Spindel
$AZ_{RSC,1/0}$	Zweiachsig	ST_{RSC}	Steuerung
$BM_{RSC,1/0}$	Bearbeitungswerkzeug-messsystem	SWZ_{RSC}	Satzwechselzeit
$BW_{RSC,1/0}$	Bearbeitungswerkzeug-wechselsystem	$TMK_{RSC,1/0}$	Temperaturkompensation
$CM_{RSC,1/0}$	CAM-Datenschnittstelle	$TR_{RSC,1/0}$	Trocken (ohne Kühlung)
$CS_{RSC,1/0}$	CNC-Steuerung	$WAB_{RSC,1/0}$	Wartung bei Bedarf
$DT_{RSC,1/0}$	Datenzufuhr über Datenträger	$WAD_{RSC,1/0}$	Dreijährliche Wartung
$F_{M,RSC}$	Flexibilität	$WAH_{RSC,1/0}$	Wartung halbjährlich
GM_{RSC}	Aufspanngewicht	$WAJ_{RSC,1/0}$	Wartung jährlich
$HD_{RSC,1/0}$	Hochdruckkühlung	WA_{RSC}	Wartung
IA_{RSC}	Innen- und Außenrundschleifen	$WAZ_{RSC,1/0}$	Zweijährliche Wartung
$IRS_{RSC,1/0}$	Innenrundschleifen	$WM_{RSC,1/0}$	Werkstückmesssystem
$KA_{RSC,1/0}$	Klimatisierte Aufstellung	$WO_{RSC,1/0}$	Wasser in Öl
KS_{RSC}	Kühlschmierstoffsystem	$WPE_{RSC,1/0}$	Wartungsplan eingehalten
$L_{M,RSC}$	Leistungsfähigkeit	$WPK_{RSC,1/0}$	Kein Wartungsplan
MA_{RSC}	Maschinenalter	$WPR_{RSC,1/0}$	Wartungsplan im Rückstand
$NC_{RSC,1/0}$	NC-Fähigkeit	$WPV_{RSC,1/0}$	Wartungsvertrag
$NW_{RSC,1/0}$	Datenzufuhr via Netzwerk-anbindung	WSD_{RSC}	Werkstückspindeldrehzahl
$OL_{RSC,1/0}$	Ölkühlung	WWP_{RSC}	Platzanzahl Werkstückwechsel-system
$OP_{RSC,1/0}$	Datenzufuhr via Online-Programmierung	$WW_{RSC,1/0}$	Werkstückwechselsystem
$OW_{RSC,1/0}$	Öl in Wasser	$ZS_{RSC,1/0}$	Zyklische Steuerung
$PA_{RSC,1/0}$	Palettiersystem		

D.1.8 Ressourcenbewertung Senkerodiermaschine

Resource Evaluation S-EDM Machine

(Ressourcen-)Produktivität Senkerodiermaschine:

$$P_{M,SE} = w_{P,M,SE,1} \cdot ATR_{SE} + w_{P,M,SE,2} \cdot 10 \cdot CA_{SE,1/0} + w_{P,M,SE,3} \cdot 10 \cdot CM_{SE,1/0} + w_{P,M,SE,4} \cdot DE_{SE} + w_{P,M,SE,5} \cdot EW_{SE,1/0} \cdot EWP_{SE} + w_{P,M,SE,6} \cdot EWS_{SE} + w_{P,M,SE,7} \cdot GU_{SE} + w_{P,M,SE,8} \cdot MA_{SE} + w_{P,M,SE,9} \cdot 10 \cdot PA_{SE,1/0} + w_{P,M,SE,10} \cdot WW_{SE,1/0} \cdot WWP_{SE}$$

(Ressourcen-)Flexibilität Senkerodiermaschine:

$$F_{M,SE} = w_{F,M,SE,1} \cdot AA_{SE} + w_{F,M,SE,2} \cdot AR_{SE} + w_{F,M,SE,3} \cdot GM_{SE} + w_{F,M,SE,4} \cdot EWS_{SE} + w_{F,M,SE,5} \cdot GU_{SE} + w_{F,M,SE,6} \cdot 10 \cdot SPV_{SE,1/0} + w_{F,M,SE,7} \cdot 10 \cdot CA_{SE,1/0}$$

(Ressourcen-)Qualität Senkerodiermaschine:

$$Q_{M,SE} = w_{Q,M,SE,1} \cdot FD_{SE} + w_{Q,M,SE,2} \cdot 10 \cdot KA_{SE,1/0} + w_{Q,M,SE,3} \cdot MA_{SE} + w_{Q,M,SE,4} \cdot RA_{SE} + w_{Q,M,SE,5} \cdot PG_{SE} + w_{Q,M,SE,6} \cdot 10 \cdot PZÜ_{SE,1/0} + w_{Q,M,SE,7} \cdot 10 \cdot SD_{SE,1/0} + w_{Q,M,SE,8} \cdot 10 \cdot TMK_{SE,1/0} + w_{Q,M,SE,9} \cdot WA_{SE} + w_{Q,M,SE,10} \cdot 10 \cdot WM_{SE,1/0} + w_{Q,M,SE,11} \cdot 10 \cdot AK_{SE,1/0}$$

(Ressourcen-)Leistungsfähigkeit Senkerodiermaschine:

$$L_{M,SE} = \sqrt{\frac{P_{M,SE}^2 + F_{M,SE}^2 + Q_{M,SE}^2}{3}}$$

Mathematische Zusammenhänge

Kennzahl	Mathematische Funktionen
AR_{SE}	$AR_{SE} = \frac{1}{3} \cdot (AR_{SE,x} + AR_{SE,y} + AR_{SE,z}) = \frac{1}{3} \cdot ((4{,}8788 \cdot ln(x_{AR,SE,x}) - 27{,}321) + (3{,}922 \cdot ln(x_{AR,SE,y}) - 20{,}002) + (6{,}4417 \cdot ln(x_{AR,SE,z}) - 33{,}819))$

	Definitionsbereich $AR_{SE,x}$: $[x_{AR,SE,x}] = mm$ $$D_f = \mathbb{R}^+ \rightarrow D_{f\|AR_{SE,x}} := \begin{cases} 0 & \text{wenn} \quad x_{AR,SE,x} \leq 270{,}4109 \\ AR_{SE,x} & \text{wenn } 207{,}4109 < x_{AR,SE,x} \leq 2.099{,}8621 \\ 10 & \text{wenn} \quad x_{AR,SE,x} > 2.099{,}8621 \end{cases}$$ Definitionsbereich $AR_{SE,y}$: $[x_{AR,SE,y}] = mm$ $$D_f = \mathbb{R}^+ \rightarrow D_{f\|AR_{SE,y}} := \begin{cases} 0 & \text{wenn} \quad x_{AR,SE,,y} \leq 164{,}0135 \\ AR_{SE,y} & \text{wenn } 164{,}0135 < x_{AR,SE,y} \leq 2.099{,}9494 \\ 10 & \text{wenn} \quad x_{AR,SE,y} > 2.099{,}9494 \end{cases}$$ Definitionsbereich $AR_{SE,z}$: $[x_{AR,SE,z}] = mm$ $$D_f = \mathbb{R}^+ \rightarrow D_{f\|AR_{SE,z}} := \begin{cases} 0 & \text{wenn} \quad x_{AR,SE,z} \leq 190{,}5685 \\ AR_{SE,z} & \text{wenn } 190{,}5685 < x_{AR,SE,z} \leq 900{,}0019 \\ 10 & \text{wenn} \quad x_{AR,SE,z} > 900{,}0019 \end{cases}$$
ATR_{SE}	$ATR_{SE} = 0{,}0125 \cdot x_{ATR,SE}$
	Definitionsbereich ATR_{SE}: $[x_{ATR,SE}] = mm^3/min$ $$D_f = \mathbb{R}^+ \rightarrow D_{f\|ATR_{SE}} := \begin{cases} 0 & \text{wenn} \quad x_{ATR,SE} \leq 0 \\ ATR_{SE} & \text{wenn } 0 < x_{ATR,SE} \leq 800 \\ 10 & \text{wenn} \quad x_{ATR,SE} > 800 \end{cases}$$
EWP_{SE}	$EWP_{SE} = 2{,}2231 \cdot ln(x_{EWP,SE}) - 1{,}7784$
	Definitionsbereich EWP_{SE}: $[x_{EWP,SE}] = Anzahl$ $$D_f = \mathbb{R}^+ \rightarrow D_{f\|EWP_{SE}} := \begin{cases} 0 & \text{wenn} \quad x_{EWP,SE} \leq 2{,}2255 \\ EWP_{SE} & \text{wenn } 2{,}2255 < x_{EWP,SE} \leq 199{,}974 \\ 10 & \text{wenn} \quad x_{EWP,SE} > 199{,}974 \end{cases}$$
GM_{SE}	$GM_{SE} = 1{,}9193 \cdot ln(x_{GM,SE}) - 7{,}677$
	Definitionsbereich GM_{SE}: $[x_{GM,SE}] = kg$ $$D_f = \mathbb{R}^+ \rightarrow D_{f\|GM_{SE}} := \begin{cases} 0 & \text{wenn} \quad x_{GM,SE} \leq 54{,}5925 \\ GM_{SE} & \text{wenn } 54{,}5925 < x_{GM,SE} \leq 9.997{,}8834 \\ 10 & \text{wenn} \quad x_{GM,SE} > 9.997{,}8834 \end{cases}$$
GU_{SE}	$GU_{SE} = 0{,}5 \cdot (20 - x_{GU,SE})$

	Definitionsbereich GU_{SE}: $[x_{GU,SE}] = Jahre$ $$D_f = \mathbb{R}^+ \rightarrow D_{f\mid GU_{SE}} := \begin{cases} 0 & \text{wenn} \quad x_{GU,SE} > 20 \\ GU_{SE} & \text{wenn } 0 < x_{GU,SE} \leq 20 \\ 10 & \text{wenn} \quad x_{GU,SE} \leq 0 \end{cases}$$
MA_{SE}	$MA_{SE} = 0{,}5 \cdot (20 - x_{MA,SE})$
	Definitionsbereich MA_{SE}: $[x_{MA,SE}] = Jahre$ $$D_f = \mathbb{R}^+ \rightarrow D_{f\mid MA_{SE}} := \begin{cases} 0 & \text{wenn} \quad x_{MA,SE} > 20 \\ MA_{SE} & \text{wenn } 0 < x_{MA,SE} \leq 20 \\ 10 & \text{wenn} \quad x_{MA,SE} \leq 0 \end{cases}$$
PG_{SE}	$PG_{SE} = -\,1{,}669 \cdot ln(x_{PG,SE}) + 6{,}1569$
	Definitionsbereich PG_{SE}: $[x_{PG,SE}] = \mu m$ $$D_f = \mathbb{R}^+ \rightarrow D_{f\mid PG_{SE}} := \begin{cases} 0 & \text{wenn} \quad x_{PG,SE} > 40{,}0038 \\ PG_{SE} & \text{wenn } 0{,}1 < x_{PG,SE} \leq 40{,}0038 \\ 10 & \text{wenn} \quad x_{PG,SE} \leq 0{,}1 \end{cases}$$
RA_{SE}	$RA_{SE} = -\,178{,}95 \cdot x_{RA,SE} + 19{,}053$
	Definitionsbereich RA_{SE}: $[x_{RA,SE}] = \mu m$ $$D_f = \mathbb{R}^+ \rightarrow D_{f\mid RA_{SE}} := \begin{cases} 0 & \text{wenn} \quad x_{RA,SE} > 0{,}1065 \\ RA_{SE} & \text{wenn } 0{,}0506 < x_{RA,SE} \leq 0{,}1065 \\ 10 & \text{wenn} \quad x_{RA,SE} \leq 0{,}0506 \end{cases}$$
WWP_{SE}	$WWP_{SE} = 4{,}5289 \cdot ln(x_{WWP,SE}) - 2{,}2644$
	Definitionsbereich WWP_{SE}: $[x_{WWP,SE}] = Anzahl$ $$D_f = \mathbb{R}^+ \rightarrow D_{f\mid WWP_{SE}} := \begin{cases} 0 & \text{wenn} \quad x_{WWP,SE} > 1{,}6487 \\ WWP_{SE} & \text{wenn } 1{,}6487 < x_{WWP,SE} \leq 14{,}9997 \\ 10 & \text{wenn} \quad x_{WWP,SE} \leq 14{,}9997 \end{cases}$$

Selektive Zusammenhänge

Kennzahl	Selektive Funktionen
AA_{SE}	$AA_{SE} = MAX(10 \cdot AF_{SE,1/0}; 8 \cdot AV_{SE,1/0}; 4 \cdot AD_{SE,1/0}; 2 \cdot AZ_{SE,1/0})$
DE_{SE}	$DE_{SE} = MAX(10 \cdot DC_{SE,1/0}; 5 \cdot DW_{SE,1/0})$

FD_{SE}	$FD_{SE} \quad = 5 \cdot IF_{SE,1/0} + 5 \cdot ID_{SE,1/0}$
EWS_{SE}	$EWS_{SE} \quad = MAX(10 \cdot C_{SE,1/0}; 5 \cdot CU_{SE,1/0})$
ST_{SE}	$ST_{SE} \quad = MAX(10 \cdot NW_{SE,1/0}; 6 \cdot OP_{SE,1/0}; 3 \cdot DT_{SE,1/0})$
WA_{SE}	$WA_{SE} \quad = MAX(5 \cdot WPE_{SE,1/0}; 4 \cdot WPV_{SE,1/0}; 2 \cdot WPR_{SE,1/0}; 0 \cdot WPK_{SE,1/0}) + MAX(5 \cdot WAH_{SE,1/0}; 4 \cdot WAJ_{SE,1/0}; 3 \cdot WAZ_{SE,1/0}; 2 \cdot WAD_{SE,1/0}; 1 \cdot WAB_{SE,1/0})$

Kennzahlenverzeichnis

Kennzahl	Bezeichnung	Kennzahl	Bezeichnung
AA_{SE}	Achsanzahl	GM_{SE}	Aufspanngewicht
$AD_{SE,1/0}$	Dreiachsig	GU_{SE}	Generatorupdate
$AF_{SE,1/0}$	Fünfachsig	$ID_{SE,1/0}$	Integrierte Deionisierung
$AK_{SE,1/0}$	Arbeitsraumkapselung	$IF_{SE,1/0}$	Integrierte Filtration
AR_{SE}	Arbeitsraum	$KA_{SE,1/0}$	Klimatisierte Aufstellung
ATR_{SE}	Abtragrate	$L_{M,SE}$	Leistungsfähigkeit
$AV_{SE,1/0}$	Vierachsig	MA_{SE}	Maschinenalter
$AZ_{SE,1/0}$	Zweiachsig	$NW_{SE,1/0}$	Datenzufuhr via Netzwerkanbindung
$CA_{SE,1/0}$	C-Achse	$OP_{SE,1/0}$	Datenzufuhr über Online-Programmierung
$CM_{SE,1/0}$	CAM-Datenschnittstelle	$PA_{SE,1/0}$	Palettiersystem
$C_{SE,1/0}$	Kohlenstoffelektrode	PG_{SE}	Achspositioniergenauigkeit
$CU_{SE,1/0}$	Kupferelektrode	$P_{M,SE}$	Produktivität
$DC_{SE,1/0}$	Kohlenstoffbasiertes Dielektrikum	$PZÜ_{SE,1/0}$	Prozessüberwachung
DE_{SE}	Dielektrikum	$Q_{M,SE}$	Qualität
$DT_{SE,1/0}$	Datenzufuhr über Datenträger	RA_{SE}	Minimale Rauheit
$DW_{SE,1/0}$	Wasserbasiertes Dielektrikum	$SD_{SE,1/0}$	Schwingungsdämpfung
$EWP_{SE,1/0}$	Platzanzahl Elektrodenwechselsystem	$SPV_{SE,1/0}$	Schnellspannvorrichtung
$EW_{SE,1/0}$	Elektrodenwechselsystem	ST_{SE}	Steuerung
EWS_{SE}	Elektrodenwerkstoff	$TMK_{SE,1/0}$	Temperaturkompensation
FD_{SE}	Filtration und Deionisierung	$WAB_{SE,1/0}$	Wartung bei Bedarf
$F_{M,SE}$	Flexibilität	$WAD_{SE,1/0}$	Dreijährliche Wartung

$WAH_{SE,1/0}$	Wartung halbjährlich	$WPK_{SE,1/0}$	Kein Wartungsplan
$WAJ_{SE,1/0}$	Wartung jährlich	$WPR_{SE,1/0}$	Wartungsplan im Rückstand
WA_{SE}	Wartung	$WPV_{SE,1/0}$	Wartungsvertrag
$WAZ_{SE,1/0}$	Zweijährliche Wartung	WWP_{SE}	Platzanzahl Werkstückwechsel-system
$WM_{SE,1/0}$	Werkstückmesssystem	$WW_{SE,1/0}$	Werkstückwechselsystem
$WPE_{SE,1/0}$	Wartungsplan eingehalten		

D.1.9 Ressourcenbewertung Drahterodiermaschine

Resource Evaluation W-EDM Machine

(Ressourcen-)Produktivität Drahterodiermaschine:

$$P_{M,DE} = w_{P,M,DE,1} \cdot 10 \cdot ADE_{DE,1/0} + w_{P,M,DE,2} \cdot 10 \cdot CM_{DE,1/0} + w_{P,M,DE,3} \cdot 10 \cdot ZDS_{DE,1/0} + w_{P,M,DE,4} \cdot 10 \cdot DET_{DE} + w_{P,M,DE,5} \cdot GU_{DE} + w_{P,M,DE,6} \cdot MA_{DE} + w_{P,M,DE,7} \cdot PA_{DE} + w_{P,M,DE,8} \cdot STR_{DE} + w_{P,M,DE,9} \cdot WW_{DE,1/0} \cdot WWP_{DE}$$

(Ressourcen-)Flexibilität Drahterodiermaschine:

$$F_{M,DE} = w_{F,M,DE,1} \cdot AA_{DE} + w_{F,M,DE,2} \cdot AR_{DE} + w_{F,M,DE,3} \cdot GM_{DE} + w_{F,M,DE,4} \cdot 10 \cdot ZDS_{DE,1/0} + w_{F,M,DE,5} \cdot GU_{DE} + w_{F,M,DE,6} \cdot KW_{DE} + w_{F,M,DE,7} \cdot MS_{DE} + w_{F,M,DE,8} \cdot DD_{DE} + w_{F,M,DE,9} \cdot 10 \cdot SPV_{DE,1/0} + w_{F,M,DE,10} \cdot DWS_{DE}$$

(Ressourcen-)Qualität Drahterodiermaschine:

$$Q_{M,DE} = w_{Q,M,DE,1} \cdot DE_{DE} + w_{Q,M,DE,2} \cdot 10 \cdot GF_{DE,1/0} + w_{Q,M,DE,3} \cdot FD_{DE} + w_{Q,M,DE,4} \cdot 10 \cdot KA_{DE,1/0} + w_{Q,M,DE,5} \cdot MA_{DE} + w_{Q,M,DE,6} \cdot DD_{DE} + w_{Q,M,DE,7} \cdot RA_{DE} + w_{Q,M,DE,8} \cdot PG_{DE} + w_{Q,M,DE,9} \cdot 10 \cdot PZÜ_{DE,1/0} + w_{Q,M,DE,10} \cdot 10 \cdot SD_{DE,1/0} + w_{Q,M,DE,11} \cdot 10 \cdot TMK_{DE,1/0} + w_{Q,M,DE,12} \cdot WA_{DE} + w_{Q,M,DE,13} \cdot 10 \cdot AK_{DE,1/0}$$

(Ressourcen-)Leistungsfähigkeit Drahterodiermaschine:

$$L_{M,DE} = \sqrt{\frac{P_{M,DE}^2 + F_{M,DE}^2 + Q_{M,DE}^2}{3}}$$

Mathematische Zusammenhänge

Kennzahl	Mathematische Funktionen
AR_{DE}	$AR_{DE} = \frac{1}{3} \cdot (AR_{DE,x} + AR_{DE,y} + AR_{DE,z})$ $= \frac{1}{3} \cdot ((4{,}3975 \cdot ln(x_{AR,DE,x}) - 24{,}406) + (4{,}2537 \cdot ln(x_{AR,DE,y}) - 22{,}332)$ $+ (3{,}9561 \cdot ln(x_{AR,DE,z}) - 17{,}328))$
	Definitionsbereich $AR_{DE,x}$: $[x_{AR,DE,x}] = mm$ $D_f = \mathbb{R}^+ \rightarrow D_{f\vert AR_{DE,x}} := \begin{cases} 0 & \text{wenn } x_{AR,DE,x} \leq 257{,}2302 \\ AR_{DE,x} & \text{wenn } 257{,}2302 < x_{AR,DE,x} \leq 2.499{,}8622 \\ 10 & \text{wenn } x_{AR,DE,x} > 2.499{,}8622 \end{cases}$ Definitionsbereich $AR_{DE,y}$: $[x_{AR,DE,y}] = mm$ $D_f = \mathbb{R}^+ \rightarrow D_{f\vert AR_{DE,y}} := \begin{cases} 0 & \text{wenn } x_{AR,DE,,y} \leq 190{,}5696 \\ AR_{DE,y} & \text{wenn } 190{,}5696 < x_{AR,DE,y} \leq 2.000{,}0194 \\ 10 & \text{wenn } x_{AR,DE,y} > 2.000{,}0194 \end{cases}$ Definitionsbereich $AR_{DE,z}$: $[x_{AR,DE,z}] = mm$ $D_f = \mathbb{R}^+ \rightarrow D_{f\vert AR_{DE,z}} := \begin{cases} 0 & \text{wenn } x_{AR,DE,z} \leq 79{,}8437 \\ AR_{DE,z} & \text{wenn } 79{,}8437 < x_{AR,DE,z} \leq 1.000{,}058 \\ 10 & \text{wenn } x_{AR,DE,z} > 1.000{,}058 \end{cases}$
DD_{DE}	$DD_{DE} = -\,0{,}05 \cdot x_{DD,DE} + 11$
	Definitionsbereich DD_{DE}: $[x_{DD,DE}] = \mu m$ $D_f = \mathbb{R}^+ \rightarrow D_{f\vert DD_{DE}} := \begin{cases} 0 & \text{wenn } x_{DD,DE} > 220 \\ DD_{DE} & \text{wenn } 220 < x_{DD,DE} \leq 20 \\ 10 & \text{wenn } x_{DD,DE} \leq 20 \end{cases}$
GM_{DE}	$GM_{DE} = 1{,}7845 \cdot ln(x_{GM,DE}) - 5{,}7998$
	Definitionsbereich GM_{DE}: $[x_{GM,DE}] = kg$ $D_f = \mathbb{R}^+ \rightarrow D_{f\vert GM_{DE}} := \begin{cases} 0 & \text{wenn } x_{GM,DE} \leq 25{,}7929 \\ GM_{DE} & \text{wenn } 25{,}7929 < x_{GM,DE} \leq 7.001{,}7028 \\ 10 & \text{wenn } x_{GM,DE} > 7.001{,}7028 \end{cases}$
GU_{DE}	$GU_{DE} = 0{,}5 \cdot (20 - x_{GU,DE})$

	Definitionsbereich GU_{DE}: $[x_{GU,DE}] = Jahre$ $$D_f = \mathbb{R}^+ \rightarrow D_{f\mid GU_{DE}} := \begin{cases} 0 & \text{wenn} \quad x_{GU,DE} > 20 \\ GU_{DE} & \text{wenn } 0 < x_{GU,DE} \leq 20 \\ 10 & \text{wenn} \quad x_{GU,DE} \leq 0 \end{cases}$$
KW_{DE}	$KW_{DE} = 0{,}2222 \cdot x_{KW,DE}$
	Definitionsbereich KW_{DE}: $[x_{KW,DE}] = °$ $$D_f = \mathbb{R}^+ \rightarrow D_{f\mid KW_{DE}} := \begin{cases} 0 & \text{wenn} \quad x_{KW,DE} \leq 0 \\ KW_{DE} & \text{wenn } 0 < x_{KW,DE} \leq 45{,}0045 \\ 10 & \text{wenn} \quad x_{KW,DE} > 45{,}0045 \end{cases}$$
MA_{DE}	$MA_{DE} = 0{,}5 \cdot (20 - x_{MA,DE})$
	Definitionsbereich MA_{DE}: $[x_{MA,DE}] = Jahre$ $$D_f = \mathbb{R}^+ \rightarrow D_{f\mid MA_{DE}} := \begin{cases} 0 & \text{wenn} \quad x_{MA,DE} > 20 \\ MA_{DE} & \text{wenn } 0 < x_{MA,DE} \leq 20 \\ 10 & \text{wenn} \quad x_{MA,DE} \leq 0 \end{cases}$$
MS_{DE}	$MS_{DE} = 2{,}5267 \cdot ln(x_{MS,DE}) - 7{,}4537$
	Definitionsbereich MS_{DE}: $[x_{MS,DE}] = mm$ $$D_f = \mathbb{R}^+ \rightarrow D_{f\mid MS_{DE}} := \begin{cases} 0 & \text{wenn} \quad x_{MS,DE} \leq 19{,}1055 \\ MS_{DE} & \text{wenn } 19{,}1055 < x_{MS,DE} \leq 999{,}9504 \\ 10 & \text{wenn} \quad x_{MS,DE} > 999{,}9504 \end{cases}$$
PG_{DE}	$PG_{DE} = -1{,}669 \cdot ln(x_{PG,DE}) + 6{,}1569$
	Definitionsbereich PG_{DE}: $[x_{PG,DE}] = \mu m$ $$D_f = \mathbb{R}^+ \rightarrow D_{f\mid PG_{DE}} := \begin{cases} 0 & \text{wenn} \quad x_{PG,DE} > 40{,}0045 \\ PG_{DE} & \text{wenn } 0{,}1 < x_{PG,DE} \leq 40{,}0045 \\ 10 & \text{wenn} \quad x_{PG,DE} \leq 0{,}1 \end{cases}$$
RA_{DE}	$RA_{DE} = -50 \cdot x_{RA,DE} + 12$
	Definitionsbereich RA_{DE}: $[x_{RA,DE}] = \mu m$ $$D_f = \mathbb{R}^+ \rightarrow D_{f\mid RA_{DE}} := \begin{cases} 0 & \text{wenn} \quad x_{RA,SE} > 0{,}24 \\ RA_{DE} & \text{wenn } 0{,}04 < x_{RA,SE} \leq 0{,}24 \\ 10 & \text{wenn} \quad x_{RA,SE} \leq 0{,}04 \end{cases}$$
STR_{DE}	$STR_{DE} = 0{,}02 \cdot x_{STR,DE}$

	Definitionsbereich STR_{DE}: $[x_{STR,DE}] = mm^2/min$ $D_f = \mathbb{R}^+ \to D_{f\|STR_{DE}} := \begin{cases} 0 & \text{wenn} \quad x_{STR,DE} \leq 0 \\ STR_{DE} & \text{wenn } 0 < x_{STR,DE} \leq 500 \\ 10 & \text{wenn} \quad x_{STR,DE} > 500 \end{cases}$
WWP_{DE}	$WWP_{DE} = 4{,}5289 \cdot ln(x_{WWP,DE}) - 2{,}2644$
	Definitionsbereich WWP_{DE}: $[x_{WWP,DE}] = Jahre$ $D_f = \mathbb{R}^+ \to D_{f\|WWP_{DE}} := \begin{cases} 0 & \text{wenn} \quad x_{WWP,DE} > 1{,}6487 \\ WWP_{DE} & \text{wenn } 1{,}6487 < x_{WWP,DE} \leq 14{,}9997 \\ 10 & \text{wenn} \quad x_{WWP,DE} \leq 14{,}9997 \end{cases}$

Selektive Zusammenhänge

Kennzahl	Selektive Funktionen
AA_{DE}	$AA_{DE} = MAX(10 \cdot AF_{DE,1/0}; 8 \cdot AV_{DE,1/0}; 4 \cdot AD_{DE,1/0}; 2 \cdot AZ_{DE,1/0})$
DE_{DE}	$DE_{DE} = MAX(10 \cdot DC_{DE,1/0}; 5 \cdot DW_{DE,1/0})$
DWS_{DE}	$DWS_{DE} = MAX(10 \cdot DWB_{DE,1/0}; 5 \cdot DWU_{DE,1/0})$
FD_{DE}	$FD_{DE} = 5 \cdot IF_{DE,1/0} + 5 \cdot ID_{DE,1/0}$
ST_{DE}	$ST_{DE} = MAX(10 \cdot NW_{DE,1/0}; 6 \cdot OP_{DE,1/0}; 3 \cdot DT_{DE,1/0})$
WA_{DE}	$WA_{DE} = MAX(5 \cdot WPE_{DE,1/0}; 4 \cdot WPV_{DE,1/0}; 2 \cdot WPR_{DE,1/0}; 0 \cdot WPK_{DE,1/0}) + MAX(5 \cdot WAH_{DE,1/0}; 4 \cdot WAJ_{DE,1/0}; 3 \cdot WAZ_{DE,1/0}; 2 \cdot WAD_{DE,1/0}; 1 \cdot WAB_{DE,1/0})$

Kennzahlenverzeichnis

Kennzahl	Bezeichnung	Kennzahl	Bezeichnung
AA_{DE}	Achsanzahl	$AV_{DE,1/0}$	Vierachsig
$AD_{DE,1/0}$	Dreiachsig	$AZ_{DE,1/0}$	Zweiachsig
$ADE_{DE,1/0}$	Automatische Drahteinfädelung	$CM_{DE,1/0}$	CAM-Datenschnittstelle
$AF_{DE,1/0}$	Fünfachsig	$DC_{DE,1/0}$	Kohlenstoffbasiertes Dielektrikum
$AK_{DE,1/0}$	Arbeitsraumkapselung	DD_{DE}	Minimaler Drahtdurchmesser
AR_{DE}	Arbeitsraum	DE_{DE}	Dielektrikum

$DET_{DE,1/0}$	Automatische Drahtentsorgung	PG_{DE}	Achspositioniergenauigkeit
$DT_{DE,1/0}$	Datenzufuhr über Datenträger	$PZÜ_{DE,1/0}$	Prozessüberwachung
$DW_{DE,1/0}$	Wasserbasiertes Dielektrikum	$Q_{M,DE}$	Qualität
$DWB_{DE,1/0}$	Beschichtete Drähte	RA_{DE}	Minimale Rauheit
DWS_{DE}	Drahtwerkstoff	$SD_{DE,1/0}$	Schwingungsdämpfung
$DWU_{DE,1/0}$	Unbeschichtete Drähte	$SPV_{DE,1/0}$	Schnellspannvorrichtung
$F_{M,DE}$	Flexibilität	ST_{DE}	Steuerung
FD_{DE}	Filtration und Deionisierung	STR_{DE}	Schnittrate
$GF_{DE,1/0}$	Geschlossene Drahtführung	$TMK_{DE,1/0}$	Temperaturkompensation
GM_{DE}	Aufspanngewicht	WA_{DE}	Wartung
GU_{DE}	Generatorupdate	$WAB_{DE,1/0}$	Wartung bei Bedarf
$ID_{DE,1/0}$	Integrierte Deionisierung	$WAD_{DE,1/0}$	Dreijährliche Wartung
$IF_{DE,1/0}$	Integrierte Filtration	$WAH_{DE,1/0}$	Wartung halbjährlich
$KA_{DE,1/0}$	Klimatisierte Aufstellung	$WAJ_{DE,1/0}$	Wartung jährlich
KW_{DE}	Maximaler Konizitätswinkel	$WAZ_{DE,1/0}$	Zweijährliche Wartung
$L_{M,DE}$	Leistungsfähigkeit	$WPK_{DE,1/0}$	Kein Wartungsplan
MA_{DE}	Maschinenalter	$WPR_{DE,1/0}$	Wartungsplan im Rückstand
MS_{DE}	Maximale Schnitthöhe	$WPV_{DE,1/0}$	Wartungsvertrag
$NW_{DE,1/0}$	Datenzufuhr via Netzwerk-anbindung	$WPE_{DE,1/0}$	Wartungsplan eingehalten
$OP_{DE,1/0}$	Datenzufuhr via Online-Programmierung	$WW_{DE,1/0}$	Werkstückwechselsystem
$P_{M,DE}$	Produktivität	WWP_{DE}	Platzanzahl Werkstück-wechselsystem
$PA_{DE,1/0}$	Palettiersystem	$ZDS_{DE,1/0}$	Zweidrahtsystem

D.2 Ressourcenbewertung – Handlingsystem

Resource Evaluation – Handling System

(Ressourcen-)Produktivität Handlingsystem:

$$P_H = w_{P,H,1} \cdot PL_H + w_{P,H,2} \cdot TG_H + w_{P,H,3} \cdot GA_H + w_{P,H,4} \cdot CR_H + w_{P,H,5} \cdot AA_H + w_{P,H,6} \cdot AM_H + w_{P,H,7} \cdot 10 \cdot GW_{H,1/0}$$

(Ressourcen-)Flexibilität Handlingsystem:

$$F_H = w_{F,H,1} \cdot PL_H + w_{F,H,2} \cdot TG_H + w_{F,H,3} \cdot TD_H + w_{F,H,4} \cdot GA_H + w_{F,H,5} \cdot 10 \cdot GW_{H,1/0} + w_{F,H,6} \cdot SPS_H + w_{F,H,7} \cdot EB_H + w_{F,H,8} \cdot AA_H$$

(Ressourcen-)Qualität Handlingsystem:

$$Q_H = w_{Q,H,1} \cdot PG_H + w_{Q,H,2} \cdot AN_H + w_{Q,H,3} \cdot WA_H + w_{Q,H,4} \cdot IS_H$$

(Ressourcen-)Leistungsfähigkeit Handlingsystem:

$$L_H = \sqrt{\frac{P_H^2 + F_H^2 + Q_H^2}{3}}$$

Mathematische Zusammenhänge

Kennzahl	Mathematische Funktionen
AA_H	$AA_H = 0{,}0292 \cdot {x_{AA,H}}^2 + 0{,}9162 \cdot x_{AA,H} + 1{,}0061$
	Definitionsbereich AA_H: $[x_{AA,H}] = Anzahl$ $D_f = \mathbb{R}^+ \rightarrow D_{f\mid AA_H} := \begin{cases} 0 & \text{wenn } x_{AA,H} \leq 0 \\ AA_H & \text{wenn } 0 < x_{AA,H} \leq 7{,}8517 \\ 10 & \text{wenn } x_{AA,H} > 7{,}8517 \end{cases}$
AM_H	$AM_H = 3{,}0552 \cdot \ln(x_{AM,H}) + 0{,}8199$
	Definitionsbereich AM_H: $[x_{AM,H}] = Anzahl$ $D_f = \mathbb{R}^+ \rightarrow D_{f\mid AM_H} := \begin{cases} 0 & \text{wenn } x_{AM,H} \leq 0{,}7646 \\ AM_H & \text{wenn } 0{,}7946 < x_{AM,H} \leq 20{,}1811 \\ 10 & \text{wenn } x_{AM,H} > 20{,}1811 \end{cases}$
AN_H	$AN_H = 0{,}5 \cdot (20 - x_{AN,H})$

	Definitionsbereich AN_H: $[x_{AN,H}] = Jahre$ $D_f = \mathbb{R}^+ \rightarrow D_{f\|AN_H} := \begin{cases} 0 & \text{wenn} \quad x_{AN,H} > 20 \\ AN_H & \text{wenn } 0 < x_{AN,H} \leq 20 \\ 10 & \text{wenn} \quad x_{AN,H} \leq 0 \end{cases}$
CR_H	$CR_H = -3{,}1796 \cdot 10^{-5} \cdot x_{CR,H}{}^2 + 3{,}8555 \cdot 10^{-2} \cdot x_{CR,H} - 0{,}0548$
	Definitionsbereich CR_H: $[x_{CR,H}] = °$ $D_f = \mathbb{R}^+ \rightarrow D_{f\|CR_H} := \begin{cases} 0 & \text{wenn} \quad x_{CR,H} \leq 1{,}423 \\ CR_H & \text{wenn } 1{,}423 < x_{CR,H} \leq 379{,}6696 \\ 10 & \text{wenn} \quad x_{CR,H} > 379{,}6696 \end{cases}$
PL_H	$PL_H = 3{,}5072 \cdot \ln(x_{PL,H,x} \cdot x_{PL,H,y}) - 35{,}8359$
	Definitionsbereich PL_H: $[x_{PL,H,x}] = mm, [x_{PL,H,y}] = mm$ $D_f = \mathbb{R}^+ \rightarrow D_{f\|PL_H} := \begin{cases} 0 & \text{wenn} \quad x_{PL,H,x} \cdot x_{PL,H,y} \leq 27.386{,}5988 \\ PL_H & \text{wenn } 27.386{,}5988 < x_{PL,H,x} \cdot x_{PL,H,y} \leq 474.058{,}708 \\ 10 & \text{wenn} \quad x_{PL,H,x} \cdot x_{PL,H,y} > 474{,}058{,}708 \end{cases}$
PG_H	$PG_H = -1{,}415 \cdot \ln(x_{PG,H}) + 12{,}361$
	Definitionsbereich PG_H: $[x_{PG,H}] = \mu m$ $D_f = \mathbb{R}^+ \rightarrow D_{f\|PG_H} := \begin{cases} 0 & \text{wenn} \quad x_{PG,H} \leq 2.000 \\ PG_H & \text{wenn } 2.000 < x_{PG,H} \leq 5{,}3047 \\ 10 & \text{wenn} \quad x_{PG,H} > 5{,}3047 \end{cases}$
TD_H	$TD_H = 4{,}0014 \cdot ln(x_{TD,H}) + 1{,}208$
	Definitionsbereich TD_H: $[x_{TD,H}] = Anzahl$ $D_f = \mathbb{R}^+ \rightarrow D_{f\|TD_H} := \begin{cases} 0 & \text{wenn} \quad x_{TD,H} \leq 0 \\ TD_H & \text{wenn } 0 < x_{TD,H} \leq 9 \\ 10 & \text{wenn} \quad x_{TD,H} > 9 \end{cases}$
TG_H	$TG_H = 1{,}47 \cdot 10^{-8} \cdot x_{TG,H}{}^3 - 3{,}2189 \cdot 10^{-5} \cdot x_{TG,H}{}^2 + 2{,}6291559 \cdot 10^{-2} \cdot x_{TG,H} + 1{,}1749126663$
	Definitionsbereich TG_H: $[x_{TG,H}] = kg$ $D_f = \mathbb{R}^+ \rightarrow D_{f\|TG_H} := \begin{cases} 0 & \text{wenn} \quad x_{TG,H} \leq 0 \\ TG_H & \text{wenn } 0 < x_{TG,H} \leq 1.003{,}6482 \\ 10 & \text{wenn} \quad x_{TG,H} > 1.003{,}6482 \end{cases}$

Selektive Zusammenhänge

Kennzahl	Selektive Funktionen
EB_H	$EB_H = MAX(10 \cdot EB_{3,H}; 7 \cdot EB_{2,H}; 5 \cdot EB_{1,H}; 0 \cdot EB_{0,H})$
GA_H	$GA_H = MAX(10 \cdot GAR_{H,1/0}; 8 \cdot GAW_{H,1/0}; 7 \cdot GAS_{H,1/0}; 5 \cdot GAD_{H,1/0}; 2 \cdot GAE_{H,1/0})$
IS_H	$IS_H = MAX(10 \cdot ISR_{H,1/0}; 7 \cdot ISQ_{H,1/0}; 5 \cdot ISB_{H,1/0}; 0 \cdot ISK_{H,1/0})$
SPS_H	$SPS_H = MAX(10 \cdot SPG_{H,1/0}; 8 \cdot SPN_{H,1/0}; 7 \cdot SPNN_{H,1/0}; 6 \cdot SPH_{H,1/0}; 3 \cdot SPM_{H,1/0})$
WA_H	$WA_H = MAX(5 \cdot WPE_{H,1/0}; 4 \cdot WPV_{H,1/0}; 2 \cdot WPR_{H,1/0}; 0 \cdot WPK_{H,1/0}) + MAX(5 \cdot WAH_{H,1/0}; 4 \cdot WAJ_{H,1/0}; 3 \cdot WAZ_{H,1/0}; 2 \cdot WAD_{H,1/0}; 1 \cdot WAB_{H,1/0})$

Kennzahlenverzeichnis

Kennzahl	Bezeichnung	Kennzahl	Bezeichnung
AA_H	Achsanzahl	IS_H	Identifikationssystem
AM_H	Maximale Anzahl verketteter Maschinen	$ISB_{H,1/0}$	Identifikationssystem Barcode
AN_H	Anlagenalter	$ISK_{H,1/0}$	Kein Identifikationssystem
CR_H	C-Rotationsbereich	$ISQ_{H,1/0}$	Identifikationssystem QR-Code
EB_H	Erweiterbarkeit	$ISR_{H,1/0}$	Identifikationssystem RFID-Code
$EB_{3,H}$	Erweiterbarkeit sehr gut möglich	L_H	Leistungsfähigkeit
$EB_{2,H}$	Erweiterbarkeit gut möglich	P_H	Produktivität
$EB_{1,H}$	Erweiterbarkeit möglich	PG_H	Positioniergenauigkeit
$EB_{0,H}$	Erweiterbarkeit nicht möglich	PL_H	Maximale Palettengröße
F_H	Flexibilität	Q_H	Qualität
GA_H	Greiferart	$SPG_{H,1/0}$	Magnetisches Spannsystem
$GAD_{H,1/0}$	Doppelgreifer	$SPH_{H,1/0}$	Hydraulisches Spannsystem
$GAE_{H,1/0}$	Einfachgreifer	$SPM_{H,1/0}$	Manuelles Spannsystem
$GAR_{H,1/0}$	Doppel-Dreh-Schwenkgreifer	$SPN_{H,1/0}$	Nullpunktspannsystem
$GAS_{H,1/0}$	Schwenkgreifer 90°	$SPNN_{H,1/0}$	Pneumatisches Spannsystem
$GAW_{H,1/0}$	Schwenkgreifer 180°	SPS_H	Spannsystem
$GW_{H,1/0}$	Greiferwechsel	TD_H	Technologiediversität

TG_H	Maximales Transfergewicht	$WAZ_{H,1/0}$	Zweijährliche Wartung
WA_H	Wartung	$WPK_{H,1/0}$	Kein Wartungsplan
$WAB_{H,1/0}$	Wartung bei Bedarf	$WPR_{H,1/0}$	Wartungsplan im Rückstand
$WAD_{H,1/0}$	Dreijährliche Wartung	$WPV_{H,1/0}$	Wartungsvertrag
$WAH_{H,1/0}$	Wartung halbjährlich	$WPE_{H,1/0}$	Wartungsplan eingehalten
$WAJ_{H,1/0}$	Wartung jährlich		

D.3 Ressourcenbewertung – Peripherie

Resource Evaluation – Periphery

(Ressourcen-)Leistungsfähigkeit Peripherie:

$$L_{PE} = w_{L,PE,1} \cdot L_{BEL} + w_{L,PE,2} \cdot L_{MAG} + w_{L,PE,3} \cdot L_{WSZ} + w_{L,PE,4} \cdot L_{WST} + w_{L,PE,5} \cdot L_{WSS} + w_{L,PE,6} \cdot L_{MSS}$$

D.3.1 Ressourcenbewertung Beladestation

Resource Evaluation Loading Station

(Ressourcen-)Produktivität Beladestation:

$$P_{BEL} = w_{P,BEL,1} \cdot PL_{BEL} + w_{P,BEL,2} \cdot BG_{BEL} + w_{P,BEL,3} \cdot 10 \cdot BS_{BEL,1/0} + w_{P,BEL,4} \cdot 10 \cdot KB_{BEL,1/0} + w_{P,BEL,5} \cdot IS_{BEL,P}$$

(Ressourcen-)Flexibilität Beladestation:

$$F_{BEL} = w_{F,BEL,1} \cdot SPS_{BEL} + w_{F,BEL,2} \cdot 10 \cdot WIN_{BEL,1/0} + w_{F,BEL,3} \cdot 10 \cdot WSW_{BEL,1/0}$$

(Ressourcen-)Qualität Beladestation:

$$Q_{BEL} = w_{Q,BEL,1} \cdot 10 \cdot PU_{BEL,1/0} + w_{Q,BEL,2} \cdot IS_{BEL,Q} + w_{Q,BEL,3} \cdot WS_{BEL} + w_{Q,BEL,4} \cdot 10 \cdot FDI_{BEL,1/0}$$

(Ressourcen-)Leistungsfähigkeit Beladestation:

$$L_{BEL} = \sqrt{\frac{P_{BEL}^2 + F_{BEL}^2 + Q_{BEL}^2}{3}}$$

Mathematische Zusammenhänge

Kennzahl	Mathematische Funktionen
PL_{BEL}	$PL_{BEL} = 1{,}8422 \cdot \ln(x_{PL,BEL,x} \cdot x_{PL,BEL,y}) - 18{,}4159$
	Definitionsbereich PL_{BEL}: $[x_{PL,BEL,x}] = mm, [x_{PL,BEL,y}] = mm$ $D_f = \mathbb{R}^+ \rightarrow D_{f\|PL_{BEL}}$ $D_{f\|PL_{BEL}} := \begin{cases} 0 & \text{wenn } x_{PL,BEL,x} \cdot x_{PL,BEL,y} \leq 21.953{,}6511 \\ PL_{BEL} & \text{wenn } 21.953{,}6511 < x_{PL,BEL,x} \cdot x_{PL,BEL,y} \leq 5.000.162{,}656 \\ 10 & \text{wenn } x_{PL,BEL,x} \cdot x_{PL,BEL,y} > 5.000.162{,}656 \end{cases}$
BG_{BEL}	$BG_{BEL} = 1{,}7863 \cdot \ln(x_{BG,BEL}) - 4{,}8157$
	Definitionsbereich BG_{BEL}: $[x_{BG,BEL}] = kg$ $D_f = \mathbb{R}^+ \rightarrow D_{f\|BG_{BEL}} := \begin{cases} 0 & \text{wenn } x_{BG,BEL} \leq 14{,}819 \\ BG_{BEL} & \text{wenn } 14{,}819 < x_{BG,BEL} \leq 4.000{,}0876 \\ 10 & \text{wenn } x_{BG,BEL} > 4.000{,}0876 \end{cases}$

Selektive Zusammenhänge

Kennzahl	Selektive Funktionen
$IS_{BEL,P}$	$IS_{BEL,P} = MAX(10 \cdot ISR_{BEL,1/0}; 6 \cdot ISQ_{BEL,1/0}; 3 \cdot ISB_{BEL,1/0}; 0 \cdot ISK_{BEL,1/0})$
SPS_{BEL}	$SPS_{BEL} = MAX(10 \cdot SPG_{BEL,1/0}; 9 \cdot SPN_{BEL,1/0}; 7 \cdot SPP_{BEL,1/0}; 5 \cdot SSS_{BEL,1/0}; 3 \cdot SPM_{BEL,1/0})$
$IS_{BEL,Q}$	$IS_{BEL,Q} = MAX(10 \cdot ISR_{BEL,1/0}; 7 \cdot ISQ_{BEL,1/0}; 5 \cdot ISB_{BEL,1/0}; 0 \cdot ISK_{BEL,1/0})$
WS_{BEL}	$WS_{BEL} = MAX(10 \cdot WPE_{BEL,1/0}; 8 \cdot WPV_{BEL,1/0}; 4 \cdot WPR_{BEL,1/0}; 0 \cdot WPK_{BEL,1/0})$

Kennzahlenverzeichnis

Kennzahl	Bezeichnung	Kennzahl	Bezeichnung
BG_{BEL}	Maximales Beladegewicht	Q_{BEL}	Qualität
$BS_{BEL,1/0}$	Beladung ohne Stopp	$SPG_{BEL,1/0}$	Magnetisches Spannsystem
F_{BEL}	Flexibilität	$SPM_{BEL,1/0}$	Manuelles Spannsystem
$FDI_{BEL,1/0}$	Ferndiagnose	$SPN_{BEL,1/0}$	Nullpunktspannsystem
$IS_{BEL,P}$	Identifikationssystem	$SPP_{BEL,1/0}$	Vakuumspannsystem
$IS_{BEL,Q}$	Identifikationssystem	SPS_{BEL}	Spannsystem
$ISB_{BEL,1/0}$	Identifikationssystem Barcode	$SSS_{BEL,1/0}$	Schnellspannsystem
$ISK_{BEL,1/0}$	Kein Identifikationssystem	$WIN_{BEL,1/0}$	Werkzeugintegration
$ISQ_{BEL,1/0}$	Identifikationssystem QR-Code	$WPK_{BEL,1/0}$	Kein Wartungsplan
$ISR_{BEL,1/0}$	Identifikationssystem RFID-Code	$WPR_{BEL,1/0}$	Wartungsplan im Rückstand
$KB_{BEL,1/0}$	Kranbeladung möglich	$WPV_{BEL,1/0}$	Wartungsvertrag
L_{BEL}	Leistungsfähigkeit	$WPE_{BEL,1/0}$	Wartungsplan eingehalten
P_{BEL}	Produktivität	WS_{BEL}	Wartungsstrategie
PL_{BEL}	Maximale Palettengröße	$WSW_{BEL,1/0}$	Werkstückintegration
$PU_{BEL,1/0}$	Prozessüberwachung		

D.3.2 Ressourcenbewertung Magazin

Resource Evaluation Magazine

(Ressourcen-)Produktivität Magazin:

$$P_{MAG} = w_{P,MAG,1} \cdot PL_{MAG} + w_{P,MAG,2} \cdot BG_{MAG} + w_{P,MAG,3} \cdot WSP_{MAG} + w_{P,MAG,4} \cdot WZP_{MAG} + w_{P,MAG,5} \cdot BA_{MAG,P} + w_{P,MAG,6} \cdot 10 \cdot ESK_{MAG,1/0} + w_{P,MAG,7} \cdot 10 \cdot BSD_{MAG,1/0} + w_{P,MAG,8} \cdot IS_{MAG,P}$$

(Ressourcen-)Flexibilität Magazin:

$$F_{MAG} = w_{F,MAG,1} \cdot BA_{MAG,F} + w_{F,MAG,2} \cdot 10 \cdot WIN_{MAG,1/0} + w_{F,MAG,3} \cdot 10 \cdot WSW_{MAG,1/0} + w_{F,MAG,4} \cdot SSA_{MAG} + w_{F,MAG,5} \cdot 10 \cdot BMH_{MAG,1/0} + w_{F,MAG,6} \cdot 10 \cdot ESK_{MAG,1/0} + w_{F,MAG,7} \cdot 10 \cdot MZ_{MAG,1/0} + w_{F,MAG,8} \cdot 10 \cdot IH_{MAG,1/0} + w_{F,MAG,9} \cdot 10 \cdot KB_{MAG,1/0} + w_{F,MAG,10} \cdot 10 \cdot SST_{MAG,1/0}$$

(Ressourcen-)Qualität Magazin:

$$Q_{MAG} = w_{Q,MAG,1} \cdot ZV_{MAG} + w_{Q,MAG,2} \cdot 10 \cdot SST_{MAG,1/0} + w_{Q,MAG,3} \cdot 10 \cdot ABT_{MAG,1/0} + w_{Q,MAG,4} \cdot TRO_{MAG} + w_{Q,MAG,5} \cdot 10 \cdot TKO_{MAG,1/0} + w_{Q,MAG,6} \cdot WS_{MAG} + w_{Q,MAG,7} \cdot 10 \cdot FDI_{MAG,1/0} + w_{Q,MAG,8} \cdot IS_{MAG,Q}$$

(Ressourcen-)Leistungsfähigkeit Magazin:

$$L_{MAG} = \sqrt{\frac{P_{MAG}^2 + F_{MAG}^2 + Q_{MAG}^2}{3}}$$

Mathematische Zusammenhänge

Kennzahl	Mathematische Funktionen
PL_{MAG}	$PL_{MAG} = 1{,}8422 \cdot \ln(x_{PL,MAG,x} \cdot x_{PL,MAG,y}) - 18{,}4159$
	Definitionsbereich PL_{MAG}: $[x_{PL,MAG,x}] = mm, [x_{PL,MAG,y}] = mm$ $D_f = \mathbb{R}^+ \rightarrow D_{f\|PL_{MAG}}$ $D_{f\|PL_{MAG}} := \begin{cases} 0 & \text{wenn } x_{PL,MAG,x} \cdot x_{PL,MAG,y} \leq 21.953{,}6511 \\ PL_{MAG} & \text{wenn } 21.953{,}6511 < x_{PL,MAG,x} \cdot x_{PL,MAG,y} \leq 5.000.162{,}656 \\ 10 & \text{wenn } x_{PL,MAG,x} \cdot x_{PL,MAG,y} > 5.000.162{,}656 \end{cases}$
BG_{MAG}	$BG_{MAG} = 1{,}7898 \cdot \ln(x_{BG,MAG}) - 7{,}7253$
	Definitionsbereich BG_{MAG}: $[x_{BG,MAG}] = kg$ $D_f = \mathbb{R}^+ \rightarrow D_{f\|BG_{MAG}} := \begin{cases} 0 & \text{wenn } x_{BG,MAG} \leq 74{,}9104 \\ BG_{MAG} & \text{wenn } 74{,}9104 < x_{BG,MAG} \leq 20.000{,}4244 \\ 10 & \text{wenn } x_{BG,MAG} > 20.000{,}4244 \end{cases}$
WSP_{MAG}	$WSP_{MAG} = 1{,}958 \cdot \ln(x_{WSP,MAG}) - 1{,}6565$
	Definitionsbereich WSP_{MAG}: $[x_{WSP,MAG}] = Anzahl$ $D_f = \mathbb{R}^+ \rightarrow D_{f\|WSP_{MAG}} := \begin{cases} 0 & \text{wenn } x_{WSP,MAG} \leq 2{,}3304 \\ WSP_{MAG} & \text{wenn } 2{,}3304 < x_{WSP,MAG} \leq 385{,}0097 \\ 10 & \text{wenn } x_{WSP,MAG} > 385{,}0097 \end{cases}$
WZP_{MAG}	$WZP_{MAG} = 2{,}9509 \cdot \ln(x_{WZP,MAG}) - 10{,}9222$
	Definitionsbereich WZP_{MAG}: $[x_{WZP,MAG}] = Anzahl$ $D_f = \mathbb{R}^+ \rightarrow D_{f\|WZP_{MAG}} := \begin{cases} 0 & \text{wenn } x_{WZP,MAG} \leq 40{,}5004 \\ WZP_{MAG} & \text{wenn } 40{,}5004 < x_{WZP,MAG} \leq 1.200{,}0375 \\ 10 & \text{wenn } x_{WZP,MAG} > 1.200{,}0375 \end{cases}$

Selektive Zusammenhänge

Kennzahl	Selektive Funktionen
$BA_{MAG,P}$	$BA_{MAG,P} = MAX(10 \cdot BAR_{MAG,1/0}; 7 \cdot BAG_{MAG,1/0})$
$IS_{MAG,P}$	$IS_{MAG,P} = MAX(10 \cdot ISR_{MAG,1/0}; 6 \cdot ISQ_{MAG,1/0}; 3 \cdot ISB_{MAG,1/0}; 0 \cdot ISK_{MAG,1/0})$
$BA_{MAG,F}$	$BA_{MAG,F} = MAX(10 \cdot BAG_{MAG,1/0}; 7 \cdot BAR_{MAG,1/0})$
SSA_{MAG}	$SSA_{MAG} = 7 \cdot SAP_{MAG,1/0} + 3 \cdot SAW_{MAG,1/0}$
ZV_{MAG}	$ZV_{MAG} = MAX(10 \cdot ZVB_{MAG,1/0}; 7 \cdot ZVL_{MAG,1/0})$
TRO_{MAG}	$TRO_{MAG} = MAX(10 \cdot TRG_{MAG,1/0}; 7 \cdot TRD_{MAG,1/0})$
WS_{MAG}	$WS_{MAG} = MAX(10 \cdot WPE_{MAG,1/0}; 8 \cdot WPV_{MAG,1/0}; 4 \cdot WPR_{MAG,1/0}; 0 \cdot WPK_{MAG,1/0})$
$IS_{MAG,Q}$	$IS_{MAG,Q} = MAX(10 \cdot ISR_{MAG,1/0}; 7 \cdot ISQ_{MAG,1/0}; 5 \cdot ISB_{MAG,1/0}; 0 \cdot ISK_{MAG,1/0})$

Kennzahlenverzeichnis

Kennzahl	Bezeichnung	Kennzahl	Bezeichnung
$ABT_{MAG,1/0}$	Abfluss / Abtropfwanne	$IS_{MAG,Q}$	Identifikationssystem
$BA_{MAG,P}$	Bauart	$ISB_{MAG,1/0}$	Identifikationssystem Barcode
$BA_{MAG,F}$	Bauart	$ISK_{MAG,1/0}$	Kein Identifikationssystem
$BAG_{MAG,1/0}$	Bauart Regal	$ISQ_{MAG,1/0}$	Identifikationssystem QR-Code
$BAR_{MAG,1/0}$	Bauart Rotary	$ISR_{MAG,1/0}$	Identifikationssystem RFID-Code
BG_{MAG}	Maximales Beladegewicht	$KB_{MAG,1/0}$	Kranbeladung möglich
$BMH_{MAG,1/0}$	Beladung über Magazinhöhe	L_{MAG}	Leistungsfähigkeit
$BSD_{MAG,1/0}$	Doppelseitige Beladung	$MZ_{MAG,1/0}$	Austauschbarkeit Magazinleisten
$ESK_{MAG,1/0}$	Ebenenskalierbarkeit	P_{MAG}	Produktivität
F_{MAG}	Flexibilität	PL_{MAG}	Maximale Palettengröße
$FDI_{MAG,1/0}$	Ferndiagnose	Q_{MAG}	Qualität
$IH_{MAG,1/0}$	Integration Handlingsystem	$SAP_{MAG,1/0}$	Palettenaufnahmen
$IS_{MAG,P}$	Identifikationssystem	$SAW_{MAG,1/0}$	Werkzeugaufnahmen

SSA_{MAG}	Spannsystem-Aufnahmen	$WPV_{MAG,1/0}$	Wartungsvertrag
$SST_{MAG,1/0}$	Steuerungsschnittstelle	$WPE_{MAG,1/0}$	Wartungsplan eingehalten
$TKO_{MAG,1/0}$	Temperaturkontrolle	WS_{MAG}	Wartungsstrategie
$TRD_{MAG,1/0}$	Trocknung Druckluft	WSP_{MAG}	Werkstückplätze
$TRG_{MAG,1/0}$	Trocknung Gebläse	$WSW_{MAG,1/0}$	Werkstückintegration
TRO_{MAG}	Trocknung	WZP_{MAG}	Fertigungsmittelplätze
$WIN_{MAG,1/0}$	Werkzeugintegration	ZV_{MAG}	Zustandsvisualisierung
$WPK_{MAG,1/0}$	Kein Wartungsplan	$ZVB_{MAG,1/0}$	Zustandsvisualisierung Bildschirm
$WPR_{MAG,1/0}$	Wartungsplan im Rückstand	$ZVL_{MAG,1/0}$	Zustandsvisualisierung LED

D.3.3 Ressourcenbewertung Werkzeugspannsystem

Resource Evaluation Tool Clamping System

Leistungsfähigkeit Werkzeugspannsystem:

$$L_{WSZ} = w_{L,WSZ,1} \cdot L_{EH} + w_{L,WSZ,2} \cdot L_{FWZ}$$

D.3.3.1 Ressourcenbewertung Elektrodenspannsystem

Resource Evaluation Electrode Holder

(Ressourcen-)Produktivität Elektrodenspannsystem:

$$P_{EH} = w_{P,EH,1} \cdot SAH_{EH,P} + w_{P,EH,2} \cdot SPK_{EH} + w_{P,EH,3} \cdot SDG_{EH} + w_{P,EH,4} \cdot IS_{EH,P}$$

(Ressourcen-)Flexibilität Elektrodenspannsystem:

$$F_{EH} = w_{F,EH,1} \cdot AHE_{EH} + w_{F,EH,2} \cdot ELG_{EH} + w_{F,EH,3} \cdot SAH_{EH,F} + w_{F,EH,4} \cdot SAE_{EH}$$

(Ressourcen-)Qualität Elektrodenspannsystem:

$$Q_{EH} = w_{Q,EH,1} \cdot IS_{EH,Q} + w_{Q,EH,2} \cdot WDH_{EH} + w_{Q,EH,3} \cdot WSZ_{EH} + w_{Q,EH,4} \cdot 10 \cdot VD_{EH,1/0} + w_{Q,EH,5} \cdot 10 \cdot GR_{EH,1/0} + w_{Q,EH,6} \cdot SDG_{EH}$$

(Ressourcen-)Leistungsfähigkeit Elektrodenspannsystem:

$$L_{EH} = \sqrt{\frac{P_{EH}^2 + F_{EH}^2 + Q_{EH}^2}{3}}$$

Mathematische Zusammenhänge

Kennzahl	Mathematische Funktionen
SPK_{EH}	$SPK_{EH} = 0{,}0545 \cdot x_{SPK,EH}{}^{0{,}4882} - 0{,}7259$
	Definitionsbereich SPK_{EH}: $[x_{SPK,EH}] = N$ $D_f = \mathbb{R}^+ \to D_{f\vert SPK_{EH}} := \begin{cases} 0 & \text{wenn } x_{SPK,EH} \leq 201{,}0569 \\ SPK_{EH} & \text{wenn } 201{,}0569 < x_{SPK,EH} \leq 50.000{,}0201 \\ 10 & \text{wenn } x_{SPK,EH} > 50.000{,}0201 \end{cases}$
AHE_{EH}	$AHE_{EH} = 3{,}7005 \cdot 10^{-4} \cdot x_{AHE,EH}{}^2 - 0{,}1375 \cdot x_{AHE,EH} + 12{,}7119$
	Definitionsbereich AHE_{EH}: $[x_{AHE,EH}] = mm$ $D_f = \mathbb{R}^+ \to D_{f\vert AHE_{EH}} := \begin{cases} 0 & \text{wenn } x_{AHE,EH} > 172{,}9606 \\ AHE_{EH} & \text{wenn } 172{,}9606 \leq x_{AHE,EH} \leq 20{,}8983 \\ 10 & \text{wenn } x_{AHE,EH} < 20{,}8983 \end{cases}$
ELG_{EH}	$ELG_{EH} = 2{,}4417 \cdot x_{ELG,EH}{}^{0{,}3057}$
	Definitionsbereich ELG_{EH}: $[x_{ELG,EH}] = kg$ $D_f = \mathbb{R}^+ \to D_{f\vert ELG_{EH}} := \begin{cases} 0 & \text{wenn } x_{ELG,EH} \leq 0 \\ ELG_{EH} & \text{wenn } 0 < x_{ELG,EH} \leq 100{,}686 \\ 10 & \text{wenn } x_{ELG,EH} > 100{,}686 \end{cases}$
WDH_{EH}	$WDH_{EH} = 11{,}065 \cdot x_{WDH,EH}{}^{-0{,}758} - 1{,}065$
	Definitionsbereich WDH_{EH}: $[x_{WDH,EH}] = \mu m$ $D_f = \mathbb{R}^+ \to D_{f\vert WDH_{EH}} := \begin{cases} 0 & \text{wenn } x_{WDH,EH} > 21{,}9363 \\ WDH_{EH} & \text{wenn } 1 \leq x_{WDH,EH} \leq 21{,}9363 \\ 10 & \text{wenn } x_{WDH,EH} < 1 \end{cases}$
WSZ_{EH}	$WSZ_{EH} = 2 \cdot 10^{-6} \cdot x_{WSZ,EH}$
	Definitionsbereich WSZ_{EH}: $[x_{WSZ,EH}] = Anzahl$ $D_f = \mathbb{R}^+ \to D_{f\vert WSZ_{EH}} := \begin{cases} 0 & \text{wenn } x_{WSZ,EH} \leq 0 \\ WSZ_{EH} & \text{wenn } 0 < x_{WSZ,EH} \leq 5.000.000 \\ 10 & \text{wenn } x_{WSZ,EH} > 5.000.000 \end{cases}$

Selektive Zusammenhänge

Kennzahl	Selektive Funktionen
$SAH_{EH,P}$	$SAH_{EH,P} = MAX(10 \cdot ENP_{EH,1/0}; 6 \cdot ESS_{EH,1/0}; 3 \cdot EMP_{EH,1/0}; 0 \cdot EMV_{EH,1/0})$
SDG_{EH}	$SDG_{EH} = MAX(10 \cdot AUV_{0,EH}; 5 \cdot AUV_{1,EH}; 1 \cdot AUV_{2,EH}; 0 \cdot AUV_{3,EH})$
$IS_{EH,P}$	$IS_{EH,P} = MAX(10 \cdot ISR_{EH,1/0}; 6 \cdot ISQ_{EH,1/0}; 3 \cdot ISB_{EH,1/0}; 0 \cdot ISK_{EH,1/0})$
$SAH_{EH,F}$	$SAH_{EH,F} = MAX(10 \cdot ESS_{EH,1/0}; 8 \cdot ENP_{EH,1/0}; 2 \cdot EMP_{EH,1/0}; 0 \cdot EMV_{EH,1/0})$
SAE_{EH}	$SAE_{EH} = MAX(10 \cdot SES_{EH,1/0}; 7 \cdot SEV_{EH,1/0}; 2 \cdot SEK_{EH,1/0})$
$IS_{EH,Q}$	$IS_{EH,Q} = MAX(10 \cdot ISR_{EH,1/0}; 7 \cdot ISQ_{EH,1/0}; 5 \cdot ISB_{EH,1/0}; 0 \cdot ISK_{EH,1/0})$

Kennzahlenverzeichnis

Kennzahl	Bezeichnung	Kennzahl	Bezeichnung
AHE_{EH}	Aufbauhöhe Elektrodenhalter	$ISQ_{EH,1/0}$	Identifikationssystem QR-Code
$AUV_{0,EH}$	Anzahl Umspannvorgänge = 0	$ISR_{EH,1/0}$	Identifikationssystem RFID-Code
$AUV_{1,EH}$	Anzahl Umspannvorgänge = 1	L_{EH}	Leistungsfähigkeit
$AUV_{2,EH}$	Anzahl Umspannvorgänge = 2	P_{EH}	Produktivität
$AUV_{3,EH}$	Anzahl Umspannvorgänge > 2	Q_{EH}	Qualität
ELG_{EH}	Maximales Elektrodengewicht	SAE_{EH}	Spannart Elektroden
$EMP_{EH,1/0}$	Elektrodenhalter Magnetspann-system	$SAH_{EH,P}$	Spannart Elektrodenhalter
$EMV_{EH,1/0}$	Elektrodenhalter manuell ver-spannt	$SAH_{EH,F}$	Spannart Elektrodenhalter
$ENP_{EH,1/0}$	Elektrodenhalter Nullpunktspann-system	SDG_{EH}	Systemdurchgängigkeit
$ESS_{EH,1/0}$	Elektrodenhalter Schnellspann-system	$SEK_{EH,1/0}$	Elektrode kleben
F_{EH}	Flexibilität	$SES_{EH,1/0}$	Elektrode spannen
$GR_{EH,1/0}$	Gehärtete Referenzflächen	$SEV_{EH,1/0}$	Elektrode verschrauben
$IS_{EH,P}$	Identifikationssystem	SPK_{EH}	Spannkraft
$IS_{EH,Q}$	Identifikationssystem	$VD_{EH,1/0}$	Vibrationsdämpfung
$ISB_{EH,1/0}$	Identifikationssystem Barcode	WDH_{EH}	Wiederholgenauigkeit
$ISK_{EH,1/0}$	Kein Identifikationssystem	WSZ_{EH}	Wartung Spannzyklen

D.3.3.2 Ressourcenbewertung Fräswerkzeugspannsystem

Resource Evaluation Milling Tool Clamping System

(Ressourcen-)Produktivität Fräswerkzeugspannsystem:

$$P_{FWZ} = w_{P,FWZ,1} \cdot FS_{FWZ,P} + w_{P,FWZ,2} \cdot DZ_{FWZ} + w_{P,FWZ,3} \cdot DM_{FWZ} + w_{P,FWZ,4} \cdot WZW_{FWZ,P}$$
$$+ w_{P,FWZ,5} \cdot MSS_{FWZ} + w_{P,FWZ,6} \cdot IS_{FWZ,P} + w_{P,FWZ,7} \cdot 10 \cdot KSZ_{FWZ,1/0}$$

(Ressourcen-)Flexibilität Fräswerkzeugspannsystem:

$$F_{FWZ} = w_{F,FWZ,1} \cdot FDM_{FWZ} + w_{F,FWZ,2} \cdot FS_{FWZ,F} + w_{F,FWZ,3} \cdot WZW_{FWZ,F}$$

(Ressourcen-)Qualität Fräswerkzeugspannsystem:

$$Q_{FWZ} = w_{Q,FWZ,1} \cdot IS_{FWZ,Q} + w_{Q,FWZ,2} \cdot RLG_{FWZ} + w_{Q,FWZ,3} \cdot WG_{FWZ} + w_{Q,FWZ,4} \cdot 10 \cdot KSZ_{FWZ,1/0}$$

(Ressourcen-)Leistungsfähigkeit Fräswerkzeugspannsystem:

$$L_{FWZ} = \sqrt{\frac{P_{FWZ}^2 + F_{FWZ}^2 + Q_{FWZ}^2}{3}}$$

Mathematische Zusammenhänge

Kennzahl	Mathematische Funktionen
DZ_{FWZ}	$DZ_{FWZ} = -1 \cdot 10^{-9} \cdot {x_{DZ,FWZ}}^2 + 0{,}0002 \cdot x_{DZ,FWZ} + 0{,}4$
	Definitionsbereich DZ_{FWZ}: $[x_{DZ,FWZ}] = 1/min$ $D_f = \mathbb{R}^+ \to D_{f\mid DZ_{FWZ}} := \begin{cases} 0 & \text{wenn } x_{DZ,FWZ} \leq 0 \\ DZ_{FWZ} & \text{wenn } 0 < x_{DZ,FWZ} \leq 80.000 \\ 10 & \text{wenn } x_{DZ,FWZ} > 80.000 \end{cases}$
DM_{FWZ}	$DM_{FWZ} = 2 \cdot 10^{-8} \cdot {x_{DM,FWZ}}^3 - 3 \cdot 10^{-5} \cdot {x_{DM,FWZ}}^2 + 0{,}0206 \cdot x_{DM,FWZ} + 1{,}18$
	Definitionsbereich DM_{FWZ}: $[x_{DM,FWZ}] = Nm$ $D_f = \mathbb{R}^+ \to D_{f\mid DM_{FWZ}} := \begin{cases} 0 & \text{wenn } x_{DM,FWZ} \leq 0 \\ DM_{FWZ} & \text{wenn } 0 < x_{DM,FWZ} \leq 900 \\ 10 & \text{wenn } x_{DM,FWZ} > 900 \end{cases}$
FDM_{FWZ}	$FDM_{FWZ} = -0{,}0005 \cdot {x_{FDM,FWZ}}^2 + 0{,}1407 \cdot x_{FDM,FWZ} + 0{,}93$

	Definitionsbereich FDM_{FWZ}: $[x_{FDM,FWZ}] = mm$ $$D_f = \mathbb{R}^+ \rightarrow D_{f\mid FDM_{FWZ}} := \begin{cases} 0 & \text{wenn} \quad x_{FDM,FWZ} \leq 0 \\ FDM_{FWZ} & \text{wenn} \quad 0 < x_{FDM,FWZ} \leq 100 \\ 10 & \text{wenn} \quad x_{FDM,FWZ} > 100 \end{cases}$$
RLG_{FWZ}	$RLG_{FWZ} = -0{,}0478 \cdot x_{RLG,FWZ}{}^3 + 0{,}6355 \cdot x_{RLG,FWZ}{}^2 - 3{,}9833 \cdot x_{RLG,FWZ} + 10{,}001$
	Definitionsbereich RLG_{FWZ}: $[x_{RLG,FWZ}] = \mu m$ $$D_f = \mathbb{R}^+ \rightarrow D_{f\mid RLG_{FWZ}} := \begin{cases} 0 & \text{wenn} \quad x_{RLG,FWZ} > 4{,}9975 \\ RLG_{FWZ} & \text{wenn} \quad 0{,}0003 < x_{RLG,FWZ} \leq 4{,}9975 \\ 10 & \text{wenn} \quad x_{RLG,FWZ} \leq 0{,}0003 \end{cases}$$
WG_{FWZ}	$WG_{FWZ} = 37.915.350{,}9894 \cdot x_{WG,FWZ}{}^2 - 42.125{,}7473 \cdot x_{WG,FWZ} + 12{,}0901$
	Definitionsbereich WG_{FWZ}: $[x_{WG,FWZ}] = G/min$ $$D_f = \mathbb{R}^+ \rightarrow D_{f\mid WG_{FWZ}} := \begin{cases} 0 & \text{wenn} \quad x_{WG,FWZ} < 0{,}0005 \\ WG_{FWZ} & \text{wenn} \quad 0{,}0005 \leq x_{WG,FWZ} \leq 0{,}0001 \\ 10 & \text{wenn} \quad x_{WG,FWZ} < 0{,}0001 \end{cases}$$

Selektive Zusammenhänge

Kennzahl	Selektive Funktionen
$FS_{FWZ,P}$	$FS_{FWZ,P} = MAX(10 \cdot HDF_{FWZ,1/0}; 8 \cdot SF_{FWZ,1/0}; 6 \cdot TSF_{FWZ,1/0}; 4 \cdot FSF_{FWZ,1/0}; 2 \cdot SZ_{FWZ,1/0})$
$WZW_{FWZ,P}$	$WZW_{FWZ,P} = MAX(10 \cdot WWI_{FWZ,1/0}; 5 \cdot WWE_{FWZ,1/0})$
MSS_{FWZ}	$MSS_{FWZ} = MAX(10 \cdot MHS_{FWZ,1/0}; 6 \cdot MSK_{FWZ,1/0}; 2 \cdot MMK_{FWZ,1/0})$
$IS_{FWZ,P}$	$IS_{FWZ,P} = MAX(10 \cdot ISR_{FWZ,1/0}; 6 \cdot ISQ_{FWZ,1/0}; 3 \cdot ISB_{FWZ,1/0}; 0 \cdot ISK_{FWZ,1/0})$
$FS_{FWZ,F}$	$FS_{FWZ,F} = MAX(10 \cdot SZ_{FWZ,1/0}; 8 \cdot TSF_{FWZ,1/0}; 6 \cdot HDF_{FWZ,1/0}; 4 \cdot SF_{FWZ,1/0}; 2 \cdot FSF_{FWZ,1/0})$
$WZW_{FWZ,F}$	$WZW_{FWZ,F} = MAX(10 \cdot WWE_{FWZ,1/0}; 5 \cdot WWI_{FWZ,1/0})$
$IS_{FWZ,Q}$	$IS_{FWZ,Q} = MAX(10 \cdot ISR_{FWZ,1/0}; 7 \cdot ISQ_{FWZ,1/0}; 5 \cdot ISB_{FWZ,1/0}; 0 \cdot ISK_{FWZ,1/0})$

Kennzahlenverzeichnis

Kennzahl	Bezeichnung	Kennzahl	Bezeichnung
DM_{FWZ}	Maximales Drehmoment	$MHS_{FWZ,1/0}$	Maschinenschnittstelle HSK
DZ_{FWZ}	Maximale Drehzahl	$MMK_{FWZ,1/0}$	Maschinenschnittstelle MK
F_{FWZ}	Flexibilität	MSS_{FWZ}	Maschinenschnittstellen
FDM_{FWZ}	Maximaler Fräserdurchmesser	$MSK_{FWZ,1/0}$	Maschinenschnittstelle SK
$FS_{FWZ,P}$	Spannart Fräser	P_{FWZ}	Produktivität
$FS_{FWZ,F}$	Spannart Fräser	Q_{FWZ}	Qualität
$FSF_{FWZ,1/0}$	Flächenspannfutter	RLG_{FWZ}	Rundlaufgenauigkeit
$HDF_{FWZ,1/0}$	Hydro-Dehn-Futter	$SF_{FWZ,1/0}$	Schrumpffutter
$IS_{FWZ,P}$	Identifikationssystem	$SZ_{FWZ,1/0}$	Spannzange
$IS_{FWZ,Q}$	Identifikationssystem	$TSF_{FWZ,1/0}$	Tribosspannfutter
$ISB_{FWZ,1/0}$	Identifikationssystem Barcode	WG_{FWZ}	Wuchtgüte
$ISK_{FWZ,1/0}$	Kein Identifikationssystem	$WWE_{FWZ,1/0}$	Werkzeugwechsel maschinen-extern
$ISQ_{FWZ,1/0}$	Identifikationssystem QR-Code	$WWI_{FWZ,1/0}$	Werkzeugwechsel maschinen-intern
$ISR_{FWZ,1/0}$	Identifikationssystem RFID-Code	$WZW_{FWZ,P}$	Werkzeugwechsel
$KSZ_{FWZ,1/0}$	Kühlschmierstoffzufuhr	$WZW_{FWZ,F}$	Werkzeugwechsel
L_{FWZ}	Leistungsfähigkeit		

D.3.4 Ressourcenbewertung Werkstückspannsystem

Resource Evaluation Workpiece Clamping System

(Ressourcen-)Leistungsfähigkeit Werkstückspannsystem:

$$L_{WSP} = w_{L,WSP,1} \cdot L_{PA} + w_{L,WSP,2} \cdot L_{WST} + w_{L,WSP,3} \cdot L_{SPD}$$

D.3.4.1 Ressourcenbewertung Palettenaufnahme

Resource Evaluation Pallet Pick-up

(Ressourcen-)Produktivität Palettenaufnahme:

$$P_{PA} = w_{P,PA,1} \cdot SA_{PA} + w_{P,PA,2} \cdot ANS_{PA} + w_{P,PA,3} \cdot SPK_{PA} + w_{P,PA,4} \cdot 10 \cdot ABM_{PA,1/0}$$

(Ressourcen-)Flexibilität Palettenaufnahme:

$$F_{PA} = w_{F,PA,1} \cdot BG_{PA} + w_{F,PA,2} \cdot AHP_{PA} + w_{F,PA,3} \cdot 10 \cdot ABM_{PA,1/0} + w_{F,PA,4} \cdot 10 \cdot ZDA_{PA,1/0} \\ + w_{F,PA,5} \cdot SA_{PA}$$

(Ressourcen-)Qualität Palettenaufnahme:

$$Q_{PA} = w_{Q,PA,1} \cdot WDH_{PA} + w_{Q,PA,2} \cdot 10 \cdot TSY_{PA,1/0} + w_{Q,PA,3} \cdot WSZ_{PA} + w_{Q,PA,4} \cdot 10 \cdot VD_{PA,1/0} + w_{Q,PA,5} \cdot 10 \cdot VST_{PA,1/0} + w_{Q,PA,6} \cdot SM_{PA} + w_{Q,PA,7} \cdot 10 \cdot GR_{PA,1/0}$$

(Ressourcen-)Leistungsfähigkeit Palettenaufnahme:

$$L_{PA} = \sqrt{\frac{P_{PA}^2 + F_{PA}^2 + Q_{PA}^2}{3}}$$

Mathematische Zusammenhänge

Kennzahl	Mathematische Funktionen
SPK_{PA}	$SPK_{PA} = MAX(1{,}4466 \cdot \ln(x_{SPK,PA,k}) - 7{,}2411; 0{,}0968 \cdot \exp(0{,}4679 \cdot x_{SKU,PA,u}) - 0{,}4218)$
	Definitionsbereich SPK_{PA}: $[x_{SPK,PA,k}] = N$, $[x_{SPK,PA,u}] = N/cm^2$ $D_f = \mathbb{R}^+ \rightarrow D_{f\|SPK_{PA}} := \begin{cases} 0 & \text{wenn } x_{SPK,PA,k} \leq 149{,}2465 \\ SPK_{PA} & \text{wenn } 149{,}2465 < x_{SPK,PA,k} \leq 149.995{,}4581 \\ 10 & \text{wenn } x_{SPK,PA,k} > 149.995{,}4581 \end{cases}$ $D_f = \mathbb{R}^+ \rightarrow D_{f\|SKU_{PA}} := \begin{cases} 0 & \text{wenn } x_{SKU,PA,u} < 5 \\ SPK_{PA} & \text{wenn } 5 \leq x_{SKU,PA,u} \leq 10 \\ 10 & \text{wenn } x_{SKU,PA,u} > 10 \end{cases}$
BG_{PA}	$BG_{PA} = 1{,}5136 \cdot \ln(BG_{PA}) - 2{,}5539$
	Definitionsbereich BG_{PA}: $[x_{BG,PA}] = kg$ $D_f = \mathbb{R}^+ \rightarrow D_{f\|BG_{PA}} := \begin{cases} 0 & \text{wenn } x_{BG,PA} \leq 5{,}4049 \\ BG_{PA} & \text{wenn } 5{,}4049 < x_{BG,PA} \leq 4.000{,}0669 \\ 10 & \text{wenn } x_{BG,PA} > 4.000{,}0669 \end{cases}$
AHP_{PA}	$AHP_{PA} = -3{,}485 \cdot \ln(x_{AHP,PA}) + 20{,}073$
	Definitionsbereich AHP_{PA}: $[x_{AHP,PA}] = mm$ $D_f = \mathbb{R}^+ \rightarrow D_{f\|AHP_{PA}} := \begin{cases} 0 & \text{wenn } x_{AHP,PA} > 317{,}2937 \\ AHP_{PA} & \text{wenn } 18{,}0003 < x_{AHP,PA} \leq 317{,}2937 \\ 10 & \text{wenn } x_{AHP,PA} \leq 18{,}0003 \end{cases}$
WDH_{PA}	$WDH_{PA} = 11{,}065 \cdot x_{WDH,PA}^{-0{,}758} - 1{,}065$

	Definitionsbereich WDH_{PA}: $[x_{WDH,PA}] = \mu m$ $$D_f = \mathbb{R}^+ \to D_{f\mid WDH_{PA}} := \begin{cases} 0 & \text{wenn} \quad x_{WDH,PA} > 21{,}9363 \\ WDH_{PA} & \text{wenn} \quad 1 < x_{WDH,PA} \leq 21{,}9363 \\ 10 & \text{wenn} \quad x_{WDH,PA} \leq 1 \end{cases}$$
WSZ_{PA}	$WSZ_{PA} = 2{,}3829 \cdot \ln(x_{WSZ,PA}) - 26{,}8043$
	Definitionsbereich WSZ_{PA}: $[x_{WSZ,PA}] = Anzahl$ $$D_f = \mathbb{R}^+ \to D_{f\mid WSZ_{PA}} := \begin{cases} 0 & \text{wenn} \quad x_{WSZ,PA} \leq 76.772{,}7195 \\ WSZ_{PA} & \text{wenn} \quad 76.772{,}7195 < x_{WSZ,PA} \leq 5.102.146{,}285 \\ 10 & \text{wenn} \quad x_{WSZ,PA} > 5.102.146{,}285 \end{cases}$$

Selektive Zusammenhänge

Kennzahl	Selektive Funktionen
SA_{PA}	$SA_{SP} = MAX(10 \cdot SAM_{PA,1/0}; 9 \cdot SAN_{PA,1/0}; 7 \cdot SAV_{PA,1/0}; 5 \cdot SAS_{PA,1/0}; 2 \cdot SAK_{PA,1/0})$
ANS_{PA}	$ANS_{PA} = MAX(10 \cdot AP_{PA,1/0}; 8 \cdot AH_{PA,1/0}; 4 \cdot AE_{PA,1/0})$
SM_{PA}	$SM_{PA} = MAX(10 \cdot SMA_{PA,1/0}; 4 \cdot SMI_{PA,1/0})$

Kennzahlenverzeichnis

Kennzahl	Bezeichnung	Kennzahl	Bezeichnung
$ABM_{PA,1/0}$	Aufbaumodule 5-Achs-Bearbeitung	P_{PA}	Produktivität
$AE_{PA,1/0}$	Elektrik-Anschluss	Q_{PA}	Qualität
$AH_{PA,1/0}$	Hydraulik-Anschluss	SA_{PA}	Spannart
AHP_{PA}	Aufbauhöhe	$SAK_{PA,1/0}$	Spannart konventionelles Spannen
ANS_{PA}	Anschlüsse	$SAM_{PA,1/0}$	Spannart Magnetspannen
$AP_{PA,1/0}$	Pneumatik-Anschluss	$SAN_{PA,1/0}$	Spannart Nullpunktspannen
BG_{PA}	Maximales Beladegewicht	$SAS_{PA,1/0}$	Spannart Schnellspannen
F_{PA}	Flexibilität	$SAV_{PA,1/0}$	Spannart Vakuumspannen
$GR_{PA,1/0}$	Gehärtete Referenzflächen	SM_{PA}	Lage Spannmechanismus
L_{PA}	Leistungsfähigkeit	$SMA_{PA,1/0}$	Spannmechanismus außen

$SMI_{PA,1/0}$	Spannmechanismus innen	$VST_{PA,1/0}$	Verschlussstopfen
SPK_{PA}	Spannkraft	WDH_{PA}	Wiederholgenauigkeit
$TSY_{PA,1/0}$	Thermosymmetrie	WSZ_{PA}	Wartung Spannzyklen
$VD_{PA,1/0}$	Vibrationsdämpfung	$ZDA_{PA,1/0}$	Zusätzliche Drehachse

D.3.4.2 Ressourcenbewertung Werkstückträger (Palette)

Resource Evaluation Workpiece Holder (Pallet)

(Ressourcen-)Produktivität Werkstückträger (Palette):

$$P_{WST} = w_{P,WST,1} \cdot PL_{WST,P} + w_{P,WST,2} \cdot BG_{WST} + w_{P,WST,3} \cdot AZU_{WST} + w_{P,WST,4} \cdot SPA_{WST,P}$$
$$+ w_{P,WST,5} \cdot 10 \cdot MPL_{WST,1/0} + w_{P,WST,6} \cdot IS_{WST,P}$$

(Ressourcen-)Flexibilität Werkstückträger (Palette):

$$F_{WST} = w_{F,WST,1} \cdot PL_{WST,F} + w_{F,WST,2} \cdot PH_{WST} + w_{F,WST,3} \cdot SPA_{WST,F} + w_{F,WST,4} \cdot EGG_{WST}$$

(Ressourcen-)Qualität Werkstückträger (Palette):

$$Q_{WST} = w_{Q,WST,1} \cdot IS_{WST,Q} + w_{Q,WST,2} \cdot 10 \cdot TSY_{WST,1/0} + w_{Q,WST,3} \cdot 10 \cdot VST_{WST,1/0} + w_{Q,WST,4} \cdot EPL_{WST} + w_{Q,WST,5} \cdot 10 \cdot GR_{WST,1/0}$$

(Ressourcen-)Leistungsfähigkeit Werkstückträger (Palette):

$$L_{WST} = \sqrt{\frac{P_{WST}^2 + F_{WST}^2 + Q_{WST}^2}{3}}$$

Mathematische Zusammenhänge

Kennzahl	Mathematische Funktionen
$PL_{WST,P}$	$PL_{WST,P} = 1{,}8422 \cdot \ln\left(x_{PL,WST,x} \cdot x_{PL,WST,y}\right) - 18{,}4159$
	Definitionsbereich $PL_{WST,P}$: $\left[x_{PL,WST,x}\right] = mm, \left[x_{PL,WST,y}\right] = mm$ $D_f = \mathbb{R}^+ \rightarrow D_{f\mid PL_{WST,P}}$ $D_{f\mid PL_{WST}} := \begin{cases} 0 & \text{wenn } x_{PL,WST,x} \cdot x_{PL,WST,y} \leq 21.953{,}6511 \\ PL_{WST} & \text{wenn } 21.953{,}6511 < x_{PL,WST,x} \cdot x_{PL,WST,y} \leq 5.000.162{,}656 \\ 10 & \text{wenn } x_{PL,WST,x} \cdot x_{PL,WST,y} > 5.000.162{,}656 \end{cases}$
BG_{WST}	$BG_{WST} = 1{,}5136 \cdot \ln\left(x_{BG,WST}\right) - 2{,}5539$

	Definitionsbereich BG_{WST}: $[x_{BG,WST}] = kg$ $D_f = \mathbb{R}^+ \rightarrow D_{f\mid BG_{WST}} := \begin{cases} 0 & \text{wenn} \quad x_{BG,WST} \leq 5{,}4049 \\ BG_{WST} & \text{wenn } 5{,}4049 < x_{BG,WST} \leq 4.000{,}0699 \\ 10 & \text{wenn} \quad x_{BG,WST} > 4.000{,}0699 \end{cases}$
$PL_{WST,F}$	$PL_{WST,F} = 0{,}9263 \cdot \ln(x_{PL,WST,x} \cdot x_{PL,WST,y}) - 4{,}2882$
	Definitionsbereich $PL_{WST,F}$: $[x_{PL,WST,x}] = mm, [x_{PL,WST,y}] = mm$ $D_f = \mathbb{R}^+ \rightarrow D_{f\mid PL_{WST,F}}$ $D_{f\mid PL_{WST,F}} := \begin{cases} 0 & \text{wenn} \quad x_{PL,WST,x} \cdot x_{PL,WST,y} \leq 102{,}451 \\ PL_{WST,F} & \text{wenn } 102{,}451 < x_{PL,WST,x} \cdot x_{PL,WST,y} \leq 5.000.379{,}1133 \\ 10 & \text{wenn} \quad x_{PL,WST,x} \cdot x_{PL,WSTy} > 5.000.379{,}1133 \end{cases}$
PH_{WST}	$PH_{WST} = 0{,}0001 \cdot x_{PH,WST}{}^2 - 0{,}0934 \cdot x_{PH,WST} + 10{,}5476$
	Definitionsbereich PH_{WST}: $[x_{PH,WST}] = mm$ $D_f = \mathbb{R}^+ \rightarrow D_{f\mid PH_{WST}} := \begin{cases} 0 & \text{wenn} \quad x_{PH,WST} > 131{,}4214 \\ PH_{WST} & \text{wenn } 5{,}9002 < x_{PH,WST} \leq 131{,}4214 \\ 10 & \text{wenn} \quad x_{PH,WST} \leq 5{,}9002 \end{cases}$
EGG_{WST}	$EGG_{WST} = -2{,}807 \cdot \ln(x_{EGG,WST}) + 16{,}389$
	Definitionsbereich EGG_{WST}: $[x_{EGG,WST}] = kg$ $D_f = \mathbb{R}^+ \rightarrow D_{f\mid EGG_{WST}} := \begin{cases} 0 & \text{wenn} \quad x_{EGG,WST} > 343{,}3045 \\ EGG_{WST} & \text{wenn } 343{,}3045 \leq x_{EGG,WST} \leq 9{,}7386 \\ 10 & \text{wenn} \quad x_{EGG,WST} < 9{,}7386 \end{cases}$
EPL_{WST}	$EPL_{WST} = -1{,}6139 \cdot \ln(x_{EPL,WST}) - 0{,}7223$
	Definitionsbereich EPL_{WST}: $[x_{ELP,WST}] = mm$ $D_f = \mathbb{R}^+ \rightarrow D_{f\mid EPL_{WST}} := \begin{cases} 0 & \text{wenn} \quad x_{EPL,WST} > 0{,}6392 \\ EPL_{WST} & \text{wenn } 0{,}0013 < x_{EPL,WST} \leq 0{,}6392 \\ 10 & \text{wenn} \quad x_{EPL,WST} \leq 0{,}0013 \end{cases}$

Selektive Zusammenhänge

Kennzahl	Selektive Funktionen
AZU_{WST}	$AZU_{WST} = MAX(10 \cdot AZU_{0,WST}; 1 \cdot AZU_{1,WST}; 0 \cdot AZU_{2,WST})$
$SPA_{WST,P}$	$SPA_{WST,P} = MAX\big(10 \cdot SNI_{WST,1/0}; 8 \cdot SNZ_{WST,1/0}; 5 \cdot SMG_{WST,1/0}; 1 \cdot SMT_{WST,1/0}\big)$
$IS_{WST,P}$	$IS_{WST,P} = MAX\big(10 \cdot ISR_{WST,1/0}; 6 \cdot ISQ_{WST,1/0}; 3 \cdot ISB_{WST;1/0}; 0 \cdot ISK_{WST,1/0}\big)$
$SPA_{WST,F}$	$SPA_{WST,F} = MAX\big(10 \cdot SNZ_{WST,1/0}; 8 \cdot SNI_{WST,1/0}; 5 \cdot SMG_{WST,1/0}; 1 \cdot SMT_{WST,1/0}\big)$
$IS_{WST,Q}$	$IS_{WST,Q} = MAX\big(10 \cdot ISR_{WST,1/0}; 7 \cdot ISQ_{WST,1/0}; 5 \cdot ISB_{WST,1/0}; 0 \cdot ISK_{WST;1/0}\big)$

Kennzahlenverzeichnis

Kennzahl	Bezeichnung	Kennzahl	Bezeichnung
AZU_{WST}	Durchgängigkeit Palette	L_{WST}	Leistungsfähigkeit
$AZU_{0,WST}$	Anzahl Umpalettiervorgänge = 0	$MPL_{WST,1/0}$	Mehrfachpalettierung
$AZU_{1,WST}$	Anzahl Umpalettiervorgänge = 1	P_{WST}	Produktivität
$AZU_{2,WST}$	Anzahl Umpalettiervorgänge > 1	PH_{WST}	Palettenhöhe
BG_{WST}	Maximales Beladegewicht	$PL_{WST,P}$	Palettengröße
EGG_{WST}	Eigengewicht Palette	$PL_{WST,F}$	Palettengröße
EPL_{WST}	Ebenheit Palette	Q_{WST}	Qualität
F_{WST}	Flexibilität	$SMG_{WST,1/0}$	Schnittstelle Magentspannsystem
$GR_{WST,1/0}$	Gehärtete Referenzflächen	$SMT_{WST,1/0}$	Schnittstelle Maschinentisch
$IS_{WST,P}$	Identifikationssystem	$SNI_{WST,1/0}$	Schnittstelle NPS innenliegend
$IS_{WST,Q}$	Identifikationssystem	$SNZ_{WST,1/0}$	Schnittstelle NPS Spannzapfen
$ISB_{WST,1/0}$	Identifikationssystem Barcode	$SPA_{WST,P}$	Schnittstellen Palettenaufnahme
$ISK_{WST,1/0}$	Kein Identifikationssystem	$SPA_{WST,F}$	Schnittstellen Palettenaufnahme
$ISQ_{WST,1/0}$	Identifikationssystem QR-Code	$TSY_{WST,1/0}$	Thermosymmetrie
$ISR_{WST,1/0}$	Identifikationssystem RFID-Code	$VST_{WST,1/0}$	Verschlussstopfen

D.3.4.3 Ressourcenbewertung Spannrahmen Drahterodieren

Resource Evaluation Clamping Frame W-EDM

(Ressourcen-)Produktivität Spannrahmen Drahterodieren:

$$P_{SPD} = w_{P,SPD,1} \cdot AAS_{SPD} + w_{P,SPD,2} \cdot SPK_{SPD} + w_{P,SPD,3} \cdot 10 \cdot NPS_{SPD,1/0} + w_{P,SPD,4} \cdot IS_{SPD,P} + w_{P,SPD,5} \cdot ASB_{SPD}$$

(Ressourcen-)Flexibilität Spannrahmen Drahterodieren:

$$F_{SPD} = w_{F,SPD,1} \cdot ASB_{SPD} + w_{F,SPD,2} \cdot BG_{SPD} + w_{F,SPD,3} \cdot 10 \cdot ZDA_{SPD,1/0} + w_{F,SPD,4} \cdot AHR_{SPD}$$

(Ressourcen-)Qualität Spannrahmen Drahterodieren:

$$Q_{SPD} = w_{Q,SPD,1} \cdot IS_{SPD,Q} + w_{Q,SPD,2} \cdot WDH_{SPD} + w_{Q,SPD,3} \cdot AAP_{SPD}$$

(Ressourcen-)Leistungsfähigkeit Spannrahmen Drahterodieren:

$$L_{SPD} = \sqrt{\frac{P_{SPD}^2 + F_{SPD}^2 + Q_{SPD}^2}{3}}$$

Mathematische Zusammenhänge

Kennzahl	Mathematische Funktionen
AAS_{SPD}	$AAS_{SPD} = 0{,}0253 \cdot x_{AAS,SPD}{}^3 - 0{,}4221 \cdot x_{AAS,SPD}{}^2 + 2{,}6997 \cdot x_{AAS,SPD} - 0{,}087$
	Definitionsbereich AAS_{SPD}: $[x_{AAS,SPD}] = Anzahl$ $D_f = \mathbb{R}^+ \rightarrow D_{f\mid AAS_{SPD}} := \begin{cases} 0 & \text{wenn} \quad x_{AAS,SPD} \leq 0{,}0324 \\ AAS_{SPD} & \text{wenn} \quad 0{,}0324 < x_{AAS,SPD} < 10 \\ 10 & \text{wenn} \quad x_{AAS,SPD} \geq 10 \end{cases}$
SPK_{SPD}	$SPK_{SPD} = -4 \cdot 10^{-8} \cdot x_{SPK,SPD}{}^2 + 0{,}0013 \cdot x_{SPK,SPD} - 0{,}5$
	Definitionsbereich SPK_{SPD}: $[x_{SPK,SPD}] = N$ $D_f = \mathbb{R}^+ \rightarrow D_{f\mid SPK_{SPD}} := \begin{cases} 0 & \text{wenn} \quad x_{SPK,SPD} \leq 389{,}2781 \\ SPK_{SPD} & \text{wenn} \quad 389{,}2781 < x_{SPK,SPD} \leq 15.000 \\ 10 & \text{wenn} \quad x_{SPK,SPD} > 15.000 \end{cases}$

ASB_{SPD}	$ASB_{SPD} = 0{,}0456 \cdot (x_{ASB,SPD} \cdot y_{ASB,SPD})^{0{,}4312}$
	Definitionsbereich ASB_{SPD}: $[x_{ASB,SPD,x}] = mm, [x_{ASB,SPD,y}] = mm$ $$D_f = \mathbb{R}^+ \to D_{f\|ASB_{SPD}} := \begin{cases} 0 & \text{wenn } \quad x_{ASB,SPD} \cdot y_{ASB,SPD} \leq 0 \\ ASB_{SPD} & \text{wenn } 0 < x_{ASB,SPD} \cdot y_{ASB,SPD} \leq 268.606{,}6647 \\ 10 & \text{wenn } \quad x_{ASB,SPD} \cdot y_{ASB,SPD} > 268.606{,}6647 \end{cases}$$
BG_{SPD}	$BG_{SPD} = 2{,}4046 \cdot \ln(x_{BG,SPD}) - 2{,}1365$
	Definitionsbereich BG_{SPD}: $[x_{BG,SPD}] = kg$ $$D_f = \mathbb{R}^+ \to D_{f\|BG_{SPD}} := \begin{cases} 0 & \text{wenn } \quad x_{BG,SPD} \leq 2{,}4315 \\ BG_{SPD} & \text{wenn } 2{,}4315 < x_{BG,SPD} \leq 155{,}5864 \\ 10 & \text{wenn } \quad x_{BG,SPD} > 155{,}5864 \end{cases}$$
AHR_{SPD}	$AHR_{SPD} = -3{,}652 \cdot \ln(x_{AHR,SPD}) + 19{,}084$
	Definitionsbereich AHR_{SPD}: $[x_{AHR,SPD}] = mm$ $$D_f = \mathbb{R}^+ \to D_{f\|AHR_{SPD}} := \begin{cases} 0 & \text{wenn } \quad x_{AHR,SPD} > 185{,}9783 \\ AHR_{SPD} & \text{wenn } 12{,}03 \leq x_{AHR,SPD} \leq 185{,}9783 \\ 10 & \text{wenn } \quad x_{AHR,SPD} < 12{,}03 \end{cases}$$
WDH_{SPD}	$WDH_{SPD} = 11{,}065 \cdot x_{WDH,SPD}{}^{-0{,}758} - 1{,}065$
	Definitionsbereich WDH_{SPD}: $[x_{WDH,SPD}] = \mu m$ $$D_f = \mathbb{R}^+ \to D_{f\|WDH_{SPD}} := \begin{cases} 0 & \text{wenn } \quad x_{WDH,SPD} > 21{,}9363 \\ WDH_{SPD} & \text{wenn } 1 \leq x_{WDH,SPD} \leq 21{,}9363 \\ 10 & \text{wenn } \quad x_{WDH,SPD} < 1 \end{cases}$$
AAP_{SPD}	$AAP_{SPD} = -0{,}1667 \cdot x_{AAP,SPD}{}^3 + 1{,}2857 \cdot x_{AAP,SPD}{}^2 + 0{,}0238 \cdot x_{AAP,SPD} - 0{,}0076$
	Definitionsbereich AAP_{SPD}: $[x_{AAP,SPD}] = Anzahl$ $$D_f = \mathbb{R}^+ \to D_{f\|AAP_{SPD}} := \begin{cases} 0 & \text{wenn } \quad x_{AAP,SPD} \leq 0{,}0685 \\ AAP_{SPD} & \text{wenn } 0{,}0685 < x_{AAP,SPD} \leq 4{,}0043 \\ 10 & \text{wenn } \quad x_{AAP,SPD} < 4{,}0043 \end{cases}$$

Selektive Zusammenhänge

Kennzahl	Selektive Funktionen
$IS_{SPD,P}$	$IS_{SPD,P} = MAX\left(10 \cdot ISR_{SPD,1/0}; 6 \cdot ISQ_{SPD,1/0}; 3 \cdot ISB_{SPD,1/0};\ 0 \cdot ISK_{SPD,1/0}\right)$
$IS_{SPD,Q}$	$IS_{SPD,Q} = MAX\left(10 \cdot ISR_{SPD,1/0}; 7 \cdot ISQ_{SPD,1/0}; 5 \cdot ISB_{SPD,1/0};\ 0 \cdot ISK_{SPD,1/0}\right)$

Kennzahlenverzeichnis

Kennzahl	Bezeichnung	Kennzahl	Bezeichnung
AAP_{SPD}	Anzahl Aufspannpunkte	$ISQ_{SPD,1/0}$	Identifikationssystem QR-Code
AAS_{SPD}	Maximale Anzahl Aufspannungen	$ISR_{SPD,1/0}$	Identifikationssystem RFID-Code
AHR_{SPD}	Maximale Aufbauhöhe	L_{SPD}	Leistungsfähigkeit
ASB_{SPD}	Maximale Aufspannbereich	$NPS_{SPD,1/0}$	NPS-Schnittstelle
BG_{SPD}	Maximales Beladegewicht	P_{SPD}	Produktivität
F_{SPD}	Flexibilität	Q_{SPD}	Qualität
$IS_{SPD,P}$	Identifikationssystem	SPK_{SPD}	Spannkraft
$IS_{SPD,Q}$	Identifikationssystem	WDH_{SPD}	Wiederholgenauigkeit
$ISB_{SPD,1/0}$	Identifikationssystem Barcode	$ZDA_{SPD,1/0}$	Zusätzliche Drehachse
$ISK_{SPD,1/0}$	Kein Identifikationssystem		

D.3.5 Ressourcenbewertung Waschstation

Resource Evaluation Cleaning Station

(Ressourcen-)Produktivität Waschstation:

$$P_{WSS} = w_{P,WSS,1} \cdot PL_{WSS,P} + w_{P,2} \cdot BG_{WSS,P} + w_{P,WSS,3} \cdot 10 \cdot WMV_{WSS,1/0} + w_{P,WSS,4} \cdot GST_{WSS}$$

(Ressourcen-)Flexibilität Waschstation:

$$F_{WSS} = w_{F,WSS,1} \cdot SPS_{WSS} + w_{F,WSS,2} \cdot 10 \cdot US_{WSS,1/0} + w_{F,WSS,3} \cdot PL_{WSS,F} + w_{F,WSS,4} \cdot BG_{WSS,F}$$

(Ressourcen-)Qualität Waschstation:

$$\begin{aligned} Q_{WSS} = {} & w_{Q,WSS,1} \cdot IS_{WSS} + w_{Q,WSS,2} \cdot 10 \cdot APS_{WSS,1/0} + w_{Q,WSS,3} \cdot TRO_{WSS} + w_{Q,WSS,4} \cdot 10 \\ & \cdot FDI_{WSS,1/0} + w_{Q,WSS,5} \cdot WS_{WSS} + w_{Q,WSS,6} \cdot 10 \cdot USR_{WSS,1/0} + w_{Q,WSS,7} \cdot 10 \\ & \cdot KOV_{WSS,1/0} \end{aligned}$$

(Ressourcen-)Leistungsfähigkeit Waschstation:

$$L_{WSS} = \sqrt{\frac{P_{WSS}^2 + F_{WSS}^2 + Q_{WSS}^2}{3}}$$

Mathematische Zusammenhänge

Kennzahl	Mathematische Funktionen
$PL_{WSS,P}$	$PL_{WSS,P} = 1{,}8422 \cdot \ln(x_{PL,WSS,x} \cdot x_{PL,WSS,y}) - 18{,}4159$
	Definitionsbereich $PL_{WSS,P}$: $[x_{PL,WSS,x}] = mm, [x_{PL,WSS,y}] = mm$ $D_f = \mathbb{R}^+ \rightarrow D_{f\vert PL_{WSS,P}}$ $D_{f\vert PL_{WSS,P}} := \begin{cases} 0 & \text{wenn } x_{PL,WSS;x} \cdot x_{PL,WSS,y} \leq 21.953{,}651 \\ PL_{WSS,P} & \text{wenn } 21.953{,}651 < x_{PL,WSS,x} \cdot x_{PL,WSS,y} \leq 5.000.162{,}65 \\ 10 & \text{wenn } x_{PL,WSS,x} \cdot x_{PL,WSS,y} > 5.000.162{,}65 \end{cases}$
$BG_{WSS,P}$	$BG_{WSS,P} = 1{,}718 \cdot \ln(x_{BG,WSS}) - 3{,}0583$
	Definitionsbereich $BG_{WSS,P}$: $[x_{BL,WSS}] = kg$ $D_f = \mathbb{R}^+ \rightarrow D_{f\vert BG_{WSS,P}} := \begin{cases} 0 & \text{wenn } x_{BG,WSS} \leq 5{,}9308 \\ BG_{WSS,P} & \text{wenn } 5{,}9308 < x_{BG,WSS} \leq 1.999{,}9413 \\ 10 & \text{wenn } x_{BG,WSS} > 1.999{,}9413 \end{cases}$
GST_{WSS}	$GST_{WSS} = 3{,}1172 \cdot \ln(x_{GST,WSS}) - 12{,}535$
	Definitionsbereich GST_{WSS}: $[x_{GST,WSS}] = l$ $D_f = \mathbb{R}^+ \rightarrow D_{f\vert GST_{WSS}} := \begin{cases} 0 & \text{wenn } x_{GST,WSS} \leq 55{,}7701 \\ GST_{WSS} & \text{wenn } 55{,}7701 < x_{GST,WSS} \leq 1.379{,}1797 \\ 10 & \text{wenn } x_{GST,WSS} > 1.379{,}1797 \end{cases}$
$PL_{WSS,F}$	$PL_{WSS,F} = 2{,}1723 \cdot \ln(x_{WSS,F,x} \cdot x_{WSS,F,y}) - 20{,}0197$
	Definitionsbereich $PL_{WSS,F}$: $[x_{PL,WSS,x}] = mm, [x_{PL,WSS,y}] = mm$ $D_f = \mathbb{R}^+ \rightarrow D_{f\vert PL_{WSS,F}}$ $D_{f\vert PL_{WSS,F}} := \begin{cases} 0 & \text{wenn } x_{PL,WSS,x} \cdot x_{PL,WSS,y} \leq 10.055{,}753 \\ PL_{WSS,F} & \text{wenn } 10.055{,}753 < x_{PL,WSS,x} \cdot x_{PL,WSS,y} \leq 1.003.812{,}624 \\ 10 & \text{wenn } x_{PL,WSS,x} \cdot x_{PL,WSS,y} > 1.003.812{,}624 \end{cases}$

$BG_{WSS,F}$	$BG_{WSS,F} = 1{,}8413 \cdot \ln(x_{BG,WSS}) - 3{,}9955$
	Definitionsbereich $x_{BG,WSS}$: $[x_{BG,WSS}] = kg$ $D_f = \mathbb{R}^+ \rightarrow D_{f\|BG_{WSS,F}} := \begin{cases} 0 & \text{wenn } x_{BG,WSS} < 8{,}7577 \\ BG_{WSS,F} & \text{wenn } 8{,}7577 \leq x_{BG,WSS} \leq 1.999{,}9547 \\ 10 & \text{wenn } x_{BG,WSS} > 1.999{,}9547 \end{cases}$

Selektive Zusammenhänge

Kennzahl	Selektive Funktionen
SPS_{WSS}	$SPS_{WSS} = MAX(10 \cdot SPG_{WSS,1/0}; 9 \cdot SPN_{WSS,1/0}; 8 \cdot SPP_{WSS,1/0}; 5 \cdot SSS_{WSS,1/0}; 3 \cdot SPM_{WSS,1/0})$
IS_{WSS}	$IS_{WSS} = MAX(10 \cdot ISR_{WSS,1/0}; 7 \cdot ISQ_{WSS,1/0}; 5 \cdot ISB_{WSS,1/0}; 0 \cdot ISK_{WSS,1/0})$
TRO_{WSS}	$TRO_{WSS} = MAX(10 \cdot TRG_{WSS,1/0}; 7 \cdot TRD_{WSS,1/0})$
WS_{WSS}	$WS_{WSS} = MAX(10 \cdot WPE_{WSS,1/0}; 8 \cdot WPV_{WSS,1/0}; 4 \cdot WPR_{WSS,1/0}; 0 \cdot WPK_{WSS,1/0})$

Kennzahlenverzeichnis

Kennzahl	Bezeichnung	Kennzahl	Bezeichnung
$APS_{WSS,1/0}$	Aufspannplatte schwenkbar	P_{WSS}	Produktivität
$BG_{WSS,P}$	Maximales Beladegewicht	$PL_{WSS,P}$	Maximale Palettengröße
$BG_{WSS,F}$	Maximales Beladegewicht	$PL_{WSS,F}$	Maximale Palettengröße
F_{WSS}	Flexibilität	Q_{WSS}	Qualität
$FDI_{WSS,1/0}$	Ferndiagnose	$SPG_{WSS,1/0}$	Magnetisches Spannsystem
GST_{WSS}	Größe Schmutztank	$SPM_{WSS,1/0}$	Manuelles Spannsystem
IS_{WSS}	Identifikationssystem	$SPN_{WSS,1/0}$	Nullpunktspannsystem
$ISB_{WSS,1/0}$	Identifikationssystem Barcode	$SPP_{WSS,1/0}$	Vakuumspannsystem
$ISK_{WSS,1/0}$	Kein Identifikationssystem	SPS_{WSS}	Spannsystem
$ISQ_{WSS,1/0}$	Identifikationssystem QR-Code	$SSS_{WSS,1/0}$	Schnellspannsystem
$ISR_{WSS,1/0}$	Identifikationssystem RFID-Code	$TRD_{WSS,1/0}$	Trocknung Druckluft
$KOV_{WSS,1/0}$	Konservierung	$TRG_{WSS,1/0}$	Trocknung Gebläse
L_{WSS}	Leistungsfähigkeit	TRO_{WSS}	Trocknung

$US_{WSS,1/0}$	Übergabestation einsetzbar	$WPR_{WSS,1/0}$	Wartungsplan im Rückstand
$USR_{WSS,1/0}$	Ultraschallreinigung	$WPV_{WSS,1/0}$	Wartungsvertrag
$WMV_{WSS,1/0}$	Waschmedium wieder-verwendbar	$WPE_{WSS,1/0}$	Wartungsplan eingehalten
$WPK_{WSS1/0}$	Kein Wartungsplan	WS_{WSS}	Wartungsstrategie

D.3.6 Ressourcenbewertung Messstation

Resource Evaluation Measuring Station

(Ressourcen-)Produktivität Messstation:

$$P_{MSS} = w_{P,MSS,1} \cdot PL_{MSS,P} + w_{P,MSS,2} \cdot BG_{MSS} + w_{P,MSS,3} \cdot SPS_{MSS} + w_{P,MSS,4} \cdot VG_{MSS} + w_{P,MSS,5} \cdot BSL_{MSS} + w_{P,MSS,6} \cdot SC_{1/0} \cdot SCG_{MSS}$$

(Ressourcen-)Flexibilität Messstation:

$$F_{MSS} = w_{F,MSS,1} \cdot SPS_{MSS} + w_{F,MSS,2} \cdot PL_{MSS,F} + w_{F,MSS,3} \cdot BG_{MSS} + w_{F,MSS,4} \cdot TB_{MSS}$$
$$+ w_{F,MSS,5} \cdot 10 \cdot SEA_{MSS,1/0} + w_{F,MSS,6} \cdot 10 \cdot MME_{MSS,1/0} + w_{F,MSS,7} \cdot AR_{MSS}$$

(Ressourcen-)Qualität Messstation:

$$Q_{MSS} = w_{Q,MSS,1} \cdot IS_{MSS} + w_{Q,MSS,2} \cdot SD_{MSS} + w_{Q,MSS,3} \cdot MGE_{MSS} + w_{Q,MSS,4} \cdot 10 \cdot TKO_{MSS,1/0} + w_{Q,MSS,5} \cdot 10 \cdot FDI_{MSS,1/0} + w_{Q,MSS,6} \cdot WS_{MSS} + w_{Q,MSS,7} \cdot 10 \cdot DYK_{MSS,1/0} + w_{Q,MSS,8} \cdot 10 \cdot KA_{MSS,1/0} + w_{Q,MSS,9} \cdot 10 \cdot RAM_{MSS,1/0}$$

(Ressourcen-)Leistungsfähigkeit Messstation:

$$L_{MSS} = \sqrt{\frac{P_{MSS}^2 + F_{MSS}^2 + Q_{MSS}^2}{3}}$$

Mathematische Zusammenhänge

Kennzahl	Mathematische Funktionen
$PL_{MSS,P}$	$PL_{MSS,P} = 1{,}8422 \cdot \ln(x_{PL,MSS,x} \cdot x_{PL,MSS,y}) - 18{,}4159$
	Definitionsbereich $PL_{MSS,P}$: $[x_{PL,MSS,x}] = mm, [x_{PL,MSS,y}] = mm$ $D_f = \mathbb{R}^+ \rightarrow D_{f\vert PL_{MSS,P}}$

	$D_{f\|PL_{MSS,P}} := \begin{cases} 0 & \text{wenn } x_{PL,MSS,x} \cdot x_{PL,MSS,y} \leq 21.953{,}651 \\ PL_{MSS,P} & \text{wenn } 21.953{,}651 < x_{PL,MSS,x} \cdot x_{PL,MSS,y} \leq 5.000.162{,}656 \\ 10 & \text{wenn } x_{PL,MSS,x} \cdot x_{PL,MSS,y} > 5.000.162{,}656 \end{cases}$
BG_{MSS}	$BG_{MSS} = 1{,}8787 \cdot \ln(x_{BG,MSS}) - 6{,}6334$
	Definitionsbereich BG_{MSS}: $[x_{BG,MSS}] = kg$ $D_f = \mathbb{R}^+ \rightarrow D_{f\|BG_{MSS}} := \begin{cases} 0 & \text{wenn } x_{BG,MSS} \leq 34{,}1528 \\ BG_{MSS} & \text{wenn } 34{,}1528 < x_{BG,MSS} \leq 7.000{,}0699 \\ 10 & \text{wenn } x_{BG,MSS} > 7.000{,}0699 \end{cases}$
VG_{MSS}	$VG_{MSS} = 0{,}01 \cdot x_{VG,MSS}$
	Definitionsbereich VG_{MSS}: $[x_{VG,MSS}] = mm/s$ $D_f = \mathbb{R}^+ \rightarrow D_{f\|VG_{MSS}} := \begin{cases} 0 & \text{wenn } x_{VG,MSS} \leq 0 \\ VG_{MSS} & \text{wenn } 0 < x_{VG,MSS} \leq 1.000 \\ 10 & \text{wenn } x_{VG,MSS} > 1.000 \end{cases}$
BSL_{MSS}	$BSL_{MSS} = -0{,}3201 \cdot x_{BSL,MSS}{}^2 + 4{,}2863 \cdot x_{BSL,MSS} - 0{,}5944$
	Definitionsbereich BSL_{MSS}: $[x_{BSL,MSS}] = m/s^2$ $D_f = \mathbb{R}^+ \rightarrow D_{f\|BSL_{MSS}} := \begin{cases} 0 & \text{wenn } x_{BSL,MSS} \leq 0{,}1401 \\ BSL_{MSS} & \text{wenn } 0{,}1401 < x_{BSL,MSS} \leq 3{,}2705 \\ 10 & \text{wenn } x_{BSL,MSS} > 3{,}2705 \end{cases}$
SCG_{MSS}	$SCG_{MSS} = -4 \cdot 10^{-5} \cdot x_{SCG,MSS}{}^2 + 0{,}0403 \cdot x_{SCG,MSS} - 0{,}15$
	Definitionsbereich SCG_{MSS}: $[x_{SCG,MSS}] = Messpunkte/s$ $D_f = \mathbb{R}^+ \rightarrow D_{f\|SCG_{MSS}} := \begin{cases} 0 & \text{wenn } x_{SCG,MSS} \leq 3{,}7359 \\ SCG_{MSS} & \text{wenn } 3{,}7359 < x_{SCG,MSS} \leq 500 \\ 10 & \text{wenn } x_{SCG,MSS} < 500 \end{cases}$
$PL_{MSS,F}$	$PL_{MSS,F} = 2{,}1723 \cdot \ln(x_{PL,MSS,x} \cdot x_{PL,MSS,y}) - 20{,}0197$
	Definitionsbereich $PL_{MSS,F}$: $[x_{PL,MSS,x}] = mm, [x_{PL,MSS,y}] = mm$ $D_f = \mathbb{R}^+ \rightarrow D_{f\|PL_{MSS,F}}$ $D_{f\|PL_{MSS,F}} := \begin{cases} 0 & \text{wenn } x_{PL,MSS,x} \cdot x_{PL,MSS,y} \leq 10.055{,}753 \\ PL_{MSS,F} & \text{wenn } 10.055{,}753 < x_{PL,MSS,x} \cdot x_{PL,MSS,y} \leq 1.003.812{,}624 \\ 10 & \text{wenn } x_{PL,MSS,x} \cdot x_{PL,MSS,y} > 1.003.812{,}624 \end{cases}$

TB_{MSS}	$TB_{MSS} = -0{,}028 \cdot x_{TB,MSS}{}^2 + 1{,}0848 \cdot x_{TB,MSS} + 0{,}028$
	Definitionsbereich TB_{MSS}: $[x_{TB,MSS}] = \Delta K$ $D_f = \mathbb{R}^+ \rightarrow D_{f\mid TB_{MSS}} := \begin{cases} 0 & \text{wenn} \quad x_{TB,MSS} \leq 0 \\ TB_{MSS} & \text{wenn} \quad 0 < x_{TB,MSS} \leq 15 \\ 10 & \text{wenn} \quad x_{TB,MSS} > 15 \end{cases}$
AR_{MSS}	$AR_{MSS} = 1{,}6459 \cdot \ln(x_{AR,MSS,x} \cdot x_{AR,MSS,y} \cdot x_{AR,MSS,z}) - 28{,}4984$
	Definitionsbereich AR_{MSS}: $[x_{AR,MSS}] = mm^3$ $D_f = \mathbb{R}^+ \rightarrow D_{f\mid AR_{MSS}}$ $D_{f\mid AR_{MSS}} := \begin{cases} 0 & \text{wenn} \quad x_{AR,MSS} \leq 33.019.040 \\ AR_{MSS} & \text{wenn} \quad 33.019.040 < x_{AR,MSS} \leq 14.368.414.479 \\ 10 & \text{wenn} \quad x_{AR,MSS} > 14.368.414.479 \end{cases}$ $x_{AR,MSS} = x_{AR,MSS,x} \cdot x_{AR,MSS,y} \cdot x_{AR,MSS,z}$
MGE_{MSS}	$MGE_{MSS} = 0{,}2086 \cdot x_{MGE,MSS}{}^2 - 3{,}0933 \cdot x_{MGE,MSS} + 10{,}91$
	Definitionsbereich MGE_{MSS}: $[x_{MGE,MSS}] = \mu m$ $D_f = \mathbb{R}^+ \rightarrow D_{f\mid MGE_{MSS}} := \begin{cases} 0 & \text{wenn} \quad x_{MGE,MSS} > 5{,}7796 \\ MGE_{MSS} & \text{wenn} \quad 0{,}3003 \leq x_{MGE,MSS} \leq 5{,}7796 \\ 10 & \text{wenn} \quad x_{MGE,MSS} < 0{,}3003 \end{cases}$

Selektive Zusammenhänge

Kennzahl	Selektive Funktionen
SPS_{MSS}	$SPS_{MSS} = MAX(10 \cdot SPG_{MSS,1/0}; 9 \cdot SPN_{MSS,1/0}; 8 \cdot SPP_{MSS,1/0}; 5 \cdot SSS_{MSS,1/0}; 3 \cdot SPM_{MSS,1/0})$
IS_{MSS}	$IS_{MSS} = MAX(10 \cdot ISR_{MSS,1/0}; 7 \cdot ISQ_{MSS,1/0}; 5 \cdot ISB_{MSS,1/0}; 0 \cdot ISK_{MSS,1/0})$
SD_{MSS}	$SD_{MSS} = MAX(10 \cdot SWA_{MSS,1/0}; 5 \cdot SWP_{MSS,1/0})$
WS_{MSS}	$WS_{MSS} = MAX(10 \cdot WPE_{MSS,1/0}; 8 \cdot WPV_{MSS,1/0}; 4 \cdot WPR_{MSS,1/0}; 0 \cdot WPK_{MSS,1/0})$

Kennzahlenverzeichnis

Kennzahl	Bezeichnung	Kennzahl	Bezeichnung
AR_{MSS}	Arbeitsraum	$SC_{1/0}$	Scanningfunktion
BG_{MSS}	Maximales Beladegewicht	SCG_{MSS}	Maximale Scanning-geschwindigkeit
BSL_{MSS}	Maximale Achsbeschleunigung	SD_{MSS}	Schwingungsdämpfung
$DYK_{MSS,1/0}$	Dynamikkontrolle	$SEA_{MSS,1/0}$	Austauschbarkeit Sensor
F_{MSS}	Flexibilität	$SPG_{MSS,1/0}$	Magnetisches Spannsystem
$FDI_{MSS,1/0}$	Ferndiagnose	$SPM_{MSS,1/0}$	Manuelles Spannsystem
IS_{MSS}	Identifikationssystem	$SPN_{MSS,1/0}$	Nullpunktspannsystem
$ISB_{MSS,1/0}$	Identifikationssystem Barcode	$SPP_{MSS,1/0}$	Vakuumspannsystem
$ISK_{MSS,1/0}$	Kein Identifikationssystem	SPS_{MSS}	Spannsystem
$ISQ_{MSS,1/0}$	Identifikationssystem QR-Code	$SSS_{MSS,1/0}$	Schnellspannsystem
$ISR_{MSS,1/0}$	Identifikationssystem RFID-Code	$SWA_{MSS,1/0}$	Aktive Schingungsdämpfung
$KA_{MSS,1/0}$	Klimatisierte Aufstellung	$SWP_{MSS,1/0}$	Passive Schingungsdämpfung
L_{MSS}	Leistungsfähigkeit	TB_{MSS}	Temperaturbereich
MGE_{MSS}	Messgenauigkeit	$TKO_{MSS,1/0}$	Temperaturkontrolle
$MME_{MSS,1/0}$	Mehrachsiges Messen	VG_{MSS}	Maximale Achsverfahr-geschwindigkeit
P_{MSS}	Produktivität	$WPK_{MSS,1/0}$	Kein Wartungsplan
$PL_{MSS,P}$	Maximale Palettengröße	$WPR_{MSS,1/0}$	Wartungsplan im Rückstand
$PL_{MSS,F}$	Maximale Palettengröße	$WPV_{MSS,1/0}$	Wartungsvertrag
Q_{MSS}	Qualität	$WPE_{MSS,1/0}$	Wartungsplan eingehalten
$RAM_{MSS,1/0}$	Rauheitsmessung	WS_{MSS}	Wartungsstrategie

D.4 Netzwerkbewertung

Network Evaluation

(Netzwerk-)Leistungsfähigkeit:

$$L_N = w_{L,N,1} \cdot L_{JM} + w_{L,N,2} \cdot L_{DW}$$

D.4.1 Netzwerkbewertung Jobmanagementsystem

Network Evaluation Job Management System

(Netzwerk-)Produktivität Jobmanagementsysteme:

$$P_{JM} = w_{P,JM,1} \cdot 10 \cdot RF_{JM,1/0} + w_{P,JM,2} \cdot AM_{JM} + w_{P,JM,3} \cdot 10 \cdot AAB_{JM,1/0} + w_{P,JM,4} \cdot 10 \cdot JU_{JM,1/0}$$

(Netzwerk-)Flexibilität Jobmanagementsysteme:

$$F_{JM} = w_{F,JM,1} \cdot 10 \cdot JP_{JM,1/0} + w_{F,JM,2} \cdot RZ_{JM} + w_{F,JM,3} \cdot 10 \cdot PPS_{JM,1/0} + w_{F,JM,4} \cdot 10 \cdot ERP_{JM,1/0}$$

(Netzwerk-)Qualität Jobmanagementsysteme:

$$Q_{JM} = w_{Q,JM,1} \cdot RP_{JM} + w_{Q,JM,2} \cdot 10 \cdot JMP_{JM,1/0} + w_{Q,JM,3} \cdot 10 \cdot FM_{JM,1/0}$$

(Netzwerk-)Leistungsfähigkeit Jobmanagementsysteme:

$$L_{JM} = \sqrt{\frac{P_{JM}^2 + F_{JM}^2 + Q_{JM}^2}{3}}$$

Mathematische Zusammenhänge

Kennzahl	Mathematische Funktionen
AM_{JM}	$AM_{JM} = 2{,}81 \cdot \ln(x_{AM,JM}) - 1{,}2702$
	Definitionsbereich AM_{JM}: $[x_{AM,JM}] = Anzahl$ $D_f = \mathbb{R}^+ \rightarrow D_{f\mid AM_{JM}} := \begin{cases} 0 & \text{wenn } x_{AM,JM} \leq 1{,}5715 \\ AM_{JM} & \text{wenn } 1{,}5715 < x_{AM,JM} \leq 55{,}1881 \\ 10 & \text{wenn } x_{AM,JM} > 55{,}1881 \end{cases}$

Selektive Zusammenhänge

Kennzahl	Selektive Funktionen
RZ_{JM}	$RZ_{JM} = MAX(10 \cdot JRD_{JM,1/0}; 8 \cdot JRS_{JM,1/0}; 7 \cdot JRZ_{JM,1/0}; 4 \cdot JRT_{JM,1/0}; 1 \cdot JRB_{JM,1/0})$
RP_{JM}	$RP_{JM} = 2{,}5 \cdot ELV_{JM,1/0} + 2{,}5 \cdot FZV_{JM,1/0} + 5 \cdot WSV_{JM,1/0}$

Kennzahlenverzeichnis

Kennzahl	Bezeichnung	Kennzahl	Bezeichnung
$AAB_{JM,1/0}$	Automatisierte Abläufe	$ERP_{JM,1/0}$	ERP-Anbindung
AM_{JM}	Maximale Maschinenanzahl	F_{JM}	Flexibilität
$ELV_{JM,1/0}$	Elektrodenverwaltung	$FM_{JM,1/0}$	Fehlermeldefunktion

$FZV_{JM,1/0}$	Fräswerkzeugverwaltung	L_{JM}	Leistungsfähigkeit
$JMP_{JM,1/0}$	Prognosefunktion	P_{JM}	Produktivität
$JP_{JM,1/0}$	Priorisierung der Jobs	$PPS_{JM,1/0}$	PPS-Anbindung
$JRB_{JM,1/0}$	Übertragung bei Bedarf	Q_{JM}	Qualität
$JRD_{JM,1/0}$	Durchgängige Übertragung	$RF_{JM,1/0}$	Reportfunktion
$JRS_{JM,1/0}$	Stündliche Übertragung	RP_{JM}	Ressourcenplaner
$JRT_{JM,1/0}$	Tägliche Übertragung	RZ_{JM}	Reaktionszeit
$JRZ_{JM,1/0}$	Übertragung alle zwei Stunden	$WSV_{JM,1/0}$	Werkstückverwaltung
$JU_{JM,1/0}$	Jobüberwachung		

D.4.2 Netzwerkbewertung Netzwerkumgebung und Datenweitergabe

Network Evaluation Network Environment and Data Transfer

(Netzwerk-)Produktivität Netzwerkumgebung und Datenweitergabe:

$$P_{DW} = w_{P,DW,1} \cdot G_{DW} + w_{P,DW,2} \cdot 10 \cdot EZ_{DW,1/0} + w_{P,DW,3} \cdot 10 \cdot SJ_{DW,1/0} + w_{P,DW,4} \cdot 10 \cdot ES_{DW,1/0} + w_{P,DW,5} \cdot 10 \cdot NRS_{DW,1/0}$$

(Netzwerk-)Flexibilität Netzwerkumgebung und Datenweitergabe:

$$F_{DW} = w_{F,DW,1} \cdot EF_{DW} + w_{F,DW,2} \cdot 10 \cdot ES_{DW,1/0} + w_{F,DW,3} \cdot 10 \cdot EP_{DW,1/0} + w_{F,DW,4} \cdot DB_{DW} + w_{P,DW,5} \cdot 10 \cdot EZ_{DW,1/0}$$

(Netzwerk-)Qualität Netzwerkumgebung und Datenweitergabe:

$$Q_{DW} = w_{Q,DW,1} \cdot FA_{DW} + w_{Q,DW,2} \cdot 10 \cdot ASS_{DW,1/0} + w_{Q,DW,3} \cdot 10 \cdot UK_{DW,1/0} + w_{Q,DW,4} \cdot 10 \cdot NRS_{DW,1/0} + w_{Q,DW,5} \cdot 10 \cdot SVZ_{DW,1/0} + w_{Q,DW,6} \cdot 10 \cdot DF_{DW,1/0}$$

(Netzwerk-)Leistungsfähigkeit Netzwerkumgebung und Datenweitergabe:

$$L_{DW} = \sqrt{\frac{P_{DW}^2 + F_{DW}^2 + Q_{DW}^2}{3}}$$

Mathematische Zusammenhänge

Kennzahl	Mathematische Funktionen
G_{DW}	$G_{DW} = 1{,}3814 \cdot \ln(x_{G,DW}) - 2{,}4779$
	Definitionsbereich G_{DW}: $[x_{G,DW}] = Mbps$ $D_f = \mathbb{R}^+ \rightarrow D_{f\mid G_{DW}} := \begin{cases} 0 \text{ wenn } & x_{G,DW} \leq 6{,}012 \\ G_{DW} \text{ wenn } 6{,}012 < & x_{G,DW} < 8.373{,}2118 \\ 10 \text{ wenn } & x_{G,DW} \geq 8.373{,}2118 \end{cases}$

Selektive Zusammenhänge

Kennzahl	Selektive Funktionen
EF_{DW}	$EF_{DW} = 2 \cdot EFC_{DW,1/0} + 2 \cdot EFI_{DW,1/0} + 2 \cdot EFM_{DW,1/0} + 2 \cdot EFP_{DW,1/0} + 2 \cdot EFW_{DW,1/0}$
DB_{DW}	$DB_{DW} = 2 \cdot DNC_{DW,1/0} + 2 \cdot DSP_{DW,1/0} + 2 \cdot DCD_{DW,1/0} + 2 \cdot DCM_{DW,1/0} + 2 \cdot DWZ_{DW,1/0}$
FA_{DW}	$FA_{DW} = MAX(10 \cdot FAT_{DW,1/0}; 8 \cdot FAW_{DW,1/0}; 6 \cdot FAM_{DW,1/0}; 4 \cdot FAE_{DW,1/0}; 2 \cdot FAJ_{DW,1/0}; 1 \cdot FAS_{DW,1/0})$

Kennzahlenverzeichnis

Kennzahl	Bezeichnung	Kennzahl	Bezeichnung
$ASS_{DW,1/0}$	Absicherung bei Störung	$EFI_{DW,1/0}$	Einsatz von Interbus
DB_{DW}	Datenbereitstellung	$EFM_{DW,1/0}$	Einsatz von Modbus
$DCD_{DW,1/0}$	Bereitstellung von CAD-Daten	$EFP_{DW,1/0}$	Einsatz von Profibus
$DCM_{DW,1/0}$	Bereitstellung von CAM-Daten	$EFW_{DW,1/0}$	Einsatz weiterer Feldbusse
$DF_{DW,1/0}$	Diagnosefunktion	$EP_{DW,1/0}$	Einsatz Protokollen
$DNC_{DW,1/0}$	Bereitstellung von NC-Daten	$ES_{DW,1/0}$	Einsatz (Ethernet-)Switches
$DSP_{DW,1/0}$	Bereitstellung von SPS-Daten	$EZ_{DW,1/0}$	Echtzeitfähigkeit
$DWZ_{DW,1/0}$	Bereitstellung von Werkzeug-Daten	F_{DW}	Flexibilität
$EF_{DW,1/0}$	Einsatz Feldbussystem	FA_{DW}	Fehleranfälligkeit
$EFC_{DW,1/0}$	Einsatz von CAN	$FAE_{DW,1/0}$	Fehler einmal monatlich

$FAJ_{DW,1/0}$	Fehler seltener als einmal im Monat	$NRS_{DW,1/0}$	Skalierbarkeit der Netzwerkressourcen
$FAM_{DW,1/0}$	Fehler mehrmals monatlich	P_{DW}	Produktivität
$FAS_{DW,1/0}$	Fehler seltener als einmal im Jahr	Q_{DW}	Qualität
$FAT_{DW,1/0}$	Tägliche Fehler	$SJ_{DW,1/0}$	Standardisierte Joberstellung
$FAW_{DW,1/0}$	Fehler mehrmals wöchentlich	$SVZ_{DW,1/0}$	Zentraler Server
G_{DW}	Übertragungsgeschwindigkeit	$UK_{DW,1/0}$	Überwachungskonzept
L_{DW}	Leistungsfähigkeit		

D.5 Prozessbewertung

Process Evaluation

(Prozess-)Leistungsfähigkeit:

$$L_{PR} = w_{L,PR,1} \cdot L_{PR,FB} + w_{L,PR,2} \cdot L_{PR,DR} + w_{L,PR,3} \cdot L_{PR,DF} + w_{L,PR,4} \cdot L_{PR,FD} + w_{L,PR,5} \cdot L_{PR,FSC} + w_{L,PR,6} \cdot L_{PR,KSC} + w_{L.PR,7} \cdot L_{PR,RSC} + w_{L,PR,8} \cdot L_{PR,SE} + w_{L,PR,8} \cdot L_{PR,DE}$$

D.5.1 Prozessbewertung Fräsen

Process Evaluation Milling

(Prozess-)Produktivität Fräsen:

$$P_{PR,FB} = w_{P,FB,1} \cdot SML_{FB} + w_{P,FB,2} \cdot AMB_{FB} + w_{P,FB,3} \cdot RZA_{FB} + w_{P,FB,4} \cdot PZA_{FB} + w_{P,FB,5} \cdot GCP_{FB} + w_{P,FB,6} \cdot GWS_{FB} + w_{P,FB,7} \cdot PB_{FB} + w_{P,FB,8} \cdot AFR_{FB} + w_{P,FB,9} \cdot BWZ_{FB} + w_{P,FB,10} \cdot USV_{FB} + w_{P,FB,11} \cdot BBS_{FB} + w_{P,FB,12} \cdot AKB_{FB}$$

(Prozess-)Flexibilität Fräsen:

$$F_{PR,FB} = w_{F,FB,1} \cdot RZA_{FB} + w_{F,FB,2} \cdot PZA_{FB} + w_{F,FB,3} \cdot GWS_{FB} + w_{F,FB,4} \cdot PB_{FB} + w_{F,FB,5} \cdot BWZ_{FB} + w_{F,FB,6} \cdot USV_{FB}$$

(Prozess-)Qualität Fräsen:

$$Q_{PR,FB} = w_{Q,FB,1} \cdot AFR_{FB} + w_{Q,FB,2} \cdot PB_{FB} + w_{Q,FB,3} \cdot PR_{FB} + w_{Q,FB,4} \cdot PU_{FB} + w_{Q,FB,5} \cdot GWS_{FB}$$

(Prozess-)Leistungsfähigkeit Fräsen:

$$L_{PR,FB} = \sqrt{\frac{P_{PR,FB}^2 + F_{PR,FB}^2 + Q_{PR,FB}^2}{3}}$$

Mathematische Zusammenhänge

Kennzahl	Mathematische Funktionen
AFR_{FB}	$AFR_{FB} = -4{,}143 \cdot ln(x_{AFR,FB}) + 8{,}9189$
	Definitionsbereich AFR_{FB}: $[x_{AFR,FB}] = \%$ $D_f = \mathbb{R}^+ \rightarrow D_{f\vert AFR_{FB}} := \begin{cases} 0 & \text{wenn} \quad x_{AFR,FB} \geq 8{,}6086 \\ AFR_{FB} & \text{wenn} \quad 8{,}6086 > x_{AFR,FB} \geq 0{,}7703 \\ 10 & \text{wenn} \quad x_{AFR,FB} < 0{,}7703 \end{cases}$
AMB_{FB}	$AMB_{FB} = -0{,}1095 \cdot x_{AMB,FB}{}^2 + 2{,}1853 \cdot x_{AMB,FB} - 0{,}9337$
	Definitionsbereich AMB_{FB}: $[x_{AMB,FB}] = Anzahl$ $D_f = \mathbb{R}^+ \rightarrow D_{f\vert AMB_{FB}} := \begin{cases} 0 & \text{wenn} \quad x_{AMB,FB} \leq 0{,}4368 \\ AMB_{FB} & \text{wenn} \quad 0{,}4368 < x_{AMB,FB} \leq 10 \\ 10 & \text{wenn} \quad x_{AMB,FB} > 10 \end{cases}$
BWZ_{FB}	$BWZ_{FB} = -4{,}643 \cdot ln(x_{BWZ,FB} + 1) + 14{,}145$
	Definitionsbereich BWZ_{FB}: $[x_{BWZ,FB}] = Anzahl$ $D_f = \mathbb{R}^+ \rightarrow D_{f\vert BWZ_{FB}} := \begin{cases} 0 & \text{wenn} \quad x_{BWZ,FB} > 19{,}0420 \\ BWZ_{FB} & \text{wenn} \quad 20{,}0420 < x_{BWZ,FB} \leq 0{,}4418 \\ 10 & \text{wenn} \quad x_{BWZ,FB} \leq 0{,}4418 \end{cases}$
HNH_{FB}	$HNH_{FB} = 2{,}3532 \cdot 10^{-3} \cdot x_{HNH,FB}{}^3 - 0{,}3657 \cdot x_{HNH,FB}{}^2 + 19{,}24 \cdot x_{HNH,FB} - 338{,}08$
	Definitionsbereich HNH_{FB}: $[x_{HNH,FB}] = HRC$ $D_f = \mathbb{R}^+ \rightarrow D_{f\vert HNH_{FB}} := \begin{cases} 0 & \text{wenn} \quad x_{HNH,FB} \leq 42{,}8168 \\ HNH_{FB} & \text{wenn} \quad 42{,}8168 < x_{HNH,FB} \leq 62{,}113 \\ 10 & \text{wenn} \quad x_{HNH,FB} > 62{,}113 \end{cases}$
PZA_{FB}	$PZA_{FB} = 2{,}3881 \cdot 10^{-3} \cdot x_{PZA,FB}{}^2 - 0{,}362 \cdot x_{PZA,FB} + 14{,}0782$
	Definitionsbereich PZA_{FB}: $[x_{PZA,FB}] = \%$ $D_f = \mathbb{R}^+ \rightarrow D_{f\vert PZA_{FB}} := \begin{cases} 0 & \text{wenn} \quad x_{PZA,FB} \geq 80 \\ PZA_{FB} & \text{wenn} \quad 80 > x_{PZA,FB} \geq 12{,}2568 \\ 10 & \text{wenn} \quad x_{PZA,FB} < 12{,}2568 \end{cases}$

RZA_{FB}	$RZA_{FB} = 1{,}8182 \cdot 10^{-3} \cdot x_{RZA,FB}{}^2 - 0{,}3382 \cdot x_{RZA,FB} + 13{,}4182$
	Definitionsbereich RZA_{FB}: $[x_{RZA,FB}] = \%$ $D_f = \mathbb{R}^+ \to D_{f\|RZA_{FB}}: := \begin{cases} 0 & \text{wenn } x_{RZA,FB} \geq 57{,}3695 \\ RZA_{FB} & \text{wenn } 57{,}3695 > x_{RZA,FB} \geq 10{,}7254 \\ 10 & \text{wenn } x_{RZA,FB} < 10{,}7254 \end{cases}$
SML_{FB}	$SML_{FB} = 0{,}5\,(SML_{FB,S} + SML_{FB,M}) = 0{,}5 \cdot (-7{,}5635 \cdot 10^{-8} \cdot x_{SML,FB,S}{}^2 - 2{,}2081 \cdot 10^{-3} \cdot x_{SML,FB,S} + 1{,}6511) + 0{,}5 \cdot (-1{,}439 \cdot 10^{-7} \cdot x_{SML,FB,M}{}^2 + 2{,}7043 \cdot 10^{-3} \cdot x_{SML,FB,M} - 2{,}3438)$
	Definitionsbereich SML_{FB}: $[x_{SML,FB,S}] = h, [x_{SML,FB,M}] = h$ $D_f = \mathbb{R}^+ \to D_{f\|SML_{FB,S}}: := \begin{cases} 0 & \text{wenn } x_{SML,FB,S} \leq 767{,}9477 \\ SML_{FB,S} & \text{wenn } 767{,}9477 < x_{SML,FB,S} \leq 6.913{,}9195 \\ 10 & \text{wenn } x_{SML,FB,S} > 6.913{,}9195 \end{cases}$ $D_f = \mathbb{R}^+ \to D_{f\|SML_{FB,M}}: := \begin{cases} 0 & \text{wenn } x_{SML,FB,M} \leq 910{,}8396 \\ SML_{FB,M} & \text{wenn } 910{,}8396 < x_{SML,FB,M} \leq 7.811{,}2176 \\ 10 & \text{wenn } x_{SML,FB,M} > 7.811{,}2176 \end{cases}$

Selektive Zusammenhänge

Kennzahl	Selektive Funktionen
AKB_{FB}	$AKB_{FB} = 0{,}01 \cdot MAX(10 \cdot AKB_{6,FB,1/0}; 8 \cdot AKB_{5,FB,1/0}; 7 \cdot AKB_{4,FB,1/0}; 5 \cdot AKB_{3,FB,1/0}; 4 \cdot AKB_{2,FB,1/0}; 2 \cdot AKB_{1,FB,1/0})$
BBS_{FB}	$BBS_{FB} = 0{,}5 \cdot (0{,}5 \cdot MAX(20 \cdot SRB_{FB,1/0}; 2 \cdot SRH_{FB,1/0} + (10 - HNH_{FB})) + 0{,}5 \cdot MAX(10 \cdot SLH_{FB,1/0} + HNH_{FB}; 4 \cdot SLB_{FB,1/0}))$
GCP_{FB}	$GCP_{FB} = MAX(10 \cdot GCP_{5,FB,1/0}; 8 \cdot GCP_{4,FB,1/0}; 6 \cdot GCP_{3,FB,1/0}; 4 \cdot GCP_{2,FB,1/0}; 2 \cdot GCP_{1,FB,1/0})$
GWS_{FB}	$GWS_{FB} = MAX(10 \cdot GWP_{5,FB,1/0}; 8 \cdot GWP_{4,FB,1/0}; 6 \cdot GWP_{3,FB,1/0}; 4 \cdot GWP_{2,FB,1/0}; 2 \cdot GWP_{1,FB,1/0})$
PB_{FB}	$PB_{FB} = MAX(10 \cdot PB_{5,FB,1/0}; 8 \cdot PB_{4,FB,1/0}; 6 \cdot PB_{3,FB,1/0}; 4 \cdot PB_{2,FB,1/0}; 2 \cdot PB_{1,FB,1/0})$
PR_{FB}	$PR_{FB} = MAX(10 \cdot PR_{5,FB,1/0}; 8 \cdot PR_{4,FB,1/0}; 6 \cdot PR_{3,FB,1/0}; 4 \cdot PR_{2,FB,1/0}; 2 \cdot PR_{1,FB,1/0})$

PU_{FB}	$PU_{FB} = MAX(10 \cdot PU_{5,FB,1/0}; 8 \cdot PU_{4,FB,1/0}; 6 \cdot PU_{3,FB,1/0}; 4 \cdot PU_{2,FB,1/0}; 2 \cdot PU_{1,FB,1/0})$
USV_{FB}	$USV_{FB} = MAX(10 \cdot USV_{0,FB,1/0}; 8 \cdot USV_{1,FB,1/0}; 6 \cdot USV_{2,FB,1/0}; 4 \cdot USV_{3,FB,1/0}; 2 \cdot USV_{4,FB,1/0})$

Kennzahlenverzeichnis

Kennzahl	Bezeichnung	Kennzahl	Bezeichnung
AFR_{FB}	Ausfallrate	$GWS_{2,FB,1/0}$	Grad der Werkstückstandardisierung gering
AKB_{FB}	Achskonfiguration der Bearbeitung	$GWS_{1,FB,1/0}$	Grad der Werkstückstandardisierung sehr gering
$AKB_{6,FB,1/0}$	5-Achs HSC Bearbeitung	HNH_{FB}	Härte (nach dem Härten)
$AKB_{5,FB,1/0}$	5-Achs Bearbeitung	HVH_{FB}	Härte (vor dem Härten)
$AKB_{4,FB,1/0}$	3+2-Achs HSC Bearbeitung	$L_{P,FB}$	Leistungsfähigkeit
$AKB_{3,FB,1/0}$	3+2-Achs Bearbeitung	$P_{P,FB}$	Produktivität
$AKB_{2,FB,1/0}$	3-Achs HSC Bearbeitung	PB_{FB}	Prozessbeherrschung
$AKB_{1,FB,1/0}$	3-Achs Bearbeitung	$PB_{5,FB,1/0}$	Prozessbeherrschung sehr hoch
AMB_{FB}	Anzahl Maschinen pro Bediener	$PB_{4,FB,1/0}$	Prozessbeherrschung hoch
BBS_{FB}	Bearbeitungsstrategie	$PB_{3,FB,1/0}$	Prozessbeherrschung mittelmäßig
BWZ_{FB}	Anzahl Bearbeitungswerkzeugwechsel	$PB_{2,FB,1/0}$	Prozessbeherrschung gering
$F_{P,FB}$	Flexibilität	$PB_{1,FB,1/0}$	Prozessbeherrschung sehr gering
GCP_{FB}	Güte der CAM-Programmierung	PR_{FB}	Prozessreife
$GCP_{5,FB,1/0}$	Güte sehr hoch	$PR_{5,FB,1/0}$	Prozessreife sehr hoch
$GCP_{4,FB,1/0}$	Güte hoch	$PR_{4,FB,1/0}$	Prozessreife hoch
$GCP_{3,FB,1/0}$	Güte mittelmäßig	$PR_{3,FB,1/0}$	Prozessreife mittelmäßig
$GCP_{2,FB,1/0}$	Güte gering	$PR_{2,FB,1/0}$	Prozessreife gering
$GCP_{1,FB,1/0}$	Güte sehr gering	$PR_{1,FB,1/0}$	Prozessreife sehr gering
GWS_{FB}	Grad der Werkstückstandardisierung	PU_{FB}	Prozessüberwachung
$GWS_{5,FB,1/0}$	Grad der Werkstückstandardisierung sehr hoch	$PU_{5,FB,1/0}$	Prozessüberwachung sehr hoch
$GWS_{4,FB,1/0}$	Grad der Werkstückstandardisierung hoch	$PU_{4,FB,1/0}$	Prozessüberwachung hoch
$GWS_{3,FB,1/0}$	Grad der Werkstückstandardisierung mittelmäßig	$PU_{3,FB,1/0}$	Prozessüberwachung mittelmäßig

$PU_{2,FB,1/0}$	Prozessüberwachung gering	$SRB_{FB,1/0}$	Schruppbearbeitung vor dem Härten
$PU_{1,FB,1/0}$	Prozessüberwachung sehr gering	$SRH_{FB,1/0}$	Schruppbearbeitung nach dem Härten
PZA_{FB}	Programmierzeitanteil	USV_{FB}	Anzahl Umspannvorgänge
$Q_{P,FB}$	Qualität	$USV_{0,FB,1/0}$	Kein Umspannvorgang
RZA_{FB}	Rüst- und Nebenzeitanteil	$USV_{1,FB,1/0}$	Ein Umspannvorgang
$SLB_{FB,1/0}$	Schlichtbearbeitung vor dem Härten	$USV_{2,FB,1/0}$	Zwei Umspannvorgänge
$SLH_{FB,1/0}$	Schlichtbearbeitung nach dem Härten	$USV_{3,FB,1/0}$	Drei Umspannvorgänge
SML_{FB}	Spindelstunden/Maschinenlaufzeit	$USV_{4,FB,1/0}$	Mehr als drei Umspannvorgänge

D.5.2 Prozessbewertung Drehen

Process Evaluation Turning

(Prozess-)Produktivität Drehen:

$$P_{PR,DR} = w_{P,DR,1} \cdot SML_{DR} + w_{P,DR,2} \cdot AMB_{DR} + w_{P,DR,3} \cdot RZA_{DR} + w_{P,DR,4} \cdot PZA_{DR} + w_{P,DR,5} \cdot GCP_{DR} + w_{P,DR,6} \cdot GWS_{DR} + w_{P,DR,7} \cdot PB_{DR} + w_{P,DR,8} \cdot AFR_{DR} + w_{P,DR,9} \cdot BWZ_{DR} + w_{P,DR,10} \cdot USV_{DR} + w_{P,DR,11} \cdot BBS_{DR}$$

(Prozess-)Flexibilität Drehen:

$$F_{PR,DR} = w_{F,DR,1} \cdot RZA_{DR} + w_{F,DR,2} \cdot PZA_{DR} + w_{F,DR,3} \cdot GWS_{DR} + w_{F,DR,4} \cdot PB_{DR} + w_{F,DR,5} \cdot BWZ_{DR} + w_{F,DR,6} \cdot USV_{DR}$$

(Prozess-)Qualität Drehen:

$$Q_{PR,DR} = w_{Q,DR,1} \cdot AFR_{DR} + w_{Q,DR,2} \cdot PB_{DR} + w_{Q,DR,3} \cdot PR_{DR} + w_{Q,DR,4} \cdot PU_{DR} + w_{Q,DR,5} \cdot GWS_{DR}$$

(Prozess-)Leistungsfähigkeit Drehen:

$$L_{PR,DR} = \sqrt{\frac{P_{PR,DR}^2 + F_{PR,DR}^2 + Q_{PR,DR}^2}{3}}$$

Mathematische Zusammenhänge

Kennzahl	Mathematische Funktionen
AFR_{DR}	$AFR_{DR} = -4{,}143 \cdot ln(x_{AFR,DR}) + 8{,}9189$
	Definitionsbereich AFR_{DR}: $[x_{AFR,DR}] = \%$ $D_f = \mathbb{R}^+ \rightarrow D_{f\mid AFR_{DR}} := \begin{cases} 0 & \text{wenn} \quad x_{AFR,DR} \geq 8{,}6086 \\ AFR_{DR} & \text{wenn} \quad 8{,}6086 > x_{AFR,DR} \geq 0{,}7703 \\ 10 & \text{wenn} \quad x_{AFR,DR} < 0{,}7703 \end{cases}$
AMB_{DR}	$AMB_{DR} = -0{,}3409 \cdot x_{AMB,DR}{}^2 + 4{,}3227 \cdot x_{AMB,DR} - 3{,}0636$
	Definitionsbereich AMB_{DR}: $[x_{AMB,DR}] = Anzahl$ $D_f = \mathbb{R}^+ \rightarrow D_{f\mid AMB_{DR}} := \begin{cases} 0 & \text{wenn} \quad x_{AMB,DR} \leq 0{,}7550 \\ AMB_{DR} & \text{wenn} \quad 0{,}7550 < x_{AMB,DR} \leq 5{,}3169 \\ 10 & \text{wenn} \quad x_{AMB,DR} > 5{,}3169 \end{cases}$
BWZ_{DR}	$BWZ_{DR} = -0{,}7647 \cdot (x_{BWZ,DR} + 1) + 10{,}3529$
	Definitionsbereich BWZ_{DR}: $[x_{BWZ,DR}] = Anzahl$ $D_f = \mathbb{R}^+ \rightarrow D_{f\mid BWZ_{DR}} := \begin{cases} 0 & \text{wenn} \quad x_{BWZ,DR} > 12{,}5385 \\ BWZ_{DR} & \text{wenn} \quad 12{,}5385 \geq x_{BWZ,DR} > 0 \\ 10 & \text{wenn} \quad x_{BWZ,DR} \leq 0 \end{cases}$
HNH_{DR}	$HNH_{DR} = 2{,}3532 \cdot 10^{-3} \cdot x_{HNH,DR}{}^3 - 0{,}3657 \cdot x_{HNH,DR}{}^2 + 19{,}24 \cdot x_{HNH,DR} - 338{,}08$
	Definitionsbereich HNH_{DR}: $[x_{HNH,DR}] = HRC$ $D_f = \mathbb{R}^+ \rightarrow D_{f\mid HNH_{DR}:} := \begin{cases} 0 & \text{wenn} \quad x_{HNH,DR} \leq 42{,}8168 \\ HNH_{DR} & \text{wenn} \quad 42{,}8168 < x_{HNH,DR} \leq 62{,}113 \\ 10 & \text{wenn} \quad x_{HNH,DR} > 62{,}113 \end{cases}$
PZA_{DR}	$PZA_{DR} = 2{,}3881 \cdot 10^{-3} \cdot x_{PZA,DR}{}^2 - 0{,}362 \cdot x_{PZA,DR} + 14{,}0782$
	Definitionsbereich PZA_{DR}: $[x_{PZA,DR}] = \%$ $D_f = \mathbb{R}^+ \rightarrow D_{f\mid PZA_{DR}:} := \begin{cases} 0 & \text{wenn} \quad x_{PZA,DR} \geq 75 \\ PZA_{DR} & \text{wenn} \quad 75 > x_{PZA,DR} \geq 12{,}2568 \\ 10 & \text{wenn} \quad x_{PZA,DR} < 12{,}2568 \end{cases}$
RZA_{DR}	$RZA_{DR} = 1{,}3567 \cdot 10^{-3} \cdot x_{RZA,DR}{}^2 - 0{,}3239 \cdot x_{RZA,DR} + 13{,}7721$

	Definitionsbereich RZA_{DR}: $[x_{RZA,DR}] = \%$ $D_f = \mathbb{R}^+ \rightarrow D_{f\|RZA_{DR}}: := \begin{cases} 0 & \text{wenn} \quad x_{RZA,DR} \geq 55{,}3537 \\ RZA_{DR} & \text{wenn} \quad 55{,}3537 > x_{RZA,DR} \geq 12{,}2772 \\ 10 & \text{wenn} \quad x_{RZA,DR} < 12{,}2772 \end{cases}$
SML_{DR}	$SML_{DR}=0{,}5\left(SML_{DR,S}+SML_{DR,M}\right)=0{,}5\cdot -2{,}0896\cdot 10^{-7}\cdot {x_{SML,DR,S}}^2+3{,}537\cdot 10^{-3}\cdot x_{SML,DR,S}-2{,}5511+0{,}5\cdot(-2{,}0093\cdot 10^{-7}\cdot {x_{SML,DR,M}}^2+3{,}2641\cdot 10^{-3}\cdot x_{SML,DR,M}-2{,}4027)$
	Definitionsbereich SML_{DR}: $[x_{SML,DR,S}] = h, [x_{SML,DR,M}] = h$ $D_f = \mathbb{R}^+ \rightarrow D_{f\|SML_{DR,S}}: := \begin{cases} 0 & \text{wenn} \quad x_{SML,DR,S} \leq 754{,}9309 \\ SML_{DR,S} & \text{wenn} \quad 754{,}9309 < x_{SML,DR,S} \leq 5.062{,}8193 \\ 10 & \text{wenn} \quad x_{SML,DR,S} > 5.062{,}8193 \end{cases}$ $D_f = \mathbb{R}^+ \rightarrow D_{f\|SML_{DR,M}}: := \begin{cases} 0 & \text{wenn} \quad x_{SML,DR,M} \leq 772{,}8687 \\ SML_{DR,M} & \text{wenn} \quad 772{,}8687 < x_{SML,DR,M} \leq 6.061{,}36 \\ 10 & \text{wenn} \quad x_{SML,DR,M} > 6.061{,}36 \end{cases}$

Selektive Zusammenhänge

Kennzahl	Selektive Funktionen
BBS_{DR}	$BBS_{DR} = 0{,}5\cdot(0{,}5\cdot MAX(20\cdot SRB_{DR,1/0}; 2\cdot SRH_{DR,1/0}+(10-HNH_{DR})) + 0{,}5\cdot MAX(10\cdot SLH_{DR,1/0}+HNH_{DR}; 4\cdot SLB_{DR,1/0}))$
GCP_{DR}	$GCP_{DR} = MAX(10\cdot GCP_{5,DR,1/0}; 8\cdot GCP_{4,DR,1/0}; 6\cdot GCP_{3,DR,1/0}; 4\cdot GCP_{2,DR,1/0}; 2\cdot GCP_{1,DR,1/0})$
GWS_{DR}	$GWS_{DR} = MAX(10\cdot GWS_{5,DR,1/0}; 8\cdot GWS_{4,DR,1/0}; 6\cdot GWS_{3,DR,1/0}; 4\cdot GWS_{2,DR,1/0}; 2\cdot GWS_{1,DR,1/0})$
PB_{DR}	$PB_{DR} = MAX(10\cdot PB_{5,DR,1/0}; 8\cdot PB_{4,DR,1/0}; 6\cdot PB_{3,DR,1/0}; 4\cdot PB_{2,DR,1/0}; 2\cdot PB_{1,DR,1/0})$
PR_{DR}	$PR_{DR} = MAX(10\cdot PR_{5,DR,1/0}; 8\cdot PR_{4,DR,1/0}; 6\cdot PR_{3,DR,1/0}; 4\cdot PR_{2,DR,1/0}; 2\cdot PR_{1,DR,1/0})$
PU_{DR}	$PU_{DR} = MAX(10\cdot PU_{5,DR,1/0}; 8\cdot PU_{4,DR,1/0}; 6\cdot PU_{3,DR,1/0}; 4\cdot PU_{2,DR,1/0}; 2\cdot PU_{1,DR,1/0})$
USV_{DR}	$USV_{DR} = MAX(10\cdot USV_{0,DR,1/0}; 8\cdot USV_{1,DR,1/0}; 6\cdot USV_{2,DR,1/0}; 4\cdot USV_{3,DR,1/0}; 2\cdot USV_{4,DR,1/0})$

Kennzahlenverzeichnis

Kennzahl	Bezeichnung	Kennzahl	Bezeichnung
AFR_{DR}	Ausfallrate	PR_{DR}	Prozessreife
AMB_{DR}	Anzahl Maschinen pro Bediener	$PR_{5,DR,1/0}$	Prozessreife sehr hoch
BBS_{DR}	Bearbeitungsstrategie	$PR_{4,DR,1/0}$	Prozessreife hoch
BWZ_{DR}	Anzahl Bearbeitungswerkzeug-wechsel	$PR_{3,DR,1/0}$	Prozessreife mittelmäßig
$F_{P,DR}$	Flexibilität	$PR_{2,DR,1/0}$	Prozessreife gering
GCP_{DR}	Güte der CAM-Programmierung	$PR_{1,DR,1/0}$	Prozessreife sehr gering
$GCP_{5,DR,1/0}$	Güte sehr hoch	PU_{DR}	Prozessüberwachung
$GCP_{4,DR,1/0}$	Güte hoch	$PU_{5,DR,1/0}$	Prozessüberwachung sehr hoch
$GCP_{3,DR,1/0}$	Güte mittelmäßig	$PU_{4,DR,1/0}$	Prozessüberwachung hoch
$GCP_{2,DR,1/0}$	Güte gering	$PU_{3,DR,1/0}$	Prozessüberwachung mittelmäßig
$GCP_{1,DR,1/0}$	Güte sehr gering	$PU_{2,DR,1/0}$	Prozessüberwachung gering
GWS_{DR}	Grad der Werkstückstandardisierung	$PU_{1,DR,1/0}$	Prozessüberwachung sehr gering
$GWS_{5,DR,1/0}$	Grad der Werkstückstandardisierung sehr hoch	PZA_{DR}	Programmierzeitanteil
$GWS_{4,DR,1/0}$	Grad der Werkstückstandardisierung hoch	$Q_{P,DR}$	Qualität
$GWS_{3,DR,1/0}$	Grad der Werkstückstandardisierung mittelmäßig	RZA_{DR}	Rüst- und Nebenzeitanteil
$GWS_{2,DR,1/0}$	Grad der Werkstückstandardisierung gering	$SLB_{DR,1/0}$	Schlichtbearbeitung vor dem Härten
$GWS_{1,DR,1/0}$	Grad der Werkstückstandardisierung sehr gering	$SLH_{DR,1/0}$	Schlichtbearbeitung nach dem Härten
HNH_{DR}	Härte (nach dem Härten)	SML_{DR}	Spindelstunden/Maschinenlaufzeit
$L_{P,DR}$	Leistungsfähigkeit	$SRB_{DR,1/0}$	Schruppbearbeitung vor dem Härten
$P_{P,DR}$	Produktivität	$SRH_{DR,1/0}$	Schruppbearbeitung nach dem Härten
PB_{DR}	Prozessbeherrschung	USV_{DR}	Anzahl Umspannvorgänge
$PB_{5,DR,1/0}$	Prozessbeherrschung sehr hoch	$USV_{0,DR,1/0}$	Kein Umspannvorgang
$PB_{4,DR,1/0}$	Prozessbeherrschung hoch	$USV_{1,DR,1/0}$	Ein Umspannvorgang
$PB_{3,DR,1/0}$	Prozessbeherrschung mittelmäßig	$USV_{2,DR,1/0}$	Zwei Umspannvorgänge
$PB_{2,DR,1/0}$	Prozessbeherrschung gering	$USV_{3,DR,1/0}$	Drei Umspannvorgänge
$PB_{1,DR,1/0}$	Prozessbeherrschung sehr gering	$USV_{4,DR,1/0}$	Mehr als drei Umspannvorgänge

D.5.3 Prozessbewertung Dreh-Fräsen

Process Evaluation Turning-Milling

(Prozess-)Produktivität Dreh-Fräsen:

$$P_{PR,DF} = w_{P,DF1,1} \cdot SML_{DF} + w_{P,DF,2} \cdot AMB_{DF} + w_{P,DF,3} \cdot RZA_{DF} + w_{P,DF,4} \cdot PZA_{DF} + w_{P,DF,5} \cdot GCP_{DF} + w_{P,DF,6} \cdot GWS_{DF} + w_{P,DF,7} \cdot PB_{DF} + w_{P,DF,8} \cdot AFR_{DF} + w_{P,DF,9} \cdot BWZ_{DF} + w_{P,DF,10} \cdot USV_{DF} + w_{P,DF,11} \cdot BBS_{DF}$$

(Prozess-)Flexibilität Dreh-Fräsen:

$$F_{PR,DF} = w_{F,DF,1} \cdot RZA_{DF} + w_{F,DF,2} \cdot PZA_{DF} + w_{F,DF,3} \cdot GWS_{DF} + w_{F,DF,4} \cdot PB_{DF} + w_{F,DF,5} \cdot BWZ_{DF} + w_{F,DF,6} \cdot USV_{DF}$$

(Prozess-)Qualität Dreh-Fräsen:

$$Q_{PR,DF} = w_{Q,DF,1} \cdot AFR_{DF} + w_{Q,DF,2} \cdot PB_{DF} + w_{Q,DF,3} \cdot PR_{DF} + w_{Q,DF,4} \cdot PU_{DF} + w_{Q,DF,5} \cdot GWS_{DF}$$

(Prozess-)Leistungsfähigkeit Dreh-Fräsen:

$$L_{PR,DF} = \sqrt{\frac{P_{PR,DF}^2 + F_{PR,DF}^2 + Q_{PR,DF}^2}{3}}$$

Mathematische Zusammenhänge

Kennzahl	Mathematische Funktionen
AFR_{DF}	$AFR_{DF} = -4{,}143 \cdot ln(x_{AFR,DF}) + 8{,}9189$
	Definitionsbereich AFR_{DF}: $[x_{AFR,DF}] = \%$ $D_f = \mathbb{R}^+ \rightarrow D_{f\mid AFR_{DF}} := \begin{cases} 0 & \text{wenn} \quad x_{AFR,DF} \geq 8{,}6086 \\ AFR_{DF} & \text{wenn} \quad 8{,}6086 > x_{AFR,DF} \geq 0{,}7703 \\ 10 & \text{wenn} \quad x_{AFR,DF} < 0{,}7703 \end{cases}$
AMB_{DF}	$AMB_{DF} = -0{,}3409 \cdot x_{AMB,DF}{}^2 + 4{,}3227 \cdot x_{AMB,DF} - 3{,}0636$
	Definitionsbereich AMB_{DF}: $[x_{AMB,DF}] = Anzahl$ $D_f = \mathbb{R}^+ \rightarrow D_{f\mid AMB_{DF}} := \begin{cases} 0 & \text{wenn} \quad x_{AMB,DF} \leq 0{,}7550 \\ AMB_{DF} & \text{wenn} \quad 0{,}7550 < x_{AMB,DF} \leq 5{,}3169 \\ 10 & \text{wenn} \quad x_{AMB,DF} > 5{,}3169 \end{cases}$
BWZ_{DF}	$BWZ_{DF} = -4{,}643 \cdot ln(x_{BWZ,DF} + 1) + 14{,}145$

	Definitionsbereich BWZ_{DF}: $[x_{BWZ,DF}] = Anzahl$ $D_f = \mathbb{R}^+ \rightarrow D_{f\|BWZ_{DF}} := \begin{cases} 0 & \text{wenn} \quad x_{BWZ,DF} > 20{,}0420 \\ BWZ_{DF} & \text{wenn} \quad 20{,}0420 < x_{BWZ,DF} \leq 1{,}4418 \\ 10 & \text{wenn} \quad x_{BWZ,DF} \leq 1{,}4418 \end{cases}$
HNH_{DF}	$HNH_{DF} = 2{,}3532 \cdot 10^{-3} \cdot x_{HNH,DF}{}^3 - 0{,}3657 \cdot x_{HNH,DF}{}^2 + 19{,}24 \cdot x_{HNH,DF} - 338{,}08$
	Definitionsbereich HNH_{DF}: $[x_{HNH,DF}] = HRC$ $D_f = \mathbb{R}^+ \rightarrow D_{f\|HNH_{DF}}: := \begin{cases} 0 & \text{wenn} \quad x_{HNH,DF} \leq 42{,}8168 \\ HNH_{DF} & \text{wenn} \quad 42{,}8168 < x_{HNH,DF} \leq 62{,}113 \\ 10 & \text{wenn} \quad x_{HNH,DF} > 62{,}113 \end{cases}$
PZA_{DF}	$PZA_{DF} = 2{,}3881 \cdot 10^{-3} \cdot x_{PZA,DF}{}^2 - 0{,}362 \cdot x_{PZA,DF} + 14{,}0782$
	Definitionsbereich PZA_{DF}: $[x_{PZA,DF}] = \%$ $D_f = \mathbb{R}^+ \rightarrow D_{f\|PZA_{DF}}: := \begin{cases} 0 & \text{wenn} \quad x_{PZA,DF} \geq 75 \\ PZA_{DF} & \text{wenn} \quad 75 > x_{PZA,DF} \geq 12{,}2568 \\ 10 & \text{wenn} \quad x_{PZA,DF} < 12{,}2568 \end{cases}$
RZA_{DF}	$RZA_{DF} = 1{,}3567 \cdot 10^{-3} \cdot x_{RZA,DF}{}^2 - 0{,}3239 \cdot x_{RZA,DF} + 13{,}7721$
	Definitionsbereich RZA_{DF}: $[x_{RZA,DF}] = \%$ $D_f = \mathbb{R}^+ \rightarrow D_{f\|RZA_{DF}}: := \begin{cases} 0 & \text{wenn} \quad x_{RZA,DF} \geq 55{,}3538 \\ RZA_{DF} & \text{wenn} \quad 55{,}3538 > x_{RZA,DF} \geq 12{,}2772 \\ 10 & \text{wenn} \quad x_{RZA,DF} < 12{,}2772 \end{cases}$
SML_{DF}	$SML_{DF} = 0{,}5\,(SML_{DF,S} + SML_{DF,M}) = 0{,}5 \cdot -2{,}0896 \cdot 10^{-7} \cdot x_{SML,DF,S}{}^2 + 3{,}537 \cdot 10^{-3} \cdot x_{SML,DF,S} - 2{,}5511 + 0{,}5 \cdot (-2{,}0093 \cdot 10^{-7} \cdot x_{SML,DF,M}{}^2 + 3{,}2641 \cdot 10^{-3} \cdot x_{SML,DF,M} - 2{,}4027)$
	Definitionsbereich SML_{DF}: $[x_{SML,DF,S}] = h, [x_{SML,DF,M}] = h$ $D_f = \mathbb{R}^+ \rightarrow D_{f\|SML_{DF,S}}: := \begin{cases} 0 & \text{wenn} \quad x_{SML,DF,S} \leq 754{,}9309 \\ SML_{DF,S} & \text{wenn} \quad 754{,}9309 < x_{SML,DF,S} \leq 5.062{,}8193 \\ 10 & \text{wenn} \quad x_{SML,DF,S} > 5.062{,}8193 \end{cases}$ $D_f = \mathbb{R}^+ \rightarrow D_{f\|SML_{DF,M}}: := \begin{cases} 0 & \text{wenn} \quad x_{SML,DF,M} \leq 772{,}8687 \\ SML_{DF,M} & \text{wenn} \quad 772{,}8687 < x_{SML,DF,M} \leq 6.061{,}36 \\ 10 & \text{wenn} \quad x_{SML,DF,M} > 6.061{,}36 \end{cases}$

Selektive Zusammenhänge

Kennzahl	Selektive Funktionen
BBS_{DF}	$BBS_{DF} = 0{,}5 \cdot (0{,}5 \cdot MAX(20 \cdot SRB_{DF,1/0}; 2 \cdot SRH_{DF,1/0} + (10 - HNH_{DF})) + 0{,}5 \cdot MAX(10 \cdot SLH_{DF,1/0} + HNH_{DF}; 4 \cdot SLB_{DF,1/0}))$
GCP_{DF}	$GCP_{DF} = MAX(10 \cdot GCP_{5,DF,1/0}; 8 \cdot GCP_{4,DF,1/0}; 6 \cdot GCP_{3,DF,1/0}; 4 \cdot GCP_{2,DF,1/0}; 2 \cdot GCP_{1,DF,1/0})$
GWS_{DF}	$GWS_{DF} = MAX(10 \cdot GWS_{5,DF,1/0}; 8 \cdot GWS_{4,DF,1/0}; 6 \cdot GWS_{3,DF,1/0}; 4 \cdot GWS_{2,DF,1/0}; 2 \cdot GWS_{1,DF,1/0})$
PB_{DF}	$PB_{DF} = MAX(10 \cdot PB_{5,DF,1/0}; 8 \cdot PB_{4,DF,1/0}; 6 \cdot PB_{3,DF,1/0}; 4 \cdot PB_{2,DF,1/0}; 2 \cdot PB_{1,DF,1/0})$
PR_{DF}	$PR_{DF} = MAX(10 \cdot PR_{5,DF,1/0}; 8 \cdot PR_{4,DF,1/0}; 6 \cdot PR_{3,DF,1/0}; 4 \cdot PR_{2,DF,1/0}; 2 \cdot PR_{1,DF,1/0})$
PU_{DF}	$PU_{DF} = MAX(10 \cdot PU_{5,DF,1/0}; 8 \cdot PU_{4,DF,1/0}; 6 \cdot PU_{3,DF,1/0}; 4 \cdot PU_{2,DF,1/0}; 2 \cdot PU_{1,DF,1/0})$
USV_{DF}	$USV_{DF} = MAX(10 \cdot USV_{0,DF,1/0}; 8 \cdot USV_{1,DF,1/0}; 6 \cdot USV_{2,DF,1/0}; 4 \cdot USV_{3,DF,1/0}; 2 \cdot USV_{4,DF,1/0})$

Kennzahlenverzeichnis

Kennzahl	Bezeichnung	Kennzahl	Bezeichnung
AFR_{DF}	Ausfallrate	$GCP_{3,DF,1/0}$	Güte mittelmäßig
AMB_{DF}	Anzahl Maschinen pro Bediener	$GCP_{2,DF,1/0}$	Güte gering
BBS_{DF}	Bearbeitungsstrategie	$GCP_{1,DF,1/0}$	Güte sehr gering
BWZ_{DF}	Anzahl Bearbeitungswerkzeug-wechsel	GWS_{DF}	Grad der Werkstückstandardisierung
$F_{P,DF}$	Flexibilität	$GWS_{5,DF,1/0}$	Grad der Werkstückstandardisierung sehr hoch
GCP_{DF}	Güte der CAM-Programmierung	$GWS_{4,DF,1/0}$	Grad der Werkstückstandardisierung hoch
$GCP_{5,DF,1/0}$	Güte sehr hoch	$GWS_{3,DF,1/0}$	Grad der Werkstückstandardisierung mittelmäßig
$GCP_{4,DF,1/0}$	Güte hoch	$GWS_{2,DF,1/0}$	Grad der Werkstückstandardisierung gering

$GWS_{1,DF,1/0}$	Grad der Werkstückstandardisierung sehr gering	$PU_{4,DF,1/0}$	Prozessüberwachung hoch
HNH_{DF}	Härte (nach dem Härten)	$PU_{3,DF,1/0}$	Prozessüberwachung mittelmäßig
$L_{P,DF}$	Leistungsfähigkeit	$PU_{2,DF,1/0}$	Prozessüberwachung gering
$P_{P,DF}$	Produktivität	$PU_{1,DF,1/0}$	Prozessüberwachung sehr gering
PB_{DF}	Prozessbeherrschung	PZA_{DF}	Programmierzeitanteile
$PB_{5,DF,1/0}$	Prozessbeherrschung sehr hoch	$Q_{P,DF}$	Qualität
$PB_{4,DF,1/0}$	Prozessbeherrschung hoch	RZA_{DF}	Rüst- und Nebenzeitanteile
$PB_{3,DF,1/0}$	Prozessbeherrschung mittelmäßig	$SLB_{DF,1/0}$	Schlichtbearbeitung vor dem Härten
$PB_{2,DF,1/0}$	Prozessbeherrschung gering	$SLH_{DF,1/0}$	Schlichtbearbeitung nach dem Härten
$PB_{1,DF,1/0}$	Prozessbeherrschung sehr gering	SML_{DF}	Spindelstunden/Maschinenlaufzeit
PR_{DF}	Prozessreife	$SRB_{DF,1/0}$	Schruppbearbeitung vor dem Härten
$PR_{5,DF,1/0}$	Prozessreife sehr hoch	$SRH_{DF,1/0}$	Schruppbearbeitung nach dem Härten
$PR_{4,DF,1/0}$	Prozessreife hoch	USV_{DF}	Anzahl Umspannvorgänge
$PR_{3,DF,1/0}$	Prozessreife mittelmäßig	$USV_{0,DF,1/0}$	Kein Umspannvorgang
$PR_{2,DF,1/0}$	Prozessreife gering	$USV_{1,DF,1/0}$	Ein Umspannvorgang
$PR_{1,DF,1/0}$	Prozessreife sehr gering	$USV_{2,DF,1/0}$	Zwei Umspannvorgänge
PU_{DF}	Prozessüberwachung	$USV_{3,DF,1/0}$	Drei Umspannvorgänge
$PU_{5,DF,1/0}$	Prozessüberwachung sehr hoch	$USV_{4,DF,1/0}$	Mehr als drei Umspannvorgänge

D.5.4 Prozessbewertung Fräs-Drehen

Process Evaluation Milling-Turning

(Prozess-)Produktivität Fräs-Drehen:

$$P_{PR,FD} = w_{P,FD,1} \cdot SML_{FD} + w_{P,FD,2} \cdot AMB_{FD} + w_{P,FD,3} \cdot RZA_{FD} + w_{P,FD,4} \cdot PZA_{FD} + w_{P,FD,5} \cdot GCP_{FD} + w_{P,FD,6} \cdot GWS_{FD} + w_{P,FD,7} \cdot PB_{FD} + w_{P,FD,8} \cdot AFR_{FD} + w_{P,FD,9} \cdot BWZ_{FD} + w_{P,FD,10} \cdot USV_{FD} + w_{P,FD,11} \cdot BBS_{FD} + w_{P,FD,12} \cdot AKB_{FD}$$

(Prozess-)Flexibilität Fräs-Drehen:

$$F_{PR,FD} = w_{F,FD,1} \cdot RZA_{FD} + w_{F,FD,2} \cdot PZA_{FD} + w_{F,FD,3} \cdot GWS_{FD} + w_{F,FD,4} \cdot PB_{FD} + w_{F,FD,5} \cdot BWZ_{FD} + w_{F,FD,6} \cdot USV_{FD}$$

(Prozess-)Qualität Fräs-Drehen:

$$Q_{PR,FD} = w_{Q,FD,1} \cdot AFR_{FD} + w_{Q,FD,2} \cdot PB_{FD} + w_{Q,FD,3} \cdot PR_{FD} + w_{Q,FD,4} \cdot PU_{FD} + w_{Q,FD,5} \cdot GWS_{FD}$$

(Prozess-)Leistungsfähigkeit Dreh-Fräsen:

$$L_{PR,FD} = \sqrt{\frac{P_{PR,FD}^2 + F_{PR,FD}^2 + Q_{PR,FD}^2}{3}}$$

Mathematische Zusammenhänge

Kennzahl	Mathematische Funktionen
AFR_{FD}	$AFR_{FD} = -4{,}143 \cdot ln(x_{AFR,FD}) + 8{,}9189$
	Definitionsbereich AFR_{FD}: $[x_{AFR,FD}] = \%$ $D_f = \mathbb{R}^+ \rightarrow D_{f\|AFR_{FD}} := \begin{cases} 0 & \text{wenn} \quad x_{AFR,FD} \geq 8{,}6086 \\ AFR_{FD} & \text{wenn} \quad 8{,}6086 > x_{AFR,FD} \geq 0{,}7703 \\ 10 & \text{wenn} \quad x_{AFR,FD} < 0{,}7703 \end{cases}$
AMB_{FD}	$AMB_{FD} = -0{,}1095 \cdot x_{AMB,FD}{}^2 + 2{,}1853 \cdot x_{AMB,FD} - 0{,}9337$
	Definitionsbereich AMB_{FD}: $[x_{AMB,FD}] = Anzahl$ $D_f = \mathbb{R}^+ \rightarrow D_{f\|AMB_{FD}} := \begin{cases} 0 & \text{wenn} \quad x_{AMB,FD} \leq 0{,}4368 \\ AMB_{FD} & \text{wenn} \quad 0{,}4368 < x_{AMB,FD} \leq 10 \\ 10 & \text{wenn} \quad x_{AMB,FD} > 10 \end{cases}$
BWZ_{FD}	$BWZ_{FD} = -4{,}643 \cdot ln(x_{BWZ,FD} + 1) + 14{,}145$
	Definitionsbereich BWZ_{FD}: $[x_{BWZ,FD}] = Anzahl$ $D_f = \mathbb{R}^+ \rightarrow D_{f\|BWZ_{FD}} := \begin{cases} 0 & \text{wenn} \quad x_{BWZ,FD} > 20{,}0420 \\ BWZ_{FD} & \text{wenn} \quad 20{,}0420 < x_{BWZ,FD} \leq 1{,}4418 \\ 10 & \text{wenn} \quad x_{BWZ,FD} \leq 1{,}4418 \end{cases}$
HNH_{FD}	$HNH_{FD} = 2{,}3532 \cdot 10^{-3} \cdot x_{HNH,FD}{}^3 - 0{,}3657 \cdot x_{HNH,FD}{}^2 + 19{,}24 \cdot x_{HNH,FD} - 338{,}08$
	Definitionsbereich HNH_{FD}: $[x_{HNH,FD}] = HRC$ $D_f = \mathbb{R}^+ \rightarrow D_{f\|HNH_{FD}:} := \begin{cases} 0 & \text{wenn} \quad x_{HNH,FD} \leq 42{,}8168 \\ HNH_{FD} & \text{wenn} \quad 42{,}8168 < x_{HNH,FD} \leq 62{,}113 \\ 10 & \text{wenn} \quad x_{HNH,FD} > 62{,}113 \end{cases}$

PZA_{FD}	$PZA_{FD} = 2{,}3881 \cdot 10^{-3} \cdot x_{PZA,FD}{}^{2} - 0{,}362 \cdot x_{PZA,FD} + 14{,}0782$
	Definitionsbereich PZA_{FD}: $[x_{PZA,FD}] = \%$ $D_f = \mathbb{R}^+ \rightarrow D_{f \vert PZA_{FD}}: := \begin{cases} 0 & \text{wenn} \quad x_{PZA,FD} \geq 80 \\ PZA_{FD} & \text{wenn } 80 > x_{PZA,FD} \geq 12{,}2568 \\ 10 & \text{wenn} \quad x_{PZA,FD} < 12{,}2568 \end{cases}$
RZA_{FD}	$RZA_{FD} = 1{,}8182 \cdot 10^{-3} \cdot x_{RZA,FD}{}^{2} - 0{,}3382 \cdot x_{RZA,FD} + 13{,}4182$
	Definitionsbereich RZA_{FD}: $[x_{RZA,FD}] = \%$ $D_f = \mathbb{R}^+ \rightarrow D_{f \vert RZA_{FD}}: := \begin{cases} 0 & \text{wenn} \quad x_{RZA,FD} \geq 57{,}3695 \\ RZA_{FD} & \text{wenn } 57{,}3695 > x_{RZA,FD} \geq 10{,}7254 \\ 10 & \text{wenn} \quad x_{RZA,FD} < 10{,}7254 \end{cases}$
SML_{FD}	$SML_{FD} = 0{,}5\,(SML_{FD,S} + SML_{FD,M}) = 0{,}5 \cdot -7{,}5635 \cdot 10^{-8} \cdot x_{SML,FD,S}{}^{2} - 2{,}2081 \cdot 10^{-3} \cdot x_{RZA,FD,S} + 1{,}6511 + 0{,}5 \cdot (-1{,}439 \cdot 10^{-7} \cdot x_{SML,FD,M}{}^{2} + 2{,}7043 \cdot 10^{-3} \cdot x_{RZA,FD,M} - 2{,}3438)$
	Definitionsbereich SML_{FD}: $[x_{SML,FD,S}] = h, [x_{SML,FD,M}] = h$ $D_f = \mathbb{R}^+ \rightarrow D_{f \vert SML_{FD,S}}: := \begin{cases} 0 & \text{wenn} \quad x_{SML,FD,S} \leq 767{,}9477 \\ SML_{FD,S} & \text{wenn } 767{,}9477 < x_{SML,FD,S} \leq 6.913{,}9195 \\ 10 & \text{wenn} \quad x_{SML,FD,S} > 6.913{,}9195 \end{cases}$ $D_f = \mathbb{R}^+ \rightarrow D_{f \vert SML_{FD,M}}: := \begin{cases} 0 & \text{wenn} \quad x_{SML,FB,M} \leq 910{,}8396 \\ SML_{FD,M} & \text{wenn } 910{,}8396 < x_{SML,FB,M} \leq 7.811{,}2176 \\ 10 & \text{wenn} \quad x_{SML,FB,M} > 7.811{,}2176 \end{cases}$

Selektive Zusammenhänge

Kennzahl	Selektive Funktionen
AKB_{FD}	$AKB_{FD} = 0{,}01 \cdot MAX(10 \cdot AKB_{6,FD,1/0}; 8 \cdot AKB_{5,FD,1/0}; 7 \cdot AKB_{4,FD,1/0}; 5 \cdot AKB_{3,FD,1/0}; 4 \cdot AKB_{2,FD,1/0}; 2 \cdot AKB_{1,FD,1/0})$
BBS_{FD}	$BBS_{FD} = 0{,}5 \cdot (0{,}5 \cdot MAX(20 \cdot SRB_{FD,1/0}; 2 \cdot SRH_{FD,1/0} + (10 - HNH_{FD})) + 0{,}5 \cdot MAX(10 \cdot SLH_{FD,1/0} + HNH_{FD}; 4 \cdot SLB_{FD,1/0}))$
GCP_{FD}	$GCP_{FD} = MAX(10 \cdot GCP_{5,FD,1/0}; 8 \cdot GCP_{4,FD,1/0}; 6 \cdot GCP_{3,FD,1/0}; 4 \cdot GCP_{2,FD,1/0}; 2 \cdot GCP_{1,FD,1/0})$
GWS_{FD}	$GWS_{FD} = MAX(10 \cdot GWS_{0,FD,1/0}; 8 \cdot GWS_{1,FD,1/0}; 6 \cdot GWS_{2,FD,1/0}; 4 \cdot GWS_{3,FD,1/0}; 2 \cdot GWS_{4,FD,1/0})$

PB_{FD}	$PB_{FD} = MAX(10 \cdot PB_{5,FD,1/0}; 8 \cdot PB_{4,FD,1/0}; 6 \cdot PB_{3,FD,1/0}; 4 \cdot PB_{2,FD,1/0}; 2 \cdot PB_{1,FD,1/0})$
PR_{FD}	$PR_{FD} = MAX(10 \cdot PR_{5,FD,1/0}; 8 \cdot PR_{4,FD,1/0}; 6 \cdot PR_{3,FD,1/0}; 4 \cdot PR_{2,FD,1/0}; 2 \cdot PR_{1,FD,1/0})$
PU_{FD}	$PU_{FD} = MAX(10 \cdot PU_{5,FD,1/0}; 8 \cdot PU_{4,FD,1/0}; 6 \cdot PU_{3,FD,1/0}; 4 \cdot PU_{2,FD,1/0}; 2 \cdot PU_{1,FD,1/0})$
USV_{FD}	$USV_{FD} = MAX(10 \cdot USV_{5,FD,1/0}; 8 \cdot USV_{4,FD,1/0}; 6 \cdot USV_{3,FD,1/0}; 4 \cdot USV_{2,FD,1/0}; 2 \cdot USV_{1,FD,1/0})$

Kennzahlenverzeichnis

Kennzahl	Bezeichnung	Kennzahl	Bezeichnung
AFR_{FD}	Ausfallrate	$GCP_{1,FD,1/0}$	Güte sehr gering
AKB_{FD}	Achskonfiguration der Bearbeitung	GWS_{FD}	Grad der Werkstückstandardisierung
$AKB_{6,FD,1/0}$	5-Achs HSC Bearbeitung	$GWS_{5,FD,1/0}$	Grad der Werkstückstandardisierung sehr hoch
$AKB_{5,FD,1/0}$	5-Achs Bearbeitung	$GWS_{4,FD,1/0}$	Grad der Werkstückstandardisierung hoch
$AKB_{4,FD,1/0}$	3+2-Achs HSC Bearbeitung	$GWS_{3,FD,1/0}$	Grad der Werkstückstandardisierung mittelmäßig
$AKB_{3,FD,1/0}$	3+2-Achs Bearbeitung	$GWS_{2,FD,1/0}$	Grad der Werkstückstandardisierung gering
$AKB_{2,FD,1/0}$	3-Achs HSC Bearbeitung	$GWS_{1,FD,1/0}$	Grad der Werkstückstandardisierung sehr gering
$AKB_{1,FD,1/0}$	3-Achs Bearbeitung	HNH_{FD}	Härte (nach dem Härten)
AMB_{FD}	Anzahl Maschinen pro Bediener	$L_{P,FD}$	Leistungsfähigkeit
BBS_{FD}	Bearbeitungsstrategie	$P_{P,FD}$	Produktivität
BWZ_{FD}	Anzahl Bearbeitungswerkzeugwechsel	PB_{FD}	Prozessbeherrschung
$F_{P,FD}$	Flexibilität	$PB_{0,FD,1/0}$	Prozessbeherrschung sehr hoch
GCP_{FD}	Güte der CAM-Programmierung	$PB_{1,FD,1/0}$	Prozessbeherrschung hoch
$GCP_{5,FD,1/0}$	Güte sehr hoch	$PB_{2,FD,1/0}$	Prozessbeherrschung mittelmäßig
$GCP_{4,FD,1/0}$	Güte hoch	$PB_{3,FD,1/0}$	Prozessbeherrschung gering
$GCP_{3,FD,1/0}$	Güte mittelmäßig	$PB_{4,FD,1/0}$	Prozessbeherrschung sehr gering
$GCP_{2,FD,1/0}$	Güte gering	PR_{FD}	Prozessreife

$PR_{5,FD,1/0}$	Prozessreife sehr hoch	RZA_{FD}	Rüst- und Nebenzeitanteil
$PR_{4,FD,1/0}$	Prozessreife hoch	$SLB_{FD,1/0}$	Schlichtbearbeitung vor dem Härten
$PR_{3,FD,1/0}$	Prozessreife mittelmäßig	$SLH_{FD,1/0}$	Schlichtbearbeitung nach dem Härten
$PR_{2,FD,1/0}$	Prozessreife gering	SML_{FD}	Spindelstunden/Maschinenlaufzeit
$PR_{1,FD,1/0}$	Prozessreife sehr gering	$SRB_{FD,1/0}$	Schruppbearbeitung vor dem Härten
PU_{FD}	Prozessüberwachung	$SRH_{FD,1/0}$	Schruppbearbeitung nach dem Härten
$PU_{5,FD,1/0}$	Prozessüberwachung sehr hoch	USV_{FD}	Anzahl Umspannvorgänge
$PU_{4,FD,1/0}$	Prozessüberwachung hoch	$USV_{5,FD,1/0}$	Kein Umspannvorgang
$PU_{3,FD,1/0}$	Prozessüberwachung mittelmäßig	$USV_{4,FD,1/0}$	Ein Umspannvorgang
$PU_{2,FD,1/0}$	Prozessüberwachung gering	$USV_{3,FD,1/0}$	Zwei Umspannvorgänge
$PU_{1,FD,1/0}$	Prozessüberwachung sehr gering	$USV_{2,FD,1/0}$	Drei Umspannvorgänge
PZA_{FD}	Programmierzeitanteil	$USV_{1,FD,1/0}$	Mehr als drei Umspannvorgänge
$Q_{P,FD}$	Qualität		

D.5.5 Prozessbewertung Flach-/Profilschleifen

Process Evaluation Flat/ Profile Grinding

(Prozess-)Produktivität Flach-/Profilschleifen:

$$P_{PR,FSC} = w_{P,FSC1} \cdot SML_{FSC} + w_{P,FSC,2} \cdot AMB_{FSC} + w_{P,FSC,3} \cdot RZA_{FSC} + w_{P,FSC,4} \cdot PZA_{FSC} + w_{P,FSC,5} \cdot GCP_{FSC} + w_{P,FSC,6} \cdot GWS_{FSC} + w_{P,FSC,7} \cdot PB_{FSC} + w_{P,FSC,8} \cdot AFR_{FSC} + w_{P,FSC,9} \cdot BWZ_{FSC} + w_{P,FSC,10} \cdot USV_{FSC}$$

(Prozess-)Flexibilität Flach-/Profilschleifen:

$$F_{PR,FSC} = w_{F,FSC,1} \cdot RZA_{FSC} + w_{F,FSC,2} \cdot PZA_{FSC} + w_{F,FSC,3} \cdot GWS_{FSC} + w_{F,FSC,4} \cdot PB_{FSC} + w_{F,FSC,5} \cdot BWZ_{FSC} + w_{F,FSC,6} \cdot USV_{FSC}$$

(Prozess-)Qualität Flach-/Profilschleifen:

$$Q_{PR,FSC} = w_{Q,FSC,1} \cdot AFR_{FSC} + w_{Q,FSC,2} \cdot PB_{FSC} + w_{Q,FSC,3} \cdot PR_{FSC} + w_{Q,FSC,4} \cdot PU_{FSC} + w_{Q,FSC,5} \cdot GWS_{FSC}$$

(Prozess-)Leistungsfähigkeit Flach-/Profilschleifen:

$$L_{PR,FSC} = \sqrt{\frac{P_{PR,FSC}^2 + F_{PR,FSC}^2 + Q_{PR,FSC}^2}{3}}$$

Mathematische Zusammenhänge

Kennzahl	Mathematische Funktionen
AFR_{FSC}	$AFR_{FSC} = -4{,}143 \cdot ln(x_{AFR,FSC}) + 8{,}9189$
	Definitionsbereich AFR_{FSC}: $[x_{AFR,FSC}] = \%$ $D_f = \mathbb{R}^+ \rightarrow D_{f\|AFR_{FSC}} := \begin{cases} 0 & \text{wenn} \quad x_{AFR,FSC} \geq 8{,}6086 \\ AFR_{FSC} & \text{wenn} \quad 8{,}6086 > x_{AFR,FSC} \geq 0{,}7703 \\ 10 & \text{wenn} \quad x_{AFR,FSC} < 0{,}7703 \end{cases}$
AMB_{FSC}	$AMB_{FSC} = -\,0{,}0797 \cdot x_{AMB,FSC}{}^2 + 1{,}8673 \cdot x_{AMB,FSC} - 0{,}6894$
	Definitionsbereich AMB_{FSC}: $[x_{AMB,FSC}] = Anzahl$ $D_f = \mathbb{R}^+ \rightarrow D_{f\|AMB_{FSC}} := \begin{cases} 0 & \text{wenn} \quad x_{AMB,FSC} \leq 0{,}3752 \\ AMB_{FSC} & \text{wenn} \quad 0{,}3752 < x_{AMB,FSC} \leq 9{,}9509 \\ 10 & \text{wenn} \quad x_{AMB,FSC} > 9{,}9509 \end{cases}$
BWZ_{FSC}	$BWZ_{FSC} = -5{,}139 \cdot ln(x_{BWZ,FSC} + 1) + 9{,}6037$
	Definitionsbereich BWZ_{FSC}: $[x_{BWZ,FSC}] = Anzahl$ $D_f = \mathbb{R}^+ \rightarrow D_{f\|BWZ_{FSC}} := \begin{cases} 0 & \text{wenn} \quad x_{BWZ,FSC} > 5{,}4804 \\ BWZ_{FSC} & \text{wenn} \quad 0 < x_{BWZ,FSC} \leq 5{,}4804 \\ 10 & \text{wenn} \quad x_{BWZ,FSC} \leq 0 \end{cases}$
PZA_{FSC}	$PZA_{FSC} = -\,0{,}0105 \cdot x_{PZA,FSC}{}^2 - 0{,}6967 \cdot x_{PZA,FSC} + 12{,}4199$
	Definitionsbereich PZA_{FSC}: $[x_{PZA,FSC}] = \%$ $D_f = \mathbb{R}^+ \rightarrow D_{f\|PZA_{FSC}:} := \begin{cases} 0 & \text{wenn} \quad x_{PZA,FSC} \geq 14{,}6099 \\ PZA_{FSC} & \text{wenn} \quad 14{,}6099 > x_{PZA,FSC} \geq 3{,}3084 \\ 10 & \text{wenn} \quad x_{PZA,FSC} < 3{,}3084 \end{cases}$
RZA_{FSC}	$RZA_{FSC} = 5{,}1861 \cdot 10^{-4} \cdot x_{RZA,FSC}{}^2 - 0{,}2573 \cdot x_{RZA,FSC} + 10{,}3972$
	Definitionsbereich RZA_{FSC}: $[x_{RZA,FSC}] = \%$ $D_f = \mathbb{R}^+ \rightarrow D_{f\|RZA_{FSC}:} := \begin{cases} 0 & \text{wenn} \quad x_{RZA,FSC} \geq 44{,}3784 \\ RZA_{FSC} & \text{wenn} \quad 44{,}3784 > x_{RZA,FSC} \geq 1{,}5486 \\ 10 & \text{wenn} \quad x_{RZA,FSC} < 1{,}5486 \end{cases}$
SML_{FSC}	$SML_{FSC} = 0{,}5\,(SML_{FSC,S} + SML_{FSC,M}) = 0{,}5 \cdot -2{,}7277 \cdot 10^{-7} \cdot x_{SML,FSC,S}{}^2 + 3{,}8118 \cdot 10^{-3} \cdot x_{SML,FSC,S} - 2{,}4681 + 0{,}5 \cdot (-2{,}3584 \cdot 10^{-7} \cdot x_{SML,FSC,M}{}^2 + 3{,}428 \cdot 10^{-3} \cdot x_{SML,FSC.M} - 2{,}2481)$

	Definitionsbereich SML_{FSC}: $[x_{SML,FSC,S}] = h, [x_{SML,FSC,M}] = h$ $D_f = \mathbb{R}^+ \rightarrow D_{f\|SML_{FSC,S}}: := \begin{cases} 0 & \text{wenn } x_{SML,FSC,S} \geq 680{,}6408 \\ SML_{FSC,S} & \text{wenn } 680{,}6408 > x_{SML,FSC,S} \geq 5.223{,}166 \\ 10 & \text{wenn } x_{SML,FSC,S} < 5.223{,}166 \end{cases}$ $D_f = \mathbb{R}^+ \rightarrow D_{f\|SML_{FSC,M}}: := \begin{cases} 0 & \text{wenn } x_{SML,FSC,M} \geq 688{,}4091 \\ SML_{FSC,M} & \text{wenn } 688{,}4091 > x_{SML,FSC,M} \geq 6.327{,}08 \\ 10 & \text{wenn } x_{SML,FSC,M} < 6.327{,}08 \end{cases}$

Selektive Zusammenhänge

Kennzahl	Selektive Funktionen
GCP_{FSC}	$GCP_{FSC} = MAX(10 \cdot GCP_{5,FSC,1/0}; 8 \cdot GCP_{4,FSC,1/0}; 6 \cdot GCP_{3,FSC,1/0}; 4 \cdot GCP_{2,FSC,1/0}; 2 \cdot GCP_{1,FSC,1/0})$
GWS_{FSC}	$GWS_{FSC} = MAX(10 \cdot GWS_{5,FSC,1/0}; 8 \cdot GWS_{4,FSC,1/0}; 6 \cdot GWS_{3,FSC,1/0}; 4 \cdot GWS_{2,FSC,1/0}; 2 \cdot GWS_{1,FSC,1/0})$
PB_{FSC}	$PB_{FSC} = MAX(10 \cdot PB_{5,FSC,1/0}; 8 \cdot PB_{4,FSC,1/0}; 6 \cdot PB_{3,FSC,1/0}; 4 \cdot PB_{2,FSC,1/0}; 2 \cdot PB_{1,FSC,1/0})$
PR_{FSC}	$PR_{FSC} = MAX(10 \cdot PR_{5,FSC,1/0}; 8 \cdot PR_{4,FSC,1/0}; 6 \cdot PR_{3,FSC,1/0}; 4 \cdot PR_{2,FSC,1/0}; 2 \cdot PR_{1,FSC,1/0})$
PU_{FSC}	$PU_{FSC} = MAX(10 \cdot PU_{5,FSC,1/0}; 8 \cdot PU_{4,FSC,1/0}; 6 \cdot PU_{3,FSC,1/0}; 4 \cdot PU_{2,FSC,1/0}; 2 \cdot PU_{1,FSC,1/0})$
USV_{FSC}	$USV_{FSC} = MAX(10 \cdot USV_{0,FSC,1/0}; 8 \cdot USV_{1,FSC,1/0}; 6 \cdot USV_{2,FSC,1/0}; 4 \cdot USV_{3,FSC,1/0}; 2 \cdot USV_{4,FSC,1/0})$

Kennzahlenverzeichnis

Kennzahl	Bezeichnung	Kennzahl	Bezeichnung
AFR_{FSC}	Ausfallrate	$GCP_{5,FSC,1/0}$	Güte sehr hoch
AMB_{FSC}	Anzahl Maschinen pro Bediener	$GCP_{4,FSC,1/0}$	Güte hoch
BWZ_{FSC}	Anzahl Bearbeitungswerkzeug-wechsel	$GCP_{3,FSC,1/0}$	Güte mittelmäßig
F_{FSC}	Flexibilität	$GCP_{2,FSC,1/0}$	Güte gering
GCP_{FSC}	Güte der CAM-Programmierung	$GCP_{1,FSC,1/0}$	Güte sehr gering

GWS_{FSC}	Grad der Werkstückstandardisierung	$PR_{2,FSC,1/0}$	Prozessreife gering
$GWS_{5,FSC,1/0}$	Grad der Werkstückstandardisierung sehr hoch	$PR_{1,FSC,1/0}$	Prozessreife sehr gering
$GWS_{4,FSC,1/0}$	Grad der Werkstückstandardisierung hoch	PU_{FSC}	Prozessüberwachung
$GWS_{3,FSC,1/0}$	Grad der Werkstückstandardisierung mittelmäßig	$PU_{5,FSC,1/0}$	Prozessüberwachung sehr hoch
$GWS_{2,FSC,1/0}$	Grad der Werkstückstandardisierung gering	$PU_{4,FSC,1/0}$	Prozessüberwachung hoch
$GWS_{1,FSC,1/0}$	Grad der Werkstückstandardisierung sehr gering	$PU_{3,FSC,1/0}$	Prozessüberwachung mittelmäßig
L_{FSC}	Leistungsfähigkeit	$PU_{2,FSC,1/0}$	Prozessüberwachung gering
P_{FSC}	Produktivität	$PU_{1,FSC,1/0}$	Prozessüberwachung sehr gering
PB_{FSC}	Prozessbeherrschung	PZA_{FSC}	Programmierzeitanteil
$PB_{5,FSC,1/0}$	Prozessbeherrschung sehr hoch	Q_{FSC}	Qualität
$PB_{4,FSC,1/0}$	Prozessbeherrschung hoch	RZA_{FSC}	Rüst- und Nebenzeitanteil
$PB_{3,FSC,1/0}$	Prozessbeherrschung mittelmäßig	SML_{FSC}	Spindelstunden/Maschinenlaufzeit
$PB_{2,FSC,1/0}$	Prozessbeherrschung gering	USV_{FSC}	Anzahl Umspannvorgänge
$PB_{1,FSC,1/0}$	Prozessbeherrschung sehr gering	$USV_{0,FSC,1/0}$	Kein Umspannvorgang
PR_{FSC}	Prozessreife	$USV_{1,FSC,1/0}$	Ein Umspannvorgang
$PR_{5,FSC,1/0}$	Prozessreife sehr hoch	$USV_{2,FSC,1/0}$	Zwei Umspannvorgänge
$PR_{4,FSC,1/0}$	Prozessreife hoch	$USV_{3,FSC,1/0}$	Drei Umspannvorgänge
$PR_{3,FSC,1/0}$	Prozessreife mittelmäßig	$USV_{4,FSC,1/0}$	Mehr als drei Umspannvorgänge

D.5.6 Prozessbewertung Koordinatenschleifen

Process Evaluation Coordinate Grinding

(Prozess-)Produktivität Koordinatenschleifen:

$$\begin{aligned} P_{PR,KSC} = {} & w_{P,KSC1} \cdot SML_{KSC} + w_{P,KSC,2} \cdot AMB_{KSC} + w_{P,KSC,3} \cdot RZA_{KSC} + w_{P,KSC,4} \cdot PZA_{KSC} \\ & + w_{P,KSC,5} \cdot GCP_{KSC} + w_{P,KSC,6} \cdot GWS_{KSC} + w_{P,KSC,7} \cdot PB_{KSC} + w_{P,KSC,8} \cdot AFR_{KSC} \\ & + w_{P,KSC,9} \cdot BWZ_{KSC} + w_{P,KSC,10} \cdot USV_{KSC} + w_{P,KSC,11} \cdot AKB_{KSC} \end{aligned}$$

(Prozess-)Flexibilität Koordinatenschleifen:

$$\begin{aligned} F_{PR,KSC} = {} & w_{F,KSC,1} \cdot RZA_{KSC} + w_{F,KSC,2} \cdot PZA_{KSC} + w_{F,KSC,3} \cdot GWS_{KSC} + w_{F,KSC,4} \cdot PB_{KSC} \\ & + w_{F,KSC,5} \cdot BWZ_{KSC} + w_{F,KSC,6} \cdot USV_{KSC} \end{aligned}$$

(Prozess-)Qualität Koordinatenschleifen:

$$Q_{PR,KSC} = w_{Q,KSC,1} \cdot AFR_{KSC} + w_{Q,KSC,2} \cdot PB_{KSC} + w_{Q,KSC,3} \cdot PR_{KSC} + w_{Q,KSC,4} \cdot PU_{KSC} + w_{Q,KSC,5} \cdot GWS_{KSC}$$

(Prozess-)Leistungsfähigkeit Koordinatenschleifen:

$$L_{PR,KSC} = \sqrt{\frac{P_{PR,KSC}^2 + F_{PR,KSC}^2 + Q_{PR,KSC}^2}{3}}$$

Mathematische Zusammenhänge

Kennzahl	Mathematische Funktionen
AFR_{KSC}	$AFR_{KSC} = -4{,}143 \cdot ln(x_{AFR,KSC}) + 8{,}9189$
	Definitionsbereich AFR_{KSC}: $[x_{AFR,KSC}] = \%$ $D_f = \mathbb{R}^+ \rightarrow D_{f\|AFR_{KSC}} := \begin{cases} 0 & \text{wenn } x_{AFR,KSC} \geq 8{,}6086 \\ AFR_{KSC} & \text{wenn } 8{,}6086 > x_{AFR,KSC} \geq 0{,}7703 \\ 10 & \text{wenn } x_{AFR,KSC} < 0{,}7703 \end{cases}$
AMB_{KSC}	$AMB_{KSC} = -0{,}1095 \cdot x_{AMB,KSC}^2 + 2{,}1853 \cdot x_{AMB,KSC} - 0{,}9337$
	Definitionsbereich AMB_{KSC}: $[x_{AMB,KSC}] = Anzahl$ $D_f = \mathbb{R}^+ \rightarrow D_{f\|AMB_{KSC}} := \begin{cases} 0 & \text{wenn } x_{AMB,KSC} \leq 0{,}4368 \\ AMB_{KSC} & \text{wenn } 0{,}4368 < x_{AMB,KSC} \leq 10 \\ 10 & \text{wenn } x_{AMB,KSC} > 10 \end{cases}$
BWZ_{KSC}	$BWZ_{KSC} = -4{,}6425 \cdot ln(x_{BWZ,KSC} + 1) + 14{,}1446$
	Definitionsbereich BWZ_{KSC}: $[x_{BWZ,KSC}] = Anzahl$ $D_f = \mathbb{R}^+ \rightarrow D_{f\|BWZ_{KSC}} := \begin{cases} 0 & \text{wenn } x_{BWZ,KSC} > 20{,}0471 \\ BWZ_{KSC} & \text{wenn } 20{,}0471 < x_{BWZ,KSC} \leq 1{,}4418 \\ 10 & \text{wenn } x_{BWZ,KSC} \leq 1{,}4418 \end{cases}$
PZA_{KSC}	$PZA_{KSC} = 2{,}3881 \cdot 10^{-3} \cdot x_{PZA,KSC}^2 - 0{,}362 \cdot x_{PZA,KSC} + 14{,}0782$
	Definitionsbereich PZA_{KSC}: $[x_{PZA,KSC}] = \%$ $D_f = \mathbb{R}^+ \rightarrow D_{f\|PZA_{KSC}}: := \begin{cases} 0 & \text{wenn } x_{PZA,KSC} \geq 80 \\ PZA_{KSC} & \text{wenn } 80 > x_{PZA,KSC} \geq 12{,}2568 \\ 10 & \text{wenn } x_{PZA,KSC} < 12{,}2568 \end{cases}$

RZA_{KSC}	$RZA_{KSC} = 1{,}5512 \cdot 10^{-3} \cdot x_{RZA,KSC}^{2} - 0{,}3125 \cdot x_{RZA,KSC} + 11{,}9339$
	Definitionsbereich RZA_{KSC}: $[x_{RZA,KSC}] = \%$ $D_f = \mathbb{R}^+ \to D_{f\mid RZA_{KSC}}: := \begin{cases} 0 & \text{wenn } x_{RZA,KSC} \geq 51{,}2018 \\ RZA_{KSC} & \text{wenn } 51{,}2018 > x_{RZA,KSC} \geq 6{,}3912 \\ 10 & \text{wenn } x_{RZA,KSC} < 6{,}3912 \end{cases}$
SML_{KSC}	$SML_{KSC} = 0{,}5 \cdot (SML_{KSC,S} + SML_{KSC,M}) = 0{,}5 \cdot -7{,}5635 \cdot 10^{-8} \cdot x_{SML,KSC,S}^{2} + 2{,}2081 \cdot 10^{-3} \cdot x_{SML,KSC,S} - 1{,}6511 + 0{,}5 \cdot (-8{,}6928 \cdot 10^{-8} \cdot x_{SML,KSC,M}^{2} + 2{,}1836 \cdot 10^{-3} \cdot x_{SML,KSC.M} - 1{,}7612)$
	Definitionsbereich SML_{KSC}: $[x_{SML,KSC,S}] = h$, $[x_{SML,KSC,M}] = h$ $D_f = \mathbb{R}^+ \to D_{f\mid SML_{KSC,S}}: := \begin{cases} 0 & \text{wenn } x_{SML,KSC,S} \leq 767{,}9477 \\ SML_{KSC,S} & \text{wenn } 767{,}9477 < x_{SML,KSC,S} \leq 6.913{,}9195 \\ 10 & \text{wenn } x_{SML,KSC,S} > 6.913{,}9195 \end{cases}$ $D_f = \mathbb{R}^+ \to D_{f\mid SML_{KSC,M}}: := \begin{cases} 0 & \text{wenn } x_{SML,KSC,M} \leq 834{,}265 \\ SML_{KSC,M} & \text{wenn } 834{,}265 < x_{SML,KSC,M} \leq 7.821{,}58 \\ 10 & \text{wenn } x_{SML,KSC,M} > 7.821{,}58 \end{cases}$

Selektive Zusammenhänge

Kennzahl	Selektive Funktionen
AKB_{KSC}	$AKB_{KSC} = 0{,}01 \cdot (10 \cdot AKB_{6,KSC,1/0}; 8 \cdot AKB_{5,KSC,1/0}; 7 \cdot AKB_{4,KSC,1/0}; 5 \cdot AKB_{3,KSC,1/0}; 4 \cdot AKB_{2,KSC,1/0}; 2 \cdot AKB_{1,KSC,1/0})$
GCP_{KSC}	$GCP_{KSC} = MAX(10 \cdot GCP_{5,KSC,1/0}; 8 \cdot GCP_{4,KSC,1/0}; 6 \cdot GCP_{3,KSC,1/0}; 4 \cdot GCP_{2,KSC,1/0}; 2 \cdot GCP_{1,KSC,1/0})$
GWS_{KSC}	$GWS_{KSC} = MAX(10 \cdot GWS_{5,KSC,1/0}; 8 \cdot GWS_{4,KSC,1/0}; 6 \cdot GWS_{3,KSC,1/0}; 4 \cdot GWS_{2,KSC,1/0}; 2 \cdot GWS_{1,KSC,1/0})$
PB_{KSC}	$PB_{KSC} = MAX(10 \cdot PB_{5,KSC,1/0}; 8 \cdot PB_{4,KSC,1/0}; 6 \cdot PB_{3,KSC,1/0}; 4 \cdot PB_{2,KSC,1/0}; 2 \cdot PB_{1,KSC,1/0})$
PR_{KSC}	$PR_{KSC} = MAX(10 \cdot PR_{5,KSC,1/0}; 8 \cdot PR_{4,KSC,1/0}; 6 \cdot PR_{3,KSC,1/0}; 4 \cdot PR_{2,KSC,1/0}; 2 \cdot PR_{1,KSC,1/0})$
PU_{KSC}	$PU_{KSC} = MAX(10 \cdot PU_{5,KSC,1/0}; 8 \cdot PU_{4,KSC,1/0}; 6 \cdot PU_{3,KSC,1/0}; 4 \cdot PU_{2,KSC,1/0}; 2 \cdot PU_{1,KSC,1/0})$

USV_{KSC}	$USV_{KSC} = MAX(10 \cdot USV_{0,KSC,1/0}; 8 \cdot USV_{1,KSC,1/0}; 6 \cdot USV_{2,KSC,1/0}; 4 \cdot USV_{3,KSC,1/0}; 2 \cdot USV_{4,KSC,1/0})$

Kennzahlenverzeichnis

Kennzahl	Bezeichnung	Kennzahl	Bezeichnung
AFR_{KSC}	Ausfallrate	$P_{P,KSC}$	Produktivität
AKB_{KSC}	Achskonfiguration der Bearbeitung	PB_{KSC}	Prozessbeherrschung
$AKB_{6,KSC,1/0}$	5-Achs HSC Bearbeitung	$PB_{5,KSC,1/0}$	Prozessbeherrschung sehr hoch
$AKB_{5,KSC,1/0}$	5-Achs Bearbeitung	$PB_{4,KSC,1/0}$	Prozessbeherrschung hoch
$AKB_{4,KSC,1/0}$	3+2-Achs HSC Bearbeitung	$PB_{3,KSC,1/0}$	Prozessbeherrschung mittelmäßig
$AKB_{3,KSC,1/0}$	3+2-Achs Bearbeitung	$PB_{2,KSC,1/0}$	Prozessbeherrschung gering
$AKB_{2,KSC,1/0}$	3-Achs HSC Bearbeitung	$PB_{1,KSC,1/0}$	Prozessbeherrschung sehr gering
$AKB_{1,KSC,1/0}$	3-Achs Bearbeitung	PR_{KSC}	Prozessreife
AMB_{KSC}	Anzahl Maschinen pro Bediener	$PR_{5,KSC,1/0}$	Prozessreife sehr hoch
BWZ_{KSC}	Anzahl Bearbeitungswerkzeug-wechsel	$PR_{4,KSC,1/0}$	Prozessreife hoch
$F_{P,KSC}$	Flexibilität	$PR_{3,KSC,1/0}$	Prozessreife mittelmäßig
GCP_{KSC}	Güte der CAM-Programmierung	$PR_{2,KSC,1/0}$	Prozessreife gering
$GCP_{5,KSC,1/0}$	Güte sehr hoch	$PR_{1,KSC,1/0}$	Prozessreife sehr gering
$GCP_{4,KSC,1/0}$	Güte hoch	PU_{KSC}	Prozessüberwachung
$GCP_{3,KSC,1/0}$	Güte mittelmäßig	$PU_{5,KSC,1/0}$	Prozessüberwachung sehr hoch
$GCP_{2,KSC,1/0}$	Güte gering	$PU_{4,KSC,1/0}$	Prozessüberwachung hoch
$GCP_{1,KSC,1/0}$	Güte sehr gering	$PU_{3,KSC,1/0}$	Prozessüberwachung mittelmäßig
GWS_{KSC}	Grad der Werkstückstandardisie-rung	$PU_{2,KSC,1/0}$	Prozessüberwachung gering
$GWS_{5,KSC,1/0}$	Grad der Werkstückstandardisie-rung sehr hoch	$PU_{1,KSC,1/0}$	Prozessüberwachung sehr gering
$GWS_{4,KSC,1/0}$	Grad der Werkstückstandardisie-rung hoch	PZA_{KSC}	Programmierzeitanteile
$GWS_{3,KSC,1/0}$	Grad der Werkstückstandardisie-rung mittelmäßig	$Q_{P,KSC}$	Qualität
$GWS_{2,KSC,1/0}$	Grad der Werkstückstandardisie-rung gering	RZA_{KSC}	Rüst- und Nebenzeitanteile
$GWS_{1,KSC,1/0}$	Grad der Werkstückstandardisie-rung sehr gering	SML_{KSC}	Spindelstunden/Maschinenlauf-zeit
$L_{P,KSC}$	Leistungsfähigkeit	USV_{KSC}	Anzahl Umspannvorgänge

$USV_{0,KSC,1/0}$	Kein Umspannvorgang	$USV_{3,KSC,1/0}$	Drei Umspannvorgänge
$USV_{1,KSC,1/0}$	Ein Umspannvorgang	$USV_{4,KSC,1/0}$	Mehr als drei Umspannvorgänge
$USV_{2,KSC,1/0}$	Zwei Umspannvorgänge		

D.5.7 Prozessbewertung Rundschleifen

Process Evaluation Cylindrical Grinding

(Prozess-)Produktivität Rundschleifen:

$$P_{PR,RSC} = w_{P,RSC1} \cdot SML_{RSC} + w_{P,RSC,2} \cdot AMB_{RSC} + w_{P,RSC,3} \cdot RZA_{RSC} + w_{P,RSC,4} \cdot PZA_{RSC} + w_{P,RSC,5} \cdot GCP_{RSC} + w_{P,RSC,6} \cdot GWS_{RSC} + w_{P,RSC,7} \cdot PB_{RSC} + w_{P,RSC,8} \cdot AFR_{RSC} + w_{P,RSC,9} \cdot BWZ_{RSC} + w_{P,RSC,10} \cdot USV_{RSC}$$

(Prozess-)Flexibilität Rundschleifen:

$$F_{PR,RSC} = w_{F,RSC,1} \cdot RZA_{RSC} + w_{F,RSC,2} \cdot PZA_{RSC} + w_{F,RSC,3} \cdot GWS_{RSC} + w_{F,RSC,4} \cdot PB_{RSC} + w_{F,RSC,5} \cdot BWZ_{RSC} + w_{F,RSC,6} \cdot USV_{RSC}$$

(Prozess-)Qualität Rundschleifen:

$$Q_{PR,RSC} = w_{Q,RSC,1} \cdot AFR_{RSC} + w_{Q,RSC,2} \cdot PB_{RSC} + w_{Q,RSC,3} \cdot PR_{RSC} + w_{Q,RSC,4} \cdot PU_{RSC} + w_{Q,RSC,5} \cdot GWS_{RSC}$$

(Prozess-)Leistungsfähigkeit Rundschleifen:

$$L_{PR,RSC} = \sqrt{\frac{P_{PR,RSC}^2 + F_{PR,RSC}^2 + Q_{PR,RSC}^2}{3}}$$

Mathematische Zusammenhänge

Kennzahl	Mathematische Funktionen
AFR_{RSC}	$AFR_{RSC} = -4{,}143 \cdot ln\left(x_{AFR,RSC}\right) + 8{,}9189$
	Definitionsbereich AFR_{RSC}: $\left[x_{AFR,RSC}\right] = \%$ $D_f = \mathbb{R}^+ \rightarrow D_{f\mid AFR_{RSC}} := \begin{cases} 0 & \text{wenn} \quad x_{AFR,RSC} \geq 8{,}6086 \\ AFR_{RSC} & \text{wenn} \quad 8{,}6086 > x_{AFR,RSC} \geq 0{,}7703 \\ 10 & \text{wenn} \quad x_{AFR,RSC} < 0{,}7703 \end{cases}$
AMB_{RSC}	$AMB_{RSC} = -0{,}3409 \cdot x_{AMB,RSC}^2 + 4{,}3227 \cdot x_{AMB,RSC} - 3{,}0636$
	Definitionsbereich AMB_{RSC}: $\left[x_{AMB,RSC}\right] = Anzahl$

	$D_f = \mathbb{R}^+ \rightarrow D_{f\|AMB_{RSC}} := \begin{cases} 0 & \text{wenn } x_{AMB,RSC} \leq 0{,}7550 \\ AMB_{RSC} & \text{wenn } 0{,}7550 < x_{AMB,RSC} \leq 5{,}3169 \\ 10 & \text{wenn } x_{AMB,RSC} > 5{,}3169 \end{cases}$
BWZ_{RSC}	$BWZ_{RSC} = -4{,}6425 \cdot ln(x_{BWZ,RSC} + 1) + 14{,}1446$
	Definitionsbereich BWZ_{RSC}: $[x_{BWZ,RSC}] = Anzahl$ $D_f = \mathbb{R}^+ \rightarrow D_{f\|BWZ_{RSC}} := \begin{cases} 0 & \text{wenn } x_{BWZ,RSC} > 20{,}0471 \\ BWZ_{RSC} & \text{wenn } 20{,}0471 < x_{BWZ,RSC} \leq 1{,}4418 \\ 10 & \text{wenn } x_{BWZ,RSC} \leq 1{,}4418 \end{cases}$
PZA_{RSC}	$PZA_{RSC} = 1{,}1755 \cdot 10^{-3} \cdot x_{PZA,RSC}{}^2 - 0{,}2617 \cdot x_{PZA,RSC} + 11{,}2872$
	Definitionsbereich PZA_{RSC}: $[x_{PZA,RSC}] = \%$ $D_f = \mathbb{R}^+ \rightarrow D_{f\|PZA_{RSC}}: := \begin{cases} 0 & \text{wenn } x_{PZA,RSC} \geq 58{,}5049 \\ PZA_{RSC} & \text{wenn } 58{,}5049 > x_{PZA,RSC} \geq 5{,}0324 \\ 10 & \text{wenn } x_{PZA,RSC} < 5{,}0324 \end{cases}$
RZA_{RSC}	$RZA_{RSC} = 3{,}053 \cdot 10^{-3} \cdot x_{RZA,RSC}{}^2 - 0{,}4517 \cdot x_{RZA,RSC} + 15{,}98$
	Definitionsbereich RZA_{RSC}: $[x_{RZA,RSC}] = \%$ $D_f = \mathbb{R}^+ \rightarrow D_{f\|RZA_{RSC}}: := \begin{cases} 0 & \text{wenn } x_{RZA,RSC} \geq 58{,}5390 \\ RZA_{RSC} & \text{wenn } 58{,}5390 > x_{RZA,RSC} \geq 14{,}6993 \\ 10 & \text{wenn } x_{RZA,RSC} < 14{,}6993 \end{cases}$
SML_{RSC}	$SML_{RSC} = 0{,}5 \cdot (SML_{RSC,S} + SML_{RSC,M}) = 0{,}5 \cdot -2{,}0896 \cdot 10^{-7} \cdot x_{SML,RSC,S}{}^2 + 3{,}537 \cdot 10^{-3} \cdot x_{SML,RSC,S} - 2{,}5511 + 0{,}5 \cdot (-2{,}0093 \cdot 10^{-7} \cdot x_{SML,RSC,M}{}^2 + 3{,}2641 \cdot 10^{-3} \cdot x_{SML,RSC.M} - 2{,}4027)$
	Definitionsbereich SML_{RSC}: $[x_{SML,RSC,S}] = h, [x_{SML,RSC,M}] = h$ $D_f = \mathbb{R}^+ \rightarrow D_{f\|SML_{RSC,S}}: := \begin{cases} 0 & \text{wenn } x_{SML,RSC,S} \leq 754{,}9309 \\ SML_{RSC,S} & \text{wenn } 754{,}9309 < x_{SML,RSC,S} \leq 5.062{,}819 \\ 10 & \text{wenn } x_{SML,RSC,S} > 5.062{,}819 \end{cases}$ $D_f = \mathbb{R}^+ \rightarrow D_{f\|SML_{RSC,M}}: := \begin{cases} 0 & \text{wenn } x_{SML,RSC,M} \leq 772{,}8687 \\ SML_{RSC,M} & \text{wenn } 772{,}8687 < x_{SML,RSC,M} \leq 6.061{,}36 \\ 10 & \text{wenn } x_{SML,RSC,M} > 6.061{,}36 \end{cases}$

Selektive Zusammenhänge

Kennzahl	Selektive Funktionen
GCP_{RSC}	$GCP_{RSC} = MAX(10 \cdot GCP_{5,RSC,1/0}; 8 \cdot GCP_{4,RSC,1/0}; 6 \cdot GCP_{3,RSC,1/0}; 4 \cdot GCP_{2,RSC,1/0}; 2 \cdot GCP_{1,RSC,1/0})$
GWS_{RSC}	$GWS_{RSC} = MAX(10 \cdot GWS_{5,RSC,1/0}; 8 \cdot GWS_{4,RSC,1/0}; 6 \cdot GWS_{3,RSC,1/0}; 4 \cdot GWS_{2,RSC,1/0}; 2 \cdot GWS_{1,RSC,1/0})$
PB_{RSC}	$PB_{RSC} = MAX(10 \cdot PB_{5,RSC,1/0}; 8 \cdot PB_{4,RSC,1/0}; 6 \cdot PB_{3,RSC,1/0}; 4 \cdot PB_{2,RSC,1/0}; 2 \cdot PB_{1,RSC,1/0})$
PR_{RSC}	$PR_{RSC} = MAX(10 \cdot PR_{5,RSC,1/0}; 8 \cdot PR_{4,RSC,1/0}; 6 \cdot PR_{3,RSC,1/0}; 4 \cdot PR_{2,RSC,1/0}; 2 \cdot PR_{1,RSC,1/0})$
PU_{RSC}	$PU_{RSC} = MAX(10 \cdot PU_{5,RSC,1/0}; 8 \cdot PU_{4,RSC,1/0}; 6 \cdot PU_{3,RSC,1/0}; 4 \cdot PU_{2,RSC,1/0}; 2 \cdot PU_{1,RSC,1/0})$
USV_{RSC}	$USV_{RSC} = MAX(10 \cdot USV_{0,RSC,1/0}; 8 \cdot USV_{1,RSC,1/0}; 6 \cdot USV_{2,RSC,1/0}; 4 \cdot USV_{3,RSC,1/0}; 2 \cdot USV_{4,RSC,1/0})$

Kennzahlenverzeichnis

Kennzahl	Bezeichnung	Kennzahl	Bezeichnung
AFR_{RSC}	Ausfallrate	GWS_{RSC}	Grad der Werkstückstandardisierung
AMB_{RSC}	Anzahl Maschinen pro Bediener	$GWS_{5,RSC,1/0}$	Grad der Werkstückstandardisierung sehr hoch
BWZ_{RSC}	Anzahl Bearbeitungswerkzeugwechsel	$GWS_{4,RSC,1/0}$	Grad der Werkstückstandardisierung hoch
$F_{P,RSC}$	Flexibilität	$GWS_{3,RSC,1/0}$	Grad der Werkstückstandardisierung mittelmäßig
GCP_{RSC}	Güte der CAM-Programmierung	$GWS_{2,RSC,1/0}$	Grad der Werkstückstandardisierung gering
$GCP_{5,RSC,1/0}$	Güte sehr hoch	$GWS_{1,RSC,1/0}$	Grad der Werkstückstandardisierung sehr gering
$GCP_{4,RSC,1/0}$	Güte hoch	$L_{P,RSC}$	Leistungsfähigkeit
$GCP_{3,RSC,1/0}$	Güte mittelmäßig	$P_{P,RSC}$	Produktivität
$GCP_{2,RSC,1/0}$	Güte gering	PZA_{RSC}	Programmierzeitanteile
$GCP_{1,RSC,1/0}$	Güte sehr gering	PB_{RSC}	Prozessbeherrschung

$PB_{5,RSC,1/0}$	Prozessbeherrschung sehr hoch	$PR_{5,RSC,1/0}$	Prozessreife sehr hoch
$PB_{4,RSC,1/0}$	Prozessbeherrschung hoch	$PR_{4,RSC,1/0}$	Prozessreife hoch
$PB_{3,RSC,1/0}$	Prozessbeherrschung mittelmäßig	$PR_{3,RSC,1/0}$	Prozessreife mittelmäßig
$PB_{2,RSC,1/0}$	Prozessbeherrschung gering	$PR_{2,RSC,1/0}$	Prozessreife gering
$PB_{1,RSC,1/0}$	Prozessbeherrschung sehr gering	$PR_{1,RSC,1/0}$	Prozessreife sehr gering
PR_{RSC}	Prozessreife	PU_{RSC}	Prozessüberwachung
$PR_{5,RSC,1/0}$	Prozessreife sehr hoch	$PU_{5,RSC,1/0}$	Prozessüberwachung sehr hoch
$PR_{4,RSC,1/0}$	Prozessreife hoch	$PU_{4,RSC,1/0}$	Prozessüberwachung hoch
$PR_{3,RSC,1/0}$	Prozessreife mittelmäßig	$PU_{3,RSC,1/0}$	Prozessüberwachung mittelmäßig
$PR_{2,RSC,1/0}$	Prozessreife gering	$PU_{2,RSC,1/0}$	Prozessüberwachung gering
$PR_{1,RSC,1/0}$	Prozessreife sehr gering	$PU_{1,RSC,1/0}$	Prozessüberwachung sehr gering
$P_{P,RSC}$	Produktivität	$Q_{P,RSC}$	Qualität
PZA_{RSC}	Programmierzeitanteile	RZA_{RSC}	Rüst- und Nebenzeitanteile
PB_{RSC}	Prozessbeherrschung	SML_{RSC}	Spindelstunden/Maschinenlaufzeit
$PB_{5,RSC,1/0}$	Prozessbeherrschung sehr hoch	USV_{RSC}	Anzahl Umspannvorgänge
$PB_{4,RSC,1/0}$	Prozessbeherrschung hoch	$USV_{0,RSC,1/0}$	Kein Umspannvorgang
$PB_{3,RSC,1/0}$	Prozessbeherrschung mittelmäßig	$USV_{1,RSC,1/0}$	Ein Umspannvorgang
$PB_{2,RSC,1/0}$	Prozessbeherrschung gering	$USV_{2,RSC,1/0}$	Zwei Umspannvorgänge
$PB_{1,RSC,1/0}$	Prozessbeherrschung sehr gering	$USV_{3,RSC,1/0}$	Drei Umspannvorgänge
PR_{RSC}	Prozessreife	$USV_{4,RSC,1/0}$	Mehr als drei Umspannvorgänge

D.5.8 Prozessbewertung Senkerodieren

Process Evaluation S-EDM

(Prozess-)Produktivität Senkerodieren:

$$P_{PR,SE} = w_{P,SE,1} \cdot SML_{SE} + w_{P,SE,2} \cdot AMB_{SE} + w_{P,SE,3} \cdot RZA_{SE} + w_{P,SE,4} \cdot PZA_{SE} + w_{P,SE,5} \cdot GCP_{SE} + w_{P,SE,6} \cdot GWS_{SE} + w_{P,SE,7} \cdot PB_{SE} + w_{P,SE,8} \cdot AFR_{SE} + w_{P,SE,9} \cdot BWZ_{SE} + w_{P,SE,10} \cdot USV_{SE} + w_{P,SE,11} \cdot BBS_{SE} + w_{P,SE,12} \cdot WE_{SE}$$

(Prozess-)Flexibilität Senkerodieren:

$$F_{PR,SE} = w_{F,SE,1} \cdot RZA_{SE} + w_{F,SE,2} \cdot PZA_{SE} + w_{F,SE,3} \cdot GWS_{SE} + w_{F,SE,4} \cdot PB_{SE} + w_{F,SE,5} \cdot BWZ_{SE} + w_{F,SE,6} \cdot USV_{SE}$$

(Prozess-)Qualität Senkerodieren:

$$Q_{PR,SE} = w_{Q,SE,1} \cdot AFR_{SE} + w_{Q,SE,2} \cdot PB_{SE} + w_{Q,SE,3} \cdot PR_{SE} + w_{Q,SE,4} \cdot PU_{SE} + w_{Q,SE,5} \cdot GWS_{SE}$$

(Prozess-)Leistungsfähigkeit Senkerodieren:

$$L_{PR,SE} = \sqrt{\frac{P_{PR,SE}^2 + F_{PR,SE}^2 + Q_{PR,SE}^2}{3}}$$

Mathematische Zusammenhänge

Kennzahl	Mathematische Funktionen
AFR_{SE}	$AFR_{SE} = -4{,}143 \cdot ln(x_{AFR,SE}) + 8{,}9189$
	Definitionsbereich AFR_{SE}: $[x_{AFR,SE}] = \%$ $D_f = \mathbb{R}^+ \rightarrow D_{f\vert AFR_{SE}} := \begin{cases} 0 & \text{wenn} \quad x_{AFR,SE} \geq 8{,}6086 \\ AFR_{SE} & \text{wenn} \quad 8{,}6086 > x_{AFR,SE} \geq 0{,}7703 \\ 10 & \text{wenn} \quad x_{AFR,SE} < 0{,}7703 \end{cases}$
AMB_{SE}	$AMB_{SE} = -0{,}0797 \cdot x_{AMB,SE}^2 + 1{,}8673 \cdot x_{AMB,SE} - 0{,}6894$
	Definitionsbereich AMB_{SE}: $[x_{AMB,SE}] = Anzahl$ $D_f = \mathbb{R}^+ \rightarrow D_{f\vert AMB_{SE}} := \begin{cases} 0 & \text{wenn} \quad x_{AMB,SE} \leq 0{,}3752 \\ AMB_{SE} & \text{wenn} \quad 0{,}3752 < x_{AMB,SE} \leq 9{,}9509 \\ 10 & \text{wenn} \quad x_{AMB,SE} > 9{,}9509 \end{cases}$
BWZ_{SE}	$BWZ_{SE} = -3{,}0651 \cdot ln(x_{BWZ,SE} + 1) + 10{,}3489$
	Definitionsbereich BWZ_{SE}: $[x_{BWZ,SE}] = Anzahl$ $D_f = \mathbb{R}^+ \rightarrow D_{f\vert BWZ_{SE}} := \begin{cases} 0 & \text{wenn} \quad x_{BWZ,SE} > 28{,}3599 \\ BWZ_{SE} & \text{wenn} \quad 28{,}3599 < x_{BWZ,SE} \leq 0{,}1242 \\ 10 & \text{wenn} \quad x_{BWZ,SE} \leq 0{,}1242 \end{cases}$
PZA_{SE}	$PZA_{SE} = -4{,}5339 \cdot ln(x_{BWZ,SE}) + 17{,}0668$
	Definitionsbereich PZA_{SE}: $[x_{PZA,SE}] = \%$ $D_f = \mathbb{R}^+ \rightarrow D_{f\vert PZA_{SE}:} := \begin{cases} 0 & \text{wenn} \quad x_{PZA,SE} \geq 43{,}1320 \\ PZA_{SE} & \text{wenn} \quad 43{,}1320 > x_{PZA,SE} \geq 4{,}7524 \\ 10 & \text{wenn} \quad x_{PZA,SE} < 4{,}7524 \end{cases}$
RZA_{SE}	$RZA_{SE} = 4{,}5454 \cdot 10^{-3} \cdot x_{RZA,SE}^2 - 0{,}4924 \cdot x_{RZA,SE} + 13{,}4318$
	Definitionsbereich RZA_{SE}: $[x_{RZA,SE}] = \%$

	$D_f = \mathbb{R}^+ \rightarrow D_{f\|RZA_{SE}}: := \begin{cases} 0 & \text{wenn} \quad x_{RZA,SE} \geq 54 \\ RZA_{SE} & \text{wenn } 54 > x_{RZA,SE} \geq 7{,}4870 \\ 10 & \text{wenn} \quad x_{RZA,SE} < 7{,}4870 \end{cases}$
SML_{SE}	SML_{SE}=0,5 $\cdot$ $(SML_{SE,S} + SML_{SE,M})$= 0,5 $\cdot$ −5,3041 $\cdot$ 10^{-8} $\cdot$ $x_{SML,SE,S}{}^2$ + 2,0016 $\cdot$ 10^{-3} $\cdot$ $x_{SML,SE,S}$ − 1,6106 + 0,5 $\cdot$ (−6,2019 $\cdot$ 10^{-8} $\cdot$ $x_{SML,SE,M}{}^2$ + 1,9667 $\cdot$ 10^{-3} $\cdot$ $x_{SML,SE.M}$ − 1,608)
	Definitionsbereich SML_{SE}: $[x_{SML,SE,S}] = h, [x_{SML,SE,M}] = h$ $D_f = \mathbb{R}^+ \rightarrow D_{f\|SML_{SE,S}}: := \begin{cases} 0 & \text{wenn} \quad x_{SML,SE,S} \leq 822{,}5870 \\ SML_{SE,S} & \text{wenn } 822{,}5870 < x_{SML,SE,S} \leq 7.158{,}6496 \\ 10 & \text{wenn} \quad x_{SML,SE,S} > 7.158{,}6496 \end{cases}$ $D_f = \mathbb{R}^+ \rightarrow D_{f\|SML_{SE,M}}: := \begin{cases} 0 & \text{wenn} \quad x_{SML,SE,M} \leq 839{,}8564 \\ SML_{SE,M} & \text{wenn } 839{,}8564 < x_{SML,SE,M} \leq 7.841{,}1135 \\ 10 & \text{wenn} \quad x_{SML,SE,M} > 7.841{,}1135 \end{cases}$

Selektive Zusammenhänge

Kennzahl	Selektive Funktionen
BBS_{SE}	$BBS_{SE} = MAX(10 \cdot SLB_{SE,1/0}; 5 \cdot SRB_{SE,1/0})$
GCP_{SE}	$GCP_{SE} = MAX(10 \cdot GCP_{5,SE,1/0}; 8 \cdot GCP_{4,SE,1/0}; 6 \cdot GCP_{3,SE,1/0}; 4 \cdot GCP_{2,SE,1/0}; 2 \cdot GCP_{1,SE,1/0})$
GWS_{SE}	$GWS_{SE} = MAX(10 \cdot GWS_{5,SE,1/0}; 8 \cdot GWS_{4,SE,1/0}; 6 \cdot GWS_{3,SE,1/0}; 4 \cdot GWS_{2,SE,1/0}; 2 \cdot GWS_{1,SE,1/0})$
PB_{SE}	$PB_{SE} = MAX(10 \cdot PB_{5,SE,1/0}; 8 \cdot PB_{4,SE,1/0}; 6 \cdot PB_{3,SE,1/0}; 4 \cdot PB_{2,SE,1/0}; 2 \cdot PB_{1,SE,1/0})$
PR_{SE}	$PR_{SE} = MAX(10 \cdot PR_{5,SE,1/0}; 8 \cdot PR_{4,SE,1/0}; 6 \cdot PR_{3,SE,1/0}; 4 \cdot PR_{2,SE,1/0}; 2 \cdot PR_{1,SE,1/0})$
PU_{SE}	$PU_{SE} = MAX(10 \cdot PU_{5,SE,1/0}; 8 \cdot PU_{4,SE,1/0}; 6 \cdot PU_{3,SE,1/0}; 4 \cdot PU_{2,SE,1/0}; 2 \cdot PU_{1,SE,1/0})$
USV_{SE}	$USV_{SE} = MAX(10 \cdot USV_{0,SE,1/0}; 8 \cdot USV_{1,SE,1/0}; 6 \cdot USV_{2,SE,1/0}; 4 \cdot USV_{3,SE,1/0}; 2 \cdot USV_{4,SE,1/0})$
WE_{SE}	$WE_{SE} = MAX(10 \cdot C_{SE,1/0}; 5 \cdot CU_{SE,1/0})$

Kennzahlenverzeichnis

Kennzahl	Bezeichnung	Kennzahl	Bezeichnung
AFR_{SE}	Ausfallrate	$PB_{1,SE,1/0}$	Prozessbeherrschung sehr gering
AMB_{SE}	Anzahl Maschinen pro Bediener	PR_{SE}	Prozessreife
BBS_{SE}	Bearbeitungsstrategie	$PR_{5,SE,1/0}$	Prozessreife sehr hoch
BWZ_{SE}	Anzahl Bearbeitungswechsel	$PR_{4,SE,1/0}$	Prozessreife hoch
$C_{SE,1/0}$	Kohlenstoffelektrode	$PR_{3,SE,1/0}$	Prozessreife mittelmäßig
$CU_{SE,1/0}$	Kupferelektrode	$PR_{2,SE,1/0}$	Prozessreife gering
$F_{P,SE}$	Flexibilität	$PR_{1,SE,1/0}$	Prozessreife sehr gering
GCP_{SE}	Güte der CAM-Programmierung	PU_{SE}	Prozessüberwachung
GCP_{SE}	Güte der CAM-Programmierung	$PU_{5,SE,1/0}$	Prozessüberwachung sehr hoch
$GCP_{5,SE,1/0}$	Güte sehr hoch	$PU_{4,SE,1/0}$	Prozessüberwachung hoch
$GCP_{4,SE,1/0}$	Güte hoch	$PU_{3,SE,1/0}$	Prozessüberwachung mittelmäßig
$GCP_{3,SE,1/0}$	Güte mittelmäßig	$PU_{2,SE,1/0}$	Prozessüberwachung gering
$GCP_{2,SE,1/0}$	Güte gering	$PU_{1,SE,1/0}$	Prozessüberwachung sehr gering
$GCP_{1,SE,1/0}$	Güte sehr gering	PZA_{SE}	Programmierzeitanteile
GWS_{SE}	Grad der Werkstückstandardisierung	$Q_{P,SE}$	Qualität
$GWS_{5,SE,1/0}$	Grad der Werkstückstandardisierung sehr hoch	RZA_{SE}	Rüst- und Nebenzeitanteile
$GWS_{4,SE,1/0}$	Grad der Werkstückstandardisierung hoch	$SLB_{SE,1/0}$	Schlichtbearbeitung vor dem Härten
$GWS_{3,SE,1/0}$	Grad der Werkstückstandardisierung mittelmäßig	SML_{SE}	Generatorstunden/Maschinenlaufzeit
$GWS_{2,SE,1/0}$	Grad der Werkstückstandardisierung gering	$SRB_{SE,1/0}$	Schruppbearbeitung vor dem Härten
$GWS_{1,SE,1/0}$	Grad der Werkstückstandardisierung sehr gering	USV_{SE}	Anzahl Umspannvorgänge
$L_{P,SE}$	Leistungsfähigkeit	$USV_{0,SE,1/0}$	Kein Umspannvorgang
$P_{P,SE}$	Produktivität	$USV_{1,SE,1/0}$	Ein Umspannvorgang
PB_{SE}	Prozessbeherrschung	$USV_{2,SE,1/0}$	Zwei Umspannvorgänge
$PB_{5,SE,1/0}$	Prozessbeherrschung sehr hoch	$USV_{3,SE,1/0}$	Drei Umspannvorgänge
$PB_{4,SE,1/0}$	Prozessbeherrschung hoch	$USV_{4,SE,1/0}$	Mehr als drei Umspannvorgänge
$PB_{3,SE,1/0}$	Prozessbeherrschung mittelmäßig	WE_{SE}	Elektrodenwerkstoff
$PB_{2,SE,1/0}$	Prozessbeherrschung gering		

D.5.9 Prozessbewertung Drahterodieren

Process Evaluation W-EDM

(Prozess-)Produktivität Drahterodieren:

$$P_{PR,DE} = w_{P,DE,1} \cdot SML_{DE} + w_{P,DE,2} \cdot AMB_{DE} + w_{P,DE,3} \cdot RZA_{DE} + w_{P,DE,4} \cdot PZA_{DE} + w_{P,DE,5} \cdot GCP_{DE} + w_{P,DE,6} \cdot GWS_{DE} + w_{P,DE,7} \cdot PB_{DE} + w_{P,DE,8} \cdot AFR_{DE} + w_{P,DE,9} \cdot BWZ_{DE} + w_{P,DE,10} \cdot USV_{DE} + w_{P,DE,11} \cdot BBS_{DE,P} + w_{P,DE,12} \cdot WE_{DE}$$

(Prozess-)Flexibilität Drahterodieren:

$$F_{PR,DE} = w_{F,DE,1} \cdot RZA_{DE} + w_{F,DE,2} \cdot PZA_{DE} + w_{F,DE,3} \cdot GWS_{DE} + w_{F,DE,4} \cdot PB_{DE} + w_{F,DE,5} \cdot BWZ_{DE} + w_{F,DE,6} \cdot USV_{DE}$$

(Prozess-)Qualität Drahterodieren:

$$Q_{PR,DE} = w_{Q,DE,1} \cdot AFR_{DE} + w_{Q,DE,2} \cdot PB_{DE} + w_{Q,DE,3} \cdot PR_{DE} + w_{Q,DE,4} \cdot PU_{DE} + w_{Q,DE,5} \cdot GWS_{DE} + w_{Q,DE,6} \cdot BBS_{DE,Q}$$

(Prozess-)Leistungsfähigkeit Drahterodieren:

$$L_{PR,DE} = \sqrt{\frac{P_{PR,DE}^2 + F_{PR,DE}^2 + Q_{PR,DE}^2}{3}}$$

Mathematische Zusammenhänge

Kennzahl	Mathematische Funktionen
AFR_{DE}	$AFR_{DE} = -4{,}143 \cdot ln(x_{AFR,DE}) + 8{,}9189$
	Definitionsbereich AFR_{DE}: $[x_{AFR,DE}] = \%$ $D_f = \mathbb{R}^+ \rightarrow D_{f\|AFR_{DE}} := \begin{cases} 0 & \text{wenn } x_{AFR,DE} \geq 8{,}6086 \\ AFR_{DE} & \text{wenn } 8{,}6086 > x_{AFR,DE} \geq 0{,}7703 \\ 10 & \text{wenn } x_{AFR,DE} < 0{,}7703 \end{cases}$
AMB_{DE}	$AMB_{DE} = -0{,}1095 \cdot x_{AMB,DE}^2 + 2{,}1853 \cdot x_{AMB,DE} - 0{,}9337$
	Definitionsbereich AMB_{DE}: $[x_{AMB,DE}] = Anzahl$ $D_f = \mathbb{R}^+ \rightarrow D_{f\|AMB_{DE}} := \begin{cases} 0 & \text{wenn } x_{AMB,DE} \leq 0{,}4368 \\ AMB_{DE} & \text{wenn } 0{,}4368 < x_{AMB,DE} \leq 10 \\ 10 & \text{wenn } x_{AMB,DE} > 10 \end{cases}$
BWZ_{DE}	$BWZ_{DE} = 0{,}5 \cdot (x_{BWZ,DE} + 1)^2 - 5{,}9 \cdot (x_{BWZ,DE} + 1) + 15{,}5$

	Definitionsbereich BWZ_{DE}: $[x_{BWZ,DE}] = Anzahl$ $$D_f = \mathbb{R}^+ \rightarrow D_{f\|BWZ_{DE}} := \begin{cases} 0 & \text{wenn} & x_{BWZ,DE} > 0{,}0205 \\ BWZ_{DE} & \text{wenn} & 0{,}0205 < x_{BWZ,DE} \leq 2{,}9481 \\ 10 & \text{wenn} & x_{BWZ,DE} \leq 2{,}9481 \end{cases}$$
PZA_{DE}	$PZA_{DE} = -3{,}9477 \cdot ln(x_{PZA,DE}) + 16{,}0443$
	Definitionsbereich PZA_{DE}: $[x_{PZA,DE}] = \%$ $$D_f = \mathbb{R}^+ \rightarrow D_{f\|PZA_{DE}}: := \begin{cases} 0 & \text{wenn} & x_{PZA,DE} \geq 58{,}2192 \\ PZA_{DE} & \text{wenn} & 58{,}2192 > x_{PZA,DE} \geq 4{,}6232 \\ 10 & \text{wenn} & x_{PZA,DE} < 4{,}6232 \end{cases}$$
RZA_{DE}	$RZA_{DE} = 7{,}2897 \cdot 10^{-3} \cdot x_{RZA,DE}{}^2 - 0{,}6389 \cdot x_{RZA,DE} + 14{,}8588$
	Definitionsbereich RZA_{DE}: $[x_{RZA,DE}] = \%$ $$D_f = \mathbb{R}^+ \rightarrow D_{f\|RZA_{DE}}: := \begin{cases} 0 & \text{wenn} & x_{RZA,DE} \geq 43 \\ RZA_{DE} & \text{wenn} & 43 > x_{RZA,DE} \geq 8{,}4124 \\ 10 & \text{wenn} & x_{RZA,DE} < 8{,}4124 \end{cases}$$
SML_{DE}	$SML_{DE} = 0{,}5 \cdot (SML_{DE,S} + SML_{DE,M}) = 0{,}5 \cdot -2{,}3502 \cdot 10^{-8} \cdot x_{SML,DE,S}{}^2 + 1{,}8155 \cdot 10^{-3} \cdot x_{SML,DE,S} - 1{,}4617 + 0{,}5 \cdot (-3{,}971 \cdot 10^{-8} \cdot x_{SML,DE,M}{}^2 + 1{,}7586 \cdot 10^{-3} \cdot x_{SML,DE,M} - 1{,}4338)$
	Definitionsbereich SML_{DE}: $[x_{SML,DE,S}] = h$, $[x_{SML,DE,M}] = h$ $$D_f = \mathbb{R}^+ \rightarrow D_{f\|SML_{DE,S}}: := \begin{cases} 0 & \text{wenn} & x_{SML,DE,S} \leq 813{,}6935 \\ SML_{DE,S} & \text{wenn} & 813{,}6935 < x_{SML,DE,S} \leq 6.936{,}0191 \\ 10 & \text{wenn} & x_{SML,DE,S} > 6.936{,}0191 \end{cases}$$ $$D_f = \mathbb{R}^+ \rightarrow D_{f\|SML_{DE,M}}: := \begin{cases} 0 & \text{wenn} & x_{SML,DE,M} \leq 830{,}8970 \\ SML_{DE,M} & \text{wenn} & 830{,}8970 < x_{SML,DE,M} \leq 7.916{,}9491 \\ 10 & \text{wenn} & x_{SML,DE,M} > 7.916{,}9491 \end{cases}$$

Selektive Zusammenhänge

Kennzahl	Selektive Funktionen
$BBS_{DE,P}$	$BBS_{DE,P} = MIN(10 \cdot BBS_{0,DE,1/0}; 9 \cdot BBS_{1,DE,1/0}; 7 \cdot BBS_{2,DE,1/0}; 5 \cdot BBS_{3,DE,1/0}; 3 \cdot BBS_{4,DE,1/0}; 1 \cdot BBS_{5,DE,1/0}; 0 \cdot BBS_{6,DE,1/0})$

$BBS_{DE,Q}$	$BBS_{DE,Q} = MAX(10 \cdot BBS_{6,DE}; 9 \cdot BBS_{5,DE}; 8 \cdot BBS_{4,DE}; 7 \cdot BBS_{3,DE}; 5 \cdot BBS_{2,DE}; 3 \cdot BBS_{1,DE}; 2 \cdot BBS_{0,DE})$
GCP_{DE}	$GCP_{DE} = MAX(10 \cdot GCP_{5,DE,1/0}; 8 \cdot GCP_{4,DE,1/0}; 6 \cdot GCP_{3,DE,1/0}; 4 \cdot GCP_{2,DE,1/0}; 2 \cdot GCP_{1,DE,1/0})$
GWS_{DE}	$GWS_{DE} = MAX(10 \cdot GWS_{5,DE,1/0}; 8 \cdot GWS_{4,DE,1/0}; 6 \cdot GWS_{3,DE,1/0}; 4 \cdot GWS_{2,DE,1/0}; 2 \cdot GWS_{1,DE,1/0})$
PB_{DE}	$PB_{DE} = MAX(10 \cdot PB_{5,DE,1/0}; 8 \cdot PB_{4,DE,1/0}; 6 \cdot PB_{3,DE,1/0}; 4 \cdot PB_{2,DE,1/0}; 2 \cdot PB_{1,DE,1/0})$
PR_{DE}	$PR_{DE} = MAX(10 \cdot PR_{5,DE,1/0}; 8 \cdot PR_{4,DE,1/0}; 6 \cdot PR_{3,DE,1/0}; 4 \cdot PR_{2,DE,1/0}; 2 \cdot PR_{1,DE,1/0})$
PU_{DE}	$PU_{DE} = MAX(10 \cdot PU_{5,DE,1/0}; 8 \cdot PU_{4,DE,1/0}; 6 \cdot PU_{3,DE,1/0}; 4 \cdot PU_{2,DE,1/0}; 2 \cdot PU_{1,DE,1/0})$
USV_{DE}	$USV_{DE} = MAX(10 \cdot USV_{0,DE,1/0}; 8 \cdot USV_{1,DE,1/0}; 6 \cdot USV_{2,DE,1/0}; 4 \cdot USV_{3,DE,1/0}; 2 \cdot USV_{4,DE,1/0})$
WE_{DE}	$WE_{DE} = MAX(10 \cdot DWB_{DE,1/0}; 5 \cdot DWU_{DE,1/0})$

Kennzahlenverzeichnis

Kennzahl	Bezeichnung	Kennzahl	Bezeichnung
AFR_{DE}	Ausfallrate	$DWB_{DE,1/0}$	Beschichtete Drähte
AMB_{DE}	Anzahl Maschinen pro Bediener	$DWU_{DE,1/0}$	Unbeschichtete Drähte
BBS_{DE}	Bearbeitungsstrategie	$F_{P,DE}$	Flexibilität
$BBS_{6,DE,1/0}$	Sechs Nachschnitte	$GCP_{1,DE,1/0}$	Güte sehr gering
$BBS_{5,DE,1/0}$	Fünf Nachschnitte	$GCP_{2,DE,1/0}$	Güte gering
$BBS_{4,DE,1/0}$	Vier Nachschnitte	$GCP_{3,DE,1/0}$	Güte mittelmäßig
$BBS_{3,DE,1/0}$	Drei Nachschnitte	$GCP_{4,DE,1/0}$	Güte hoch
$BBS_{2,DE,1/0}$	Zwei Nachschnitte	$GCP_{5,DE,1/0}$	Güte sehr hoch
$BBS_{1,DE,1/0}$	Einen Nachschnitt	GCP_{DE}	Güte der CAM-Programmierung
$BBS_{0,DE,1/0}$	Keinen Nachschnitt	$GWS_{1,DE,1/0}$	Grad der Werkstückstandardisierung sehr gering
BWZ_{DE}	Anzahl Bearbeitungswechsel	$GWS_{2,DE,1/0}$	Grad der Werkstückstandardisierung gering

$GWS_{3,DE,1/0}$	Grad der Werkstückstandardisierung mittelmäßig	$PU_{1,DE,1/0}$	Prozessüberwachung sehr gering
$GWS_{4,DE,1/0}$	Grad der Werkstückstandardisierung hoch	$PU_{2,DE,1/0}$	Prozessüberwachung gering
$GWS_{5,DE,1/0}$	Grad der Werkstückstandardisierung sehr hoch	$PU_{3,DE,1/0}$	Prozessüberwachung mittelmäßig
GWS_{DE}	Grad der Werkstückstandardisierung	$PU_{4,DE,1/0}$	Prozessüberwachung hoch
$L_{P,DE}$	Leistungsfähigkeit	$PU_{5,DE,1/0}$	Prozessüberwachung sehr hoch
$PB_{1,DE,1/0}$	Prozessbeherrschung sehr gering	PU_{DE}	Prozessüberwachung
$PB_{2,DE,1/0}$	Prozessbeherrschung gering	PZA_{DE}	Programmierzeitanteile
$PB_{3,DE,1/0}$	Prozessbeherrschung mittelmäßig	$Q_{P,DE}$	Qualität
$PB_{4,DE,1/0}$	Prozessbeherrschung hoch	RZA_{DE}	Rüst- und Nebenzeitanteile
$PB_{5,DE,1/0}$	Prozessbeherrschung sehr hoch	SML_{DE}	Generatorstunden/Maschinenlaufzeit
PB_{DE}	Prozessbeherrschung	$USV_{4,DE,1/0}$	Mehr als drei Umspannvorgänge
$P_{P,DE}$	Produktivität	$USV_{3,DE,1/0}$	Drei Umspannvorgänge
$PR_{1,DE,1/0}$	Prozessreife sehr gering	$USV_{2,DE,1/0}$	Zwei Umspannvorgänge
$PR_{2,DE,1/0}$	Prozessreife gering	$USV_{1,DE,1/0}$	Ein Umspannvorgang
$PR_{3,DE,1/0}$	Prozessreife mittelmäßig	$USV_{0,DE,1/0}$	Kein Umspannvorgang
$PR_{4,DE,1/0}$	Prozessreife hoch	USV_{DE}	Anzahl Umspannvorgänge
$PR_{5,DE,1/0}$	Prozessreife sehr hoch	WE_{DE}	Drahtwerkstoff
PR_{DE}	Prozessreife		

E Werkzeugtypabhängige Gewichtungsfaktoren der Bewertungselemente

Tool Type Dependent Weighting Factors of the Evaluation Elements

Gewichtungsfaktoren VFS [%]	Normativ	Druckgusswerkzeuge	Warmmassivumformen	Kaltmassivumformen	Spritzgießwerkzeuge		Blechumformwerkzeuge	
					sehr klein & klein	mittel, groß & sehr groß	sehr klein & klein	mittel, groß & sehr groß
$w_{L,VFS,1}$ (Ressourcen)	65,0 %							
$w_{L,VFS,2}$ (Netzwerk)	10,0 %							
$w_{L,VFS,3}$ (Prozess)	25,0 %							

Gewichtungsfaktoren Ressourcen [%]	Normativ	Druckgusswerkzeuge	Warmmassivumformen	Kaltmassivumformen	Spritzgießwerkzeuge		Blechumformwerkzeuge	
					sehr klein & klein	mittel, groß & sehr groß	sehr klein & klein	mittel, groß & sehr groß
$w_{L,R,1}$ (Maschinen)	75,0 %							
$w_{L,R,2}$ (Handlingssystem)	10,0 %							
$w_{L,R,3}$ (Peripherie)	15,0 %							

Gewichtungsfaktoren Maschinen [%]	Normativ	Druckgusswerkzeuge	Warmmassivumformen	Kaltmassivumformen	Spritzgießwerkzeuge		Blechumformwerkzeuge	
					sehr klein & klein	mittel, groß & sehr groß	sehr klein & klein	mittel, groß & sehr groß
$w_{L,M,1}$ (Fräsmaschine)	45,3 %	47,1 %	49,7 %	58,0 %	45,9 %	51,2 %	33,1 %	41,0 %
$w_{L,M,2}$ (Drehmaschine)	5,8 %	2,7 %	16,1 %	15,9 %	2,4 %	2,4 %	6,5 %	6,1 %
$w_{L,M,3}$ (Dreh-Fräszentrum)	1,0 %	0,5 %	2,5 %	1,5 %	0,3 %	0,3 %	0,5 %	0,5 %
$w_{L,M,4}$ (Fräs-Drehzentrum)	2,0 %	2,0 %	2,0 %	2,0 %	1,0 %	1,0 %	1,3 %	1,5 %
$w_{L,M,5}$ (Flach-/Profilscheifmaschine)	7,6 %	5,7 %	6,8 %	6,0 %	6,7 %	6,0 %	12,0 %	10,4 %
$w_{L,M,6}$ (Koordinatenschleifmaschine)	1,2 %	0,5 %	0,8 %	1,4 %	0,2 %	0,3 %	2,4 %	2,1 %
$w_{L,M,7}$ (Rundschleifmaschine)	2,3 %	1,6 %	3,0 %	2,9 %	1,3 %	1,2 %	2,5 %	2,1 %
$w_{L,M,8}$ (Drahterodiermaschine)	21,7 %	16,2 %	10,8 %	8,7 %	17,9 %	15,5 %	36,4 %	33,1 %
$w_{L,M,9}$ (Senkerodiermaschine)	13,1 %	23,7 %	8,3 %	3,6 %	24,3 %	22,1 %	5,3 %	3,2 %

Legende Werkzeuggröße: sehr klein & klein = < 250 x 250 mm^2 bis < 500 x 500 mm^2
mittel, groß & sehr groß = < 1000 x 1000 mm^2 bis >2000 x 1000 mm^2

Gewichtungsfaktoren Peripherie [%]	Normativ	Druckgusswerkzeuge	Warmmassivumformen	Kaltmassivumformen	Spritzgieß-werkzeuge		Blechumform-werkzeuge	
					sehr klein & klein	mittel, groß & sehr groß	sehr klein & klein	mittel, groß & sehr groß
$w_{L,PE,1}$ (Beladestation)	5,0 %							
$w_{L,PE,2}$ (Magazin)	15,0 %							
$w_{L,PE,3}$ (Werkzeugspannsystem)	20,0 %							
$w_{L,PE,4}$ (Werkstückspannsystem)	35,0 %							
$w_{L,PE,5}$ (Waschstation)	5,0 %							
$w_{L,PE,6}$ (Messstation)	20,0 %							
$w_{L,WSZ,1}$ (Elektrodenhalter)	50,0 %							
$w_{L,WSZ,2}$ (Fräswerkzeugspannsystem)	50,0 %							
$w_{L,WSP,1}$ (Palettenaufnahme)	60,0 %							
$w_{L,WSP,2}$ (Werkstückträger)	30,0 %							
$w_{L,WSP,3}$ (Spannrahmen)	10,0 %							

Gewichtungsfaktoren Netzwerk [%]	Normativ	Druckgusswerkzeuge	Warmmassivumformen	Kaltmassivumformen	Spritzgieß-werkzeuge		Blechumform-werkzeuge	
					sehr klein & klein	mittel, groß & sehr groß	sehr klein & klein	mittel, groß & sehr groß
$w_{L,N,1}$ (Jobmanagement)	60,0 %							
$w_{L,N,2}$ (Netzwerkumg. & Datenweitergabe)	40,0 %							

Gewichtungsfaktoren Prozesse [%]	Normativ	Druckgusswerkzeuge	Warmmassivumformen	Kaltmassivumformen	Spritzgieß-werkzeuge		Blechumform-werkzeuge	
					sehr klein & klein	mittel, groß & sehr groß	sehr klein & klein	mittel, groß & sehr groß
$w_{L,PR,1}$ (Fräsen)	45,3 %	47,1 %	49,7 %	58,0 %	45,9 %	51,2 %	33,1 %	41,0 %
$w_{L,PR,2}$ (Drehen)	5,8 %	2,7 %	16,1 %	15,9 %	2,4 %	2,4 %	6,5 %	6,1 %
$w_{L,PR,3}$ (Dreh-Fräsen)	1,0 %	0,5 %	2,5 %	1,5 %	0,3 %	0,3 %	0,5 %	0,5 %
$w_{L,PR,4}$ (Fräs-Drehen)	2,0 %	2,0 %	2,0 %	2,0 %	1,0 %	1,0 %	1,3 %	1,5 %
$w_{L,PR,5}$ (Flach-/Profilscheifen)	7,6 %	5,7 %	6,8 %	6,0 %	6,7 %	6,0 %	12,0 %	10,4 %
$w_{L,PR,6}$ (Koordinatenschleifen)	1,2 %	0,5 %	0,8 %	1,4 %	0,2 %	0,3 %	2,4 %	2,1 %
$w_{L,PR,7}$ (Rundschleifen)	2,3 %	1,6 %	3,0 %	2,9 %	1,3 %	1,2 %	2,5 %	2,1 %
$w_{L,PR,8}$ (Drahterodieren)	21,7 %	16,2 %	10,8 %	8,7 %	17,9 %	15,5 %	36,4 %	33,1 %
$w_{L,PR,9}$ (Senkerodieren)	13,1 %	23,7 %	8,3 %	3,6 %	24,3 %	22,1 %	5,3 %	3,2 %

In der Reihe **Ergebnisse aus der Produktionstechnik** zuletzt erschienen:

Glöckner, Henrik:
Systemdynamische Modellierung des reaktiven Fehlermanagements in Produktionssystemen
ISBN: 978-3-86359-912-6
Erscheinungsdatum: 19.11.2020

Schlößer, Elmar Sebastian:
Auslegung prototypischer Produktinkremente im Kontext agiler Entwicklungsprojekte
ISBN: 978-3-86359-914-0
Erscheinungsdatum: 10.11.2020

Sauermann, Frederick:
Datenbasierte Prognose und Planung auftragsspezifischer Übergangszeiten
ISBN: 978-3-86359-911-9
Erscheinungsdatum: 05.11.2020

Voigtmann, Christoph:
Modellierung des Risikos thermischer Verletzungen bei minimalinvasiven Eingriffen an der lateralen Schädelbasis
ISBN: 978-3-86359-867-9
Erscheinungsdatum: 12.10.2020

Pollaschek, Jonas:
Fertigungsgerechte Zahnfußoptimierung von Stirnrädern
ISBN: 978-3-86359-888-4
Erscheinungsdatum: 06.10.2020

Welter, Tobias:
Logistikeffizienz der Produktionssteuerung in der variantenreichen Kleinserienproduktion
ISBN: 978-3-86359-887-7
Erscheinungsdatum: 16.09.2020

Piel, Daniel:
Methode zur Beschreibung und Optimierung des Anregungsverhaltens von Planetengetrieben
ISBN: 978-3-86359-915-7
Erscheinungsdatum: 19.11.2020

Prümmer, Marcel:
Kennzahlenbasiertes Bewertungssystem der Leistungsfähigkeit verketteter Fertigungssysteme in der mechanischen Fertigung des Werkzeugbaus
ISBN: 978-3-86359-902-7
Erscheinungsdatum: 05.11.2020

de Lange, Johan:
Prozessmodell für den Werkzeugbau im iterativen Produktentwicklungsprozess
ISBN: 978-3-86359-898-3
Erscheinungsdatum: 12.10.2020

Lachenmaier, Maximilian:
Beschleunigungsbasierte Prozessauslegung des ungeführten Vibrationsgleitschleifprozesses
ISBN: 978-3-86359-900-3
Erscheinungsdatum: 06.10.2020

Hild, Rafael:
Dry Full Forward Extrusion by Textured Workpieces and Self-Lubricating Tool Coatings
ISBN: 978-3-86359-892-1
Erscheinungsdatum: 30.09.2020

Herrig, Tim:
Elektrochemisches Schneiden mit einer Drahtelektrode
ISBN: 978-3-86359-876-1
Erscheinungsdatum: 07.09.2020

Edition Wissenschaft
Apprimus

Vogt, Florian:

Gestaltung typenbasierter Transferprozesse von Innovationen aus firmeninternen Inkubatoren

ISBN: 978-3-86359-881-5
Erscheinungsdatum: 04.08.2020

Rey, Jan:

Methodik zur hochiterativen Gestaltung von Fertigungsprozessfolgen

ISBN: 978-3-86359-874-7
Erscheinungsdatum: 27.07.2020

Janssen, Henning:

Additive Prozesskette zur Herstellung von thermoplastischen Faserverbund-Hybridbauteilen

ISBN: 978-3-86359-870-9
Erscheinungsdatum: 23.07.2020

Brill, Nicolai-André:

Optische Kohärenztomographie für die Quantifizierung funktioneller und morphologischer Eigenschaften von humanem Knorpelgewebe

ISBN: 978-3-86359-868-6
Erscheinungsdatum: 16.07.2020

Ackermann, Philippe:

Optische Kohärenztomographie für Laserdurchstrahlschweißprozesse bei Kunststoffen

ISBN: 978-3-86359-872-3
Erscheinungsdatum: 13.07.2020

Wetterney, Tim:

Disruptionsorientierter Spezifikationsprozess technischer Systeme

ISBN: 978-3-86359-875-4
Erscheinungsdatum: 09.07.2020

Kelzenberg, Christoph:

Datenstrukturmodell für den digitalen Schatten der Auftragsabwicklung von Werkzeugbaubetrieben

ISBN: 978-3-86359-861-7
Erscheinungsdatum: 01.07.2020

Schares, Richard:

Laserstrahl-Fügevorbehandlung von CFK-Bauteilen in Formwerkzeugen von Spritzgießanlagen

ISBN: 978-3-86359-852-5
Erscheinungsdatum: 18.05.2020

Rittstieg, Felix:

Ambidextre Organisationsarchitekturen im industriellen Werkzeugbau

ISBN: 978-3-86359-855-6
Erscheinungsdatum: 18.05.2020

Teli, Mahesh Pradip:

Development of Wire- and Powder-based Laser Metal Deposition Process for Locally Modified Mechanical Properties of X37CrMoV5-1 Tool Steel

ISBN: 978-3-86359-848-8
Erscheinungsdatum: 04.05.2020

Vollmer, Thomas:

Transparency-Driven Vertical Data Connection of Production Systems for Resources Monitoring in Manufacturing

ISBN: 978-3-86359-851-8
Erscheinungsdatum: 27.04.2020

Vits, Frederik:

Tribologie beim Schleifen von polykristallinem Diamant

ISBN: 978-3-86359-838-9
Erscheinungsdatum: 14.04.2020

Edition Wissenschaft
Apprimus